Verfügungsbefugnisse an menschlichen Körpergeweben unter besonderer Berücksichtigung des Transplantationsgesetzes

Recht und Medizin

Herausgegeben von den Professoren
Dr. Erwin Deutsch, Dr. Bernd-Rüdiger Kern, Dr. Adolf Laufs (†),
Dr. Hans Lilie, Dr. Hans-Ludwig Schreiber, Dr. Andreas Spickhoff

Bd./Vol. 125

*Zur Qualitätssicherung und Peer
Review der vorliegenden Publikation*

Die Qualität der in dieser Reihe
erscheinenden Arbeiten wird
vor der Publikation durch
Herausgeber der Reihe geprüft.

*Notes on the quality assurance
and peer review of this publication*

Prior to publication,
the quality of the work
published in this series
is reviewed by editors of the series.

Piotr Tyczynski

Verfügungsbefugnisse an menschlichen Körpergeweben unter besonderer Berücksichtigung des Transplantationsgesetzes

Bibliografische Information der Deutschen Nationalbibliothek
Die Deutsche Nationalbibliothek verzeichnet diese Publikation
in der Deutschen Nationalbibliografie; detaillierte bibliografische
Daten sind im Internet über http://dnb.d-nb.de abrufbar.

Zugl.: Halle-Wittenberg, Univ., Diss., 2015

3
ISSN 0172-116X
ISBN 978-3-631-66944-0 (Print)
E-ISBN 978-3-653-06562-6 (E-Book)
DOI 10.3726/978-3-653-06562-6

© Peter Lang GmbH
Internationaler Verlag der Wissenschaften
Frankfurt am Main 2016
Alle Rechte vorbehalten.
PL Academic Research ist ein Imprint der Peter Lang GmbH.

Peter Lang – Frankfurt am Main · Bern · Bruxelles · New York ·
Oxford · Warszawa · Wien

Das Werk einschließlich aller seiner Teile ist urheberrechtlich
geschützt. Jede Verwertung außerhalb der engen Grenzen des
Urheberrechtsgesetzes ist ohne Zustimmung des Verlages
unzulässig und strafbar. Das gilt insbesondere für
Vervielfältigungen, Übersetzungen, Mikroverfilmungen und die
Einspeicherung und Verarbeitung in elektronischen Systemen.

Diese Publikation wurde begutachtet.

www.peterlang.com

Vorwort

Die vorliegende Arbeit wurde im Wintersemester 2014/2015 von der Juristischen und Wirtschaftswissenschaftlichen Fakultät der Martin-Luther-Universität Halle-Wittenberg als Dissertation angenommen. Das Manuskript wurde im März 2010 abgeschlossen; Gesetze, Rechtsprechung und Literatur sind bis zu diesem Zeitpunkt berücksichtigt.

Mein Dank gilt meinem Doktorvater, Herrn Prof. Dr. Hans Lilie, der die Anregung zu diesem Thema gab und die Fertigstellung der Arbeit in vielfältiger Weise unterstützte. Bedanken möchte ich mich auch bei Herrn Prof. Dr. Armin Höland für die rasche Erstattung des Zweitgutachtens.

Ich danke meiner wunderbaren Frau für ihre herzliche Unterstützung. Durch ihr Verständnis, ihre Geduld sowie ihre Ermunterungen ermöglichte sie es mir, die Arbeit fertig zu stellen. Bei meinem Bruder bedanke ich mich für die häufigen konstruktiven Gespräche, in denen er mir insbesondere bei medizinischen Fragen hilfreich zur Seite stand.

Ganz besonderer Dank gebührt meinen lieben Eltern. Sie haben mich auf meinem langen Bildungsweg uneingeschränkt und unermüdlich unterstützt und so die Anfertigung dieser Arbeit erst ermöglicht. Ich weiß, dass sie für mein Glück viele Entbehrungen auf sich nahmen. Die vorliegende Arbeit ist ihnen gewidmet.

Bielefeld, Juni 2015   Piotr Tyczynski

Inhaltsübersicht

Literaturverzeichnis XIX

1. Teil 1
A. Die rechtliche Qualifikation des menschlichen Körpers
   und der vom Körper getrennten Substanzen 1
   I. Die rechtliche Qualifikation des menschlichen Körpers
      und der davon ungetrennten Substanzen 2
      1. Die rechtliche Möglichkeit einer Trennung von
         Körper und Person 2
      2. Die Theorie der Untrennbarkeit von Körper und Person 3
      3. Stellungnahme 5
      4. Abschließende Stellungnahme 18
   II. Die vom Körper abgetrennten Substanzen 20
      1. Die Ausschließlichkeitsthesen 20
      2. Der erweiterte Körperbegriff des BGH 26
      3. Die Kombinationsmodelle 29
      4. Stellungnahme 32
B. Die rechtliche Qualifikation des Leichnams und
   der vom Leichnam getrennten Leichenteile 48
   I. Die Rechtsnatur des Leichnams 49
      1. Der persönlichkeitsrechtliche Ansatz 49
      2. Der sachenrechtliche Ansatz 50
      3. Stellungnahme 51
      4. Die Einschränkungen des Sachenrechts und die
         Bestimmungsbefugnis über den menschlichen Leichnam ... 56
   II. Die Verkehrsfähigkeit des Leichnams 68
      1. Die Theorie von der Verkehrsfähigkeit des Leichnams 68
      2. Der Leichnam als herrenlose, aneignungsunfähige Sache ... 70
      3. Stellungnahme 71
      4. Zusammenfassung 78

2. Teil ... 79
C. Hinweise aus gesetzlichen Regelungen hinsichtlich möglicher Veräußerungsrechte am menschlichen Gewebe ... 79
  - I. Zum Gesetzgebungsverfahren des Gewebegesetzes ... 79
  - II. Regelungssystematik der Geweberichtlinie ... 82
    1. Die Geweberichtlinie und ihre Durchführungsrichtlinien ... 83
    2. Fazit ... 92
  - III. Das Transplantationsgesetz ... 94
    1. Der Anwendungsbereich des Transplantationsgesetzes, § 1 TPG ... 94
    2. Regelungen zur Postmortalspende ... 101
    3. Voraussetzungen der Entnahme von Organen und Geweben bei lebenden Spendern, §§ 8ff. TPG ... 121
    4. Gewebeeinrichtungen, Untersuchungslabore, Register ... 145
    6. Verbotsvorschriften und ihre Ausnahmen, Straf- und Bußgeldvorschriften §§ 17 bis 20 TPG ... 152
  - IV. Fazit ... 187

Inhaltsverzeichnis

1. Teil 1
A. Die rechtliche Qualifikation des menschlichen
   Körpers und der vom Körper getrennten Substanzen 1
   I. Die rechtliche Qualifikation des menschlichen
      Körpers und der davon ungetrennten Substanzen 2
      1. Die rechtliche Möglichkeit einer Trennung von
         Körper und Person 2
      2. Die Theorie der Untrennbarkeit von Körper und Person 3
      3. Stellungnahme 5
         a. Biologisch- faktische Argumente 6
         b. Das Menschenbild im Rechtssinne 7
         aa. Das Menschenbild des Grundgesetzes 7
         bb. Wertung des BGB 10
         (1) Die Teilnahme am Rechtsverkehr 11
         (2) Wertung des § 119 Abs. 2 BGB 13
         (3) Elterliche Sorge, § 1626 Abs. 1 BGB i. V. mit § 1631
             Abs. 1 BGB 14
         (4) Wertung der §§ 823 Abs. 1 BGB und § 253 Abs. 2 BGB 15
         (5) Wertung des § 249 Abs. 2 BGB 16
         (6) Einschränkungen des Eigentumsrechts 16
         cc. Wertung des Strafrechts 18
      4. Abschließende Stellungnahme 18
   II. Die vom Körper abgetrennten Substanzen 20
      1. Die Ausschließlichkeitsthesen 20
         a. Rein sachenrechtlicher Ansatz 20
         aa. Die Lehre vom direkten Eigentumserwerb des
             bisherigen Trägers analog § 953 BGB 22

		bb.	Die Lehre von den Körperteilen als herrenlose Sachen und die Aneignungsbefugnisse gemäß § 958 BGB............23

    b. Der rein persönlichkeitsrechtliche Ansatz......................24
2. Der erweiterte Körperbegriff des BGH......................................26
    a. Sachverhalt des Urteils..26
    b. Die Entscheidungen der Vorinstanzen........................26
    c. Der Argumentationsverlauf des BGH..........................27
    d. Zusammenfassung...28
3. Die Kombinationsmodelle...29
    a. Die Überlagerungsthese..29
    b. Der fortentwickelte sachenrechtliche Ansatz 31
4. Stellungnahme...32
    a. Gemeinsamkeiten aller Theorien................................33
    b. Dogmatische Schwächen aller Theorien.....................34
    aa. Die rein sachenrechtliche Theorie und der fortentwickelte sachenrechtliche Ansatz 34
    bb. Die rein persönlichkeitsrechtliche und die Überlagerungsthese 36
    c. Schwächen des rein persönlichkeitsrechtlicher Ansatz und der Überlagerungsthese...........................36
    d. Schwächen des rein sachenrechtlichen Ansatzes.........39
    e. Zweifel bei der Anwendung des § 958 Abs. 2 BGB..........40
    f. Schwächen des BGH- Ansatzes 42
    aa. Kritik zum dogmatischen Begründungsweg der Annahme des erweiterten Körperbegriffs....................42
    bb. Sprachgebrauch..44
    cc. Erhebliche Wertungswidersprüche zwischen dem Integritätsschutz im Zivilrecht und im Strafrecht.........44
    dd. Bedenken hinsichtlich einer „Versubjektivierung" des Körperverletzungstatbestandes..............................45

B. Die rechtliche Qualifikation des Leichnams und
   der vom Leichnam getrennten Leichenteile 48
   I. Die Rechtsnatur des Leichnams 49
      1. Der persönlichkeitsrechtliche Ansatz 49
      2. Der sachenrechtliche Ansatz 50
      3. Stellungnahme 51
      4. Die Einschränkungen des Sachenrechts und die
         Bestimmungsbefugnis über den menschlichen Leichnam 56
         a. Einschränkungen durch das postmortale
            Persönlichkeitsrecht 57
            aa. Die Anerkennung des postmortalen
                Persönlichkeitsrechts 57
            bb. Wahrnehmungsberechtigte des postmortalen
                Persönlichkeitsrechts 59
         b. Einschränkungen durch das Totensorgerecht 62
   II. Die Verkehrsfähigkeit des Leichnams 68
      1. Die Theorie von der Verkehrsfähigkeit des Leichnams 68
         a. Direkter Eigentumserwerb durch die Erben 68
         b. Eigentumserwerb durch Aneignung 69
      2. Der Leichnam als herrenlose, aneignungsunfähige Sache 70
      3. Stellungnahme 71
      4. Zusammenfassung 78

2. Teil 79

C. Hinweise aus gesetzlichen Regelungen hinsichtlich möglicher
   Veräußerungsrechte am menschlichen Gewebe 79
   I. Zum Gesetzgebungsverfahren des Gewebegesetzes 79
   II. Regelungssystematik der Geweberichtlinie 82
      1. Die Geweberichtlinie und ihre Durchführungsrichtlinien 83
         a. Rechtsgrundlage der Geweberichtlinie 83
         b. Zweck der Geweberichtlinie 83
         c. Der Geltungsbereich der Geweberichtlinie 84

		d.	Unterscheidungen zwischen der Überwachung der Beschaffung menschlicher Gewebe und Zellen und der staatlichen Zulassung der Gewebeeinrichtungen............86
		e.	Gesonderte Regelungen für die Beschaffung menschlicher Gewebe und Zellen einerseits und für das weitere Verfahren andererseits...............................87
		f.	Europäisches Arzneimittelrecht..90
		g.	Trennung der Begriffe der „Beschaffung" und der „Verarbeitung"...92
	2.	Fazit..92
III.	Das Transplantationsgesetz..94
	1.	Der Anwendungsbereich des Transplantationsgesetzes, § 1 TPG..94
		a.	Art der Körpersubstanzen..95
		aa.	Organe im Sinne des § 1 Abs. 1 TPG................................95
		bb.	Gewebe im Sinne des § 1 Abs. 1 S. 1 i. V. mit § 1 a Nr. 4 TPG...96
		cc.	Die unterschiedliche Regelung hinsichtlich hämatopoetischer Stammzellen aus Nabelschnurblut, aus peripherem Blut und aus Knochenmark...............97
		dd.	Begriff der fötalen Geweben und Zellen, adulte und embryonale Stammzellen..99
		b.	Art der beabsichtigten Nutzung 100
		aa.	Zweck der Übertragung... 100
		bb.	Vorbereitungsmaßnahmen.. 101
	2.	Regelungen zur Postmortalspende 101
		a.	Der Todesbegriff des Transplantationsgesetzes.............. 101
		b.	Entnahme mit Einwilligung des Spenders, § 3 TPG 104
		aa.	Vorliegen einer Einwilligung des Spenders, § 3 Abs. 1 S. 1 Nr. 1 TPG... 104
		(1)	Einwilligungsfähigkeit des potentiellen Spenders.......... 105
		(2)	Erklärungen Minderjähriger vor Vollendung des 16. Lebensjahres und von geistig Behinderten............... 105
		bb.	Manifestation der Einwilligung nach außen 106

cc.	Kein Widerruf der Einwilligung	106
dd.	Kein Zwang hinsichtlich der Einwilligung	106
c.	Kein Widerspruch des potentiellen Organ- bzw. Gewebespenders	107
d.	Umfang der Einwilligung	107
e.	Eingriff durch einen Arzt bzw. durch andere dafür qualifizierte Personen, § 3 Abs. 1 S. 1 Nr. 3, S. 2 TPG	108
f.	Zustimmung anderer Personen in die Organ- oder Gewebeentnahme	109
aa.	Zustimmung der nächsten Angehörigen	109
(1)	Begriff der nächsten Angehörigen nach dem TPG	110
(2)	Rangfolge der nächsten Angehörigen, § 1 a Nr. 5 TPG	110
bb.	Verfahren der Zustimmung	110
cc.	Zustimmung anderer Personen	112
(1)	Person in besonderer persönlicher Verbundenheit, § 4 Abs. 2 S. 5 TPG	112
(2)	Zustimmung einer benannten Person (Vertrauensperson)	113
g.	Angehörige bzw. andere Berechtigte nicht vorhanden oder nicht erreichbar	114
h.	Die Organ- und Gewebeentnahme bei toten Embryonen und Föten, § 4 a TPG	114
aa.	Die Voraussetzungen der Entnahme bei toten Embryonen und Föten, § 4a TPG	115
bb.	Wesentliche Kritikpunkte im Rahmen der Kodifizierung der Entnahme bei toten Embryonen und Föten	116
(1)	Unterstellung der Frau unter den Begriff der „Spenderin", § 4a Abs. 3 TPG	116
(2)	Zeitpunkt der Aufklärung und der Einwilligung, § 4a Abs. 1 S. 1 Nr. 2 TPG	117
(3)	Feststellung des Todeszeitpunktes, § 4a Abs. 1 S. 1 Nr. 1 i. V. m. § 16 Abs. 1 S. 1 Nr. 1a TPG	118

- cc. Exkurs: Die möglichen Einsatzgebiete von aus Embryonen oder Föten gewonnenen Geweben oder Organen.. 119
- (1) Der Einsatz fetaler und embryonaler Geweben................... 119
- (aa) Einsatz zu Forschungszwecken.. 119
- (bb) Die Einsatzfelder einer Transplantation fötaler und embryonaler Geweben am Beispiel der Parkinson Krankheit.. 120
- (2) Gewinnung fetalen und embryonalen Gewebes................... 121
- 3. Voraussetzungen der Entnahme von Organen und Geweben bei lebenden Spendern, §§ 8ff. TPG 121
  - a. Die Voraussetzungen des § 8 TPG im Einzelnen................... 122
  - aa. Anforderungen in Bezug auf die Spender- und Empfängerperson... 122
    - (1) Einwilligungsfähigkeit und Volljährigkeit, § 8 Abs. 1 S. 1 Nr. 1 a TPG.. 123
    - (2) Möglichkeit der Ersetzung der Einwilligung bei Einwilligungsunfähigen und Minderjährigen Spendern 124
    - (3) Formbedürftigkeit der Einwilligung und des Widerrufs...... 125
    - (4) Geeignetheit, § 8 Abs. 1 S. 1 Nr. 1 c, Nr. 2 TPG 126
    - (5) Formbedürftigkeit der Einwilligung und des Widerrufs derselben, § 8 Abs. 2 S. 3, S. 5 TPG... 127
    - (6) Einverständnis zur ärztlichen Nachbetreuung, § 8 Abs. 3 S. 1 TPG.. 127
  - bb. Personenunabhängige Voraussetzungen.............................. 128
    - (1) Aufklärung durch einen Arzt, § 8 Abs. 1 S. 1 Nr. 1 b i.V.m. § 8 Abs. 2 S. 1, S. 2 und S. 3, Vornahme des Eingriffs durch einen Arzt, § 8 Abs. 1 S. 1 Nr. 4 TPG............ 128
    - (2) Subsidiarität der Lebendspende im Fall der Organentnahme, § 8 Abs. 1 S. 1 Nr. 3 TPG............................ 129
    - (3) Stellungnahme der Gutachtenkommission, § 8 Abs. 3 S. 2 TPG.. 131
    - (4) Eingeschränkter Empfängerkreis bei der Spende nicht regenerierungsfähiger Organe, § 8 Abs. 1 S. 2 TPG............. 133
    - (aa) Erforderlicher Verwandtschaftsgrad..................................... 133

(bb) Das Bestehen einer offenkundigen besonderen
Verbundenheit, § 8 Abs. 1 S. 2 TPG (Cross-
Over-Spenden bzw. Überkreuz- Lebendspenden)............... 134

b. Entnahme von Organen und Geweben vom Lebenden
Spendern in speziellen Fällen, §§ 8a, b, c TPG 138

aa. Knochenmarkspende, § 8a TPG... 138

(1) Die Entnahme und die Spende von Knochenmark
nach den Änderungen im Transplantationsgesetz............... 138

(2) Die Entnahme von Knochenmark bei minderjährigen
Personen gemäß § 8 a TPG... 139

(3) Kritische Stellungnahme 140

(aa) Fehlen einer ärztlichen Aufklärung und der
Einwilligung des Minderjährigen... 141

(bb) Mangelnde gesetzliche Regelung zur angeordneten
Subsidiarität der Knochenmarkspende Minderjähriger....... 141

(cc) Unzureichende Berücksichtigung des Kindeswohls 141

bb. Entnahme von Organen und Geweben in
besonderen Fällen, § 8b TPG 143

cc. Entnahme von Organen und Geweben zur
Rückübertragung, § 8c TPG.. 144

4. Gewebeeinrichtungen, Untersuchungslabore, Register............ 145

a. Besondere Pflichten der Gewebeeinrichtungen, § 8d TPG........146

b. Regelungen hinsichtlich der Untersuchungslabore,
§ 8e TPG 148

c. Die Einführung eines Registers über
Gewebeeinrichtungen, § 8f TPG... 148

5. Vermittlung und Übertragung bestimmter Organe,
Transplantationszentren, Zusammenarbeit bei der
Entnahme von Organen und Geweben, §§ 9 bis 12 TPG..... 149

a. Gesetzlich verfolgte Ziele durch die Zusammenarbeit........... 150

b. Verfahren zur Erreichung dieser Ziele 150

6. Verbotsvorschriften und ihre Ausnahmen, Straf-
und Bußgeldvorschriften §§ 17 bis 20 TPG............................ 152

a. Schutzgüter des Organ- und Gewebehandelsverbotes,
§§ 17, 18 TPG... 153

aa.	Die einzelnen Schutzgüter	153
(1)	Ausbeutung von Notlagen potentieller Empfänger und potentieller Spender	153
(2)	Menschenwürde des Art. 1 Abs. 1 GG	154
(3)	Pietätsgefühl der Allgemeinheit	154
(4)	Integrität der Transplantationsmedizin	154
bb.	Rechtfertigung des gesetzlich vorgegebenen Kommerzialisierungsverbotes	155
b.	Begriff des Handeltreibens im Sinne der §§ 1 Abs. 1 S. 2, 17 Abs. 1 S. 1, Abs. 2 TPG	157
aa.	Versäumung einer Novellierung des Tatbestandsmerkmals „Handeltreiben" trotz erheblicher Bedenken	158
bb.	Die Auslegung des Begriffes des „Handeltreibens" im Sinne der §§ 1 Abs. 1 S. 2, 17 Abs. 1 S. 1, Abs. 2 TPG	161
(1)	Der Begriff der Handlung, die auf Güterumsatz abzielt	161
(2)	Der Begriff des Eigennutzes	162
c.	Vom Handelsverbot umfasste Körpersubstanzen	163
d.	Der Zweck der Heilbehandlung, §§ 1 Abs. 2, 17 Abs. 1 S. 1 TPG	164
e.	Ausdrücklich normierte Ausnahmen vom Verbot des Organ- und Gewebehandels, §17 Abs. 1 S. 2 TPG	165
aa.	Ausschlusstatbestand des § 17 Abs. 1 S. 2 Nr. 1 TPG (sog. Entgeltklausel)	165
(1)	Angemessenes Entgelt	166
(2)	Persönlicher Anwendungsbereich	167
bb.	§ 17 Abs. 1 S. 2 Nr. 2 TPG, (sog. Arzneimittelklausel)	167
(1)	Vom Arzneimittel umfasste Körpersubstanzen	170
(2)	Nicht vom Arzneimittelbegriff umfasste Körpersubstanzen	171

	cc.	Kritik an der „arzneimittelrechtlichen Orientierung" 171
	(1)	Gefahr einer Kommerzialisierung menschlicher Gewebe ... 172
	(2)	Gefahr des Rückgangs der Spendebereitschaft in der Bevölkerung 182
	(3)	Unterstellung des fötalen und embryonalen Gewebes unter den Arzneimittelbegriff 183
IV.	Fazit 187

Literaturverzeichnis

Albrecht, Volker: Die Rechtliche Zulässigkeit Postmortaler Transplantatenentnahmen. Diss. jur. Marburg 1986 (zit.: Albrecht, Rechtliche Zulässigkeit).

Becker, Walter: Der Umfang des Rechts öffentlicher Krankenanstalten zur Obduktion von Leichen. JR 1951, 328–333.

Bender, Albrecht W.: Das postmortale Persönlichkeitsrecht: Dogmatik und Schutzbereich. VersR 2001, 815–825.

Bernat, Erwin: Lebensbeginn durch Menschenhandel: Probleme künstlicher Befruchtungstechnologien aus medizinischer, ethischer und juristischer Sicht. Graz 1985 (zit.: Bernat, Lebensbeginn).

Bieler, Frank: Persönlichkeitsrecht, Organtransplantationen und Totenfürsorge. JR 1976, 224–229.

Bilsdorfer, Peter: Rechtliche Probleme der In- vitro-Fertilisation und des Embryo-Transfers. MDR 1984, 803–806.

Bizer, Johann: Postmortaler Persönlichkeitsschutz? NVwZ 1993, 653–656.

Bleckmann, Albert: Staatsrecht II- Die Grundrechte 4. Aufl., Köln (u. a.) 1997 (zit.: Bleckmann StaatsR II).

Blume, Wilhelm von: Fragen des Totenrechts. AcP 112 (1914), 367–427.

Bock, Nadine: Rechtliche Voraussetzungen der Organentnahme von Lebenden und Verstorbenen: eine juristische Untersuchung, basierend auf den medizinischen Grundlagen der Organtransplantation, unter besonderer Berücksichtigung der aktuellen rechtspolitischen und rechtsethischen Diskussion. Diss. jur. Frankfurt am Main (u. a.) 1999 (zit.: Bock, Rechtliche Voraussetzungen der Organentnahme von Lebenden und Verstorbenen).

Böckenförde, Ernst-Wolfgang: Menschenwürde als normatives Prinzip. JZ 2003, 809–815.

Bork, Reinhard: Allgemeiner Teil des Bürgerlichen Gesetzbuchs 2. Aufl., Tübingen 2006 (zit.: Bork, BGB AT).

Borowy, Oliver: Die postmortale Organentnahme und ihre zivilrechtlichen Folgen, Diss. jur. Frankfurt am Main (u. a.), 2000.

Brandenburg, Hans- F.: Bürgerliches Recht: Wem gehört der Herzschrittmacher? JuS. 1984, 47–49.

Brehm, Wolfgang Berger, Christian: Sachenrecht 2. Aufl., Tübingen 2006 (zit.: Brehm/Berger, Sachenrecht).

Britting, Eva: Die postmortale Insemination als Problem des Zivilrechts. Diss. iur. Frankfurt am Main/New York 1989.

Brohm, Winfried: Forum: Humanbiotechnik, Eigentum und Menschenwürde. JuS 1998, 197–205.

Brox, Hans: Allgemeiner Teil des BGB 31. Aufl., Köln (u. a.) 2007 (zit.: Brox, BGB AT).

–: Erbrecht 22. Aufl., Köln (u. a.) 2007.

Brüggemeier, Gert: Haftungsrecht- Struktur, Prinzipien, Schutzbereiche Ein Beitrag zur Europäisierung des Privatrechts Berlin (u. a.) 2006 (zit.: Brüggemeier, Haftungsrecht).

Brunner, Johannes: Theorie und Praxis im Leichenrecht. NJW 1953, 1173–1174.

Buschmann, Arno: Zur Fortwirkung des Persönlichkeitsrechts nach dem Tode. NJW 1970, 2081–2088.

Chu, Ho- No: Organtransplantation und Strafrecht Eine vergleichende Untersuchung zwischen deutschem und koreanischem Transplantationsgesetz. Diss. Jur. Frankfurt a. M. (u. a.) 2004 (zit.: Chu, Organtransplantation und Strafrecht).

Coester-Waltjen, Dagmar: Die fehlerhafte Willenserklärung. JURA 1990, 362–368.

–: Rechtssubjekte: Natürliche Personen. JURA 2000, 106–108.

Damm, Reinhard: Persönlichkeitsschutz und medizinische Entwicklung. JZ 1998, 926–938.

Deutsch, Erwin: Haftungsrecht- Erster Band: Allgemeine Lehren Köln (u. a.) 1976.

–: An der Grenze von Recht und künstlicher Fortpflanzung. VersR 1985, 1002–1004.

–: Artifizielle Wege menschlicher Reproduktion-Rechtsgrundsätze Konservierung von Sperma, Eiern und Embryonen- künstliche Insemination und außerKörperliche Fertilisation- Embryotransfer. MDR 1985, 177–183.

–: Des Menschen Vater und Mutter. NJW 1986, 1971–1975.

–: Das Persönlichkeitsrecht des Patienten. AcP 192 (1992), 161–180.

–: Das Eigentum als absolutes Recht und als Schutzgegenstand der Haftung. MDR 1988, 441–445.

Deutsch, Erwin Spickhoff, Andreas: Medizinrecht: Arztrecht, Arzneimittelrecht, Medizinprodukterecht und Transfusionsrecht 5. Aufl., Berlin (u. a.) 2003 (zit.: Deutsch/Spickhoff, Medizinrecht).

Deutsch, Erwin Ahrens, Hans-Jürgen: Deliktsrecht: Unerlaubte Handlung, Schadensersatz, Schmerzensgeld 4. Aufl., Köln (u. a.) 2001 (zit.: Deutsch/Ahrens, Deliktsrecht).

Die Zeit: Das Lexikon in 20 Bänden Band XI, Ore- Pux Hamburg 2005 (zit.: Das Lexikon).

Dölling, Dieter: Suizid und unterlassene Hilfeleistung. NJW 1986, 1011–1017.

Dotterweich, Georg: Die Rechtsverhältnisse an Goldplomben in den Kieferknochen beerdigter Leichen. JR 1953, 174–175.

Duden: Duden Das große Wörterbuch der deutschen Sprache In Zehn Bänden Band VI, Lein- Peko 3. Aufl., Mannheim (u. a.) 1999: (zit.: Duden).

Dreier, Horst (Hrsg.): Grundgesetz: Kommentar Band I, Präambel, Art. 1–19 2. Aufl., 2004 (zit.: Bearbeiter, in: Dreier).

Ebenroth, Carsten- Thomas: Erbrecht München, 1992.

Edlbacher, Oskar: Die Entnahme von Leichenteilen zu medizinischen Zwecken aus zivilrechtlicher Sicht. ÖJZ 1965, 449–454.

–: Zur Struktur des Allgemeinen Persönlichkeitsrechts. JuS. 1997, 193–203.

Ehrlich, Stella: Gewinnabschöpfung des Patienten bei kommerzieller Nutzung von Körpersubstanzen durch den Arzt? Diss. jur. Frankfurt a. M. (u. a.) 2000.

Eichholz, Jürgen: Die Transplantation von Leichenteilen aus zivilrechtlicher Sicht. NJW 1968, 2272–2276.

Enneccerus, Ludwig Nipperdey, Hans Carl: Allgemeiner Teil des Bürgerlichen Rechts, 15. Aufl., Band 1, Tübingen 1959.

Erman: Bürgerliches Gesetzbuch-Handkommentar Hrsg. Westermann, Harm Peter 10. Aufl., Köln 2000 Band I: §§ 1–853, HausTWG, ProdHaftG, SchuldRAnpG, VerbrKrG (zit.: Bearbeiter, in: Erman).

Faber, Joachim: Eigentumserwerb an sog. vergessenen Sachen. JR 1987, 313–317.

Flume, Werner: Allgemeiner Teil des Bürgerlichen Rechts, II. Band, Das Rechtsgeschäft 3. Aufl., Berlin 1979 (zit.: Flume, BGB AT).

–: Allgemeiner Teil des Bürgerlichen Rechts, II. Band, Das Rechtsgeschäft 4. Aufl., Berlin 1992 (zit.: Flume, BGB).

Forkel, Hans: Verfügungen über Teile des menschlichen Körpers, JZ 1974, 593–599.

–: Die Übertragbarkeit der Firma in: Festschrift für Heinz Paulick Köln 1973, S. 101–117.

–: Das Persönlichkeitsrecht am Körper, gesehen besonders im Lichte des Transplantationsgesetzes Jura 2001, 73–79.

v. Freier, Friedrich: Getrennte Körperteile in der Forschung zwischen leiblicher Selbstverfügung und Gemeinbesitz. MedR 2005, 321–328.

Freund, Georg Heubel, Friedrich: Der menschliche Körper als Rechtsbegriff. MedR 1995, 194–198.

Hufen, Friedhelm: Staatrecht II- Grundrechte München 2007 (zit.: Hufen StaatsR II).

–: Entstehung und Entwicklung der Grundrechte. NJW 1999, 1504–1510.

Freund, Georg Weiss, Natalie: Zur Zulässigkeit der Verwendung menschlichen Körper-materials für Forschungs- und andere Zwecke. MedR 2004, 315–319.

Freund, Georg: Nabelschnurblut und das Zustimmungserfordernis bei der Gewinnung und Verwendung menschlicher Körperstoffe. MedR 2005, 453–458.

Fuchs, Maximilian: Deliktsrecht 6. Aufl., Berlin (u. a.) 2006 (zit.: Fuchs, Deliktsrecht).

Gaedke, Jürgen: Handbuch des Friedhofs- und Bestattungsrechts, 9. Aufl., Köln (u. a.) 2004.

Gareis, Karl: Über Rechtsverhältnisse an Begräbnisstätte.: Seufferts Blätter für Rechtsanwendung. Band 70, 308–324.

–: Das Recht am menschlichen Körper- Eine Privatrechtliche Studie in: Festgabe für Johann Theodor Schirmer Königsberg 1900, S. 59–100 (zit.: Gareis, Das Recht am menschlichen Körper).

Geilen, Gerd: Examensklausur Strafrecht Jura 1979, 201–210.

von Gierke, Otto: Deutsches Privatrecht, II. Band, Sachenrecht, Leipzig 1905 (zit.: Gierke, Deutsches Privatrecht).

Görgens, Bernhard: Künstliche Teile im menschlichen Körper. JR 1980, 140–143.

Gragert, Jörg: Strafrechtliche Aspekte des Organhandels. Diss. Jur. Hamburg 1997.

Gribbohm, Günter: Strafrechtsklausur: Der Appetitzügler. JuS 1971, 200–203.

Harks, Thomas: Der Schutz der Menschenwürde bei der Entnahme fötalen Gewebes. NJW 2002, 716–722.

Heinemann, Antje-Katrin Löllgen, Noemi: Die Umsetzung der Europäischen Gewebe-berichtlinie durch das deutsche Gewebegesetz. PharmR 2007, 183–189.

Heinitz, Ernst: Teilname und unterlassene Hilfeleistung beim Selbstmord. JR 1954, 403–406.

Heldrich, Andreas: Der Persönlichkeitsschutz Verstorbener, in: Rechtsbewahrung und Rechtsentwicklung Festschrift für Heinrich Lange. München 1970, S. 163ff. (zit.: Heldrich, Der Persönlichkeitsschutz Verstorbener).

Hengstler, Christine: Einwilligung zu postmortalen Organ- und Gewebeentnahmen für wissenschaftliche Interessen im Rahmen klinischer Sektionen. KhuR 2003, 57–69.

Hilchenbach, Frauke: Die Zulässigkeit von Transplatatenentnahmen vom toten Spender aus zivilrechtlicher Sicht. Diss. jur. Heidelberg 1973.

Hohloch, Gerhard: Rechtsprechungsübersicht: Vorrang eines testamentarisch geäußerten Bestattungswunsches Entscheidungsbesprechung zum Urteil des OLG Frankfurt vom 23.03.1989–16 U 82/88. JuS 1990, 144–145.

Hohner, Georg: Subjektlose Rechte: unter besonderer Berücksichtigung der Blankozession Bielefeld 1969 (zit.: Hohner Subjektlose Rechte).

Höfling, Wolfram (Hrsg.) Esser, Dirk: Kommentar zum Transplantationsgesetz (TPG) Berlin 2003 (zit.: Bearbeiter, in: Höfling, Kommentar zum Transplantationsgesetz (TPG)).

Hölder, Eduard: Beiträge zur Geschichte des Römischen Erbrechts Erlangen, 1881 (zit.: Hölder, Beiträge zur Geschichte).

Hubmann, Heinrich: Das Persönlichkeitsrecht, 2. Aufl., Köln 1967.

Hübner, Heinz: Allgemeiner Teil des Bürgerlichen Gesetzbuches 2. Aufl., Berlin (u. a.) 1996 (zit.: Hübner, BGB AT).

Hufen, Friedhelm: Entstehung und Entwicklung der Grundrechte. NJW 1999, 1504–1510.

Ipsen, Jörn: Der „verfassungsrechtliche Status" des Embryo in vitro. JZ 2001, 989–996.

–: Verfassungsrecht und Biotechnologie. DVBl. 2004, 1381–1386.

–: Staatsrecht II- Grundrechte 10. Aufl., Neuwied (u. a.) 2007 (zit.: Ipsen StaatsR II).

Jansen, Norbert: Die Blutspende aus zivilrechtlicher Sicht. Diss. jur. Bochum 1978 (zit.: Jansen, Blutspende).

Jarass, Hans Pieroth, Bodo: Grundgesetz für die Bundesrepublik Deutschland Kommentar 9. Aufl., München, 2007 (zit.: Bearbeiter, in: Jarass/Pieroth).

Johnsen, Karl: Die Leiche im Privatrecht. Diss. jur. Heidelberg 1912 (zit.: Johnsen, Die Leiche).

Kaiser, Gisber A.: Bürgerliches Recht-Basiswissen und Klausurpraxis für das Studium 10. Aufl., Heidelberg 2005 (zit.: Kaiser, Bürgerliches Recht).

Kallmann, Rainer: Rechtsprobleme bei der Organtransplantation, FamRZ 1969, 572–579.

Lilie, Hans: Zur Zukunft der Organ- und Gewebespende, in: Humaniora Medizin – Recht - Geschichte Festschrift für Adolf Laufs zum 70. Geburtstag Berlin Heidelberg 2006 (zit.: Lilie, in: Humaniora).

Kiessling, Walter: Verfügungen über den Leichnam oder Totensorge?, NJW 1969, 533–537.

Kindhäuser, Urs: Strafgesetzbuch, Lehr- und Praxiskommentar 3. Aufl., Baden-Baden, 2006 (zit.: Kindhäuser, StGB).

Kindhäuser, Urs Neumann, Ulfrid Paeffgen, Hans-Ulrich: Strafgesetzbuch Band 2, 2; §§ 242–358 2. Aufl., (zit.: Bearbeiter, in: K/N/P).

Klinke, Rainer Pape, Hans-Christian Silbernagl, Stefan: Physiologie 5. Aufl., Stuttgart (u. a.) 2005 (zit.: Klinke/Pape/Silbernagl Physiologie).

Köbler, Gerhard: Deutsche Rechtsgeschichte- Ein systematischer Grundriss 5. Aufl., München 1996 (zit.: Köbler, Deutsche Rechtsgeschichte).

Kohlhaas, Max: Rechtsfragen zur Transplantation von Körperorganen. NJW 1967, 1489–1493.

Koppe, Fritz: Das Recht am eigenen Körper. Diss. jur., Erlangen 1907 (zit.: Koppe, Das Recht).

Koppernock, Martin: Das Grundrecht auf bioethische Selbstbestimmung- Zur Rekonstruktion des allgemeinen Persönlichkeitsrechts. Diss. jur. Baden-Baden 1997 (zit.: Koppernock, Das Grundrecht auf bioethische Selbstbestimmung).

Kramer, Alexander: Über das Recht in Bezug auf den menschlichen Körper. Diss. Jur. Berlin 1887 (zit.: Kramer, Über das Recht).

Kramer, Hans-Jürgen: Rechtsfragen der Organtransplantation München 1987.

Kube, Hanno: Die Elfes-Konstruktion. JuS 2003, 111–118.

Küchenhoff, Günther: Persönlichkeitsschutz kraft Menschenwürde, in: Menschenwürde und freiheitliche Rechtsordnung Festschrift für Willi Geiger zum 65. Geburtstag Tübingen 1974 (zit.: Küchenhoff, Persönlichkeitsrecht kraft Menschenwürde, in: Festschrift für Geiger).

Kühn, Christoph: Das neue deutsche Transplantationsgesetz. MedR 1998, 455–461.

Lackner, Karl Kühl, Kristian: Strafgesetzbuch, Kommentar 26. Aufl., München 2007 (zit.: Lackner/Kühl).

Lange, Heinrich Kuchinke, Kurt: Erbrecht: ein Lehrbuch 5. Aufl., München 2001 (zit.: Lange, Erbrecht).

Lanz- Zumstein, Monika: Die Rechtsstellung des unbefruchteten und befruchteten menschlichen Keimguts- Ein Beitrag zu zivilrechtlichen Fragen im Bereich der Reproduktions- und Gentechnologie. Diss. jur. München 1990 (zit.: Lanz-Zumstein, Die Rechtsstellung).

Larenz, Karl Wolf, Manfred: Allgemeiner Teil des Bürgerlichen Rechts, 9. Aufl., München 2004 (zit.: Larenz AT).

Laufs, Adolf: Arztrecht 5. Aufl., München 1993.

–: Unglück und Unrecht, Ausbau oder Preisgabe des Haftungssystems? Heidelberg 1994 (zit.: Laufs, Unglück und Recht).

Laufs, Adolf Uhlenbruck, Wilhelm: Handbuch des Arztrechts München 1992 (zit.: Laufs/Uhlenbruck, Handbuch des Arztrechts).

Laufs, Adolf Uhlenbruck, Wilhelm: Handbuch des Arztrechts 2. Aufl., München 1999 (zit.: Laufs/Uhlenbruck, Handbuch des Arztrechts, 2. Aufl.).

Laufs, Adolf Reiling, Emil: Schmerzensgeld wegen schuldhafter Vernichtung deponierten Spermas? NJW 1994, 775–776.

Leipold, Dieter: Erbrecht Grundzüge mit Fällen und Kontrollfragen 16. Aufl., Tübingen 2006.

Leipziger Kommentar: Strafgesetzbuch, Großkommentar Hrsg.: Jähnke, Burkhard/ Laufhütte, Heinrich Wilhelm/ Odersky, Walter Band 6 11. Aufl., Stand: 15. Dezember 2000: (zit.: Bearbeiter, in: LK StGB).

Lippert, Hans- Dieter: Zur Zulässigkeit medizinischer Forschung an menschlichen Körpermaterialien. MedR 1997, 457–460.

–: Forschung an und mit Körpersubstanzen- wann ist die Einwilligung des ehemaligen Trägers erforderlich? MedR 2001, 406–410.

Löffler, Martin Ricker, Reinhart: Handbuch des Presserechts 3. Aufl., München 1994 (zit.: Löffler/Ricker, Handbuch des Presserechts).

Maier, Joachim: Der Verkauf von Körperorganen- Zur Sittenwidrigkeit von Übertragungsverträgen. Diss. jur. Heidelberg 1991 (zit.: Maier, Der Verkauf von Körperorganen).

Marian, Susanne: Die Rechtsstellung des Samenspenders bei der Insemination/ IVF: Diss. jur. Frankfurt a.M. (u. a.) 1998.

Maunz, Theodor Dürig, Günter: Grundgesetz Kommentar Band I, Art. 1–11 Stand: März 2001 München 2001 (zit.: Maunz/Dürig).

Maurer, Hartmut: Die medizinische Organtransplantation in verfassungsrechtlicher Sicht. DÖV 1980, 7–15.

Mecker, Werner: Die Stellung des menschlichen Leichnams im Privatrecht Bremen 1932.

Medicus, Dieter: Allgemeiner Teil des BGB 9. Aufl., Heidelberg (u. a.) 2006 (zit.: Medicus, BGB AT).

–: Schuldrecht II, Besonderer Teil 14. Aufl., München 2007 (zit.: Medicus, Schuldrecht II).

Meier, Christian X.: Der Denkweg der Juristen Münster (u. a.) 2000.

MK: Münchener Kommentar zum Strafgesetzbuch Band 3, §§ 185–262 Stand: 2003 (zit.: Bearbeiter, in: MüKo StGB).

Musielak, Hans-Joachim: Grundkurs BGB, 9. Aufl., München 2005.

Müller, Klaus: Sachenrecht, 4. Aufl., Köln 1997.

Müller, Rolf: Die kommerzielle Nutzung menschlicher Körpersubstanzen: rechtliche Grundlagen und Grenzen Diss. jur. Berlin 1997 (zit.: Müller, Die kommerzielle Nutzung menschlicher Körpersubstanzen).

Münch, Ingo von Kunig, Philip: Grundgesetz-Kommentar Band I (Präambel bis Art. 19) 5. Aufl., München 2000 (zit.: Bearbeiter, in: v. M/K).

Nikoletopoulos, Panajiotis: Die zeitliche Begrenzung des Persönlichkeitsschutzes nach dem Tode. Diss. jur. Frankfurt am Main (u. a.) 1984.

Nixdorf, Wolfgang: Zur ärztlichen Haftung hinsichtlich entnommener Körpersubstanzen: Körper, Persönlichkeit, Totenfürsorge. VersR 1995, 740–745.

NK- BGB: Nomos-Kommentar zum Bürgerlichen Gesetzbuch Handkommentar Schriftenleitung: Schulze, Reiner 5. Aufl., Baden-Baden 2007 (zit.: Bearbeiter, in: Hk- BGB).

NK- StGB: Nomos-Kommentar zum Strafgesetzbuch Gesamtredaktion: Neumann, Ulfried/Puppe, Ingeborg/Schild/Wolfgang Loseblattausgabe, Stand: 8. Erg.Lfg. Aug. 2000 (zit.: Bearbeiter, in: Nomos, StGB).

Oertmann, Paul: Aneignung von Bestandteilen einer Leiche. LZ 1925, 511–517.

–: Bürgerliches Gesetzbuch, Allgemeiner Teil, 3. Aufl., Berlin, 1925.

Otto, Harro: Der strafrechtliche Schutz des menschlichen Körpers und seiner Teile Jura 1996, 219–220.

Pap, Michael: Extrakorporale Befruchtung und Embryotransfer aus arztrechtlicher Sicht: insbesondere der Schutz des werdenden Lebens „in vitro" Frankfurt a.M. (u. a.) 1987 (zit.: Pap, Extrakorporale Befruchtung).

Parzeller, Markus Rüdiger, Christiane: Analyse des Gewebegesetzentwurfs BT- Drs. 16/3146 und der vorgetragenen Kritik StoffR 2007, 70–88.

Parzeller, Markus Henze, Claudia: Richtlinienkompetenz zur Hirntod-Feststellung erneut bei Bundesärztekammer Sind Demokratie- und Wesentlichkeitsprinzip hirntot? ZRP 2006, 176–180.

Parzeller, Markus Bratzke, Hansjürgen Eisenmenger, Wolfgang: Rechtsmedizinische Änderungsvorschläge zum Transplantationsgesetz de lege lata und vor der geplanten Reform durch das Gewebegesetz de lege ferenda. StoffR 2006, 128–138.

Parzeller, Markus Henze, Claudia Bratzke, Hansjürgen: Gewebe- und Organtransplantation- Verfehlte und praxisferne Regelungen im Transplantationsgesetz KritV 2004, 371–396.

Pawlowski, Hans-Martin: Allgemeiner Teil des BGB: Grundlehren des Bürgerlichen Rechts, 7. Aufl., Heidelberg 2003 (zit.: Pawlowski, BGB AT).

Peris, Dominik: Anmerkung zum BGH- Urteil v. 09.11.1993–VI ZR 62/93 MedR 1994, 113–115.

Peuster, Witold: Eigentumsverhältnisse an Leichen und ihre transplantationsrechtliche Relevanz. Diss. Jur. Köln 1971 (zit.: Peuster, Eigentumsverhältnisse an Leichen).

Pfeiffer, Thomas: Anmerkung zum BGH-Urteil v. 09.11.1993- VI ZR 62/93. LM BGB § 823 (Aa) Nr. 151.

Pieroth, Bodo Schlink, Bernhard: Grundrechte-Staatsrecht II 23. Aufl., Heidelberg 2007 (zit.: Pieroth/Schlink, StaatsR II).

Pschyrembel: Pschyrembel Klinisches Wörterbuch, mit klinischen Syndromen und: Nomina Anatomica: 256. Aufl., Berlin (u. a.) 1990 (zit.: Pschyrembel).

Puchta, Georg Friedrich: Cursus der Institutionen-System und Geschichte des römischen Privatrechts Band II (zit.: Puchta, Cursus der Institutionen).

Pühler, Wiebke Hübner, Marlies Middel, Claus-Dieter: Regelungssystematische Vorschläge zur Umsetzung der Richtlinie 2004/23/EG (Geweberichtlinie). MedR 2007, 16–21.

–: Praxisleitfaden Gewebegesetz: Grundlagen, Anforderungen, Kommentierungen, Aufl., Deutscher Ärzte Verlag, 2008, (zit.: *Pühler/Hübner/Middel*, in: Praxisleitfaden Gewebegesetz).

Rausnitz, Julius: Das Recht am menschlichen Leichnam und das Recht der Anatomie. Das Recht 1903, 593–595.

Reimann, Wolfgang: Die postmortale Organentnahme als zivilrechtliches Problem in: Festschrift für Günther Küchenhoff I. Band, Berlin 1972, S. 341ff. (zit.: Reimen,

Die postmortale Organentnahme als zivilrechtliches Problem, in: Festschrift Küchenhoff).

Rieger, Hans-Jürgen: Lexikon des Arztrechts Berlin (u. a.) 1984.

Roche: Roche Lexikon Medizin 4. Aufl., München (u. a.) 1998 (zit.: Roche).

Rohe, Mathias: Anmerkung zum BGH- Urteil v. 09.11.1993- VI ZR 62/93. JZ 1994, 465–468.

Roxin, Claus: Zur Tatbestandsmäßigkeit und Rechtswidrigkeit der Entfernung von Leichenteilen (§168 StGB), insbesondere zum rechtfertigenden strafrechtlichen Notstand (§34 StGB)-OLG Frankfurt, NJW 1975, 271. JuS 1976, 505–515.

Roxin, Claus Schroth, Ulrich: Handbuch des Medizinstrafrechts 3. Aufl., Stuttgart (u. a.) 2007 (zit.: Bearbeiter, in: Medizinstrafrecht).

Rüthers, Bernd Stadler, Astrid: Allgemeiner Teil des BGB 14. Aufl., München 2006 (zit.: Rüthers/Stadler, BGB AT).

Samson, Erich: Legislatorische Erwägungen zur Rechtfertigung der Explantation von Leichenteilen. NJW 1974, 2030–2035.

Schack, Haimo: Das Persönlichkeitsrecht der Urheber und ausübender Künstler nach dem Tode. GRUR 1985, 352–361.

Schäfer, Paul: Rechtfragen zur Verpflanzung von Körper- und Leichenteilen. Diss. Jur. Osnabrück 1961 (zit.: Rechtsfragen zur Verpflanzung).

Schlüter, Wilfried Bartholomeyczik, Horst: Erbrecht: ein Studienbuch 15. Aufl., München 2004 (zit.: Schlüter, Erbrecht).

Schmidt-Didczuhn, Andrea: Transplantationsmedizin in Ost und West im Spiegel des Grundgesetzes. ZRP 1991, 264–270.

Schmidt, Detlev: Die Wirkung des Widerrufs einer empfangsBedürftigen Willenserklärung nach § 130 I 2 BGB. Jura 1993, 345–347.

Schmidt, Karsten: Eigentumsaufgabe bei Sperrmüll? JuS. 1988, 230.

Schmidt, Rolf: Bürgerliches Gesetzbuch- Allgemeiner Teil Grundlagen des Zivilrechts, Aufbau des zivilrechtlichen Gutachtens 3. Aufl., Hannover 2006 (zit.: Schmidt, BGB AT).

Schnorbus, York: Schmerzensgeld wegen schuldhafter Vernichtung von Sperma? – BGH, NJW 1994, 127. JuS 1994, 830–835.

Schönke, Adolf Schröder, Horst: Strafgesetzbuch-Kommentar 27. Aufl., München 2006 (zit.: Bearbeiter, in: Schönke/Schröder).

Schreuer, Hans: Der menschliche Körper und die Persönlichkeitsrechte in: Festschrift für Karl Bergbohm Bonn 1919, S. 242–277 (zit.: Schreuer, Der menschliche Körper und die Persönlichkeitsrechte, in: Festschrift für Bergbohm).

Schroeder, Friedreich-Christian: Begriff und Rechtsgut der „Körperverletzung" in: Festschrift für Hans Joachim Hirsch (zit.: Schröder, Begriff und Rechtsgut der „Körperverletzung").

Schröder, Michael Taupitz, Jochen: Menschliches Blut: verwendbar nach Belieben des Arztes? Zu den Formen erlaubter Nutzung menschlicher Körpersubstanzen ohne Kenntnis des Betroffenen Stuttgart 1991 (zit.: Schröder/ Taupitz, Menschliches Blut).

Schroth, Ulrich: Transplantationsgesetz: Kommentar München 2005 (zit.: Bearbeiter, in: TPG).

Schultheis, Rudolf: Über die Möglichkeit von Privatrechtsverhältnissen am menschlichen Leichnam und Teile desselben. Diss. Jur. Halle 1988 (zit.: Schultheis, Privatrechtsverhältnisse).

Schulze Wessel, Lambert: Die Vermarktung Verstorbener: persönlichkeitsrechtliche Abwehr- und Ersatzansprüche: Berlin 2001 (zit.: Wessel, Die Vermarktung Verstorbener).

Schünemann, Hermann: Die Rechte am menschlichen Körper, Diss. iur. Frankfurt a.M. (u.a.) 1985.

Schwerin von.: Das Recht am Leichnam Seufferts Blätter für Rechtsanwendung. Band 70, 653–669.

Silbernagl, Stefan Despopoulos, Agamemnon: Taschenatlas der Physiologie 6. Aufl., Stuttgart (u.a.) 2003 (zit.: Silbernagl/ Despopoulos Physiologie).

SK- StGB: Systematischer Kommentar zum Strafgesetzbuch Band 2, Besonderer Teil, 7. Aufl., Stand: 57. Erg-LFG. Aug. 2003 (zit.: Bearbeiter, in: SK- StGB).

Soergel: Kommentar zum Bürgerlichen Gesetzbuch- mit Einführungsgesetz und Nebengesetzen Band1, Allgemeiner Teil 1, §§ 1–103 Stand: Frühjahr 2000 13. Aufl., Stuttgart 2000 (zit.: Bearbeiter, in: Soergel).

Spann, Wolfgang Liebhardt, Erich: Rechtliche Probleme bei der Organtransplantation. MMW 1967, 673.

Spranger, Tade M.: Die Rechte des Patienten bei der Entnahme und Nutzung von Körpersubstanzen. NJW 2005, 1084–1090.

Staudinger: J. von Staudingers Kommentar zum Bürgerlichen Gesetzbuch mit Einführungsgesetz und Nebengesetzen Buch 1: Allgemeiner Teil §§ 90–133; §§ 1–54, 63 BeurkG (Allgemeiner Teil 3 und Beurkundungsverfahren) Bearbeitung 2004 Berlin (zit.: Bearbeiter, in: J. v. Staudingers).

Steffan, Walter: Umfang und Grenzen des besonderen Persönlichkeitsrechts am eigenen Körper. Diss. Jur. Frankfurt a.M. 1964 (zit.: Steffan, Umfang und Grenzen).

Stern, Klaus Sachs, Michael: Das Staatsrecht der Bundesrepublik Deutschland Band III: Allgemeine Lehren der Grundrechte 1. Halbband: Grundlagen und Geschichte, nationaler und internationaler Grundrechtskonstitutionalismus, juristische Bedeutung der Grundrechte, Grundrechtsberechtigte, Grundrechtsverpflichtete München 1988 (zit.: Stern/Sachs).

Sternberg-Lieben, Detlev: Gentherapie und Strafrecht. JuS 1986, 673–680.

Strätz, Hans-Wolfgang: Zivilrechtliche Aspekte der Rechtsstellung des Toten unter besonderer Berücksichtigung der Transplantationen Paderborn 1971 (zit.: Strätz, Rechtsstellung des Toten).

Tag, Brigitte: Zum Umgang mit der Leiche, MedR 1998, 387–394.

Taupitz, Jochen: Privatrechtliche Rechtspositionen um die Genom-Analyse: Eigentum, Persönlichkeit, Leistung. JZ 1992, S. 1089–1099.

–: Der deliktsrechtliche Schutz des menschlichen Körpers und seiner Teile. NJW 1995, 745–752.

–: Anmerkung zum BGH- Urteil v. 09.11.1993- VI ZR 62/93. JR 1995, 22–25.

–: Das Recht im Tod: Freie Verfügbarkeit der Leiche? Rechtliche und ethische Probleme der Nutzung des Körpers Verstorbener Dortmund 1996 (zit.: Taupitz, Das Recht im Tod).

Trockel, Horst: Die Rechtswidrigkeit klinischer Sektionen. Eine Frage der Rechtswissenschaft und der Medizin. Berlin 1957 (zit.: Trockel, Die Rechtswidrigkeit klinischer Sektionen).

–: Das Recht zur Vornahme einer Organtransplantation. MDR 1969, 811–813.

Tröndle, Herbert Fischer, Thomas: Strafgesetzbuch und Nebengesetze 54. Aufl., München 2007 (zit.: Tröndle/Fischer, StGB, 54. Aufl.).

Vangerow, Carl Adolph v.: Lehrbuch der Pandekten Band I 6. Aufl., Marburg 1851 (zit.: v. Vangerow, Pandekten).

Voß, Andreas: Vernichtung tiefgefrorenen Spermas als Körperverletzung? Deliktsrechtliche Probleme ausgelagerter Körper-Substanzen des Menschen. Diss. jur. Lage 1997 (zit.: Voß, Vernichtung tiefgefrorenen Spermas als Körperverletzung?).

Weimer, Wilhelm: Zum Aneignungsrecht am Herzschrittmacher des Erblassers. JR 1979, 363–364.

Weiser, Fritz: Die Fürsorge für den Leichnam. Diss. Jur. Marburg 1933.

Westermann, Harm-Peter: Das allgemeine Persönlichkeitsrecht nach dem Tode seines Trägers. FamRZ 1969, S. 561–572.

Wichmann, Burkhard: Die rechtlichen Verhältnisse des menschlichen Körpers und der Teile, Sachen, die ihm entnommen, in ihm verbracht oder sonst mit ihm verbunden sind. Diss. Jur. Berlin 1995 (zit.: Wichmann, Rechtliche Verhältnisse).

Wille, Sophie: Das Recht des Staates zur postmortalen Organentnahme. MedR 2007, 91–94.

Wolf, Manfred: Sachenrecht 21. Aufl., München 2005.

Wolpert, Fritz: Persönlichkeitsrecht und Totenrecht Ufita 34 (1961), 150–208.

Wyduckel, Dieter: Archivgesetzgebung im Spannungsfeld von informationeller Selbstbestimmung und Forschungsfreiheit. DVBl 1989, 327–337.

Wieacker, Franz: Sachbegriff, Sacheinheit und Sachzuordnung. AcP 148 (1943), S. 57–104.

Wieling, Hans-Josef: Sachenrecht, 5. Aufl., Berlin 2007.

Wolf, Ernst Naujoks, Hans: Anfang und Ende der Rechtsfähigkeit des Menschen, Frankfurt a.M. 1955.

Zerr, Christian: Abgetrennte Körpersubstanzen im Spannungsverhältnis zwischen Persönlichkeitsrecht und Vermögensrecht: Deutsch- französischer Rechtsvergleich über die Zulässigkeit der Kommerzialisierung von Körpersubstanzen. Diss. Jur., Frankfurt am Main (u. a.) 2004 (zit: Zerr, Abgetrennte Körpersubstanzen im Spannungs- verhältnis zwischen Persönlichkeitsrecht und Vermögensrecht).

Zimmermann, Reinhard: Gesellschaft, Tod und medizinische Erkenntnis- Zur Zulässigkeit von klinischen Sektionen- NJW 1979, S. 569–576.

Zimmermann, Walter: Erbrecht: Lehrbuch mit Fällen Berlin 2006 (zit.: Zimmermann, Erbrecht).

1. Teil

A. Die rechtliche Qualifikation des menschlichen Körpers und der vom Körper getrennten Substanzen

Die Grundvoraussetzung für ein Veräußerungsrecht am menschlichen Gewebe bildet die Frage, ob über menschliche Körpersubstanzen rechtwirksam verfügt werden kann. Dies wäre nur dann der Fall, wenn diese Gegenstand von Verfügungsgeschäften sein könnten.

Um dies beantworten zu können, muss geprüft werden, ob es sich bei dem vom menschlichen Körper getrennten Gewebe um Sachen im Sinne des § 90 BGB[1] handelt, da nur an Sachen im Sinne des BGB Eigentum oder andere dingliche Rechte bestehen können[2].

Dabei ist zu beachten, dass das rechtliche Schicksal des Gewebes während seiner organischen Verbindung mit dem menschlichen Körper sich nach der Rechtslage bemisst, die für den menschlichen Körper insgesamt gilt[3]. Es stellt sich damit die Frage, ob die rechtliche Qualifizierung des menschlichen Körpers auch die rechtliche Beurteilung des abgetrennten Gewebes vorgibt oder ob es einer differenzierenden Betrachtung zugänglich ist. Den Ausgangspunkt der rechtlichen Erfassung und damit eines möglichen Veräußerungsrechts von abgetrenntem Gewebe bildet daher die Beurteilung der rechtlichen Verhältnisse des Menschen zu seinem Körper. Da die rechtliche Einordnung des menschlichen Körpers immer noch umstritten ist, ist eine

---

1 Der Begriff der Sache, der in § 90 BGB legaldefiniert wurde, fordert neben der Körperlichkeit (Die Körperlichkeit besteht in dem räumlichen Zutagetreten von Materie, wobei es nicht auf den Aggregatzustand ankommt, so dass auch feste, flüssige oder gasförmige Stoffe hierunter fallen, vgl., *Marly*, in: Soergel, § 90, Rdnr. 1; *Michalski*, in: Erman, vor § 90, Rdnr. 3.) als weitere Voraussetzung das Vorliegen eines Gegenstandes. Der Begriff des Gegenstandes wurde vom Gesetz nicht definiert, so dass die Wissenschaft lange nach einer Inhaltsbestimmung gesucht hat (siehe hierzu instruktiv: *Jickeli/Stieper*, in: J.v. Staudingers, Vorbem. zu den §§ 90ff. Rdnr. 3ff. und *Schünemann*, Die Rechte am menschlichen Körper, S. 11ff). Unter einem Gegenstand versteht man ein individualisierbares vermögenswertes Objekt der natürlichen Welt über das ein Berechtigter Rechtsmacht ausüben kann (*Marly*, in: Soergel, vor § 90, Rdnr. 2; *Fritzsche*, in: Bamberger/ Roth, § 90, Rdnr. 4), so dass alles was Objekt von Rechten sein kann, hierunter zu subsumieren ist (*Heinrichs*, in: Palandt, Überbl. V. § 90, Rdnr. 2).

2 *Michalski*, in: Erman, § 90, Rdnr. 7; *Jauernig*, in: Jauernig, § 90, Rdnr. 2; *Heinrichs*, in: Palandt, § 90, Rdnr. 4; *Marly*, in: Soergel, vor § 90, Rdnr. 47, siehe auch hier zu den Ausnahmen.

3 *Forkel*, JZ 1974, 593 (593); *Jansen*, Blutspende, S. 4; *Marly*, in: Soergel, § 90, Rdnr. 5; *Jickeli/Stieper*, in: J. v. Staudingers, § 90, Rdnr. 18ff.; *Gareis*, Das Recht am menschlichen Körper, S. 61f.

Auseinandersetzung der rechtlichen Verhältnisse der Person zu ihrem Körper unerlässlich. Im Anschluss wird dann der Frage nach der rechtlichen Beurteilung und einer möglichen Veräußerungsfähigkeit von abgetrenntem Gewebe nachgegangen.

I. Die rechtliche Qualifikation des menschlichen Körpers und der davon ungetrennten Substanzen

Die rechtliche Einordnung des menschlichen Körpers und der davon ungetrennten Substanzen gab sowohl in der Rechtsprechung als auch im Schrifttum seit jeher Anlass zur Diskussionen. So wurden im Laufe der Zeit zahlreiche wissenschaftliche Arbeiten verfasst, die sich mit der rechtlichen Zuordnung dieser Problematik beschäftigten. Die Unsicherheit einer klaren rechtlichen Einordnung des menschlichen Körpers mag daher rühren, dass es bis heute keine gesetzlichen Normen gibt, die die Rechtsverhältnisse am menschlichen Körper ausdrücklich regeln. Dennoch lassen sich zwei Grundüberlegungen unterscheiden. Teilweise wird die Möglichkeit bejaht, den Körper und die Person getrennt zu betrachten, so dass eine Qualifizierung des menschlichen Körpers unter den Sachbegriff des § 90 BGB für möglich gehalten wird[4].

Demgegenüber vertritt der überwiegende Teil des juristischen Schrifttums und der Rechtsprechung die Auffassung, dass der Mensch stets als Einheit zu sehen ist, so dass sich eine Trennung von Körper und Person verbiete; aus diesem Grund sei die Beziehung des Menschen zu seinem Körper ausschließlich eine persönlichkeitsrechtliche.

Die nachfolgende Darstellung soll die obigen Thesen näher aufzeigen und der Frage nachgehen, ob eine rechtliche Trennung von Körper und Person möglich ist.

1. Die rechtliche Möglichkeit einer Trennung von Körper und Person

Vereinzelt wurde vertreten, dass der menschlichen Körper als eigentumsfähige Sache zu qualifizieren sei[5]. Hierfür werden üblicherweise praktische Erwägungen im Bereich der Anatomie und der allgemeine Sprachgebrauch als Argumente vorgebracht[6]. Teilweise wurde davon ausgegangen, dass der „Mensch in Betreff auf das Physische an ihm, Objekt des Eigentumsrecht sei"; hierbei könne er entweder im

---

4   Siehe zum geschichtlichen Überblick der Einordnung des menschlichen Körpers zu den Sachen etwa *Steffen*, Umfang und Grenzen, S. 54; *Gareis*, Recht am menschlichen Körper, S. 62, 77f.; *Koppe*, Das Recht, S. 21ff.; *Schünemann*, Die Rechte am menschlichen Körper, S. 1ff.; *Lanz-Zumstein*, Die Rechtsstellung, S. 47ff.; *Jansen*, Blutspende, S. 5f.
5   v. *Vangerow*, Pandenkten, S. 82f.; *Brunner*, NJW 1953, 1173 (1173f.).
6   So führt *Brunner*, NJW 1953, 1173 (1173f.) die Benutzung von Possessivpronomen für den Körper wie „seinem" Arm etc. auf, um über den allgemeinen Sprachgebrauch zu einer Eigentumsfähigkeit des menschlichen Körper zu gelangen.

eigenem oder im Eigentum eines dritten stehen[7]. Als Begründung für diese Sichtweise wurde auf das römische Recht verwiesen[8].

Neuerdings wird im Rahmen der Überlagerungsthese der Ansatz vertreten, dass eine logische und rechtliche Trennbarkeit von Körper und Person möglich sei[9]. Als Argument hierfür wird auf eine der grundlegendsten Eigenschaften des Menschen hingewiesen, die in der Fähigkeit besteht, sich über seinen Körper zu erheben und dem Körper seinen Willen aufzuzwingen; der Wille gestatte es dem Menschen, seine geistigen sowie körperlichen Kräfte sich ebenso nutzbar zu machen wie die außerhalb des Körpers vorhanden Stücke der Umwelt[10]. Hierbei wird klarstellend darauf hingewiesen, dass es nicht um die Sacheigenschaft der Person, sondern ausschließlich des Körpers gehe[11]. Dieser Annahme zufolge ist der Körper des Menschen als Sache zu qualifizieren, wobei die sachenrechtliche Ebene von der persönlichkeitsrechtlichen Ebene überlagert werde, wenn der Körper und seine Teile der Person zugeordnet seien, was im ungetrennten Zustand der Fall sei[12].

Bei einer Bejahung der Möglichkeit einer Trennung des menschlichen Körpers einerseits und dem Willen, dem Geist und dem menschlichen Wesen andererseits wäre es möglich den menschlichen Körper unter den Sachbegriff des § 90 BGB zu subsumieren. Wäre der menschliche Körper einer solchen Zuordnung fähig, dann bestünde die Möglichkeit, dass die sachenrechtlichen Normen auf ihn Anwendung fänden. Dies hätte zur Folge, dass diese „Sache" eigentumsfähig wäre, so dass rechtswirksame Veräußerungen über ihn im Rahmen der Verfügungsbefugnis in Frage kämen.

Diese Qualifizierung hätte dann zur Folge, dass das vom menschlichen Körper getrennte Gewebe auch nach sachenrechtlichen Regeln behandelt werden könnte.

2. Die Theorie der Untrennbarkeit von Körper und Person

Der überwiegende Teil des juristischen Schrifttums lehnt die Möglichkeit einer logischen rechtlichen Trennung des Körpers von der Person ab. Hiernach kommt eine Subsumtion des menschlichen Körpers unter den Sachbegriff im Sinne des § 90 BGB nicht in Betracht, so dass die Anwendung sachenrechtlicher Normen auszuscheiden hat. Das Recht des Menschen an seinem Körper wird vielmehr nahezu

---

7 v. *Vangerow*, Pandenkten, S. 82f.
8 v. *Vangerow*, Pandenkten, S. 82f.; siehe zu der Kritik dieser älteren Auffassung etwa *Kramer*, Über das Recht, S. 15ff. weist darauf hin, dass v. Vangerow seine Thesen nicht auf anerkannte juristische Quellen stütze; *Hölder*, Beiträge zur Geschichte, S. 4ff.; *Puchta*, Cursus der Institutionen, § 218, kritisiert, dass v. Vangerow sich nicht auf juristisch fundierte Quellen stütze, sondern lediglich römische Dichter zum Beweis seiner These anführe.
9 *Schünemann*, Die Rechte am menschlichen Körper, S. 24f.
10 *Schünemann*, Die Rechte am menschlichen Körper, S. 25.
11 *Schünemann*, Die Rechte am menschlichen Körper, S. 24.
12 *Schünemann*, Die Rechte am menschlichen Körper, S. 91ff.

einhellig, wenn auch mit unterschiedlichen Nuancierungen als Persönlichkeitsrecht qualifiziert[13]. Zur Begründung dieses Ansatzes wird vielfach auf den vielzitierten Satz Ulpians verwiesen: „Dominus membrorum suorum nemo videtur"[14]; demnach stand niemanden ein Eigentumsrecht an Körperteilen zu.

In Anlehnung an diese Wertung werden überwiegend gegen eine Zuordnung des menschlichen Körpers zu den Sachen im Sinne des § 90 BGB gewichtige systematische Erwägungen angeführt. So geht das BGB von einem Dualismus[15] zwischen Personen und Sachen aus; es anerkennt nur Rechtssubjekte (natürliche und juristische Personen)[16] und Rechtsobjekte (körperliche und unkörperliche Rechtsgegenstände)[17], wobei diese Unterteilung in der Systematik des BGB deutlich hervorgehoben wird[18]. Das deutsche Zivilrecht qualifiziert dabei das Rechtsobjekt

---

13 Einhellige Meinung in der Literatur; dabei wird es entweder als Teil des allgemeinen Persönlichkeitsrechts oder aber als besonderes Persönlichkeitsrecht charakterisiert: *v.Freier*, MedR 2005, 321 (322,324); *Rausnitz*, Das Recht, 1903, 593 (594); *Forkel*, JURA 2001, 73 (73ff.); *Rieger*, Lexikon des Arztrechts, Rdnr. 973; *v. Schwerin*, Seuff. Bl. BD.70, 653ff.; *Damm*, JZ 1998, 926 (933); *Lippert*, MedR 2001, 406 (407); *Holch*, in: MüKo, 5. Aufl., § 90, Rdnr. 2; *Fritzsche*, in: Bamberger/Roth, 1. Aufl., § 90, Rdnr. 29; *Michalski*, in: Erman, 11. Aufl., § 90, Rdnr. 5; *Marly*, in: Soergel, § 90, Rdnr. 5; *Jikeli/Stieper*, in: J.v. Staudingers, § 90, Rdnr. 18f.; *Spranger*, NJW 2005, 1084 (1085); *Völzmann-Stickelbrock*, in: PWW, § 90, Rdnr. 6; *Dörner*, in: Hk- BGB, § 90, Rdnr. 3; *Kallmann*, FamRZ 1969, 572 (577); *Taupitz*, JZ 1992, 1089 (1091); *Deutsch/Spickhoff*, Medizinrecht, Rdnr. 609; *Schröder/Taupitz*, Menschliches Blut, S. 34; *Freund/Weiss*, MedR 2004, 315 (316); *Oertmann*, LZ 1925, 511 (512); *Forkel*, JZ 1974, 593 (594); *Görgens*, JR 1980, 140 (140); *Müller*, Die kommerzielle Nutzung menschlicher Körpersubstanzen, S. 32ff.; *Wichmann*, Rechtliche Verhältnisse, S. 5f.; *Medicus*, BGB AT, Rdnr. 1043, 1176; *Hübner*, BGB AT, Rdnr. 287; *Bork*, BGB AT, Rdnr. 230, 240; *Larenz*, AT, § 20, Rdnr. 7; *Gareis*, Das Recht am menschlichen Körper, S. 61f., 87ff.; *Schreuer*, Der menschliche Körper und die Persönlichkeitsrechte, S. 242ff.; *Eichholz*, NJW 1968, 2272 (2273); *Gribbohm*, JuS. 1971, 200 (200); *Spranger*, NJW 2005, 1084 (1085); *Wolpert*, Ufita 34, 150 (150f.); *Brohm*, JuS. 1998, 197 (198f.); insoweit missverständlich *Freund*, MedR 2005, 453 (453), der den Körper des lebenden Menschen als nicht eigentumsfähig i.S. verkehrsfähigen zivilrechtlichen Eigentums qualifiziert, ihn aber dennoch als „besonderes Eigentum der Person" ansieht.
14 *Ulpian*, D. 9,2,13 pr.
15 Siehe zum Begriff des Dualismus *Medicus*, BGB AT, Rdnr. 21ff.
16 Siehe hierzu: Brox, Allgemeiner Teil des BGB, 23. Aufl., Rdnr. 654ff.
17 Siehe hierzu: *Bork*, BGB AT, 2. Aufl., Rdnr. 227ff; *Medicus*, BGB AT, Rdnr. 1174f; *Hübner*, BGB AT, 285f.
18 Buch 1, Allgemeiner Teil: Abschnitt 1 für Personen und Abschnitt 2 für Sachen und Tiere; für die Unterscheidung von Rechtssubjekten zu den Rechtsobjekten spielt die Hervorhebung der Tiere in § 90a BGB keine Rolle, da die Tiere jedenfalls nicht zu den Rechtssubjekten, sondern zu den Rechtsobjekten zu zählen sind, so dass sie keine „Mischform" zwischen Rechtssubjekten und Rechtsobjekten einnehmen (so auch Bork, BGB AT, 2. Aufl., Rdnr. 235); zu den Intentionen des Gesetzgebers zu § 90a BGB siehe: BT-Drs. 11/7369.

als „Gegenbegriff" zu dem des Rechtssubjekts, mit der Folge, dass Rechtsobjekte niemals Rechtssubjekte sein können (und umgekehrt)[19]. Da der Mensch gemäß § 2 BGB Träger von Rechten und Pflichten ist und damit ein Rechtssubjekt darstellt kann er niemals selbst Objekt eines Herrschaftsrechts sein[20].

3. Stellungnahme

Es lässt sich zwar nicht leugnen, dass der menschliche Körper als beherrschbare, räumlich abgrenzbare Materie in Erscheinung tritt, so dass man geneigt sein könnte ihn bei naiver Betrachtung durchaus unter den Sachbegriff des § 90 BGB zu subsumieren, um ihn so dem Rechtsschutz nach den Eigentumsvorschriften zu unterwerfen[21]. Die Voraussetzung einer solchen Wertung, die in der Trennbarkeit von Körper und Person liegt, ist jedoch aus gewichtigen Gründen mit der herrschenden Meinung abzulehnen.

Zum Einen stellt der allgemeine Sprachgebrauch infolge seiner begrifflichen Unschärfe bei dem Gebrauch juristischer Termini in der Umgangssprache ein wenig überzeugendes Argument[22] dar; zum Anderen kann der Hinweis auf rein praktische Überlegungen eine rechtliche Auseinandersetzung und Begründung nicht ersetzen[23].

Zudem sprechen gegen eine solche Trennung neben dem oben erörterten formal- juristischen Argument des Dualismus im BGB die Wertung des Gesetzes sowie biologisch-faktische Gründe.

Wäre eine Trennung von Körper und Person möglich, so müsste hierin zugleich auch eine Trennung von Körper und Geist zu sehen sein. Das hieße wiederum, dass jegliche Potenz des Menschen, sowohl im biologischen als auch im rechtlichen Sinne, lediglich aus dem Geistigen kommen müsste. Als Voraussetzung hierfür müsste es dem Menschen möglich sein, sowohl seine Rechtsmacht als auch alle seine geistigen Fähigkeiten unabhängig von der körperlichen Materie zu verwirklichen. Dass eine solche Trennung nicht möglich ist, sollen die folgenden Ausführungen belegen.

---

19 *Bork*, BGB AT, 2. Aufl., Rdnr. 230; *Brox*, Allgemeiner Teil des BGB, 23. Aufl., Rdnr. 731f.
20 *Jikeli/Stieper*, in: J. V. Staudingers, § 90, Rdnr. 18; *Holch*, in: MüKo, 5. Aufl., § 90, Rdnr. 2; *Görgens*, JR 1980, 140 (140); *Wichmann*, Rechtliche Verhältnisse, S. 6; *Larenz*, BGB AT, § 20, Rdnr. 7; *Bork*, BGB AT, Rdnr. 230; *Kallmann*, FamRZ 1969, 572 (577).
21 *Eichholz*, NJW 1968, 2272 (2273); *Lanz-Zumstein*, Die Rechtsstellung, S. 46.
22 *Müller*, Die kommerzielle Nutzung menschlicher Körpersubstanzen, S. 33; *Schünemann*, Rechte am menschlichen Körper, S. 27f. Ferner überzeugt die Argumentation Brunners aus der Benutzung von Possessivpronomen auf ein Herrschaftsverhältnis schließen zu können nicht; wenn er versucht hierüber Rückschlüsse auf eine vermeintliche Eigentumsfähigkeit über den menschlichen Körper zu ziehen, befindet er sich in einem Irrtum. Es handelt sich lediglich um die Benutzung von Possessivpronomen, um die Zugehörigkeit zu einer Person auszudrücken. Es würde auch keiner auf die Idee kommen aus der Aussage „meine Oma" auf ein Herrschaftsverhältnis des Enkels/ der Enkelin an der Oma zu schließen.
23 *Müller*, Die kommerzielle Nutzung menschlicher Körpersubstanzen, S. 33.

a. Biologisch- faktische Argumente

Vor allem die biologische Beschaffenheit des Menschen zeigt auf, dass eine Trennung im obigen Sinne nicht machbar ist.

So wird die Trennung von Körper und Geist zum Teil mit dem Argument begründet, dass eine der grundlegendsten Eigenschaften des Menschen die Fähigkeit ist, sich über seinen Körper zu erheben und dem Körper seinen Willen aufzuzwingen, so dass es der Wille dem Menschen erlaube, seine körperlichen und geistigen Kräfte sich genauso nutzbar zu machen wie die außerhalb des Körpers vorhanden Stücke der Umwelt[24]. Dieser Ansatz stellt demnach auf die Potenzen des Willens als das entscheidende Merkmal für die Begründung einer möglichen Trennung ab.

Hierbei wird jedoch nicht bedacht, dass jeglicher Prozess der Willensbildung zugleich auch einen biologisch-chemischen, mithin einen körperlichen Akt hervorruft. So ist die Voraussetzung der Willensfassung ein vorhergehender Denkprozess. Ein Denkprozess entsteht infolge von unterschiedlichen chemisch-biologischen Abläufen im Gehirn[25]. Das bedeutet, dass für die Willensfassung körperliche Funktionen benötigt werden[26].

Dass der Körper einerseits und der Wille, der Geist und das Wesen andererseits in einem untrennbaren biologischen Zusammenhang zu sehen ist wird zudem dann deutlich, wenn man sich die Entstehung und Auswirkungen von Krankheiten ansieht, die sowohl körperliche als auch psychische Symptome aufweisen. Dieses Zusammenwirken soll anhand des „Down-Syndroms" und der „Demenz" verdeutlicht werden. Bei dem sogenannten Down-Syndrom kommt es in den meisten Fällen zu der Bildung eines dreifachen Chromosoms 21 infolge einer Nondisjunction während der Meiose; als Folge dieser Krankheit kommt es sowohl zu geistigen als auch zu körperlichen Behinderungen[27]. Unter Demenz versteht man die chronische Verwirrtheit; hierbei kommt es infolge von hirnorganischen Erkrankungen zum Verlust der erworbenen intellektuellen Fähigkeiten, vor allem des Gedächtnisses, sowie zu Persönlichkeitsveränderungen[28].

Dies bedeutet, dass es infolge einer Fehlentwicklung des Körpers auch zu einer negativen Auswirkung auf den Geisteszustand sowie der Persönlichkeit und damit auf die Person gekommen ist. Damit setzte der Körper die Bedingung für die Entwicklung des Wesens. Die gezeigten Beispiele verdeutlichen, dass der Körper und der Geist in einem so engen Zusammenhangs zu sehen sind, dass eine rechtliche Trennung beider aus biologischen Gründen ausgeschlossen ist.

Diese Ausführungen haben gezeigt, dass die geistige Potenz des Menschen zu ihrer Verwirklichung auf die Materie angewiesen ist. Ihre Realisierung ist damit

---

24 So *Schünemann*, Die Rechte am menschlichen Körper, S. 25.
25 Siehe näher zu der Physiologie etwa, *Silbernagl/Despopoulos*, Physiologie, S. 310ff.; *Klinke/Pape/Silbernagl*, Physiologie, S. 801ff.
26 So auch *Lanz-Zumstein*, Die Rechtsstellung, S. 66.
27 *Pschyrembel*, 256. Aufl., S. 373f.; *Roche*, 4. Aufl.,. S. 400f, 1689f.
28 *Roche*, 4. Aufl.,. S. 360; *Pschyrembel*, 256. Aufl., S. 335.

zwangsnotwendig auf den menschlichen Körper angewiesen, so dass sich beide Elemente gegenseitig beeinflussen und zu ihrer Verwirklichung aufeinander angewiesen sind, mithin in einem untrennbaren Zusammenhang stehen. Abschließend ist damit aus biologischer Sicht zu rekapitulieren, dass eine Trennung von Körper und Person nach dem jetzigen wissenschaftlichen Stand nicht möglich ist. Will man diese Erkenntnisse nicht mit religiösen, metaphysischen[29] oder parapsychologischen[30] Ansichten belasten, kommt man nicht umhin, von einer „wesensbedingten Einheit" von Person und Körper zu sprechen[31].

b. Das Menschenbild im Rechtssinne

Nachdem festgestellt worden ist, dass der Mensch aus biologischen Gründen eine Einheit von Körper und Person darstellt, muss nunmehr geklärt werden, ob diese Erkenntnis auch auf den Menschen im Rechtssinne übertragbar ist. Im Folgenden wird daher der Frage nachgegangen, ob unter dem Menschen im Rechtssinne der gesamte Mensch einschließlich des Geistes und des Körpers gemeint ist.

Zu diesem Zweck soll zunächst die Wertung des Grundgesetzes untersucht werden. Anschließend wird geprüft, wie das Zivilrecht diese Frage beantwortet.

aa. Das Menschenbild des Grundgesetzes

Auch das Menschenbild des Grundgesetzes setzt eine Einheit von Körper und Person voraus. So wird in Art. 1 Abs. 1 S. 1 GG die Würde des Menschen für unantastbar erklärt[32]. Die Entscheidung, die Menschenwürde gleich zu Beginn des Grundgesetzes zu kodifizieren zeigt auf, dass die Würde des Menschen den

---

29 Metaphysik, die: das, was hinter der Physik steht. Eine philosophische Disziplin/ Lehre, die das hinter der sinnlich erfahrbaren, natürlichen Welt Liegende, die letzten Gründe und Zusammenhänge des Seins behandelt, *Duden*, S. 2576.
30 Parapsychologie, die: ist die (umstrittene) Lehre von den okkulten Erscheinungen, d. h. von außersinnlich Wahrnehmungen (Telepathie, Hellsehen, Präkognition, Prophetie) und von physikalisch unerklärbaren seelischen Wirkungen auf physikalische oder biologische Vorgänge (Psychokinese, Telekinese), *Das Lexikon*, S. 171.
31 In diesem Sinne auch *Lanz-Zumstein*, Die Rechtsstellung, S. 67.
32 Die Frage, ob Art. 1 Abs. 1 S. 1 GG ein eigenständiges Grundrecht darstellt, ist umstritten, bedarf für die vorliegende Arbeit jedoch keiner Klärung. Die ganz herrschende Meinung bejaht dies üblicherweise mit dem Argument der zentralen Bedeutung, die der Menschenwürde zukomme, vgl. etwa *Ipsen*, JZ 2001, 989 (990f.); *Ipsen*, DVBl. 2004, 1381ff; *Ipsen*, StaatsR II, 7. Aufl., Rdnr. 219; *Hufen*, NJW 1999, 1504 (1509); *Hufen*, StaatsR II, S. 141; *Harks*, NJW 2002, 716 (717f.); *Jarass*, in: *Jarass/ Pieroth*, Art. 1, Rdnr. 3; *Kunig*, in: v. M/K, Art. 1, Rdnr. 3; *Stern/Sachs*, S. 26f.; das BVerfG betont zwar, dass die Menschenwürde den obersten Wert des Grundgesetzes darstelle, lässt jedoch offen, ob es auch ein Grundrecht darstelle, vgl., BVerfGE 61, 126 (137)- Erzwingungshaft.
Die Gegenmeinung steht infolge formaler und inhaltlicher Erwägungen auf dem Standpunkt, dass Art. 1 Abs. 1 S. 1 GG nur ein isoliert einforderbares Grundprinzip

„obersten Verfassungswert" des Grundgesetzes darstellt[33]. Sie fungiert als „tragendes Konstitutionsprinzip"[34], als die wichtigste Wertentscheidung des Grundgesetzes[35]. Zur Menschenwürde gehört es, den Menschen als Subjekt und nicht als Objekt anzusehen[36], ihm mithin den sozialen Wert- und Achtungsanspruch, der ihm infolge seines Menschseins zukommt, zuzuweisen[37], so dass jeder Mensch als gleichberechtigtes Glied mit Eigenwert anzuerkennen ist[38]. Aus diesen Gründen verstößt es gegen die Menschenwürde[39], wenn die Subjektsqualität des Menschen, sein Status als Rechtssubjekt, grundsätzlich in Frage gestellt wird[40], oder er zum bloßen Objekt eines beliebigen Verhaltes degradiert wird[41]. Diese Wertungen haben zur Folge, dass die Einordnung des Menschen unter den Gegenstandsbegriff mit der jeder Person zukommenden Menschenwürde gemäß Art. 1 Abs. 1 GG[42] und dem Persönlichkeitsrecht[43] unvereinbar ist, da es zur Menschenwürde gehört, dass jeder Mensch Subjekt von Rechten ist, so dass Herrschaftsrechte an ihm unbegründbar

---

enthalte, das durch die Art. 2 ff. GG ausgestaltet sei, vgl. etwa *Böckenförde*, JZ 2003, 809ff.; *Dreier*, in: Dreier, Art. 1, Rdnr. 123ff.

33 *BVerfGE* 32, 98 (108)- Gesundbeter; 50, 166 (175)- Ausweisung (unerlaubter Waffenbesitz); 54, 341 (357)- Asylgewährung; 96, 375 (398)- Sterilisation; 102, 370 (389)- Zeugen Jehovas; 109, 279 (311)- großer Lauschangriff;

34 *BVerfGE* 6, 32 (36, 41)- Elfes; 45, 187 (227)- lebenslange Freiheitsstrafe; 50, 166 (175)- Ausweisung (unerlaubter Waffenbesitz); 72, 105 (115)- Strafaussetzung; 87, 209 (228)- Einziehung einer Videokassette; *BVerfG* NJW 2004, 739ff.- lebenslange Sicherungsverwahrung; *Bleckmann*, StaatsR II, S. 545; *Jarass*, in: Jarass/Pieroth, Art. 1, Rdnr. 2; *Hufen*, StaatsR II, S. 141.

35 Diese Entscheidung wird vor allem durch Art. 79 Abs. 3 GG unterstrichen, der eine Einschränkung des Art. 1 Abs. 1 GG auch im Wege der Verfassungsbeschwerde verbietet, vgl. hierzu *Jarass*, in: Jarass/Pieroth, Art. 1, Rdnr. 2.

36 *BVerfGE* 30, 1 (26)- Abhörurteil; 50, 166 (175)- Ausweisung (unerlaubter Waffenbesitz); *Jarass*, in: Jarass/Pieroth, Art. 1, Rdnr. 6.

37 *BVerfGE* 27, 1 ()- Mikrozensus; 50, 166 (175)- Ausweisung (unerlaubter Waffenbesitz); 87, 209 (228)- Einziehung einer Videokassette; *Jarass*, in: Jarass/Pieroth, Art. 1, Rdnr. 6; Ipsen, StaatsR II, 7. Aufl., Rdnr. 217.

38 *BVerfGE* 45, 187 (228)- lebenslange Freiheitsstrafe; 115, 118 (166)- Luftsicherheitsgesetz; *Jarass*, in: Jarass/Pieroth, Art. 1, Rdnr. 6.

39 Es ist bis heute ungeklärt, wie der Schutzbereich der Menschenwürde zu definieren ist.

40 *BVerfGE* 30, 1 (26)- Abhörurteil; 50, 166 (175)- Ausweisung (unerlaubter Waffenbesitz).

41 *BVerfGE* 5, 85 (204)- KPD-Verbot; 7, 198 (205)- Lüth-Urteil; 27, 1 (6)- Mikrozensus; 28, 386 (391)- Strafzumessung; 45, 187 (228)- lebenslange Freiheitsstrafe; 96, 375 (399)- Sterilisation; *BVerfG* NStZ 1993, 482 ().

42 *Holch*, in: MüKo, § 90, Rdnr. 2; *Hübner*, BGB AT, Rdnr. 285; *Larenz*, BGB AT, Rdnr. 7; *Bock*, Rechtliche Voraussetzungen der Organentnahme von Lebenden und Verstorbenen, S. 89; *Medicus*, BGB AT, Rdnr. 1043; *Jansen*, Blutspende, S. 6.

43 *Hübner*, BGB AT, Rdnr. 285.

sind[44]; eine Qualifizierung des Menschen als Objekt von Rechten, würde ihn zum Sklaven degradieren[45].

Die Menschenwürde setzt demnach einen in seinen Entscheidungen und seinem Handeln freien Menschen voraus, der über die gleichen Rechte verfügt, wie alle anderen. Dem Grundgesetz liegt folglich das Menschenbild eines geistig-sittlichen Wesens zugrunde, welches autonom darüber bestimmen kann, wie es sich in Freiheit selbst realisieren und frei entfalten will[46]. Da jedweder Form der Realisierung geistiger Potenzen notwendigerweise Handlungen zugrunde liegen und Handlungen wiederum eine körperliche Aktivität voraussetzen, kann das Menschenbild des Grundgesetzes nur dann wirksam erfüllt werden, wenn eben diese Aktionen ihrerseits gewährleistet werden. Diesen untrennbaren Zusammenhang hat auch das Grundgesetz erkannt und wird ihm gerecht, indem es den Schutz der freien Entfaltung der Persönlichkeit in Art. 2 Abs. 1 GG verankert. Seit dem „Elfes-Urteil" des BVerfG vom 16.01.1957[47] und danach in ständiger Rechtsprechung wird Art. 2 Abs. 1 GG in der Ausformung der allgemeinen Handlungsfreiheit denkbar weit verstanden, so dass jedwedes menschliche Handeln hierunter zu subsumieren ist[48], das nicht bereits dem Schutzgut eines anderen Freiheitsrechts unterfällt, ohne dass diese Handlungen einen besonders prägenden Bezug zur Persönlichkeitsentfaltung aufweisen müssten[49]. Zu Begründung dieser Wertung gab es unter anderem an, dass das Grundgesetz mit der „freien Entfaltung der Persönlichkeit" nicht nur die Entfaltung innerhalb jenes Kernbereichs der Persönlichkeit gemeint haben könne, der das Wesen des Menschen als geistig-sittliche Person ausmacht, denn es wäre nicht verständlich, wie die Entfaltung innerhalb dieses Kernbereichs gegen das Sittengesetz, die Rechte anderer oder sogar gegen die verfassungsmäßige Ordnung

---

44 *Larenz*, AT, S. 351; *Kindhäuser*, in K/N/P, § 242, Rdnr. 12; *Eser*, in: Schönke/Schröder, § 242, Rdnr. 10.
45 So völlig zutreffend formuliert von *Medicus*, BGB AT, Rdnr. 1043.
46 Siehe zum Menschenbild nach der Werteordnung des Grundgesetzes etwa *BVerfGE* 4, 7 (15f.)- Investitionshilfe; 24, 119 (144)- Adoption; 27, 1 (7)- Mikrozensus; 30, 173 ()- Mephisto; 33, 303 (304)- numerus clausus; 45, 187 (227f.)- lebenslange Freiheitsstrafe; 50, 166 (175)- Ausweisung (unerlaubter Waffenbesitz); 115, 118 (166)- Luftsicherheitsgesetz; *Bleckmann*, StaatsR II, S. 545; *Hufen*, StaatsR II, S. 143f.
47 *BVerfGE* 6, 32 (36f.)- Elfes- Urteil.
48 Zu diesen geschützten Handlungen zählen etwa der Schutz der Privatautonomie (vgl. *BVerfGE* 95, 267 (303f.)- Altschulden; 114, 1 (34)- Bestandsübertragung), Führen eines Kraftrades ohne Schutzhelm (vgl. *BVerfGE* 59, 275 (278)- Schutzhelmpflicht), Schutz vor Auferlegung von Steuern (vgl. *BVerfGE* 87, 153 (169)- Einkommensteuerrecht.
49 *BVerfGE* 6, 32 (36f.)- Elfes; 54, 143 (144)- Taubenfütterung; 67, 157 (171)- Telefonüberwachung; 70, 1 (23)- Orthopädietechniker-Innung; 74, 129 (151)- Unterstützungskasse; 75, 108 (154f.)- Künstlersozialversicherung; 77, 84 (118)- Arbeitnehmerüberlassung; 80, 137 (152)- Reiten im Walde; 97, 332 (340)- gestaffelte Kindergartenbeiträge; 114, 371 (383f.)- Kabelgroschen; *Jarass*, in: Jarass/Pieroth, Art. 2, Rdnr. 3; *Dreier*, in: Dreier, Art. 2, Rdnr. 20; *Kunig*, in v.M/K, Art. 2, Rdnr. 12; *Pieroth/Schlink*, StaatsR II, Rdnr. 368ff.; siehe auch *Kube*, JuS. 2003, 111ff.

einer freiheitlichen Demokratie sollte verstoßen können. Gerade diese, dem Individuum als Mitglied der Gemeinschaft auferlegten Beschränkungen zeigen vielmehr, dass das Grundgesetz in Art. 2 Abs. 1 GG die Handlungsfreiheit im umfassenden Sinne meint[50]. Daneben führte das Gericht aus, dass Art. 2 Abs. 1 GG im Lichte des Art. 1 GG zu sehen ist, so dass er auch dazu bestimmt sei, das Menschenbild des Grundgesetzes zu prägen, was zur Folge habe, dass die allgemeine Handlungsfreiheit in Art. 2 Abs. 1 GG letztendlich aus dem „obersten Konstitutionsprinzip" der Menschenwürde fließe[51]. Da die allgemeine Handlungsfreiheit des Art. 2 Abs. 1 GG ihrerseits dazu dient, auch das Menschenbild des Grundgesetzes zu verwirklichen, und dieses wiederum nicht nur einen seelisch-geistigen, sondern auch einen nach außen handelnden Menschen meint, war es nur konsequent, den Schutzbereich der allgemeinen Handlungsfreiheit möglichst weit zu begreifen, um dem Menschen die Möglichkeit und die Freiheit zu geben, sich nicht nur in seinem Inneren zu verwirklichen, sondern seine geistige Potenz auch nach außen zur Geltung zu bringen. In diesem Sinne erscheint es gerechtfertigt die allgemeine Handlungsfreiheit neben der Menschenwürde als „obersten Wert"[52] der Verfassung und als „Hauptfreiheitsrecht"[53] zu begreifen.

Daneben tragen auch die übrigen Freiheitsrechte dem Menschenbild des Grundgesetzes Rechnung, indem sie die Freiheit menschlicher Betätigung für bestimmte Lebensbereiche gewährleisten[54]. Abschließend ist damit zu konstatieren, dass der Mensch im Sinne des Grundgesetzes nicht als ein ausschließlich geistiges Wesen verstanden werden kann. Er ist vielmehr als eine Geist-Körper-Einheit zu begreifen, da ihm die Freiheit eingeräumt wird, sich auch nach außen zu verwirklichen und jede Aktion zwangsläufig zu einer körperlichen Aktivität führen muss. Die Trennungstheorie widerspricht deshalb dem Menschenbild des Grundgesetzes und ist aus diesem Grund abzulehnen[55].

bb. Wertung des BGB

Nachdem gezeigt worden ist, dass das Menschenbild des Grundgesetzes von einer Körper-Geist-Einheit ausgeht, liegt der Schluss nahe, dass diese Wertung für den Menschen im Rechtssinne stets zu treffen ist. Diese Qualifikation ist auch im Zivilrecht anzutreffen. So zeigt sich die Ausstrahlungswirkung des Menschenbildes des Grundgesetzes auf das Privatrecht vor allem im Rahmen der Privatautonomie. Daneben enthält das BGB auch zahlreiche Normen, denen zu entnehmen ist, dass

---

50 *BVerfGE* 6, 32 (37). – Elfes-Urteil.
51 *BVerfGE* 6, 32 (37). – Elfes-Urteil.
52 *BVerfGE* 7, 377 (405) - Apothekenurteil.
53 *Bleckmann*, StaatsR II, S. 592.
54 Zu diesen Freiheitsgrundrechten, die die allgemeine Handlungsfreiheit grds. verdrängen zählen vor allem Art. 4 Abs. 1, Abs. 2; Art. 5 Abs. 1, Abs. 3; Art. 6 Abs. 1; Abs. 2; Art. 8 Abs. 1; Art. 9 Abs. 1 GG; Art. 12 Abs. 1 und Art. 14 Abs. 1 GG.
55 Im Ergebnis so auch *Jansen*, Blutspende, S. 23f.

der Terminus des menschlichen Körpers stets im Zusammenhang mit der Person zu verstehen ist. Ferner trifft das Zivilrecht in verschiedenen Normen eine differenzierte Betrachtung und Wertung zwischen Personen und Sachen.
Nachfolgend sollen diese Erkenntnisse der Wertung des BGB veranschaulicht werden.

(1) Die Teilnahme am Rechtsverkehr

Das Menschenbild des Grundgesetzes strahlt insbesondere unter dem Gesichtspunkt der Teilnahme am Rechtsverkehr in das Zivilrecht hinein. Im Rahmen der Privatautonomie, die zu den wesentlichen Grundentscheidungen des BGB gehört[56], soll sich der Einzelne im Rechtsleben selbst verwirklichen können[57]. Aber auch die Teilnahme einer Person am Rechtsverkehr setzt eine einheitliche Betrachtung von Körper und Person voraus. Die Vornahme rechtlich relevanter Handlungen eines Menschen ist allein mittels seiner geistigen Potenz nicht begründbar. Jedwede rechtliche Handlung bedarf zu ihrem Zustandekommen eines körperlichen Einsatzes.
Dieses Bedingungsgefüge soll nachfolgend aufgezeigt werden.
Die Privatautonomie befugt die Rechtssubjekte, ihre privatrechtlichen Angelegenheiten selbständig und eigenverantwortlich nach ihrem eigenen Willen zu gestalten[58]. Eines der maßgeblichen rechtlichen Instrumente zur Verwirklichung des freien und eigenverantwortlichen Handelns in Beziehung zu anderen bildet das Rechtsgeschäft. Unter einem Rechtsgeschäft[59] wird eine Rechtshandlung verstanden, deren erklärte Rechtsfolge nach der Rechtsordnung eintritt, weil sie gewollt ist, und die Rechtsordnung den gewollten Rechtserfolg anerkennt[60]. Dabei reicht jedoch der Rechtsfolgenwille allein nicht aus; die Veränderung der Rechtsverhältnisse muss für einen Außenstehenden vielmehr sichtbar sein, so dass ein ausschließliches Denken dieser Rechtfolge nicht genügt, um sie auszulösen[61]. Hinzukommen muss eine Manifestation dieses Willens nach außen, welche in Form der Willenserklärung stattzufinden hat[62]. Da die Willenserklärung eine Äußerung eines auf

---

56 Siehe zur Privatautonomie etwa *Medicus*, BGB AT, Rdnr. 172ff.; *Larenz*, AT, § 34, Rdnr. 1ff.
57 Die Privatautonomie steht unter dem Schutz der allgemeinen Handlungsfreiheit des Art. 2 Abs. 1 GG *BVerfGE* 89, 214 (231)- Bürgschaft; 95, 267 (303f.)- Altschulden; 103, 89 (100)- Unterhaltsverzichtsvertrag; 114, 1 (34)- Bestandsübertragung.
58 *Bork*, BGB AT, Rdnr. 99.
59 Die Vornahme von Rechtsgeschäften setzt Geschäftsfähigkeit voraus. Hierunter ist die Fähigkeit eines Rechtssubjekts zu verstehen, Rechtsgeschäfte wirksam vornehmen zu können, siehe hierzu *Bork*, BGB AT, Rdnr. 967ff.; zu der Differenzierung innerhalb der Geschäftsfähigkeit und ihren Rechtfolgen siehe *Pawlowski*, BGB AT, Rdnr. 177ff.
60 *Brox*, BGB AT, 31. Aufl., Rdnr. 96ff.; *Bork*, BGB AT, Rdnr. 395.
61 *Bork*, BGB AT, Rdnr. 398, 566.
62 Die Willenserklärung ist damit ein notwendiger Bestandteil von Rechtsgeschäften, vgl. *Bork*, BGB AT, Rdnr. 566; *Brox*, BGB AT, 31. Aufl., Rdnr. 96.

einen Rechtserfolg gerichteten Willens darstellt, setzt sie sich aus zwei Elementen zusammen, dem äußeren und dem inneren Tatbestand[63]. Dabei bewirkt nicht der bloße innere Wille[64], sondern nur der kundgegebene Wille den Rechtserfolg[65]. Da der äußere Tatbestand die Kundgabe des inneren Tatbestandes (des Willens) nach außen betrifft, bedarf es einer körperlichen Aktivität des Betroffenen[66]. Diese kann bei einer ausdrücklichen Erklärung durch Sprechen oder Schreiben[67] und bei einer konkludenten Erklärung durch sonstiges (körperliches) Verhalten geschehen, das auf einen bestimmten Rechtsfolgewillen schließen lässt[68]. Nur Ausnahmsweise genügt hierfür das Schweigen[69]. Damit bleibt festzustellen, dass der Abschluss von Rechtsgeschäften neben der Willensbildung zwingend Handlungen voraussetzt[70]. Solche Handlungen können jedoch nur durch den körperlichen Einsatz erreicht werden. Dieses Ergebnis wird vor allem dann deutlich, wenn für den rechtlichen Erfolg eines Rechtsgeschäftes neben der Willenserklärung der Realakt als weitere Voraussetzung hinzukommen muss. So bedarf es für die Eigentumsübertragung nach § 929 S. 1 BGB neben der Einigung der Vertragspartner darüber zusätzlich die tatsächliche Übergabe des Gegenstandes, also eines Realaktes[71]. Dieses Beispiel veranschaulicht, dass der rechtliche Erfolg zwingend an eine körperliche Betätigung geknüpft ist. Noch deutlicher tritt diese Erkenntnis bei den Realakten[72] zu Tage.

---

63 *Brox*, BGB AT, 31. Aufl., Rdnr. 83; *Bork*, BGB AT, Rdnr. 566.
64 Siehe zu den Elementen des inneren Tatbestandes der Willenserklärung etwa *Bork*, BGB AT, Rdnr. 578ff.
65 *Bork*, BGB AT, Rdnr. 566; *Brox*, BGB AT, 31. Aufl., Rdnr. 83.
66 Siehe hierzu *Larenz*, AT, § 24, Rdnr. 1.
67 *Larenz*, AT, § 24, Rdnr. 15; *Bork*, BGB AT, Rdnr. 567.
68 *Brox*, BGB AT, 31. Aufl., Rdnr. 90; *Larenz*, AT, § 24, Rdnr. 17; *Bork*, BGB AT, Rdnr. 571.
69 Im Grundsatz stellt das Schweigen keine Willenserklärung dar, vgl.*Brox*, BGB AT, 31. Aufl., Rdnr. 91. Ausnahmsweise kann dem Schweigen ein bestimmter Erklärungssinn beigemessen werden, so ist gesetzlich festgelegt, dass dem Schweigen in den folgenden Fällen eine Zustimmung zu entnehmen ist: §§ 416 Abs. 1 S. 2, 455 S. 2, 516 Abs. 2 S. 2 BGB, §§ 362 Abs. 1, 377 Abs. 2 u. 3, 386 Abs. 1 HGB, § 5 Abs. 3 PflVG, als Ablehnung hingegen: §§ 108 Abs. 2 S. 2, 177 Abs. 2 S. 2, 415 Abs. 2 S. 2, 451 Abs. 1 S. 2 BGB. Daneben können auch die Parteien festlegen, dass durch Schweigen bestimmte Rechtsfolgen eintreten sollen (sog. beredtes Schweigen), vgl. hierzu *Bork*, BGB AT, Rdnr. 575f.; ferner kann sich aus Treu und Glauben ergeben, dass dem Schweigen eine positive Erklärung zukommen soll, vgl. hierzu *Larenz*, AT, § 28, Rdnr. 72ff.
70 Daran vermag auch nicht die ausnahmsweise durch Schweigen hervorgebrachte Rechtsfolge etwas zu ändern, da es sich bei diesen Möglichkeiten lediglich um Ausnahmen von dem Grundsatz handelt, so dass diese Wertung nicht verallgemeinerungsfähig ist.
71 Siehe zu den Voraussetzungen des § 929 S. 1 BGB nur *Quack*, in: MüKo, § 903, Rdnr. 43ff.
72 Unter Realakten versteht man alle Rechtshandlungen, die keine Erklärungen darstellen und an die das Gesetz Rechtsfolgen knüpft, ohne dass es auf den Willen des Handelnden ankommt, vgl. *Brox*, BGB AT, Rdnr. 94.

Im Unterschied zu den Rechtsgeschäften enthalten sie keine Willensäußerungen[73], so dass die gesetzlich angeordnete Rechtsfolge allein infolge der körperlichen Aktivität eintritt.

Abschließend ist festzuhalten, dass rechtlich relevantes Verhalten allein mittels der geistigen Potenz nicht begründbar ist. Um am Rechtsverkehr teilnehmen zu können bedarf es neben einem geistigen Element[74] zwingend eine körperliche Aktivität, so dass die Teilnahme am Rechtsverkehr eine wesenbedingte Einheit von Körper und Person voraussetzt.

(2) Wertung des § 119 Abs. 2 BGB

Nach § 119 Abs. 2 BGB gilt als Irrtum über den Inhalt der Erklärung auch der Irrtum über solche Eigenschaften der Person oder der Sache, die im Verkehr als wesentlich[75] angesehen werden. Zu den Eigenschaften einer Person im Sinne des § 119 Abs. 2 BGB ist zunächst der körperliche oder geistige Zustand der Person zu zählen[76]. Das Gesetz zählt damit auch den Körper eines Menschen zu den Eigenschaften einer Person. Zu diesen körperlichen Eigenschaften werden unter anderem das Geschlecht[77], das Alter[78] und unter Umständen auch eine Schwerbehinderung[79] gezählt. Daneben geht das Gesetz auch von Eigenschaften einer Person aus, die sich primär auf natürliche Persönlichkeitsmerkmale[80] des Betreffenden beziehen, wie z. B. die Vertrauenswürdigkeit, eine besondere Sachkunde[81] oder eine berufsrechtliche Qualifikation[82]. Die Subsumtion sowohl der körperlichen als auch der geistigen Zustände eines Menschen unter die Eigenschaften einer Person zeigt deutlich, dass das Gesetz von einer Gleichwertigkeit beider Erscheinungsformen ausgeht, die stets kumulativ zu den Erscheinungsformen einer Person zu zählen sind und die Person gleichermaßen ausmachen[83].

---

73 *Bork*, BGB AT, Rdnr. 407.
74 Oder wie bei den Realakten auf ein solches gänzlich verzichtet werden kann.
75 Siehe zur Bestimmung, ob eine Eigenschaft als „wesentlich" anzusehen ist: den „subjektiven" Ansatz von *Flume*, BGB, § 24/2b; siehe auch die Darstellung bei *Hefermehl*, in: Soergel, § 119, Rdnr. 36; zum „neueren" Ansatz in der Literatur siehe etwa *Palm*, in: Erman, § 119, Rdnr. 43; *Wendtland*, in: Bamberger/Roth, 1. Aufl., § 119, Rdnr. 40.
76 *BAG*, WM 1974, 757; *Gruber* in: juris PK-BGB, § 119, Rdnr. 58.
77 *BAG*, NJW 1991, 2723ff.; *Gruber* in: juris PK-BGB, § 119, Rdnr. 59.
78 *Palm*, in: Erman, § 119, Rdnr. 45.
79 Eine Schwerbehinderung ist jedoch nur in den Fällen zu den wesentlichen Eigenschaften einer Person zu zählen, wenn der Vertragspartner die ihm obliegende Leistung wegen der Behinderung nicht erbringen kann, vgl. *Hefermehl*, in: Soergel, § 119, Rdnr. 46.
80 *BGHZ* 16, 54 (57); 34, 32 (41).
81 Heinrichs, in Palandt, 57. Aufl., § 119, Rdnr. 26.
82 BGHZ 88, 240ff. = NJW 1984, 230ff.
83 In diesem Sinne auch *Jansen*, Blutspende, S. 24.

(3) Elterliche Sorge, § 1626 Abs. 1 BGB i. V. mit § 1631 Abs. 1 BGB

Die Entscheidung des Zivilrechts bezüglich der Untrennbarkeit von Körper und Person wird insbesondere durch die in § 1626 Abs. 1 S. 1 BGB normierte elterliche Sorge deutlich. Nach § 1626 Abs. 1 S. BGB haben die Eltern die Pflicht und das Recht, für das minderjährige Kind zu sorgen (elterliche Sorge).

Der Zweck dieser Norm ist es, eine Balance zwischen dem sich aus Art. 6 Abs. 2 GG ergebenden Pflichtenrecht[84] der Eltern auf Pflege und Erziehung ihrer Kinder und den Belangen der Kinder an einer ungestörten körperlichen und geistigen Entwicklung[85] zu einer eigenverantwortlichen Persönlichkeit innerhalb der Gesellschaft zu schaffen[86]. Den Umfang der elterlichen Sorge regelt dabei § 1626 Abs. 1, S. 2 BGB, wonach sowohl die Personensorge als auch die Vermögenssorge umfasst werden. Der Inhalt der Personensorge wird wiederum in § 1631 Abs. 1 BGB konkretisiert. Nach § 1631 Abs. 1 BGB umfasst die Personensorge unter anderem das Recht und die Pflicht, das Kind zu pflegen (Alt.1) und zu erziehen (Alt.2). Dabei beinhaltet die Pflege vor allem die körperliche Seite der Betreuung[87], während die Erziehung die Sorge für die sittliche, geistige und seelische Entwicklung des Kindes betrifft[88]. Die Verpflichtung der Eltern sowohl das körperliche als auch das geistige Wohl des Kindes gleichermaßen zu schützen und zu fördern macht deutlich, dass das BGB beide Aspekte als ebenso wichtig erachtet, um dem Normzweck, das Kind zu einer eigenverantwortlichen Persönlichkeit innerhalb der Gesellschaft zu schaffen, zu erreichen[89]. Daraus kann nur der Schluss gezogen werden, dass sowohl das körperliche als auch das seelische Wohl des Kindes gleichberechtigt nebeneinander stehen und sich gegenseitig beeinflussen, so dass eine klare Trennung zwischen Pflege und Erziehung nicht möglich ist[90]. Aus diesen Gründen wird zum Teil ein weiterer Pflegebegriff befürwortet, der neben dem körperlichen Wohl auch die geistige und charakterliche Entwicklung des Kindes umfasst[91].

Hierbei zeigt sich, dass schon aus diesem Grund eine Trennung von Körper und Person auszuscheiden hat.

---

84 *BVerfG*, NJW 1986, 1859ff.- elterliche Vertretungsmacht = JZ 1986, 632ff.
85 *Kemper*, in: Dörner/Ebert/Eckert, 2. Aufl., Vor § 1626, Rdnr. 1.
86 *BVerfG*, FamRZ 1968, 578 (584)- *Adoption*; BT- Drs. 7/2060, S. 14; *Huber*, in: MüKo, § 1626, Rdnr. 63; *Peschel-Gutzeit*, § 1626, Rdnr. 115; *Veit*, in: Bamberger/Roth, § 1626, Rdnr. 21.
87 *Diederichsen*, in: Palandt, § 1631, Rdnr. 2; *Veit*, in: Bamberger/Roth, § 1631, Rdnr. 3; *Salgo*, in: J. v. Staudingers, § 1631, Rdnr. 22.
88 *Veit*, in: Bamberger/Roth, § 1631, Rdnr. 3; *Diederichsen*, in: Palandt, § 1631, Rdnr. 2; *Salgo*, in: J. v. Staudingers, § 1631, Rdnr. 24.
89 So auch *Huber*, in: MüKo, § 1631, Rdnr. 4.
90 *Huber*, in: MüKo, § 1631, Rdnr. 4; *Veit*, in: Bamberger/Roth, § 1631, Rdnr. 3.
91 Siehe hierzu *Salgo*, in: J. v. Staudingers, § 1631, Rdnr. 22. Im Ergebnis so auch *Huber*, in: MüKo, § 1631, Rdnr. 3f.; nicht dagegen *Diederichsen*, in: Palandt, § 1631, Rdnr. 2, der unter Pflege lediglich die körperliche Betreuung versteht.

Dass das Gesetz das geistige gegenüber dem körperliche Wohl nicht bevorzugt wird zudem auch durch die Aufzählung in § 1631 Abs. 1 BGB deutlich, da die Pflege als 1.Alt. vor der Erziehung als 2.Alt. auftaucht.

(4) Wertung der §§ 823 Abs. 1 BGB und § 253 Abs. 2 BGB

Gegen eine Einbeziehung des menschlichen Körpers unter den Sachbegriff des § 90 BGB oder einer Trennung von Körper und Person spricht zudem die Wertung der §§ 823 Abs. 1 und § 249 Abs. 2 BGB.

In § 823 Abs. 1 BGB ist normiert, dass derjenige, der vorsätzlich oder fahrlässig das Leben, den Körper, die Gesundheit, die Freiheit, das Eigentum oder ein sonstiges Recht eines anderen widerrechtlich verletzt, dem anderen zum Ersatz des daraus entstehenden Schadens verpflichtet ist.

Diese separate Aufzählung von „Körper" und „Eigentum" verdeutlicht, dass sich der Gesetzgeber der unterschiedlichen rechtlichen Qualifizierung bewusst war, so dass er eine Subsumtion des menschlichen Körpers unter den Sachbegriff im Sinne des § 90 BGB nicht für möglich hält. So liegt eine Eigentumsverletzung im Sinne des § 823 Abs. 1 BGB vor, wenn die Sache, an der das Eigentumsrecht besteht, dem Berechtigten entzogen, belastet, beschädigt oder zerstört wird[92].

Wäre der menschliche Körper zu den Sachen im Sinne des § 90 BGB zu zählen, so würde er dem Eigentumsschutz unterfallen, so dass es eines besonderen Körperschutzes nicht bedürfte. Dass diese Wertung vom Gesetz nicht verfolgt wird zeigt die besondere Erwähnung des Körpers in § 823 Abs. 1 BGB[93].

Dieses Ergebnis wird ferner infolge der unterschiedlichen rechtlichen Qualifizierung von Körper und Eigentum gestützt. So zählt der Körper[94] zu den Rechtsgütern[95], während es sich bei dem Eigentum um das einzige in § 823 Abs. 1 BGB normierte absolute subjektive Recht handelt[96]. Wäre der Körper zu den Sachen im Sinne des § 90 BGB zu zählen und unterfiele er damit dem Eigentumsschutz, dann müsste der menschliche Körper ferner zu den absoluten subjektiven Rechten gezählt werden. Gegen eine Qualifizierung des Körpers[97] als subjektives Recht spricht jedoch der Umstand, dass er im Gegensatz zum Eigentumsrecht kein Herrschaftsrecht darstellt und eine Übertragbarkeit des Körpers nicht möglich ist[98]. Von einem Recht könne

---

92 *Deutsch*, MDR 1988, 441 (444); *Wagner*, in: MüKo, § 823, Rdnr. 98ff.; *Spickhoff*, in: Soergel, § 823, Rdnr. 59ff; *Sprau*, in: Palandt, § 823, Rdnr. 7ff; *Fuchs*, Deliktsrecht, S. 19ff.
93 So auch *Jansen*, Blutspende, S. 17; Johnsen, Die Leiche, S. 26.
94 Die gleiche Wertung trifft auch hinsichtlich des Lebens, der Gesundheit und der Freiheit zu.
95 *Staudinger*, in: Hk- BGB, § 823, Rdnr. 2; *Spickhoff*, in: Soergel, § 823, Rdnr. 29.
96 *Deutsch*, MDR 1988, 441 (444); *Wagner*, in: MüKo, 4. Aufl., § 823, Rdnr. 171; *Spickhoff*, in: Soergel, § 823, Rdnr. 58.
97 Sowie des Lebens, der Gesundheit und der Freiheit.
98 Wagner, in: MüKo, 4. Aufl., § 823, Rdnr. 171; *Spickhoff*, in: Soergel, § 823, Rdnr. 29; *Deutsch/Ahrens*, Deliktsrecht, Rdnr. 176.

man nur dann sprechen, wenn man einen Träger als Rechtssubjekt von einem Gegenstand als Rechtsobjekt unterscheiden könne; im Unterschied zum Eigentum ist eine solche Trennung beim menschlichen Körper nicht möglich, da er eine Eigenschaft des Menschen darstellt, die sinnnotwendig mit ihm zusammenfällt[99].

Diese Wertung des Gesetzgebers wird insbesondere dann deutlich, wenn man § 823 Abs. 1 BGB i. V. m. § 253 Abs. 2 BGB ließt. Nach § 253 Abs. 2 BGB kann der Betroffene bei einer Körperverletzung über den Ersatz des eingetretenen Vermögensschadens[100] hinaus, auch den Ersatz des immateriellen Schadens verlangen.

Eine solche Möglichkeit besteht bei einer Eigentumsverletzung nicht[101]. Aus dieser Entscheidung des Gesetzgebers wird ersichtlich, dass er dem menschlichen Körper eine andere Gewichtung beimisst und ihn nicht mit dem Eigentumsrecht gleichsetzen wollte.

(5) Wertung des § 249 Abs. 2 BGB

Dieses Ergebnis wird zudem durch die Regelung in § 249 Abs. 2 S. 1 BGB gestützt. Auch in § 249 Abs. 1 S. 2 BGB wird ausdrücklich zwischen der „Verletzung einer Person"[102] (Alt.1) und der „Beschädigung einer Sache" (Alt.2) unterschieden. Wäre der menschliche Körper zu den Sachen zu zählen, so würde er der Sachbeschädigung im Sinne dieser Norm unterfallen, so dass es der gesonderten Erwähnung der Verletzung einer Person nicht bedurft hätte[103].

(6) Einschränkungen des Eigentumsrechts

Die Bejahung der Trennungstheorie hätte zur Folge, dass die Befugnisse des Eigentümers Geltung besäßen, so dass sie auf den menschlichen Körper Anwendung fänden. Ein essentielles Element des Eigentumsrechts stellt dabei seine Übertragbarkeit dar[104]. Würde Eigentum am Körper bestehen, dann müsste dieser konsequenterweise auch auf einen anderen übertragbar sein[105].

Dies hätte zur Folge, dass nunmehr nicht bloß Eigentum an einem fremden Körper möglich wäre, sondern auch an einer fremden Person, da eine tatsächliche Trennung von Körper und Person aus den obigen Gründen ausscheidet. Dieses Ergebnis würde weitergedacht dazu führen, dass man nunmehr infolge der mit dem Eigentum als Herrschaftsrecht verbundenen Befugnisse zu einer Verfügungsmöglichkeit über eine andere Person kommen könnte. Damit wären Herrschaftsrechte am Menschen

---

99 *Medicus*, Schuldrecht II, Rdnr. 777.
100 Der nach den §§ 249 bis 252 BGB auszugleichen ist.
101 Zu beachten ist, dass die Aufzählung in § 253 Abs. 2 BGB abschließend ist, so dass eine analoge Anwendung der Norm auf das Eigentum nicht in Frage kommt, vgl. *Oetker*, in: MüKo, § 253, Rdnr. 27.
102 Hierunter wird eine Körperverletzung subsumiert.
103 Ähnlich auch *Jansen*, Blutspende, S. 24.
104 *Lemke*, in: PWW, 2. Aufl., § 903, Rdnr. 2.
105 So auch *Schäfer*, Rechtsfragen zur Verpflanzung, S. 42.

begründbar, was ihn zu einem bloßen Objekt degradieren würde. Wie bereits oben gezeigt, widerspricht ein solches Ergebnis der jedem Menschen zukommenden Menschenwürde[106]. Aber auch die Möglichkeit der Verfügung über den eigenen Körper wirft Probleme auf. So gibt es nach Art. 2 Abs. 2, S. 1 Alt.1 GG kein Verfügungsrecht „über" das eigene Leben[107]; zwar reagiert unser Recht auf Selbstmordversuche nicht mit Pönalisierung, es sieht jedoch sowohl die Selbstverstümmelung als auch den Selbstmord als Störungslagen an, die die Staatsorgane zum abwehrenden Einschreiten ermächtigen[108]. Bei Vorliegen bestimmter Voraussetzungen kann sich darüber hinaus sogar eine Hilfspflicht nach § 323c StGB für jedermann ergeben[109]. Um diese Wertung nicht zu unterlaufen, müsste das Recht zur Zerstörung der Sache, welches einen fundamentalen Bestandteil der Eigentümerbefugnisse ausmacht, ebenfalls eingeschränkt werden. Schon diese Beispiele genügen um aufzuzeigen, dass bei Bejahung des Eigentumsrechts am Körper infolge der Stellung des Bezugsobjekts tragende Befugnisse des Eigentümers von Anfang an eingeschränkt werden müssen.

Dies hätte jedoch zur Folge, dass das Eigentumsrecht als das umfassendste Herrschaftsrecht an einer Sache, welches unsere Rechtsordnung kennt[110] originär angelegten Beschränkungen unterliegen würde. Das wäre mit dem Wegfall wesensimmanenter und tragender Befugnisse des Eigentümers verbunden[111] was dazu führen würde, dass ein nur noch sinnentleertes Eigentumsrecht bestünde. Es ist kaum anzunehmen, dass ein derartiges „Rechtsgebilde" von Eigentum noch

---

106 So im Ergebnis auch *Schünemann*, Die Rechte am menschlichen Körper, S. 34. Gegen eine Übertragbarkeit des Rechtsgutes „Körper" auf einen anderen spricht auch schon die oben genannte Wertung, dass Rechtsgüter nicht übertragbar sind, so auch *Schäfer*, Rechtsfragen zur Verpflanzung, S. 42.
107 *Jarass*, in: Jarass/Pieroth, Art. 2, Rdnr. 81; *Kunig*, in: v. M/K, Art. 2, Rdnr. 50.
108 *Dürig*, in: Maunz/Dürig, Art. 2 Abs.II, Rdnr. 12.
109 So stellt nach der Rspr. und Teilen der strafrechtlichen Literatur jede durch einen Selbstmordversuch verursachte Gefahrenlage einen Unglücksfall im Sinne des § 323c StGB dar, der zum Einschreiten verpflichtet, vgl., *BGHSt. GS.* 6, 147; 13, 162, (168); 32, 367 (374); *OLG München*, NJW 1987, 2940 (2945); *Dölling*, NJW 1986, 1011ff; *Geilen*, Jura 1979, 201 (208). In Fällen der freiverantwortlichen Selbstmordversuch zwingt § 323c StGB jedoch keinen zu Hilfeleistungen gegen den erklärten Willen des Betroffenen. Diese Ansicht ist jedoch nicht unbestritten, so lehnt ein großer Teil des strafrechtlichen Schrifttums diese Ansicht ab, vgl. etwa *Heinitz*, JR 1954, 403 (405); *Cramer/Sternberg-Lieben*, in: Schönke/ Schröder, § 323c, Rdnr. 7; *Lackner/Kühl*, § 323c, Rdnr. 2.
110 *Lemke*, in: PWW, 2. Aufl., § 903, Rdnr. 1; *Bassenge*, in: Palandt, 66. Aufl., § 903, Rdnr. 1.
111 Neben der oben genannten Übertragbarkeit, Vernichtung und freien Verfügbarkeit über das Eigentum müssten zudem noch weitere essentielle Kernbereiche des Eigentumsrechts eingeschränkt werden, wie etwa die Eigentumsaufgabe, der gesetzliche Eigentumserwerb oder die Belastung mit dinglichen Rechten, so auch *Lanz-Zumstein*, Die Rechtsstellung, S. 66.

der Vorstellung des Gesetzgebers hinsichtlich eines sachbegründenden Eigentums entspricht[112].

cc. Wertung des Strafrechts

Auch die Wertung des Strafrechts widerspricht der Möglichkeit einer Trennung von Körper und Person. Eine solche Erfassung hätte zur Folge, dass der menschliche Körper zu den eigentumsfähigen Sachen zu zählen wäre. Dass eine solche Wertung nicht gewollt war, verdeutlichen die strafrechtlichen Normen, die zum einen die körperliche Unversehrtheit (§§ 223ff. StGB) und zum anderen das Eigentum (§§ 242ff. StGB) bzw. die Sachen (§§ 303 ff. StGB) gesondert schützen. Infolge der separaten Erfassung des Körpers und des Eigentums bzw. der Sache wird deutlich, dass der Gesetzgeber von verschiedenen Schutzobjekten ausgegangen ist, denen ein unterschiedliches Gewicht zufallen sollte, so dass sich deren Schutz auch nach gesonderten Kriterien bemisst. Würde die Trennungstheorie Geltung besitzen, dann müsste der menschliche Körper dem strafrechtlichen Schutz der §§ 242, 303 StGB unterfallen, da sowohl der Eigentumsbegriff als auch der Sachbegriff in einer grundsätzlichen Übereinstimmung mit dem Zivilrecht zu interpretieren sind[113]. Dann hätte es eines besonderen Körperschutzes jedoch nicht bedurft. Eine solche Sichtweise würde zudem zu sachfremden Ergebnissen führen. So ist eine fahrlässige Körperverletzung nach § 229 StGB möglich, während eine Sachbeschädigung nach § 303 StGB[114] oder ein Diebstahl nach den §§ 242 ff. StGB[115] stets vorsätzliches Handeln fordert. Bei einer Subsumtion des Körpers unter den Sachbegriff käme es somit zu erheblichen Wertungswidersprüchen, da er nunmehr vor fahrlässigem Handeln nicht mehr geschützt wäre; eine solche Folge dürfte jedoch dem Gesetzeszweck unterlaufen, bei dem der Gesetzgeber von einem umfassenden Körperschutz ausging.

4. Abschließende Stellungnahme

Die vorstehenden Ausführungen haben gezeigt, dass eine Trennung von Körper und Person aus biologisch-faktischen Gründen, in Anerkennung des Menschenbildes des Grundgesetzes und tragender Wertvorstellungen des Gesetzes sowie infolge formaljuristischer Gründe abzulehnen ist. Es widerspricht dem natürlichen Wortsinn des Begriffes „Mensch" ihn unter den Sachbegriff reindefinieren zu wollen[116]. Der Körper

---

112 Auch *Lanz- Zumstein*, Die Rechtsstellung, S. 67f.
113 *Schmitz*, in: MüKo StGB, § 242, Rdnr. 9, 19; *Lackner/Kühl*, § 242, Rdnr. 2, 4; *Kindhäuser*, in: K/N/P, § 242, Rdnr. 15; § 303, Rdnr. 2; *Kindhäuser*, StGB, § 303, Rdnr. 2; *Eser*, in: Schönke/Schröder, § 242, Rdnr. 9. Anders *Tröndle/Fischer*, StGB, 53. Aufl., § 242, Rdnr. 3, der von einem selbständigen öffentlichrechtlichen Sachbegriff ausgeht.
114 Siehe hierzu *Lackner/Kühl*, § 303, Rdnr. 8; *Kindhäuser*, StGB, § 303, Rdnr. 11.
115 *Schmitz*, in: MüKo StGB, § 242, Rdnr. 102ff., § 243, Rdnr. 69ff., § 244, Rdnr. 59, § 244a, Rdnr. 8.
116 *Holch*, in: MüKo, § 90, Rdnr. 2; *Ehrlich*, Gewinnabschöpfung des Patienten bei kommerzieller Nutzung von Körpersubstanzen durch den Arzt?, S. 15.

ist eben nicht etwas was man hat, sondern vielmehr ein Stück dessen, was man ist, eben ein greifbares Stück der Persönlichkeit[117]. Der menschliche Körper stellt damit eine natürliche Einheit mit dem menschlichen Wesen dar[118], so dass der Körper mit dem menschlichen Geist untrennbar verbunden ist[119], er damit zur Person gehört[120]. Vor diesem Hintergrund ist das Recht der Person am menschlichen Körper einschließlich seiner ungetrennten Substanzen als sein „ursprünglichstes Persönlichkeitsrecht"[121] zu qualifizieren[122]. Diese Einordnung schließt eine sachenrechtliche Beurteilung des menschlichen Körpers während der Einheit zwischen dem Körper und der Person aus und lässt ausschließlich persönlichkeitsrechtliche[123] oder gegebenenfalls familienrechtliche Verhältnisse zum menschlichen Körper zu[124]. Dabei zielt das Persönlichkeitsrecht in zwei Richtungen: Zum einen gewährt es dem Berechtigten ein Selbstbestimmungsrecht über seinen Körper, jedoch in den Grenzen der Sittengesetze (positiver Inhalt); zum anderen bezweckt es den Schutz vor schädigenden Eingriffen und zielt demnach auf die Bewahrung der körperlichen Integrität[125]. Der Schutz des Persönlichkeitsrechts findet seinen Ausdruck im

---

117 *Schreuer*, Der menschliche Körper und die Persönlichkeitsrechte, in: Festschrift für Bergbohm, S. 251; *Ehrlich*, Gewinnabschöpfung des Patienten bei kommerzieller Nutzung von Körpersubstanzen durch den Arzt?, S. 23.
118 *Kallmann*, FamRZ 1969, 572 (577); ähnlich sieht das *Steffan*, Umfang und Grenzen, S. 55, wenn er ausführt, dass der lebende menschliche Körper ein notwendiger Bestandteil der menschlichen Person sei und damit das Rechtssubjekt.
119 *Fritzsche*, in: Bamberger/Roth, § 90, Rdnr. 29; *Brohm*, JuS. 1998, 197 (199).
120 *Marly*, in: Soergel, § 90, Rdnr. 5; *Wichmann*, Rechtliche Verhältnisse, S. 6; *Medicus*, BGB AT, Rdnr. 1176, spricht vom Körper als dem „materiellen Träger des Rechtssubjekts Mensch". Treffend formuliert es *Lanz-Zumstein*, Die Rechtsstellung, S. 66, dass es keiner – dem Juristen ohnehin verschlossenen - metaphysischen Überlegungen, um zu erkennen, dass das menschliche Sein, sein Geist, jeder Gedanke die Existenz von Körperlichkeit voraussetzt.
121 *Marly*, in: Soergel, § 90, Rdnr. 5; *Wichmann*, Rechtliche Verhältnisse, S. 6.
122 In diesem Sinne auch: *Forkel*, JZ 1974, 593 (594); *Ehrlich*, Gewinnabschöpfung des Patienten bei kommerzieller Nutzung von Körpersubstanzen durch den Arzt?, S. 15; *Bock*, Rechtliche Voraussetzungen der Organentnahme von Lebenden und Verstorbenen, S. 88f.; *Holch*, in: MüKo, 5. Aufl., § 90, Rdnr. 2; *Müller*, Die kommerzielle Nutzung menschlicher Körpersubstanzen, S. 34.
123 *Ehrlich*, Gewinnabschöpfung des Patienten bei kommerzieller Nutzung von Körpersubstanzen durch den Arzt?, S. 15; *Taupitz*, JZ 1992, 1089 (1091); *Müller*, Die kommerzielle Nutzung menschlicher Körpersubstanzen, S. 34.
124 So *Holch*, in: MüKo, 5. Aufl., § 90, Rdnr. 2 unter Hinweis auf die §§ 1353, 1626, 1631f. BGB.
125 *Ehrlich*, Gewinnabschöpfung des Patienten bei kommerzieller Nutzung von Körpersubstanzen durch den Arzt?, S. 15; *Forkel*, JZ 1974, 593 (594f.); *Jickeli/Stieper*, in: J. v. Staudingers, § 90, Rdnr. 19; *Deutsch*, AcP 192 (1992), 161 (165); *Forkel*, Jura 2001, 73 (75).

§ 823 Abs. 1 BGB, obwohl es dort nicht ausdrücklich genannt wird[126]; so ist das Persönlichkeitsrecht am Körper in den dort vier ausdrücklich genannten Rechtsgütern enthalten[127]. Zudem erfährt es einen ergänzenden Schutz im Rahmen des allgemeinen Persönlichkeitsrechts.

II. Die vom Körper abgetrennten Substanzen

Während die Qualifizierung des menschlichen Körpers und der von ihm ungetrennten Substanzen nahezu einhellig zum Teil der Persönlichkeit des Menschen gezählt wird, wird die rechtliche Zuordnung abgetrennter Körperteile des Menschen umso kontroverser diskutiert. Das mag daher rühren, dass die natürliche Einheit der körperlichen Materie mit dem menschlichen Geist infolge ihrer Trennung eine räumliche Zäsur erfährt.

Die folgende Ausführung soll die unterschiedlichen Standpunkte hinsichtlich der rechtlichen Qualifizierung abgetrennter menschlicher Körpersubstanzen untersuchen. Zwar hat die Diskussion um die rechtliche Natur abgetrennter menschlicher Körpersubstanzen bisher zu keinem eindeutigen Ergebnis geführt; dennoch lassen sich hierbei grundsätzlich drei verschiedene Ansätze unterscheiden. Während die „Ausschließlichkeitsthesen" versuchen das Problem entweder rein sachenrechtlich oder rein persönlichkeitsrechtlich zu lösen, gelangt der BGH zu einer eigenen Qualifikation von abgetrennten Körpersubstanzen, indem er diese unter bestimmten Voraussetzungen in den Schutzbereich des Rechtsguts „Körper" im Sinne des § 823 Abs. 1 BGB einbezieht. Daneben bemühen sich die „Kombinationsmodelle" mittels einer Kumulation der sachenrechtlichen und persönlichkeitsrechtlichen Sichtweise zu einem Ergebnis zu gelangen.

1. Die Ausschließlichkeitsthesen

a. Rein sachenrechtlicher Ansatz

Nach weit überwiegender Auffassung im Schrifttum wird die Theorie vertreten, dass menschliche Körpersubstanzen mit ihrer Trennung zu eigentumsfähigen Sachen im Sinne des § 90 BGB werden. Spricht man bereits dem lebenden Körper des Menschen die Sachqualität zu[128] so ist es konsequent, abgetrennte Substanzen zu den eigentumsfähigen Sachen zu zählen, so dass sich eine weitergehende Begründung erübrigt[129]. Daneben qualifizieren jedoch auch diejenigen Autoren die

---

126   *Jickeli/Stieper,* in: J. v. Staudingers, § 90, Rdnr. 19; *Taupitz,* JZ 1992, 1089 (1091); *Deutsch,* AcP 192 (1992), 161 (165f.).
127   *Taupitz,* JZ 1992, 1089 (1091); *Taupitz,* NJW 1995, 745 (745); *Deutsch,* AcP 192 (1992), 161 (165f.).
128   So *Brunner,* NJW 1953, 1173 (1174).
129   Zu diesem Schluss gelangen auch *Schünemann,* Die Rechte am menschlichen Körper, S. 59; *Müller,* Die kommerzielle Nutzung menschlicher Körpersubstanzen, S. 35; *Schröder/Taupitz,* Menschliches Blut, S. 35.

abgetrennten Substanzen als eigentumsfähigen Sachen, welche das Recht am Körper als ein Persönlichkeitsrecht betrachten[130]. Teilweise verweisen sie zur Begründung ihres Ansatzes auf die Verkehrssitte, die vom Körper abgetrennte Substanzen als Sachen qualifiziere[131]. Überwiegend verzichten sie jedoch auf jegliche Begründungsversuche, da sie diesen Wandel offenbar als selbstverständlich ansehen[132].

Innerhalb des rein sachenrechtlichen Ansatzes wird die Frage, wie sich das Bestimmungsrecht des Menschen über seinen Körper in ein Herrschaftsrecht über

---

130 Im Ergebnis ist dies die einhellige Ansicht im Schrifttum, vgl. *Brandenburg*, JuS. 1984, 47 (47); *Bilsdorfer*, MDR 1984, 803 (804); *Kallmann*, FamRZ 1969, 572 (577); *Gareis*, in: Festgabe *Schirmer*, S. 61ff., S. 90ff.; *ders.*, Seuff. Bl.70, 308 (317f.); *Pap*, Extrakorporale Befruchtung, S. 142f.; *Sternberg-Lieben*, JuS. 1986, 673 (675), der zwar die Ei- und Samenzelle vor ihrer Vereinigung zu den Sachen zählt, nicht jedoch die Zygote; einschränkend *Bernat*, Lebensbeginn, S. 125, 150 für die Zeit nach dem Tod des Spenders; *Spranger*, NJW 2005, 1084 (1085); *Lippert*, MedR 2001, 406 (407); *Schäfer*, Rechtsfragen zur Verpflanzung, S. 46ff.; *Völzmann-Stickelbrock*, in: PWW, § 90, Rdnr. 6; *Jickeli/Stieper*, in: *J. v. Staudingers*, Bearbeitung 2004, § 90, Rdnr. 20f.; *Heinrichs*, in: Palandt, 66. Aufl., § 90, Rdnr. 3; *Kregel*, in: BGB-RGRK, 12. Aufl., § 90, Rdnr. 4; *Jauernig*, in: Jauernig, 12. Aufl., Vor § 90, Rdnr. 9; *Holch*, in: *MüKO*, Aufl., § 90, Rdnr. 29; *Kindhäuser*, in: Nomos, 2. Aufl., § 242, Rdnr. 11; *Eser*, in: Schönke/Schröder, 27. Aufl., § 242, Rdnr. 20; *Ruß*, in: LK, 10. Aufl., § 242, Rdnr. 4; *Schmitz*, in: MüKo-StGB, Aufl., § 242, Rdnr. 23; *Maier*, Der Verkauf von Körperorganen, S. 11; *Lippert*, MedR 1997, 457 (458); *Freund*, MedR 2005, 453 (454); *Koch*, MedR 1986, 259 (262); *Oertmann*, LZ 1925, 511 (512); *Hubmann*, Das Persönlichkeitsrecht, 2. Aufl., S. 228 (dortige FN. 38); *Deutsch/Spickhoff*, Medizinrecht, 5. Aufl., Rdnr. 613; *Freund/Weiss*, MedR 2004, 315 (316); *Wichmann*, Rechtliche Verhältnisse, S. 10f.; *Hellmann*, Vorträge über das bürgerliche Gesetzbuch für das deutsche Reich, S. 34; *Enneccerus/Nipperderdey*, Allgemeiner Teil des Bürgerlichen Rechts (Band 1), 15. Aufl., § 121 II 1; unklar insoweit *Britting*, Die postmortale Insemination als Problem des Zivilrechts, S. 64f., die sich zwar für die Entstehung einer Sache ausspricht, jedoch wenig differenzierend entweder ein Eigentums- oder Aneignungsrecht des ursprünglichen Trägers annimmt (anders jedoch für Keimzellen, S. 70ff.); unklar insoweit *Rieger*, Lexikon des Arztrechts, Rdnr. 973, der sich zwar für die Entstehung einer Sache ausspricht, es jedoch als gleichgültig erachtet, ob ein direkter Eigentumserwerb stattfindet oder ob Herrenlosigkeit mit einem ausschließlichen Aneignungsrecht des bisherigen Trägers anzunehmen ist; *Sohm*, Der Gegenstand, S. 17; *Biermann*, Bürgerliches Recht (Band 1), S. 374; *Marian*, Die Rechtsstellung des Samenspenders bei der Insemination/IVF, S. 235f; *Müller*, Die kommerzielle Nutzung menschlicher Körpersubstanzen, S. 36.

131 *Schmidt*, in: Erman, 8. Aufl., § 90, Rdnr. 7; in diesem Sinne auch *Deutsch/Sprickhoff*, Medizinrecht, Rdnr. 612, der unter Hinweis auf die Verkehrsanschauung abgeschnittene Haare zu den eigentumsfähigen Sachen zählt.

132 So zutreffend der Hinweis bei *Schünemann*, Die Rechte am menschlichen Körper, S. 59f.; *Müller*, Die kommerzielle Nutzung menschlicher Körpersubstanzen, S. 35; *Ehrlich*, Gewinnabschöpfung des Patienten bei kommerzieller Nutzung von Körpersubstanzen durch den Arzt?, S. 22.

die getrennten Körpersubstanzen wandelt und wem diese Verfügungsbefugnisse zustehen sollen unterschiedlich behandelt. Dabei lassen sich zwei Grundauffassungen unterscheiden. Die zahlenmäßig weitaus stärker vertretene Sichtweise in der Literatur geht von einem direkten Eigentumserwerb der abgetrennten Körpersubstanzen des bisherigen Trägers analog § 953 BGB aus[133]. Teilweise wird ein direkter Eigentumserwerb negiert; die abgetrennten Körperteile werden vielmehr zunächst als herrenlose Sachen behandelt, an denen ein Aneignungsrecht gemäß § 958 Abs. 1 oder Abs. 2 BGB bestehen soll. Im Folgenden werden die unterschiedlichen Ansätze der rein sachenrechtlichen Theorien hinsichtlich der rechtlichen Qualifikation abgetrennter Körperbestandteile näher dargestellt.

aa. Die Lehre vom direkten Eigentumserwerb des bisherigen Trägers analog § 953 BGB

Überwiegend wird im Schrifttum vertreten, dass in dem Moment der Abtrennung des Körperteils vom menschlichen Körper eine Sache im Sinne des § 90 BGB entsteht, die sofort in das Eigentum desjenigen fällt, zu dessen Leib sie bislang gehörte, so dass sich ein Wechsel vom ehemals vorliegenden Persönlichkeitsrecht am menschlichen Körper in ein Eigentumsrecht am abgetrennten Körperteil vollzieht[134].

---

133 Die Untersuchung im Rahmen der Theorie des direkten Eigentumserwerbs beschränkt sich auf die herrschende Annahme der Analogie zu § 953 BGB. Auf die übrigen Begründungsversuche innerhalb dieser Sichtweise, namentlich die „Näher-Theorie", „Die Natur der Sache" und die „Analogie zur insula in flumine nata" wird nicht eingegangen; dies würde den Rahmen der Arbeit sprengen. Hinsichtlich dieser Theorien wird auf die Bearbeitung bei *Schünemann*, Die Rechte am menschlichen Körper, S. 63ff. verwiesen.

134 Jedenfalls im Ergebnis ist das die übereinstimmende Ansicht im Schrifttum, vgl.: *Pap*, Extrakorporale Befruchtung, S. 142f.; *Bilsdorfer*, MDR 1984, 803 (804); *Brandenburg*, JuS. 1984, 47 (47); *Spranger*, NJW 2005, 1084 (1085); *Lippert*, MedR 2001, 406 (407); *Schäfer*, Rechtsfragen zur Verpflanzung, S. 46ff.; *Völzmann-Stickelbrock*, in: PWW, § 90, Rdnr. 6; *Jickeli/Stieper*, in: *J. v. Staudingers*, Bearbeitung 2004, § 90, Rdnr. 20f.; *Heinrichs*, in: *Palandt*, 66. Aufl., § 90, Rdnr. 3; *Kregel*, in: *BGB- RGRK*, 12. Aufl., § 90, Rdnr. 4; *Jauernig*, in: *Jauernig*, 12. Aufl., Vor § 90, Rdnr. 9; *Holch*, in: *MüKO*, Aufl., § 90, Rdnr. 29; *Kindhäuser*, in: *Nomos*, 2. Aufl., § 242, Rdnr. 11; *Eser*, in: *Schönke/Schröder*, 27. Aufl., § 242, Rdnr. 20; *Ruß*, in: *LK*, 10. Aufl., § 242, Rdnr. 4; *Schmitz*, in: *MüKo-StGB*, Aufl., § 242, Rdnr. 23; *Maier*, Der Verkauf von Körperorganen, S. 11; *Lippert*, MedR 1997, 457 (458); *Freund*, MedR 2005, 453 (454); *Koch*, MedR 1986, 259 (262); *Oertmann*, LZ 1925, 511 (512); *Hubmann*, Das Persönlichkeitsrecht, 2. Aufl., S. 228 (dortige FN. 38); *Deutsch/Spickhoff*, Medizinrecht, 5. Aufl., Rdnr. 613; *Freund/Weiss*, MedR 2004, 315 (316); *Wichmann*, Rechtliche Verhältnisse, S. 10f.; *Hellmann*, Vorträge über das bürgerliche Gesetzbuch für das deutsche Reich, S. 34; *Enneccerus/Nipperdey*, Allgemeiner Teil des Bürgerlichen Rechts (Band 1), 15. Aufl., § 121 II 1; unklar insoweit *Britting*, Die postmortale Insemination als Problem des Zivilrechts, S. 64f., die sich zwar für die Entstehung einer Sache ausspricht, jedoch wenig differenzierend entweder

Dieser Übergang wird grundsätzlich mit einer analogen Anwendung des § 953 BGB begründet, wonach Erzeugnisse und Bestandteile einer Sache auch nach der Trennung dem Eigentümer gehören. Als Argumentation für diese Analogie wird vorgetragen, dass das BGB keinerlei Normen hinsichtlich der rechtlichen Qualifikation abgetrennter menschlicher Körpersubstanzen aufweise[135]; eine Analogie zu § 953 BGB sei wegen der vergleichbaren Funktion des Persönlichkeitsrechts am Körper und des Eigentumsrechts an Sachen gerechtfertigt, da es sich bei beiden um absolute Rechte handelt, die Schutz vor Beeinträchtigungen Dritter gewährleisten sollen[136]. Der Mensch habe infolge seines Persönlichkeitsrechts eine viel intensivere rechtliche Beziehung zu seinem Körper als der Eigentümer zu seiner Sache; aus dieser engen persönlichkeitsrechtlichen Bindung folge das Eigentumsrecht[137]. Wenn damit schon abgetrennte Sachbestandteile über § 953 BGB in das Eigentum des Sachinhabers übergehen, müsse dies erst recht für abgetrennte Körpersubstanzen zutreffen, zu denen vor der Trennung infolge des Persönlichkeitsrechts des Rechtsträgers eine weitaus intensivere und innigere Bindung an seinem Körper bestanden habe, so dass sich das Persönlichkeitsrecht am Körper mit der Trennung in ein Eigentumsrecht an den Substanzen abschwäche[138].

bb. Die Lehre von den Körperteilen als herrenlose Sachen und die Aneignungsbefugnisse gemäß § 958 BGB

Zum Teil wird eine unmittelbare Eigentumsbegründung an dem abgetrennten Körperteil verneint; die Körpersubstanz sei vielmehr mit ihrer Trennung als herrenlose

---

    ein Eigentums- oder Aneignungsrecht des ursprünglichen Trägers annimmt (anders jedoch für Keimzellen, S. 70ff.); unklar insoweit *Rieger*, Lexikon des Arztrechts, Rdnr. 973, der sich zwar für die Entstehung einer Sache ausspricht, es jedoch als gleichgültig erachtet, ob ein direkter Eigentumserwerb stattfindet oder ob Herrenlosigkeit mit einem ausschließlichen Aneignungsrecht des bisherigen Trägers anzunehmen ist; *Sohm*, Der Gegenstand, S. 17; *Biermann*, Bürgerliches Recht (Band 1), S. 374; *Marian*, Die Rechtsstellung des Samenspenders bei der Insemination/IVF, S. 235f; *Müller*, Die kommerzielle Nutzung menschlicher Körpersubstanzen, S. 36.

135 BGH bei *Dallinger*, MDR 1958, 738 (739); *Schröder/Taupitz*, Menschliches Blut: verwendbar nach Belieben des Arztes?, S. 36; *Taupitz*, JZ 1992, 1089 (1092).

136 *Schröder/Taupitz*, Menschliches Blut: verwendbar nach Belieben des Arztes?, S. 36; *Taupitz*, JZ 1992, 1089 (1092).

137 BGH bei *Dallinger*, MDR 1958, 738 (739f.); *Oertmann*, LZ 1925, 511 (512f.); *Hellmann*, Vorträge über das bürgerliche Gesetzbuch für das deutsche Reich, S. 34.

138 *Hellmann*, Vorträge über das bürgerliche Gesetzbuch für das deutsche Reich, S. 34; BGH bei *Dallinger*, MDR 1958, 738 (739f.); *Oertmann*, LZ 1925, 511 (512f.); im Ergebnis ebenso *Maier*, Der Verkauf von Körperorganen, S. 11; *Taupitz*, JZ 1992, 1089 (1092); *Schäfer*, Rechtsfragen der Verpflanzung von Körper- und Leichenteilen, S. 49ff.

Sache anzusehen[139]. Um den an herrenlosen Sachen grundsätzlich jedermann möglichen originären Eigentumserwerb durch Begründung von Eigenbesitz (§ 958 Abs. 1 BGB) auszuschließen[140], wird dem bisherigen Substanzträger ein privilegiertes Aneignungsrecht gemäß § 958 Abs. 2 BGB an den abgetrennten Körperteilen zugesprochen[141]. Zur dogmatischen Begründung wird aufgeführt, dass das bis zur Trennung am menschlichen Körper bestehende Persönlichkeitsrecht in Form des privilegierten Aneignungsrechts nach § 958 Abs. 2 BGB als Nachwirkung des „Rechts an der eigenen Person" weiterbestehe[142]. Auch nach dieser Ansicht ist es demnach möglich, dass die abgetrennten Substanzen in das Eigentum des ursprünglichen Trägers gelangen. Dies setzt jedoch voraus, dass der Aneignungsberechtigte sein Aneignungsrecht[143] auch ausübt, indem er Eigenbesitz an der Körpersubstanz begründet. Liegt demgegenüber ein Verzicht auf das Aneignungsrecht des ursprünglichen Trägers vor, so bleibe die Körpersubstanz herrenlos mit der Folge, dass nunmehr jeder Beliebige durch Begründung von Eigenbesitz Eigentum an dem Körperteil erlangen könne[144].

b. Der rein persönlichkeitsrechtliche Ansatz

Teilweise wird der sachenrechtlichen Einordnung von abgetrennten Körpersubstanzen eine Absage erteilt. Im Rahmen der rechtlichen Qualifizierung abgetrennter Körperteile soll vielmehr die Persönlichkeit des Menschen stärker gewichtet werden, so dass eine persönlichkeitsrechtliche Einordnung abgelöster Körperteile für geboten

---

139 *Kallmann*, FamRZ 1969, 572 (577); *Coing*, in: *J. v. Staudingers*, 11. Aufl., § 90, Rdnr. 4; *Gareis*, in: Festgabe *Schirmer*, S. 61ff, S. 90ff.; *ders.*, Seuff. Bl.70, 308 (317f.); *Schultheis*, Privatrechtsverhältnisse am Leichnam, S. 32f.

140 Die Ansicht von *Johnsen*, Die Leiche im Privatrecht, S. 40ff., wonach jeder Beliebige sich die herrenlose Sache aneignen könne, wenn er sie in Eigenbesitz habe, wird hier nicht weiter verfolgt, da sie, soweit ersichtlich, seit seiner Veröffentlichung von keinem mehr vertreten worden ist.

141 *Gareis*, in: Festgabe *Schirmer*, S. 61ff, S. 90ff.; *ders.*, Seuff. Bl.70, 308 (317f.); *Kallmann*, FamRZ 1969, 572 (577); *Coing*, in: *J. v. Staudingers*, 11. Aufl., § 90, Rdnr. 4.

142 *Gareis*, in: Festgabe *Schirmer*, S. 61ff, S. 91; *ders.* Seuff. Bl.70, 308 (318) spricht *Gareis* von einem „prolongierten Persönlichkeitsrecht, das in der Form des privilegierten Aneignungsrechts bestehe; ähnlich auch *Coing*, in: *J. v. Staudingers*, 11. Aufl., § 90, Rdnr. 4 und *Kallmann*, FamRZ 1969, 572 (577).

143 Sei es ausdrücklich oder konkludent, vgl. hierzu *Ehrlich*, Gewinnabschöpfung des Patienten bei kommerzieller Nutzung von Körpersubstanzen durch den Arzt?, S. 17.

144 *Gareis,* in: Festgabe *Schirmer*, S. 61ff, S. 91f.; als typische Beispiele eines Verzichts können die beim Frisör abgeschnittenen und liegengelassenen Haare oder die beim Zahnarzt gezogenen und nicht mitgenommenen Zähne genannt werden, vgl. hierzu *Coing*, in: *J. v. Staudingers*, 11. Aufl., § 90, Rdnr. 4 und *Schröder/Taupitz*, Menschliches Blut: verwendbar nach Belieben des Arztes?, S. 38.

erachtet wird[145]. Tragende Grundlage dieser Sichtweise bildet die Überlegung, dass mittels des Eigentumsrechts lediglich die typischen Sachinteressen erfasst werden und es nicht auf den Schutz höchstpersönlicher Belange zugeschnitten sei[146]. So haben die Interessen, die früher an abgetrennten Körperbestandteilen bestanden haben, einen Wandel erfahren. Ging es früher vornehmlich um typische Verwertungsinteressen wirtschaftlicher oder wissenschaftlicher Art, so können seit Längerem mithilfe der modernen Medizin, etwa im Bereich der Organ- oder Gewebespende, durchaus individuelle und persönliche Interessen im Vordergrund stehen, die eines besonderen Schutzes bedürfen[147]. Liegt demnach eine individuelle und persönliche Zweckbestimmung hinsichtlich der Körpersubstanz vor, bedarf es der primär persönlichkeitsrechtlichen Einordnung[148]; in diesen Fällen stünde das Eigentumsrecht, insbesondere wegen der weiten Befugnisse aus § 903 BGB, mit dem Selbstbestimmungsrecht des Spenders im Widerspruch[149].

Aber auch die Vertreter dieser Sichtweise bejahen in manchen Konstellationen die Sacheigenschaft der Körpersubstanz und sprechen sich dann für eine Anwendung des Eigentumsrechts aus. Dies ist dann anzunehmen, wenn der Spender mit seiner Körpersubstanz keinerlei persönliche Interessen mehr verbindet[150]; in diesen Fällen werde der Persönlichkeitsschutz preisgegeben[151] mit der Folge, dass sich das Persönlichkeitsrecht nunmehr in ein Eigentumsrecht umwandelt[152]. Auf diese Weise werde der Betroffene für eine logische Sekunde Eigentümer der abgetrennten Substanz und könne diese gemäß den §§ 929 ff. BGB übereignen[153].

---

145 *Forkel*, JZ 1974, 593 (595f.); *Forkel*, JURA 2001, 73 (73f.); *Jansen*, Die Blutspende aus zivilrechtlicher Sicht, S. 82ff.
146 *Forkel*, JZ 1974, 593 (595f.); *Jansen*, Die Blutspende aus zivilrechtlicher Sicht, S. 84.
147 *Forkel*, JZ 1974, 593 (595).
148 Nach *Forkel*, JZ 1974, 593 (595) bedarf es auch in den Fällen der primär persönlichkeitsrechtlichen Anwendung, in denen der Zweck, der mit der Spende verfolgt wurde nicht mehr erreicht werden könne, etwa wenn der Empfänger verstorben sei; in diesen Konstellationen habe der Spender ein persönliches Interesse seine Körpersubstanz wiederzuerlangen.
149 *Forkel*, JZ 1974, 593 (595f.).
150 Nach *Forkel*, JZ 1974, 593 (596) ist das dann der Fall, wenn es dem Spender gleichgültig sei, wer sein Körperteil erhalte oder wenn Körperteile konserviert und in Organbanken oder dergleichen gelagert werden sollen. *Jansen*, Blutspende, S. 129 fordert darüber hinaus, dass die Substanz an den Spendedienst, an die Organbank oder an eine vergleichbare Stelle tatsächlich übergeben werde.
151 *Forkel*, JZ 1974, 593 (596 dortige FN. 51) unter Hinweis auf *BGHZ* 32, 103, (109f., 113f.); kritisch zum Verzicht auf das Persönlichkeitsrecht hinsichtlich der in allen Körperzellen enthaltenen Erbinformationen *Schröder/Taupitz*, Menschliches Blut: verwendbar nach Belieben des Arztes?, S. 40 (dortige FN. 32), unter Hinweis auf die Möglichkeiten im Rahmen der Genomanalyse.
152 *Forkel*, JZ 1974, 593 (596).
153 *Jansen*, Blutspende, S. 129f.

2. Der erweiterte Körperbegriff des BGH

Mit Urteil vom 9. November 1993 schlug der BGH einen neuen Weg zur rechtlichen Qualifizierung abgetrennter Körpersubstanzen ein. In dieser Entscheidung, in der es um die fahrlässige Zerstörung kryokonservierten Spermas ging, war er der Ansicht, dass die abgetrennte Substanz, zumindest entsprechend, vom Schutzbereich des § 823 Abs. 1 BGB erfasst werde, so dass die Vernichtung eine Körperverletzung im Sinne dieser Norm darstelle. Der BGH hatte dem Kläger einen Schmerzensgeldanspruch zuerkannt.

a. Sachverhalt des Urteils

Dem Urteil des VI. Zivilsenats des BGH[154] lag folgender Sachverhalt zugrunde:

„Der Kläger ließ sich vor einer bevorstehenden Operation, die zu seiner Zeugungsunfähigkeit führen würde, das von ihm stammende Sperma bei der Universitätsklinik der Beklagten kryokonservieren, um sich die Möglichkeit zu erhalten, später eigen Kinder zeugen zu können. Nach zwei Jahren fragte die Beklagte beim Kläger schriftlich nach, ob er an der weiteren Konservierung seines Spermas immer noch interessiert sei; sollte sie nicht innerhalb von vier Wochen eine positive Antwort vom Kläger erhalten, werde die Konserve aus Gründen begrenzter Lagerkapazitäten vernichtet werden. Obwohl der Kläger rechtzeitig mit einem eingeschriebenen Brief die weitere Lagerung seiner Konserve bejahte und dieses Schreiben bei der Beklagten einging, gelangte es aus nicht mehr aufklärbaren Gründen nicht zu der bei der Beklagten über den Kläger geführten Akten, so dass seine Spermakonserve vernichtet worden ist. Nach seiner Heirat wollte sich der Kläger seinen Kinderwunsch erfüllen. Daraufhin erreichte ihn die Nachricht, dass sein Sperma zwischenzeitlich zerstört worden ist. Der Kläger verlangte von der Beklagten die Zahlung ein angemessenes Schmerzensgeld von mindestens 25 000 DM; hierzu berief sich der Kläger auf eine von der Beklagten begangene Körperverletzung, die dadurch verursacht worden sei, dass die Vernichtung der Sperma-Kryokonserve bei ihm zu psychosomatischen Störungen geführt habe. Zudem forderte er wegen der Verletzung seines allgemeinen Persönlichkeitsrechts eine Geldentschädigung".

b. Die Entscheidungen der Vorinstanzen

Die Vorinstanzen haben die Klage abgewiesen[155]. Das OLG Frankfurt a.M. verneinte das Vorliegen einer Körper- und Gesundheitsverletzung, da der Kläger u.a. nicht schlüssig vorgetragen habe, dass die behaupteten psychosomatischen Störungen

---

154 Urteil vom 9.November 1993, Az.: VI ZR 62/93 *BGHZ* 124, 52–57 = NJW 1994, 127- 128 = VersR 1994, 55–57 = FamRZ 1994, 154–156 = MDR 1994, 140 = MedR 1994, 113–115 = JZ 1994, 463–465 = JR 1995, 21–22 = ArztR 1994, 255–256.
155 Zum Verfahrenshergang: LG Marburg, 14. November 1990, Az: 5 O 48/90, wies die Klage ab und das OLG Frankfurt a.M., 14. Januar 1993, Az: 15 U 68/91 wies die Berufung zurück.

den Heilungsverlauf der Krebserkrankung ungünstig beeinflusst hätten. Darüber hinaus sah es auch das allgemeine Persönlichkeitsrecht als nicht tangiert an. Zwar habe die Vernichtung des Spermas die Freiheit des Klägers verletzt zu entscheiden, ob, wie und wann sein Sperma zur Befruchtung eingesetzt werde. Diese Freiheit, die dem Aktivitätsschutz unterfalle, werde jedoch nicht vom Schutzbereich des allgemeinen Persönlichkeitsrechts umfasst, das lediglich einen Integritätsschutz, also den Bestand der Rechtspositionen sichere. Aus diesen Gründen verneinte das Berufungsgericht einen Schmerzensgeldanspruch[156].

c. Der Argumentationsverlauf des BGH

Der BGH stimmte insoweit zu, als dass das OLG Frankfurt a.M. eine Körper- und Gesundheitsverletzung wegen der behaupteten psychosomatischen Störungen und seelischen Beeinträchtigungen verneinte und deshalb einen Schmerzensgeldanspruch abwies. Er hielt dennoch einen Schmerzengeldanspruch des Klägers wegen der schuldhaften Vernichtung seines Spermas für begründet, da die Vernichtung der Spermakonserven eine Körperverletzung des Klägers gemäß § 823 Abs. 1 darstellte. Der BGH folgt dabei grundsätzlich der Auffassung, dass sich das Recht des Betroffenen an seinem Körper an abgetrennten Körperteilen in Sacheigentum umwandelt. Dennoch soll dies nicht für konserviertes Sperma gelten. Eine solche Betrachtungsweise ist dem BGH zu eng, er tendiert vielmehr zu einer weiten Auslegung des Begriffes der Körperverletzung im Sinne des § 823 Abs. 1 BGB. Den Ausgangspunkt dieser Überlegung bilden dabei die Fortschritte der medizinischen Möglichkeiten. So sei es heutzutage durchaus möglich, dem Körper Bestandteile zu entnehmen und sie ihm später wieder einzugliedern[157]. Vor diesem Hintergrund gewinnt das aus dem allgemeinen Persönlichkeitsrecht fließende Selbstbestimmungsrecht des Rechtsträgers eine zusätzliche Bedeutung für das Schutzgut Körper im Sinne des § 823 Abs. 1 BGB. Der BGH gelangt damit zu der Erkenntnis, dass das Recht am Körper als gesetzlich ausgeformter Teil des allgemeinen Persönlichkeitsrecht zu verstehen ist, so dass das Schutzgut des § 823 Abs. 1 BGB nicht in der Materie, sondern vielmehr in dem Sein- und Bestimmungsfeld der Persönlichkeit zu erblicken ist, welches in der körperlichen Befindlichkeit materialisiert wurde. Er kommt damit zu der Schlussfolgerung, dass die Vorschrift des § 823 Abs. 1 BGB den Körper als Basis der Persönlichkeit schütze. Im Hinblick auf den Schutzzweck von § 823 Abs. 1 BGB bilden Körperteile, die nicht endgültig entnommen wurden, sondern die gemäß des Willens des Rechtsträgers zur Bewahrung der Körperfunktionen oder zu ihrer Verwirklichung später wieder mit ihm vereinigt werden sollen, eine funktionale Einheit mit dem Körper. Aus diesen Gründen sei ihre Beschädigung

---

156 Nachzulesen in *BGHZ* 124, 53 (53).
157 Als Beispiele führt der BGH die für die Eigentransplantation bestimmten Haut- oder Knochenbestandteile, die für die Befruchtung entnommene Eizelle und die Eigenblutspende, vgl. BGHZ 124, 52 S.

oder Vernichtung als Körperverletzung im Sinne der §§ 823 Abs. 1, 847 Abs. 1 (a.F.) BGB zu werten.

Die funktionale Einheit ist jedoch in den Fällen nicht gegeben, in denen die Körpersubstanzen gemäß des Willens des Rechtsträgers endgültig vom eigenen Körper ausgegliedert werden; in diesen Konstellationen gelange der Gedanke, demzufolge das Selbstbestimmungsrecht des Rechtsträgers den Körper und seine abgetrennten Substanzen weiterhin als eine funktionale Einheit erscheinen lässt, nicht mehr zum Tragen. In solchen Fällen sei vielmehr eine sachenrechtliche Einordnung vorzunehmen[158]. Einschränkend weist der BGH jedoch darauf hin, dass das Sacheigentum vom Persönlichkeitsrecht überlagert sein könne, „wenn die Spende gegen den ausdrücklichen oder stillschweigenden Willen des Spenders verwendet oder vernichtet werde".

Der BGH wertet den Fall der Spermakonservierung, die nach dem Willen des Rechtsträgers zu seiner Fortpflanzung verwendet werden soll, als einen Sonderfall. Zwar sei das Sperma endgültig vom Körper getrennt, es soll jedoch eine körpertypische Funktion, die der Fortpflanzung des Rechtsträgers, erfüllen. Jedenfalls in diesen Fällen, in denen die Spermakonserve die eingebüßte Fortpflanzungsfähigkeit „substituieren" soll, rechtfertige es diese biologische Funktion des Spermas es unter das Schutzgut des „Körpers" gemäß (jedenfalls analog) § 823 Abs. 1 BGB zu subsumieren. Zur Begründung führt der BGH einen Vergleich zu der extrakorporal befruchteten und wieder in den Körper eingepflanzten Eizelle einer Frau an. Diese unterfalle auch nach ihrer Entnahme dem funktionalen Körperbegriff und nehme am Schutz der §§ 823 Abs. 1 und 847 Abs. 1 (a.F.) BGB teil; aus Gründen der Gleichheit ihrer biologischen Funktion müsse dasselbe in den Fällen dieser Art gelten. Da das Sperma jedoch im Gegensatz zur Eizelle nicht mehr in den Körper reintegriert werden könne, seien die genannten Normen zumindest analog anzuwenden, da das betroffene Persönlichkeitsrecht des Rechtsträgers im Falle einer Vernichtung nicht geringer tangiert sei, als das der Frau.

Aus diesen Gründen sei die Vernichtung der Spermakonserve als Körperverletzung des Klägers zu werten, so dass ihm der BGH den von ihm geforderten Schmerzengeldanspruch zugesprochen hat.

d. Zusammenfassung

Eine funktionale Einheit mit dem Körper und damit der Schutz der §§ 823 Abs. 1 und 847 Abs. 1 (a.F.) BGB (zumindest analog) ist immer dann gegeben, wenn eine Wiedereingliederung der Substanzen bezweckt wird.

Ist eine Reintegration der abgetrennten Körperteile nicht beabsichtigt, ist Sacheigentum an ihnen anzunehmen, das jedoch vom Persönlichkeitsrecht des Spenders überlagert wird.

---

158 Der BGH ordnet hierzu die fremdnützigen Organ- und Blutspenden ein, BGHZ 124, 52 S.

3. Die Kombinationsmodelle

In jüngerer Vergangenheit haben sich zwei Erklärungsmodelle herausgebildet, die einer rein sachenrechtlichen oder einer rein persönlichkeitsrechtlichen Qualifizierung von abgetrennten Körpersubstanzen eine Absage erteilen. Vielmehr wird versucht, wenngleich mit differenzierenden Begründungen, abgetrennte Körperteile sowohl einer sachenrechtlichen als auch einer persönlichkeitsrechtlichen Betrachtungsweise zu unterziehen. In der nachfolgenden Untersuchung wird der Frage nachgegangen, ob, und gegebenenfalls welches Kombinationsmodell eine rechtlich überzeugende dogmatische Lösung für die Qualifizierung abgetrennter menschlicher Körpersubstanzen liefern kann.

a. Die Überlagerungsthese

Seit einiger Zeit wird im Rahmen der Diskussion um die rechtliche Einordnung des menschlichen Körpers und den davon abgetrennten Substanzen die These vertreten, dass das Eigentum durch das Persönlichkeitsrecht überlagert werde[159]. Den Ausgangspunkt dieser Überlegung stellt die Erkenntnis dar, dass es weder dem rein sachenrechtlichen noch dem rein persönlichkeitsrechtlichen Ansatz gelungen ist, eine dogmatisch überzeugende und praktikable Antwort hinsichtlich der Qualifikation abgetrennter Körpersubstanzen zu liefern[160]. Hinsichtlich der rechtlichen Einordnung von abgetrennten Körperteilen müssen die mannigfaltigen Konstellationen, in denen es zur Abtrennung der Substanzen kam, hinreichend gewürdigt und unterschiedlich beurteilt werden können[161]. Eine ausschließlich sachenrechtliche oder eine rein persönlichkeitsrechtliche Betrachtungsweise kann den verschiedenartigen Alternativen nicht gerecht werden[162]. Zudem können die Vertreter der Ausschließlichkeitsthesen den Übergang vom Persönlichkeitsrecht am Körper in ein Sachenrecht an den abgetrennten Körperteilen dogmatisch nicht überzeugend erklären[163]. Um diese Ungereimtheiten zu vermeiden und eine tragfähige Begründung für die

---

159 *Schünemann*, Die Rechte am menschlichen Körper, S. 86ff.; in diesem Sinne wohl auch *Deutsch*, AcP 192 (1992), 161 (173); *Deutsch*, VersR 1985, 1002 (1004); *Deutsch*, MDR 1985, 177 (179); *Deutsch*, NJW 1986, 1971 (1974); *Deutsch/Spickhoff*, Medizinrecht, Rdnr. 612ff.
160 *Schünemann*, Die Rechte am menschlichen Körper, S. 83–86, 89–93.
161 Die verschiedenen Sachverhalte reichen von abgeschnittenen Fingernägeln, Haaren, gezogenen Zähnen bis hin zu gespendeten Organen oder nur vorübergehende getrennten replantierbaren Teilen, vgl. *Schünemann*, Die Rechte am menschlichen Körper, S. 84f.
162 *Schünemann*, Die Rechte am menschlichen Körper, S. 84ff; ähnlich *Deutsch/Spickhoff*, Medizinrecht, Rdnr. 611, der hinsichtlich abgetrenntrer Körperteile sowohl das Eigentum als auch das Persönlichkeitsrecht zur Anwendung kommen lassen möchte.
163 *Schünemann*, Die Rechte am menschlichen Körper, S. 59f. für die rein sachenrechtlichen Theorien und S. 79f. für die rein persönlichkeitsrechtliche Theorie.

unvermeidbaren Übergänge zwischen Persönlichkeitsrecht und Sachenrecht zu finden, werden bereits bei den Rechtsverhältnissen am menschlichen Körper zwei Ebenen unterschieden[164]. So wird der menschliche Körper als Materie bzw. als eine stoffliche Verbindung verstanden, die jedoch einem menschlichen Willen zugeordnet ist[165]. Solange eine Zuordnung bzw. eine Synthese zwischen dem Körper und dem menschlichen Geist vorhanden ist, liegt ein Mensch und damit eine Person im Rechtssinne vor; existiert dagegen keinerlei Verbindung mehr zwischen dem Körper und der Person, verbleibe nur noch die Materie[166]. Ausgehend von diesem Verständnis von Person und Körper wurde der Grundsatz aufgestellt, dass der Körper einer stufenweisen rechtlichen Einordnung zugänglich ist[167].

Auf der ersten Stufe steht dabei das Sachen- und auf der zweiten Stufe das Persönlichkeitsrecht. Zur ersten Stufe wird der Körper wie sonstige Materie als Sache gezählt und damit im Prinzip einer sachenrechtlichen Betrachtung zugänglich gemacht[168]. Diese erste Stufe wird jedoch während einer Zuordnung des Körpers oder seiner Teile zur Person vollständig von dem Persönlichkeitsrecht, der zweiten Stufe, überlagert, so dass für die rechtliche Qualifikation lediglich das Persönlichkeitsrecht maßgeblich ist[169].

Die persönlichkeitsrechtliche Überlagerung kann jedoch aufgehoben werden, so dass dann die sachenrechtliche Ebene hervortritt und allein rechtlich ausschlaggebend ist[170]. Im Falle einer Trennung des Körperteils sei das Erlöschen des Persönlichkeitsrechts an diesen Substanzen nicht mehr ausgeschlossen, so dass die vollständige persönlichkeitsrechtliche Überlagerung nicht mehr gegeben sei, was in der Konsequenz zur Anwendung der sachenrechtlichen Ebene führen könne[171]. Allerdings könne nach dieser Sichtweise die Trennung allein nicht das ausschlaggebende Kriterium für die Aufhebung des Persönlichkeitsrechts sein und damit die uneingeschränkte Anwendung sachenrechtlicher Normen zur Folge haben[172].

Neben dem objektiven Element der Abtrennung müsse nach dieser Ansicht in Anlehnung an die rein persönlichkeitsrechtlichen Theorien der Wille des Substanzträgers

---

164 *Schünemann*, Die Rechte am menschlichen Körper, S. 91ff.; anders dagegen *Deutsch*, der die Überlagerungsthese nur auf abgetrennte Körperteile anwenden möchte, vgl., VersR 1985, 1002 (1004); *Deutsch*, MDR 1985, 177 (179); *Deutsch*, NJW 1986, 1971 (1974); *Deutsch*, AcP 192 (1992), 161 (173); *Deutsch/Spickhoff*, Medizinrecht, Rdnr. 609, 611f.
165 *Schünemann*, Die Rechte am menschlichen Körper, S. 91f.
166 *Schünemann*, Die Rechte am menschlichen Körper, S. 92.; nach *Schünemann* ist der lebende menschliche Körper sowohl Sache als auch Gegenstand des Persönlichkeitsrecht, vgl. *Schünemann*, Die Rechte am menschlichen Körper, S. 101.
167 *Schünemann*, Die Rechte am menschlichen Körper, S. 92.
168 *Schünemann*, Die Rechte am menschlichen Körper, S. 92.
169 *Schünemann*, Die Rechte am menschlichen Körper, S. 92f.
170 *Schünemann*, Die Rechte am menschlichen Körper, S. 93, 102ff.
171 *Schünemann*, Die Rechte am menschlichen Körper, S. 100–103.
172 *Schünemann*, Die Rechte am menschlichen Körper, S. 102f.

als zweites und wohl maßgebliche subjektives Kriterium für die Beendigung des Persönlichkeitsrechts hinzutreten[173]. Danach könne der Rechtsträger auf sein Persönlichkeitsrecht ausdrücklich oder konkludent verzichten, was dazu führt, dass dieses erlischt[174]. Der Betroffene kann den Verzicht vor, mit oder nach der Trennung erklären; im erstgenannten Fall müsse seine Erklärung im Augenblick der Abtrennung noch vorliegen[175]. Infolge des Verzichts wird die Überlagerung der ersten Stufe durch die zweite Stufe aufgehoben und die Körpersubstanzen unterliegen danach einer sachenrechtlichen Behandlung, wodurch sie auch dem rechtsgeschäftlichen Verkehr zugänglich seien[176].

b. Der fortentwickelte sachenrechtliche Ansatz

Einen anderen Weg innerhalb der Kombinationsmodelle geht eine neuere Ansicht[177]. Diese These baut auf dem sachenrechtlichen Ansatz auf und versucht durch systemimmanentes Weiterdenken dieser Theorie das Persönlichkeitsrecht des ehemaligen Trägers auch nach der Trennung angemessen zu würdigen und zu schützen[178]. Den Ausgangspunkt dieser Sichtweise bildet die Überlegung, dass das Persönlichkeitsrecht des Betroffenen eine Übereignung der Körpersubstanz oder deren Aneignung überdauern könne[179]. Im Gegensatz zum rein sachenrechtlichen Ansatz sollen hiernach die Persönlichkeitsrechte des Betroffenen zu den von ihm getrennten Substanzen unabhängig von eigentumsrechtlichen Positionen an ihnen weiterbestehen[180]. Die Möglichkeit einer derartige Koexistenz von Eigentum und Persönlichkeitsrecht

---

173 *Schünemann*, Die Rechte am menschlichen Körper, S. 103ff.; hier verweist *Schünemann* auf die rein persönlichkeitsrechtliche Lehre von *Forkel*, JZ 1974, 593 (596). Dagegen stellt *Deutsch*, AcP 192 (1992), 161 (173) und *Deutsch/Spickhoff*, Medizinrecht, Rdnr. 612f. nicht auf den Willen, sondern vielmehr auf die Verkehrsauffassung ab; demnach werden die nach der Verkehrsauffassung trennbaren und handelbaren Körperteile mit ihrer Trennung zu Sachen.
174 *Schünemann*, Die Rechte am menschlichen Körper, S. 105, 107f.
175 *Schünemann*, Die Rechte am menschlichen Körper, S. 110ff.
176 Siehe zu den Rechtsgeschäften mit Körperteilen *Schünemann*, Die Rechte am menschlichen Körper, S. 157ff.
177 Zurückgehend auf *Taupitz*, JZ 1992, 1089 (1093) und *Schröder/Taupitz*, Menschliches Blut: verwendbar nach Belieben des Arztes?, S. 42ff; danach folgend von *Müller*, Die kommerzielle Nutzung menschlicher Körpersubstanzen, S. 49ff.; *Ehrlich*, Gewinnabschöpfung des Patienten bei kommerzieller Nutzung von Körpersubstanzen durch den Arzt?, S. 37ff.
178 *Schröder/Taupitz*, Menschliches Blut: verwendbar nach Belieben des Arztes?, S. 42; *Taupitz*, JZ 1992, 1089 (1093).
179 *Schröder/Taupitz*, Menschliches Blut: verwendbar nach Belieben des Arztes?, S. 42; hier wird bemängelt, dass die sachenrechtliche Auffassung nicht erklären könne, warum bei Abtrennung menschlicher Körperteile das neu an den Körperteilen entstehende Eigentum nicht neben das fortbestehende Persönlichkeitsrecht tritt.
180 *Schröder/Taupitz*, Menschliches Blut: verwendbar nach Belieben des Arztes?, S. 42; *Taupitz*, JZ 1992, 1089 (1093).

am selben Rechtsgegenstand sei insoweit dem deutschen Recht nicht fremd[181], zudem anerkenne die Rechtsprechung mittlerweile die Existenz des allgemeinen Persönlichkeitsrechts[182], sowie die Vorstellung, dass es persönliche Beziehungen zu Sachen geben kann, die auch gegenüber anderen, welche an diesen Gegenständen Eigentum erlangt haben fortbestehen können und schutzwürdig seien[183]. Demnach ist eine Koexistenz von Eigentum und Persönlichkeitsrecht möglich, auch wenn diese Rechtspositionen im Hinblick auf ihre Inhaberschaft auseinanderfallen[184]. Diese parallele Existenz führt zu einer differenzierenden Betrachtung beider Rechtsinstitute mit der Folge, dass die Ausübung von Eigentümerbefugnissen einer Person durchaus zu einem Eingriff in das Persönlichkeitsrecht einer anderen Person führen kann[185]. Als Begründung für das Weiterbestehen des Persönlichkeitsrechts wird vorgetragen, dass es auch an Körpersubstanzen eine intensive persönliche Beziehung geben kann, die nicht durch die Weitergabe und Eigentumsbegründung eines Dritten erlischt[186]. Gerade mit den Möglichkeiten der Genomanalyse lassen sich Rückschlüsse auf die physischen und psychischen Gegebenheiten des früheren Träger ziehen, was dessen „Geheim-" und „Intimbereich" im deutlich stärkeren Maße berühren könne als dies mit der Analyse seiner schriftlichen Äußerungen möglich wäre[187].

4. Stellungnahme

Die Fülle der unterschiedlichen Lösungsansätze hinsichtlich der rechtlichen Einordnung abgetrennter Körpersubstanzen zeigt die Schwierigkeiten auf, einen Konsens im Rahmen dieser Problematik zu erreichen. Dies mag daher rühren, dass den menschlichen Körpersubstanzen unterschiedliche Wertvorstellungen zugrunde gelegt werden, so dass sich die rechtliche Qualifizierung der betroffenen Substanzen teilweise ausschließlich anhand dieser inneren Überzeugungen orientiert (entweder rein sachenrechtlich[188] oder rein persönlichkeitsrechtlich[189]). Daneben gibt es jedoch

---

181 *Schröder/Taupitz*, Menschliches Blut: verwendbar nach Belieben des Arztes?, S. 43 verweisen insbesondere auf die *Sirenenbild- Entscheidung* des Reichsgericht (RGZ 79, 397 (400f.), seit der ein Nebeneinander von Eigentum und Persönlichkeitsrecht verschiedener Rechtsinhaber bekannt ist.
182 BGHZ 13, 334 (337f.)- Leserbrief; BGHZ 15, 249 (255)- Cosima Wagner; BGHZ 26, 349 (354)- Herrenreiter.
183 Siehe hierzu den Überblick bei *Hubmann*, Das Persönlichkeitsrecht, 2. Aufl., S. 261–265.
184 *Schröder/Taupitz*, Menschliches Blut: verwendbar nach Belieben des Arztes?, S. 42f.
185 *Taupitz*, JZ 1992, 1089 (1093).
186 *Schröder/Taupitz*, Menschliches Blut: verwendbar nach Belieben des Arztes?, S. 44; *Taupitz*, JZ 1992, 1089 (1093).
187 *Schröder/Taupitz*, Menschliches Blut: verwendbar nach Belieben des Arztes?, S. 44; *Taupitz*, JZ 1992, 1089 (1093).
188 Hierbei wird vornehmlich eine praktikable Lösung angestrebt.
189 Hierbei wird das „Menschliche" in den Vordergrund gestellt.

auch Denkmodelle, die mittels einer, wenn auch unterschiedlicher, Kombination beider Aspekte zu einem sachgerechten Ergebnis gelangen wollen.

Im Rahmen dieser Diskussion darf jedoch das Ziel einer rechtlichen Qualifizierung von menschlichen Körpersubstanzen nicht aus den Augen verloren werden. Dies setzt sich aus zwei Aspekten zusammen, die sich gegenseitig beeinflussen und gleichermaßen zu würdigen sind. Auf der einen Seite muss eine Lösung gefunden werden, die praxisorientiert ist und eine klare rechtliche Qualifizierung abgetrennter Substanzen zulässt. Dieses Ergebnis ist jedoch nur dann zu erreichen, wenn eine exakte rechtliche Einordnung menschlicher Körpersubstanzen möglich ist, die sich aus einer schlüssigen dogmatischen Begründung erschließt und wenig oder gar keinen Raum für Ausnahmetatbestände zulässt. Daneben muss der Würde und dem Persönlichkeitsrecht des Betroffenen hinreichend Rechnung getragen werden, um einer einseitigen, nur anhand der Praktikabilität orientierten Lösung, entgegenzuwirken.

Nachfolgend soll gezeigt werden, dass die unterschiedlichen Ansätze diesen Grundvoraussetzungen nicht gerecht werden. Es ist zwar nicht von der Hand zu weisen, dass die dargestellten Meinungen Aspekte aufweisen, die für ihre Sichtweise sprechen; es darf jedoch nicht übersehen werden, dass bisher jeder Versuch einer rechtlichen Zuordnung abgetrennter menschlicher Körpersubstanzen Defizite aufweist, die nicht überwunden werden können. So sind es vor allem dogmatische Schwächen, die jeder Theorie anhaften. Aber auch die Beurteilung nicht alltäglicher Sachverhalte wird von den unterschiedlichen Auffassungen nicht zufriedenstellend gelöst.

a. Gemeinsamkeiten aller Theorien

Zunächst ist trotz vielfacher Schwächen aller genannten Theorien anzuerkennen, dass sie im Ergebnis übereinstimmend zu einer vertretbaren und richtigen Qualifikation des rechtlichen Schicksals abgetrennter Substanzen, die nach ihrer Trennung eine Wiedereingliederung in einen menschlichen Körper erfahren, gelangen[190]. So unterstellen sowohl die rein sachenrechtlichen Auffassungen als auch die fortentwickelte sachenrechtliche Theorie den abgetrennten Körperteil zwar dem Sachenrecht; kommt es dann aber zu einer Integration der Substanz in den menschlichen Körper eines Empfängers[191], so wird es zu dessen Körperbestandteil und nimmt damit an seinem Persönlichkeitsschutz teil[192].

Im Rahmen der rein persönlichkeitsrechtlichen Theorie und der Überlagerungsthese bleibt das Persönlichkeitsrecht bei Vorliegen einer entsprechenden

---

190 So auch *Müller*, Die kommerzielle Nutzung menschlicher Körpersubstanzen, S. 48f.
191 Unabhängig davon, ob es sich hierbei um den ursprünglichen Träger oder einen Dritten handelt.
192 *Jickeli/Stieper*, in: J. v. Staudingers, 2004, § 90, Rdnr. 24; *Eser*, in: Schönke/Schröder, § 242 StGB, Rdnr. 10; *Kindhäuser*, in: Nomos, StGB, § 242 StGB, Rdnr. 11; *Kindhäuser*, StGB, § 242 StGB, Rdnr. 18.

Interessenlage[193] des ursprünglichen Trägers auch nach der Abtrennung bestehen; bei einer Wiedereingliederung der betreffenden Substanz wird es jedoch vom Persönlichkeitsrecht des Empfängers erfasst[194].

b. Dogmatische Schwächen aller Theorien

Der Hauptkritikpunkt, dem sich sämtliche Theorien stellen müssen, bildet der Mangel einer überzeugenden dogmatischen Begründung ihrer rechtlichen Qualifikation von Körperteilen. So kann keine der obigen Thesen schlüssig belegen, wie sie zu ihrem jeweiligen Ergebnis gelangt. Die nachfolgende Darstellung soll diese Schwächen veranschaulichen.

aa. Die rein sachenrechtliche Theorie und der fortentwickelte sachenrechtliche Ansatz

Den Ausgangspunkt aller rein sachenrechtlichen Theorien und des fortentwickelten sachenrechtlichen Ansatzes bildet die These, dass im Moment der Abtrennung des Körperteils eine Sache im Sinne des § 90 BGB entsteht[195].

Dabei können weder die Vertreter der rein sachenrechtlichen Theorien noch des fortentwickelten sachenrechtlichen Ansatzes einen überzeugenden dogmatischen Weg bezüglich der Umwandlung des am menschlichen Körper bestehenden Persönlichkeitsrechts in ein an abgetrennten Substanzen bestehendes Sachenrecht aufweisen[196]. Zwar sind sich alle Vertreter dieses Ansatzes einig, dass mit der Trennung eines Körperstückes vom Gesamtorganismus eine Sache entsteht, sie können jedoch keine Begründung dafür liefern, wie dieser Wandel rechtlich zu beweisen

---

193 Das ist z.B. bei einer beabsichtigten Eigenspende anzunehmen; liegt eine solche Zweckbestimmung nicht vor, ist es dem Spender damit gleichgültig, was mit der Substanz passieren soll, wird von eine Sacheigenschaft angenommen.
Eine ähnliche Qualifizierung nimmt der BGH in seiner Spermaentscheidung vor *BGHZ* 124, 52ff., wenn er im Falle einer funktionalen Einheit die Substanz zum Körper im Sinne des § 823 Abs. 1 BGB zählt, bei einer Beendigung dieser Einheit jedoch eine sachenrechtliche Qualifikation der Substanz vornimmt.

194 Für die rein persönlichkeitsrechtliche These siehe *Forkel*, JZ 1974, 593 (595); für die Überlagerungsthese siehe *Schünemann*, Die Rechte am menschlichen Körper, S. 92f., 138f. und *Deutsch/Spickhoff*, Medizinrecht, Rdnr. 614. Diese Rechtsfolge tritt auch nach *BGHZ* 124, 50ff. ein.

195 Dabei geht die Theorie vom direkten Eigentumserwerb davon aus, dass die Sache analog § 953 BGB unmittelbar in das Eigentum des ehemaligen Trägers fällt; der fortentwickelte sachenrechtliche Ansatz baut auf dieser Überlegung auf. Demgegenüber vertritt eine andere These innerhalb des rein sachenrechtlichen Ansatzes die Auffassung, dass zunächst eine herrenlose Sache entsteht, an der ein privilegiertes Aneignungsrecht des bisherigen Trägers gemäß § 958 Abs. 2 BGB besteht.

196 *Ehrlich*, Gewinnabschöpfung des Patienten bei kommerzieller Nutzung von Körpersubstanzen durch den Arzt?, S. 22; *Schünemann*, Die Rechte am menschlichen Körper, S. 58ff.

ist. Allein die Annahme, die bereits dem lebenden Körper des Menschen die Sachqualität zuspricht ist konsequent und kommt zu der aus ihrer Sicht folgerichtigen Qualifikation, dass abgetrennte Substanzen zu den Sachen zu zählen sind[197]. Die übrigen Vertreter, die den lebenden menschlichen Körper jedoch ausschließlich dem Persönlichkeitsrecht unterwerfen, kommen nicht umhin die Sacheigenschaft der abgetrennten Substanz zu begründen. Um zu einem überzeugenden dogmatischen Ergebnis zu gelangen, müssten sie entweder die Umwandlung des am menschlichen Körper bestehenden Persönlichkeitsrechts in ein an der abgetrennten Substanz bestehenden Sachenrecht oder die Neuentstehung einer Sache annehmen[198]. Die vereinzelt unternommen Begründungsversuche für eine solche Umwandlung vermögen jedoch nicht zu überzeugen; ihnen kann keine schlüssige Argumentation für eine unterschiedliche rechtliche Bewertung abgetrennter und nicht abgetrennter Substanzen entnommen werden[199]. Teilweise verweisen die Vertreter zur Begründung ihres Ansatzes auf die Verkehrssitte, die vom Körper abgetrennte Substanzen als Sachen qualifiziere[200]. Hierbei ist zwar nicht von der Hand zu weisen, dass sich die Beantwortung der Frage, ob ein körperlicher Gegenstand vorliegt, nach der allgemeinen Verkehrsanschauung unter Laien und nicht nach dem letzten Stand der physikalischen Wissenschaft richtet[201]; dennoch vermag allein der Hinweis auf die allgemeine Verkehrsanschauung nicht zu begründen, aus welchem Grund sich der persönlichkeitsrechtliche Charakter des Körpers infolge der Trennung in eine eigentumsfähige Sache transformiert[202].

In den meisten Fällen fehlt es jedoch gänzlich an einer Begründung ihrer These. Die Autoren beschränken sich vielmehr lediglich auf die Feststellung bzw. Behauptung, dass es sich bei abgetrennten Substanzen um Sachen handelt. Es drängt sich

---

197 So *Brunner*, NJW 1953, 1173 (1174), dessen Ansatz jedoch aus den oben genannten Gründen abzulehnen ist.
198 So auch *Schünemann*, Die Rechte am menschlichen Körper, S. 59.
199 So argumentiert *Schultheis*, Privatrechtsverhältnisse, S. 30f., dass dem Teilstück das „Walten einer lebendigen Tätigkeit" fehle, die die Hauptsache des lebendigen Körpers sei, um so zu einer Sacheigenschaft der abgetrennten Substanz zu gelangen. Dabei verkennt er jedoch, dass allein die Zugehörigkeit zu einem lebenden Gesamtorganismus nicht die Abgrenzung zwischen einem Rechtssubjekt und einem Rechtsobjekt darstellen könne. So ist allgemein anerkannt, dass eine lebende Pflanze in ihrer Gesamtheit ebenso zu den Sachen zu zählen ist wie die von ihr abgetrennten Teile; so auch *Schünemann*, Die Rechte am menschlichen Körper, S. 60.
200 Schmidt, in: Erman, 8. Aufl., § 90, Rdnr. 7.
201 Heinrichs, in: Palandt, 57. Aufl., § 90, Rdnr. 1; Dilcher, in: J. v. Staudingers, 12. Aufl., Vorbem. Zu § 90, Rdnr. 8f; *Müller*, Die kommerzielle Nutzung menschlicher Körpersubstanzen, S. 35; *Schröder/Taupitz*, Menschliches Blut, S. 35f.
202 *Schröder/Taupitz*, Menschliches Blut, S. 36; *Müller*, Die kommerzielle Nutzung menschlicher Körpersubstanzen, S. 35f.; zur Untauglichkeit der Verkehrsanschauung hinsichtlich der Qualifizierung der Rechte am menschlichen Körper siehe Dilcher, in: J. v. Staudingers, 12. Aufl., § 90, Rdnr. 14.

daher Vermutung auf, dass die Vertreter dieser Auffassung vom gewünschten Ergebnis her argumentieren, und es anscheinend als selbstverständlich erachten, dass mit der Trennung vom Gesamtorganismus lediglich die Qualifikation als Sache in Frage kommt, so dass sie es nicht für nötig erachten ihre Wertung begründen zu müssen[203]. Die genannten Defizite zeigen jedoch die Unsicherheiten der Autoren auf eine dogmatisch einwandfreie Begründung ihrer Thesen zu liefern[204].

bb. Die rein persönlichkeitsrechtliche und die Überlagerungsthese

Diesen Vorwürfen müssen sich auch die rein persönlichkeitsrechtliche und die Überlagerungsthese stellen. So können die Verfechter des rein persönlichkeitsrechtlichen Ansatzes bei Fehlen eines entsprechenden persönlichen Interesses an der Substanz nicht schlüssig belegen, wie sich die Körpersubstanz in eine Sache verändert und auf welche Weise sich das Persönlichkeitsrecht nunmehr in ein Eigentumsrecht umwandelt. In den meisten Fällen ist eine kritische Auseinandersetzung mit diesem dogmatischen Problem nicht zu finden; letztendlich wird auch hier auf die Natur der Sache verwiesen[205].

Auf den ersten Blick scheint die Überlagerungsthese diesem dogmatischen Problem zu entgehen, indem sie dem menschlichen Körper von Anfang die Sachqualität zuspricht und die grundsätzliche Eigentumsfähigkeit bejaht, die sachenrechtliche Wertung jedoch bei einer bestehenden Zuordnung zum Menschen jedoch vom Persönlichkeitsrecht überlagert wissen will. Auf diese Weise bräuchte sie weder die Entstehung einer Sache noch die Wandlung des Persönlichkeitsrechts in ein Eigentumsrecht zu begründen. Es ist jedoch zu berücksichtigen, dass die von der Überlagerungsthese vorgenommene Wertung des Menschen aus den oben genannten Gründen nicht haltbar ist. Demzufolge steht sie wie die Ausschließlichkeitsthesen und der fortentwickelte sachenrechtliche Ansatz vor einer dogmatischen Hürde, die sie wie die übrigen Theorien nicht schlüssig belegen kann. Es drängt sich hierbei die Vermutung auf, dass im Rahmen der Überlagerungsthese die rechtliche Qualifikation des menschlichen Körpers lediglich aus dem Grund vorgenommen worden ist, um den sich bei der Abtrennung aufkommenden dogmatischen Schwierigkeiten zu entgehen.

c. Schwächen des rein persönlichkeitsrechtlicher Ansatz und der Überlagerungsthese

Die Ungereimtheiten des rein persönlichkeitsrechtlichen Ansatzes und der Überlagerungstheorie werden besonders dann deutlich, wenn man sich vergegenwärtigt, dass es für eine rein persönlichkeitsrechtliche oder eine sachenrechtliche

---

203 Ähnliche Kritik bei *Ehrlich*, Gewinnabschöpfung des Patienten bei kommerzieller Nutzung von Körpersubstanzen durch den Arzt?, S. 22.
204 So auch *Schünemann*, Die Rechte am menschlichen Körper, S. 60.
205 *Schünemann*, Die Rechte am menschlichen Körper, S. 79f.; *Müller*, Die kommerzielle Nutzung menschlicher Körpersubstanzen, S. 40.

Qualifizierung der abgetrennten Substanz auf den subjektiven Willen und die damit verbundene persönliche Zweckbestimmung des Betroffenen als entscheidendes und prägendes Moment ankommt[206].

Möchte der Betroffene beispielsweise das ausgelagerte Körpermaterial zum Zwecke der Eigenspende verwenden, so wäre es weiterhin rein persönlichkeitsrechtlich zu qualifizieren, soll es dagegen für einen beliebigen Dritten gespendet sein, wäre es als Sache anzusehen, ohne dass eine Umwandlung der Rechtsform der Substanz nach außen objektiv erkennbar wäre. Dieses Ergebnis ist jedoch mit dem im Sachenrecht bestehenden Publizitätsgrundsatz unvereinbar. Der sachenrechtliche Publizitätsgrundsatz fordert, das Bestehen dinglicher Rechte objektiv nach außen ersichtlich zu machen, so dass es für den Rechtsverkehr klar erkennbar sein muss, ob ein Rechtsobjekt überhaupt vorliegt[207]. Aus diesen Gründen muss gewährleistet sein, dass sich die Wandlung im Rechtsgut objektiv erkennbar nach außen hin manifestiert.

Problematisch sind zudem diejenigen Sachverhalte, in denen die Substanzen ohne Willen und damit ohne eine individuelle Zweckbestimmung vom Betroffenen abgetrennt werden. Dem rein persönlichkeitsrechtlichen Ansatz und der Überlagerungsthese zufolge endet der Persönlichkeitsschutz hinsichtlich der betroffenen Substanz erst in den Fällen, in denen er preisgegeben wird; dies setzt jedoch einen hierauf gerichteten Willen des Rechtsträgers voraus[208]. Ist ein solcher nicht vorhanden, sind alle abgetrennten Substanzen auch weiterhin rein persönlichkeitsrechtlich zu beurteilen; diese Qualifikation ist so lange anzunehmen, bis sich der Rechtsträger bezüglich des endgültigen Schicksals der abgetrennten Substanz ausdrücklich geäußert hat. Dies kann in der Praxis jedoch zu erheblichen Zuordnungsproblemen hinsichtlich der abgetrennten Substanzen führen[209], da diese Situation auch an den Substanzen eintreten kann, an denen der Betroffene grundsätzlich kein Interesse mehr hat und ihm demnach ihr Schicksal gleichgültig sein müsste[210]. Diese Schwierigkeiten lassen sich auch nicht ohne Weiteres mithilfe des Instituts der

---

206   Für die rein persönlichkeitsrechtliche Auffassung *Forkel*, JZ 1974, 593 (595f.); *Forkel*, Die Übertragbarkeit der Firma, S. 110 (dortige FN. 59); Jansen, Blutspende, S. 125f. Für die Überlagerungsthese *Schünemann*, Die Rechte am menschlichen Körper, S. 103ff.

207   *Wolf*, Sachenrecht, Rdnr. 25; *Brehm/Berger*, Sachenrecht, Rdnr. 44.

208   Für die rein persönlichkeitsrechtliche Einordnung *Forkel*, JZ 1974, 593 (596); Jansen, Blutspende, S. 129. Für die Überlagerungsthese *Schünemann*, Die Rechte am menschlichen Körper, S. 103ff.

209   *Schünemann*, Die Rechte am menschlichen Körper, S. 109; *Müller*, Die kommerzielle Nutzung menschlicher Körpersubstanzen, S. 46.

210   Zu denken wäre hierbei z. B. an im Rahmen einer Operation ungewollt entnommenen Blutes; nach dieser Theorie wäre es bis zur Preisgabe des Persönlichkeitsrechts des Betroffenen nicht als Sache zu behandeln und damit verkehrsunfähig.

mutmaßlichen Willenserklärung[211] des Betroffenen bezügliche einer Preisgabe des Persönlichkeitsschutzes über die betroffene Substanz lösen, da die rein persönlichkeitsrechtliche Lehre dem Selbstbestimmungsrecht des Rechtsgutsträgers eine so erhebliche Bedeutung zukommen lässt, so dass eine Preisgabe des Persönlichkeitsschutzes ausschließlich ausdrücklich erfolgen kann[212].

Dagegen lässt die Überlagerungsthese auch einen schlüssigen Verzicht gelten[213]. Als Indikatoren für einen schlüssigen Verzicht wird auf Handlungen verwiesen, die einen typischen Erklärungswert beinhalten; im Zweifelsfalle sollen sie gemäß der Interessenlage des Betroffenen ausgelegt werden[214]. Dies mag in den Fällen hilfreich sein, in denen irgendeine Handlung des Betroffenen vorliegt, die auslegungsfähig ist. Diese Sichtweise versagt jedoch in den Konstellationen, in denen es gar keine Handlungen des Betroffenen gibt, die einer Auslegung zugänglich wären sowie in den Fällen, in denen infolge des Verhaltens des Betroffenen nicht einmal ein schlüssiger Verzicht zu erblicken ist[215].

Eine klare Zuordnung der abgetrennten Substanzen ist auf den Boden dieser Ansicht nicht möglich, so dass es zu Rechtsunsicherheiten kommen kann[216].

Problematisch sind zudem die Fallgestaltungen zu beurteilen, in denen der Betroffene seine abgetrennten Substanzen kommentarlos zurückgelassen hat. In diesen Konstellationen kommen sowohl die rein persönlichkeitsrechtliche Ansicht als auch die Überlagerungsthese zu dem Ergebnis, dass es sich bei diesen Substanzen um Sachen handele, die verkehrsfähig sind, da der Betroffene an ihnen offenbar kein individuelles Interesse mehr habe, so dass er den Persönlichkeitsschutz an ihnen preisgebe[217] bzw. auf das Persönlichkeitsrecht verzichtet

---

211 Siehe zu den Voraussetzungen einer mutmaßlichen Willenserklärung *Medicus*, BGB AT, Rdnr. 333ff.; *Kaiser*, Bürgerliches Recht, S. 36ff.; *Schmidt*, BGB AT, Rdnr. 233ff.

212 Dies folgt aus der Argumentation der These von *Forkel*, JZ 1974, 593 (595f.) für die rein persönlichkeitsrechtliche These.
In die gleiche Richtung zielt auch die Kritik bei *Müller*, Die kommerzielle Nutzung menschlicher Körpersubstanzen, S. 46f.

213 *Schünemann*, Die Rechte am menschlichen Körper, S. 108f.

214 *Shünemann*, Die Rechte am menschlichen Körper, S. 108.

215 So auch *Müller*, Die kommerzielle Nutzung menschlicher Körpersubstanzen, S. 47 (dortige FN. 131).

216 Diese Zuordnungsprobleme lassen sich auch nicht beseitigen, wenn man mit einem anderen Teil der Überlagerungsthese nicht auf den Willen des Betroffenen, sondern vielmehr auf die Verkehrsauffassung abstellt. Danach sind solche Körperteile nach ihrer Trennung als Sachen zu qualifizieren, die nach der Verkehrsauffassung als trennbar und handelbar angesehen werden, so *Deutsch*, AcP 192 (1992), 161 (173).

217 So für die rein persönlichkeitsrechtliche Theorie *Forkel*, JZ 1974, 593 (596); er bringt als Beispiel die Konservierung von Körperteilen in einer Organbank.

habe[218]. Hat an diesen Substanzen zwischenzeitlich ein Dritter Eigentum erworben und nimmt er an ihnen Handlungen vor, die theoretisch dazu geeignet sind das Persönlichkeitsrecht des ehemaligen Trägers zu verletzen[219] kommt dem Betroffenen infolge der Preisgabe des Persönlichkeitsrechts in diesen Fällen nach beiden Theorien keinerlei Schutz mehr zu. Um auf eine mögliche Persönlichkeitsverletzung des Betroffenen reagieren zu können, müsste nach beiden Thesen der Betroffene die Erklärung der Preisgabe seines Persönlichkeitsschutzes bezüglich der in Fragestehenden Substanzen widerrufen[220] oder anfechten[221]. Doch selbst von den Vertretern dieser Ansicht wird ein Widerruf der Preisgabe des Persönlichkeitsrechts in den Fällen, in denen der Widerruf die Rechte anderer berührt[222], als ausgeschlossen erachtet[223]; in diesen Konstellationen bliebe nur noch die Möglichkeit einer Anfechtung.

d. Schwächen des rein sachenrechtlichen Ansatzes

Die Qualifizierung der abgetrennten Körpersubstanzen mithilfe der rein sachenrechtlichen Theorien kann in den Fällen, in denen die Substanzen kommentarlos zurückgelassen werden, zu erheblichen Rechtsschutzlücken führen. Im Rahmen dieser Theorien gehen die Vertreter eines direkten Eigentumserwerbes analog § 953 BGB entweder von einer konkludenten Eigentumsübertragung[224], oder einer konkludenten Dereliktion[225] hinsichtlich dieser Substanzen aus, während die Vertreter des privilegierten Aneignungsrechts gemäß § 958 Abs. 2 BGB von einem konkludenten Verzicht hinsichtlich des Aneignungsrechts ausgehen[226]. Werden

---

218 So für die Überlagerungsthese *Schünemann*, Die Rechte am menschlichen Körper, S. 103ff.
219 Zu denken ist hier an einen Eingriff in die Privat- bzw. Intimsphäre des Betroffenen mithilfe der Genomanalyse, siehe hierzu *Taupitz*, JZ 1992, 1089 (1093).
220 Siehe zu den Voraussetzungen des Widerrufs *Medius*, BGB AT, Rdnr. 298ff.; *Schmidt*, Jura 1993, 345 (345ff.).
221 Siehe zu den Voraussetzungen einer Anfechtung *Rüthers/Stadler*, BGB AT, § 25, Rdnr. 11ff.; *Coester-Waltjen*, Jura 1990, 362 (365ff.).
222 Hierzu zählt selbstverständlich das Eigentumsrecht.
223 Siehe hierzu *Schünemann*, Die Rechte am menschlichen Körper, S. 113f.
224 *Jickeli/Stieper*, in: J. V. Staudingers, § 90, Rdnr. 21; so auch *Deutsch/Spickhoff*, Medizinrecht, Rdnr. 614 und *Schünemann*, Die Rechte am menschlichen Körper, S. 162, die jedoch von der Überlagerungsthese ausgehen. Offengelassen von *Taupitz*, AcP 191 (1991), 201 (209) und *Taupitz*, JZ 1992, 1089 (1092), der sowohl eine Eigentumsübertragung als auch eine Dereliktion für möglich erachtet.
225 *Maier*, Der Verkauf von Körperorganen, S. 11; *Nixdorf*, VersR 1995, 740 (742); *Spranger*, NJW 2005, 1084 (1085). Siehe allgemein zu den rechtlichen Voraussetzungen eines Eigentumserwerbs an „vergessenen Sachen", *Faber*, JR 1987, 313ff.
226 *Rieger*, Lexikon des Arztrechts, Rdnr. 973, der sich auf keine der beiden Alternativen der rein sachenrechtlichen Theorien festlegt, geht entweder von einem Verzicht auf das Eigentum oder auf das Aneignungsrecht aus.

nunmehr an diesen Substanzen Eingriffe vorgenommen, die in der Lage sind, in die Intim- oder Privatsphäre des ehemaligen Trägers einzugreifen[227], kann nach den rein sachenrechtlichen Theorien keine Reaktion auf eine eventuelle Persönlichkeitsrechtsverletzung des ehemals Berechtigten erfolgen, da die Vertreter dieser Ansicht einen persönlichkeitsrechtlichen Bezug zu abgetrennten Körpersubstanzen von Anfang an negieren[228].

Die rein sachenrechtliche Theorie führt in den Fällen einer abredewidrigen Verwendung der entnommenen Substanz zu dem Ergebnis, dass dem ehemaligen Träger keinerlei Schutzmöglichkeiten mehr zustehen. Diese Lücke ist darauf zurückzuführen, dass die Vertreter dieser Ansicht die abgetrennte Substanz als eine im Eigentum des ehemaligen Träger liegende Sache werten[229]. Hat der bisherige Berechtigte diese Substanz einem Dritten übertragen, so wird dieser Eigentümer dieses Körperteils, so dass der ehemalige Berechtigte über keinerlei Rechte mehr aus dem Eigentum an der Körpersubstanz verfügt. Da im Rahmen dieser Sichtweise eine persönlichkeitsrechtliche Behandlung der abgetrennten Substanzen verneint wird, kommen dem ehemaligen Berechtigten nach Übereignung der Substanz keinerlei Rechte mehr an diesen Körperteilen mehr zu[230].

e. Zweifel bei der Anwendung des § 958 Abs. 2 BGB

Zudem lässt sich ein privilegiertes Aneignungsrecht an den abgetrennten Körpersubstanzen im Sinne des § 958 Abs. 2 BGB nicht begründen. Einer solchen Konstruktion widerspricht die Natur der in § 958 Abs. 2 BGB aufgeführten Aneignungsrechte[231]. Solche Aneignungsrechte, die bundes- oder landesrechtlich bestehen können, sind

---

227 Siehe zu den Möglichkeiten der Persönlichkeitsrechtsverletzung infolge einer Genomanalyse *Taupitz*, JZ 1992, 1089 (1093).
228 So auch *Müller*, Die Kommerzialisierung menschlicher Körpersubstanzen, S. 45.
229 Dies kann mit der h.M. analog § 953 BGB oder infolge der Ausübung des Aneignungsrechts gemäß § 958 Abs. 2 BGB geschehen; siehe hierzu die Darstellung.
230 Dieses Ergebnis scheint auch den Vertretern des rein sachenrechtlichen Ansatzes nicht tragbar zu sein, so dass vereinzelt gefordert wird dem bisherigen Träger auch noch nach der Eigentumsübertragung gewisse Einflussmöglichkeiten einzuräumen, etwa wenn Körperteile abredewidrig verwendet würden (bsplw., wenn die Niere nicht auf die vereinbarte Person übertragen würden), so *Marly*, in: Soergel, § 90, Rdnr. 7. Es wird jedoch offengelassen, wie diese Rechte zu begründen sind; dies kann jedoch kein aus dem Eigentum abgeleitetes Recht sein.
231 *Maier*, Der Verkauf von Körperorganen, S. 11; *Müller*, Die kommerzielle Nutzung menschlicher Körpersubstanzen, S. 38.

wiederum vor allem im Jagdrecht[232], im Fischereirecht[233] sowie im Bergrecht zu finden[234]. Bei diesen Rechten handelt es sich um solche, die entweder untrennbar mit dem Eigentum an einem (Gewässer-) Grundstück verbunden sind oder um solche, die von einer expliziten staatlichen Bewilligung abhängen. Verglichen mit diesen Rechten wirke ein Aneignungsrecht des Menschen an seinen abgetrennten Körperteilen gekünstelt[235]. Zudem sind Aneignungsrechte, die privatrechtlich begründet werden könnten, hierbei nicht ersichtlich, so dass sich eine Vergleichbarkeit dieser Rechte mit einem Aneignungsrecht des bisherigen Trägers der Körpersubstanz im Sinne des § 958 Abs. 2 BGB verbietet[236]. Ferner können nach dieser Lehre in der Praxis schwierige Zuordnungsprobleme hinsichtlich der abgetrennten Körpersubstanzen auftreten, wenn der Berechtigte sein Aneignungsrecht nicht ausübt, so dass es bei der Herrenlosigkeit[237] dieser Substanzen bliebe[238]. Darüber hinaus setzt sich diese Lehre schweren Bedenken aus, wenn man berücksichtigt, dass abgetrennte Körpersubstanzen in vielen Fällen als Sondermüll zu behandeln sind, der von dem

---

232 Nach § 3 Abs. 1 BJagdG (Bundesjagdgesetz in der Fassung der Bekanntmachung vom 29. September 1976 (BGBl. I S. 2849), zuletzt geändert durch Artikel 215 der Verordnung vom 31. Oktober 2006 (BGBl. I S. 2407) steht das Jagdrecht dem Eigentümer auf seinem Grund und Boden zu. Es ist untrennbar mit dem Eigentum am Grund und Boden verbunden. Als selbständiges dingliches Recht kann es nicht begründet werden.
233 Das Fischereirecht unterliegt dem Landesgesetzgeber. Es finden sich ähnliche Bestimmungen wie im BJagdG. Hier sei beispielhaft auf das Hessische (HfischG) vom 19. Dezember 1990, zuletzt geändert durch Gesetz vom 1. Oktober 2002), das Bremische ((BremFiG), vom 17. September 1991, geändert am 01. Juni 1999) und das Saarländische ((SFischG) in der Fassung der Bekanntmachung Vom 16. Juli 1999) Fischereirecht verwiesen. Nach § 3 HfischG, § 2 BremFiG und § 5 SFischG steht das Fischereirecht dem Eigentümer des Gewässergrundstücks zu und ist untrennbar mit dem Eigentum am Gewässergrundstück verbunden.
234 Die Aneignungsbefugnis des Berkwerkseigentümers ergibt sich aus § 9 BBerG (Bundesberggesetz in der Fassung vom 13.08.1980 (BGBl I, S. 1310), zuletzt geändert durch Art. 11 des Gesetzes vom 09.12.2006 (BGBl I, S. 2833)) und die des Inhabers einer bergrechtlichen Bewilligung aus § 8 BBergG.
235 *Holch*, in: MüKo, § 90, Rdnr. 29; *Schäfer*, Rechtsfragen zur Verpflanzung, S. 48; *Müller*, Die kommerzielle Nutzung menschlicher Körpersubstanzen, S. 38.
236 Ablehnend auch: *Ehrlich*, Gewinnabschöpfung des Patienten bei kommerzieller Nutzung von Körpersubstanzen durch den Arzt?, S. 18; *Jansen*, Blutspende, S. 119f.; *Schäfer*, Rechtsfragen zur Verpflanzung, S. 47ff.; *Jickeli/Stieper*, in: J. v. Staudingers, § 90, Rdnr. 21; *Gursky*, in: J. v. Staudingers, § 958, Rdnr. 3; *Holch*, in: MüKo, § 90, Rdnr. 29.
237 Siehe zu den Problemen der Aneignung bei künstlichen Körperteilen etwa *Dotterweich*, JR 1953, 174ff.; *Weimer*, JR 1979, 363ff; *Görgens*, JR 1980, 140ff.
238 *Müller*, Die kommerzielle Nutzung menschlicher Körpersubstanzen, S. 37f.

Beseitigungspflichtigen entsorgt werden müsse, so dass er nicht ohne Weiteres herrenlos werden dürfe[239].

f. Schwächen des BGH- Ansatzes

Das Urteil des BGH sorgte im Schrifttum zwar für ein neuerliches Aufleben der Diskussion hinsichtlich der Rechtsnatur von abgetrennten Körpersubstanzen; der weitaus größere Teil der rechtswissenschaftlichen Literatur steht dem Urteil des BGH jedoch kritisch gegenüber und lehnt die Entscheidung des BGH zu Recht ab[240]. Gegen den „erweiterten" Körperbegriff des BGH sprechen zahlreiche Argumente, die nachfolgend dargestellt werden sollen:

aa. Kritik zum dogmatischen Begründungsweg der Annahme des erweiterten Körperbegriffs

Insbesondere der Begründungsweg, den der BGH zur Annahme eines „erweiterten" Körperbegriffes aufgezeigt hat, ist äußerst unbefriedigend und gibt Anlass zur Kritik[241]. Hierbei ist zwar die Grundannahme des BGH nicht zu beanstanden, dass das „Recht am Körper" als ein „gesetzlich ausgeformter Teil des allgemeinen

---

239 *Jickeli/Stieper,* in: J. v. Staudinger, § 90, Rdnr. 21. Siehe in diesem Zusammenhang die Problematik, ob Abfallrechtliche Vorschriften einer Dereliktion gemäß § 959 BGB entgegenstehen: *Schünemann,* Die Rechte am menschlichen Körper, S. 160ff; dafür sprechen sich *Quack,* in: MüKo, 4. Aufl., § 959, Rdnr. 14 und *Shmidt,* JuS. 1988, 230 (230) aus. Ablehnend: Eckert, in: Hk- BGB, § 959, Rdnr. 1; *BayObLG,* RPfleger 1983, 308.

240 Ablehnend bzw. kritisch: *Otto,* Jura 1996, 219 (220); *Taupitz,* JR 1995, 22ff.; *Taupitz,* NJW 1995, 745ff.; *Rohe,* JZ 1994, 465 (466ff.); *Nixdorf,* VersR 1995, 740 (742ff.); *Laufs/Reiling,* NJW 1994, 775f.; *Deutsch/Spickhoff,* Medizinrecht, 5. Aufl., Rdnr. 611; *Peris,* MedR 1994, 113; *Voß,* Vernichtung tiefgefrorenen Spermas als Körperverletzung?, S. 10ff, 72ff.; *Ehrlich,* Gewinnabschöpfung des Patienten bei kommerzieller Nutzung von Körpersubstanzen durch den Arzt?, S. 31; *Müller,* Die kommerzielle Nutzung menschlicher Körpersubstanzen, S. 38 (dortige FN. 83); *Pfeiffer,* LM BGB § 823 Abs. 1 (Aa) Nr. 151; *Koppernock,* Das Grundrecht auf bioethische Selbstbestimmung, S. 146f. Laufs, Unglück und Unrecht, Ausbau oder Preisgabe des Haftungssystems?, S.,17f.; *Spickhoff,* in: Soergel, 13. Aufl., § 823, Rdnr. 34; *Schroeder,* Begriff und Rechtsgut der „Körperverletzung", S. 736f.; *Deutsch/Ahrens,* Deliktsrecht, Rdnr. 178; *Völzmann- Stickelbrock,* in: PWW, § 90, Rdnr. 6; zustimmend: *Freund/Heubel,* MedR1995, 194ff.; *Schnorbus,* JuS. 1994, 830 (834); Jauernig, BGB, 7. Aufl., § 90, Anm.6; Palandt, 55. Aufl., § 823, Rdnr. 4f; Schellhammer, ZivilR, Rdnr. 954; *Staudinger,* in: Hk- BGB, § 823, Rdnr. 7.

241 *Taupitz,* NJW 1995, 745 (750f); *Taupitz,* JR 1995, 22 (24); *Laufs/Reiling,* NJW 1994, 775 (775); *Koppernock,* Das Grundrecht auf bioethische Selbstbestimmung, S. 146f.; *Pfeiffer,* LM BGB, § 823 I, (Aa) Nr. 151; *Zerr,* Abgetrennte Körperteile im Spannungsverhältnis zwischen Persönlichkeitsrecht und Vermögensrecht, S. 152f.; *Voß,* Vernichtung tiefgefrorenen Spermas als Körperverletzung?, S. 11.

Persönlichkeitsrechts" zu werten ist und dass § 823 Abs. 1 BGB den Körper als Basis der Persönlichkeit schützt[242]. Der BGH bestimmt jedoch in unvertretbarer Weise den Schutzumfang des Rechtsguts des Körpers im Sinne des § 823 Abs. 1 BGB durch eine Auslegung des allgemeinen Persönlichkeitsrechts[243]. Dabei missachtet er das Verhältnis der einzelnen ausdrücklich im Katalog des § 823 Abs. 1 BGB genannten Rechtsgüter zum nicht aufgezählten Allgemeinen Persönlichkeitsrecht. So ist das Allgemeine Persönlichkeitsrecht lediglich als Rahmenrecht entwickelt worden mit der Folge, dass sein Schutzumfang erst aufgrund einer Güter- und Interessenabwägung ermittelt werden könne[244]. Dabei dienen die in § 823 Abs. 1 BGB konkret benannten Rechtsgüter als Leitbilder für die Bestimmung des Schutzumfanges des Rahmenrechts, so dass der Schutzzweck und Schutzumfang des allgemeinen Persönlichkeitsrechts nicht geeignet ist zur Konkretisierung des Schutzumfanges des „Körpers" beizutragen[245]. Vielmehr gibt „das vom Gesetzgeber angeschaute Konkrete Anhaltspunkte dafür, welches Allgemeine noch in das Haftpflichtsystem hineinpasst; nicht aber umgekehrt"[246]. Indem der BGH in seinem Urteil gerade den umgekehrten Weg beschreitet, er vom Allgemeinen, dem Persönlichkeitsrecht, auf das Konkrete, den Körper, schließt, missachtet er gerade dieses Verhältnis[247]. Damit werden die Grenzen zwischen dem allgemeinen Persönlichkeitsrecht und der körperlichen Unversehrtheit unnötig verwischt, so dass die Körperverletzung ihrer tatbestandlichen Schärfe beraubt wird[248].

Die Rechtsprechung des BGH ermögliche, dass nunmehr sämtliche konkret aufgezählten Rechtsgüter im Katalog des § 823 Abs. 1 BGB im Lichte des allgemeinen Persönlichkeitsrecht ausgelegt werden, so dass auch deren Schutzumfang gesprengt werde[249] und es damit zur „Erosion des Haftpflichtrechts" komme[250].

---

242 *Zerr*, Abgetrennte Körpersubstanzen im Spannungsverhältnis zwischen Persönlichkeitsrecht und Vermögensrecht, S. 152f.; *Taupitz*, NJW 1995, 745 (750); *Taupitz*, JR 1995, 22 (24).
243 *Laufs*, Unglück und Recht, S. 17; *Laufs/Reiling*, NJW 1994, 775 (775); *Taupitz*, NJW 1995, 745 (775f.); *Taupitz*, JR 1995, 22 (24); *Voß*, Vernichtung tiefgefrorenen Spermas als Körperverletzung?, S. 11.
244 *Taupitz*, NJW 1995, 745 (750f); *Taupitz*, JR 1995, 22 (24).
245 *Taupitz*, NJW 1995, 745 (751); *Taupitz*, JR 1995, 22 (24).
246 *Taupitz*, NJW 1995, 745 (751); *Taupitz*, JR 1995, 22 (24).
247 *Zerr*, Abgetrennte Körpersubstanzen im Spannungsverhältnis zwischen Persönlichkeitsrecht und Vermögensrecht, S. 153; *Voß*, Vernichtung tiefgefrorenen Spermas als Körperverletzung, S. 11; *Taupitz*, NJW 1995, 745 (751); *Taupitz*, JR 1995, 22 (24).
248 *Pfeiffer*, LM BGB, § 823 I, (Aa), Nr. 151.
249 *Taupitz*, NJW 1995, 745 (751); *Taupitz*, JR 1995, 22 (24).
250 *Laufs/Reiling*, NJW 1994, 775 (775); *Zerr*, Abgetrennte Körpersubstanzen im Spannungsverhältnis zwischen Persönlichkeitsrecht und Vermögensrecht, S. 153.

bb. Sprachgebrauch

Ferner widerspricht die extensive Auslegung des Körperbegriffes durch den BGH dem natürlichen Sprachgebrauch[251]. So sei der Tatbestand der Körperverletzung im Sinne des § 823 Abs. 1 BGB vorwiegend „durch natürliche Tatbestandselemente" abgegrenzt[252]. Aus diesen Gründen entspricht es der allgemeinen Auffassung, dass das Schutzgut „Körper" im Sinne des § 823 Abs. 1 BGB den lebenden Menschen als Einheit versteht[253]. Der BGH übersehe offensichtlich, dass hierunter nur die Materie in ihrer Gesamtheit und Vollständigkeit zu zählen ist, so dass es entscheidend darauf ankomme, dass die Materie eine feste Verbindung mit dem Gesamtkörper aufweise, um zum Schutzgut des Körpers gemäß § 823 Abs. 1 BGB zu gehören[254]. Die extensive Auslegung des BGH unter Einbeziehung auch der vom Körper abgetrennten Substanzen zum Schutzguts des Körpers im Sinne des § 823 Abs. 1 BGB führt zwangsläufig zu einer „Sprengung" des Körperverletzungstatbestandes[255].

cc. Erhebliche Wertungswidersprüche zwischen dem Integritätsschutz im Zivilrecht und im Strafrecht

Zudem begünstigt die Entscheidung des BGH erhebliche Divergenzen zwischen dem zivilrechtlichen und dem strafrechtlichen Integritätsschutz, da nicht anzunehmen ist, dass die Strafgerichte die Auslegung des BGH übernehmen werden und damit Fälle der Vernichtung von tiefgefrorenen Spermas als eine Körperverletzung gemäß der §§ 223 StGB ff. werten könnten[256]. So wendet sich auch ein erheblichen Teils der strafrechtlichen Literatur gegen die Auslegung des BGH und wertet die Fälle, in denen tiefgefrorenes Sperma vernichtet wird, nicht als eine Körperverletzung im Sinne der §§ 223 ff. StGB[257].

---

251 *Nixdorf*, VersR 1995, 740 (743); *Taupitz*, NJW 1995, 745 (745f.); *Taupitz*, JR 1995, 22 (22f.); *Peris*, MedR 1994, 113 (113); *Laufs/Reiling*, NJW 1994, 775 (775); *Voß*, Vernichtung tiefgefrorenen Spermas als Körperverletzung?, S. 10; *Koppernock*, Das Grundrecht auf bioethische Selbstbestimmung, S. 146; *Deutsch/Spikhoff*, Medizinrecht, Rdnr. 611.

252 *Taupitz*, JR 1995, 22 (23); *Taupitz*, NJW 1995, 745 (745); *Deutsch*, Haftungsrecht, S. 118. Dagegen erfahre das „Eigentum" erst durch normative Elemente seine deutliche Ausgestaltung, *Taupitz*, NJW 1995, 745 (745).

253 *Taupitz*, NJW 1995, 745 (745); *Taupitz*, JR 1995, 22 (23).

254 *Taupitz*, NJW 1995, 745 (745); *Taupitz*, JR 1995, 22 (23).

255 *Laufs/Reiling*, NJW 1994, 775 (775); *Nixdorf*, VersR 1995, 740 (743); *Lilie*, in: LK StGB, Vor § 223, Rdnr. 1. Hingegen ist *Schnorbus*, JuS. 1994, 830 (834) der Ansicht, dass die Einbeziehung des konservierten Spermas im Hinblick auf den Schutzzweck der §§ 823 Abs. 1, 847 Abs. 1 (a.F.) BGB durchaus auch während der Trennung vom Körper als „funktionale Einheit mit ihm anzusehen ist".

256 *Laufs/Reiling*, NJW 1994, 775 (775); *Taupitz*, NJW 1995, 775 (749); *Rohe*, JZ 1994, 465 (466).

257 Soweit ersichtlich sprechen sich lediglich *Freund/Heubel*, MedR 1995, 194 (197f) im Falle der Vernichtung tiefgefrorenen Spermas für eine Körperverletzung im

dd. Bedenken hinsichtlich einer „Versubjektivierung" des Körperverletzungstatbestandes

Das Urteil des BGH löst auch im Hinblick auf die von ihm hervorgerufene Versubjektivierung des Körperbegriffes erhebliche Bedenken aus[258]. Die Gefahren und Schwächen dieser Vorgehensweise des BGH werden vor allem dann deutlich, wenn man sich vergegenwärtigt, dass allein die subjektive Zweckbestimmung des Betroffenen darüber entscheidet, ob die abgetrennte Substanz weiterhin dem Schutzgut des Körpers im Sinne des § 823 Abs. 1 BGB unterfällt oder ob sie als Sache gemäß § 90 BGB zu qualifizieren ist, selbst wenn dieser Wille anderen nicht erkennbar ist[259]. Dem BGH komme es offenbar auf eine Erkennbarkeit der Zweckbestimmung der Substanz nicht an[260].

Der vom BGH verfolgte Schutz versagt damit in den Konstellationen, in denen der Betroffene überhaupt keine Kenntnis davon besitzt, dass ihm eine Körpersubstanz, etwa im Rahmen einer Operation, entnommen worden ist, um ihm wieder reimplantiert zu werden, da eine funktionale Einheit zum Rechtsgut Körper mangels Vorliegen des Wiedereingliederungsinteresses des Betroffen zu verneinen ist[261].

Zudem führt die Versubjektivierung des Körperbegriffes zur Rechtsunsicherheit, da es weder auf die objektive Erkennbarkeit der Zweckbestimmung noch auf die körpertypische Funktion[262] der betroffenen Substanz für die rechtliche Qualifikation

---

Sinne des Strafrechts aus; dieses Ergebnis stützen sie auf die Annahme, dass das Schutzgut der Körperverletzung als „Kernbestand des Freiheitsentfaltungspotentials einer Person" zu definieren sei. *Dagegen* wendet sich mit Recht *Lilie*, in: LK StGB, Vor § 223, Rdnr. 1, der ausführt, dass diese Auffassung dazu führen würde, „dass die Verschiedenheit von Körperverletzungs- und Freiheitsdelikten eingeebnet werden würde". Ferner führt zutreffend *Paefgen*, in: Nomos StGB, § 223, Rdnr. 2 aus, dass diese Auslegung jegliche Form noch anerkannter Wortverwendungs- Regeln sprengt und damit Art. 103 Abs. 2 GG verletzt; ablehnende auch: *Tröndle/Fischer*, StGB, 54. Aufl., § 223, Rdnr. 2; *Horn/Wolters*, in: SK- StGB, § 223, Rdnr. 5a; *Kindhäuser*, StGB, Vor §§ 223- 231, Rdnr. 1; *Otto*, Jura 1996, 219 (220).

258 *Taupitz*, NJW 1995, 745 (750); *Nixdorf*, VersR 1995, 740 (743); *Brohm*, JuS. 1998, 197 (200); *Voß*, Vernichtung tiefgefrorenen Spermas als Körperverletzung?, S. 11f.
259 *Taupitz*, NJW 1995, 745 (750); *Nixdorf*, VersR 1995, 740 (743); *Brohm*, JuS. 1998, 197 (200).
260 *Taupitz*, NJW 1995, 745 (750, dortige FN. 56).
261 *Taupitz*, NJW 1995, 745 (750) bringt als Beispiel die Möglichkeit einer mangelhaften Aufklärung. Zu denken ist hier aber auch an die Fälle, in denen schlichtweg vergessen wurde den Betroffen über eine geplante Reimplantation oder eine Reinfusion der betroffenen Substanz zu informieren.
262 So stellt der BGH im Rahmen der rechtlichen Qualifikation der tiefgefrorenen Spermas offenbar nicht auf die körpertypisch Funktion der „Fortpflanzungsmöglichkeit" des Spermas ab, sondern vielmehr auf die konkrete Verwendungsabsicht des Betroffenen, vgl. *BGHZ 124*, 52 (56): „Jedenfalls wenn wie hier die Spermakonserve die verlorene Fortpflanzungsfähigkeit substituieren soll (...)" sei sie zum Schutzgut des Körpers im Sinne des § 823 Abs. 1 BGB zu zählen; ist eine solche

ankomme, so dass eine rechtssichere Qualifikation der Substanz als Körper oder als Sache nicht ohne Schwierigkeiten möglich ist.

Möchte der Betroffene das ausgelagerte Körpermaterial zum Zwecke der Eigenspende verwenden, so wäre es weiterhin als sein Körpermaterial anzusehen, soll es dagegen für einen beliebigen Dritten gespendet sein, wäre es als Sache zu qualifizieren, ohne dass eine Umwandlung der Rechtsform der Substanz nach außen objektiv erkennbar wäre. Als Folge der Auffassung des BGH besteht damit die Gefahr, dass jedermann damit zu rechnen hat, bei der Beeinträchtigung einer geringen Menge „Stoffes" eo ipso den „Körper" eines anderen Menschen zu verletzen[263]. Diese Situation lässt sich zudem nur schwer mit der dem zivilen Deliktsrecht zukommenden Präventivfunktion vereinbaren[264]. So ist die personale Integrität des Menschen bisher, sei es bezüglich seines Lebens, seines Körpers, seiner Gesundheit oder seiner Freiheit nach der allgemeinen Auffassung „lokalisierbar"[265], so dass der potentielle Schädiger hinsichtlich der Konsequenzen seines Handelns gewarnt wird[266]. Demgegenüber führt die Auffassung des BGH dazu, dass im Falle von abgetrennten Körperteilen die Warnung sehr abstrahiert wird, da nunmehr eine „vermeintliche Sache" durchaus ein „Mensch" sein könne, so dass die präventive Warnfunktion an Schärfe verliert und damit im „Ungreifbaren verschwimmt"[267]. Diese Gefahr wird vor allem dann deutlich, wenn man sich vergegenwärtigt, dass es mit der Ansicht des BGH nunmehr durchaus möglich wäre, seinen Körper im deliktsrechtlichen Sinne beliebig oft zu vermehren, so lange nur eine „funktionale Einheit" mit dem

---

Substituierung der eigenen Fortpflanzungsfähigkeit nicht gegeben, sei das Sperma nach sachenrechtlichen Regeln zu bewerten. Diese Vorgehensweise des BGH erschwert damit die Qualifikation einzelner Substanzen, da es der körpertypischen Funktion als einem klaren Abgrenzungskriterium eine Absage erteilt; siehe die berechtigte Kritik diesbezüglich bei *Zerr*, Abgetrennte Körpersubstanzen im Spannungsfeld zwischen Persönlichkeitsrecht und Vermögensrecht, S. 154; *Taupitz*, JR 1995, 22 (24); *Taupitz*, NJW 1995, 745 (751).

263 *Brohm*, JuS. 1998, 197 (200); *Taupitz*, NJW 1995, 745 (750).
264 *Rohe*, JZ 1994, 465 (467); *Voß*, Vernichtung tiefgefrorenen Spermas als Körperverletzung?, S. 13; *Zerr*, Abgetrennte Körpersubstanzen im Spannungsverhältnis zwischen Persönlichkeitsrecht und Vermögensrecht, S. 153; vgl. zur Warnfunktion des Deliktsrecht: *Brüggemeier*, Haftungsrecht, S. 9f.; *Wagner*, in: MüKo, 4. Aufl., Vor § 823 Rdnr. 34f.
265 *Voß*, Vernichtung tiefgefrorenen Spermas als Körperverletzung?, S. 13; *Rohe*, JZ 1994, 465 (467); *Taupitz*, NJW 1995, 745 (750).
266 *Voß*, Vernichtung tiefgefrorenen Spermas als Körperverletzung?, S. 13; *Rohe*, JZ 1994, 465 (467).
267 *Voß*, Vernichtung tiefgefrorenen Spermas als Körperverletzung?, S. 13; *Rohe*, JZ 1994, 465 (467); *Taupitz*, NJW 1995, 745 (750).

Gesamtkörper gewahrt bliebe. Als Folge dieser Multilokation des Körpers bestünde die Möglichkeit, dass ein und dieselbe Person gleichzeitig an mehreren Orten an ihrem Körper verletzt werden könnte[268]. Ein derartiges Verständnis vom Körper widerspricht jedoch im erheblichen Maße der präventiven Warnfunktion des Deliktsrechts[269].

Ferner werden die Ungereimtheiten der Versubjektivierung dann deutlich, wenn sich im Nachhinein die Zweckbestimmung der entnommen Substanz ändert[270]. Wurde dem Patienten beispielsweise Blut abgenommen, um später eine Eigenblutspende durchzuführen und ist diese infolge seiner Genesung nicht mehr erforderlich, so müsste sich dem BGH zufolge das Blut als Körperteil ohne objektiv erkennbaren Rechtsakt in eine Sache umwandeln[271]. Dieses Ergebnis ist jedoch mit dem im Sachenrecht bestehenden Publizitätsgrundsatz unvereinbar[272]. Der sachenrechtliche Publizitätsgrundsatz fordert, das Bestehen dinglicher Rechte objektiv nach außen ersichtlich zu machen, so dass es für den Rechtsverkehr klar erkennbar sein muss, ob ein Rechtsobjekt überhaupt vorliegt[273]. Aus diesen Gründen muss gewährleistet sein, dass sich die Wandlung im Rechtsgut objektiv erkennbar nach außen hin manifestiert[274].

---

268 So auch: *Zerr*, Abgetrennte Körpersubstanzen im Spannungsverhältnis zwischen Persönlichkeitsrecht und Vermögensrecht, S. 153.
269 Ablehnend auch: *Taupitz*, NJW 1995, 745 (751); *Taupitz*, JR 1995, 22 (25); *Nixdorf*, VersR 1995, 740 (743); *Zerr*, Abgetrennte Körpersubstanzen im Spannungsverhältnis zwischen Persönlichkeitsrecht und Vermögensrecht, S. 153.
270 *Nixdorf*, VersR 1995, 740 (743); *Taupitz*, JR 1995, 22 (25); *Taupitz*, NJW 1995, 745 (752); *Zerr*, Abgetrennte Körpersubstanzen im Spannungsverhältnis zwischen Persönlichkeitsrecht und Vermögensrecht, S. 154.
271 *Nixdorf*, VersR 1995, 740 (743) spricht von einer „ (...) sich geräuschlos vollziehenden Mutation vom Körper zur Sache (...)"; *Zerr*, Abgetrennte Körpersubstanzen im Spannungsverhältnis zwischen Persönlichkeitsrecht und Vermögensrecht, S. 154. Dieses Problem kann sich auch in der umgekehrten Konstellation stellen, wenn der Patient ein Körperteil ohne Verwendungsinteresse spendet, und er es sich nach der Ausgliederung aus seinem Körper anders überlegt und sich für eine Reimplantation entscheidet. Dann müsste sich im Augenblick des neuen Entschlusses das Körperteil als Sache im Sinne des § 90 BGB wieder zurück in seinen Körper umwandeln.
272 *Nixdorf*, VersR 1995, 740 (743).
273 *Wolf*, Sachenrecht, Rdnr. 25; *Brehm/Berger*, Sachenrecht, Rdnr. 44; *Nixdorf*, VersR 1995, 740 (743); *Zerr*, Abgetrennte Körpersubstanzen im Spannungsverhältnis zwischen Persönlichkeitsrecht und Vermögensrecht, S. 154.
274 *Nixdorf*, VersR 1995, 740 (743).

B. Die rechtliche Qualifikation des Leichnams und der vom Leichnam getrennten Leichenteile

Das TPG[275] enthält Normen[276], die die Explantation und die Übertragung von Gewebe und Organen vom toten Spender regeln. Dabei ist zu beachten, dass die Entnahme und die Verpflanzung dieser Körpersubstanzen bereits Verfügungen über den Verstorbenen darstellen; da Verfügungen aber ein Rechtsobjekt[277] voraussetzen, über das verfügt werden soll, muss der Frage nachgegangen werden, ob dem Verstorbenen und den ihm entnommenen Substanzen ein Sachcharakter zuzusprechen ist[278]. Die Schwierigkeit einer rechtlichen Qualifikation des Verstorbenen resultiert aus dem Fehlen jeglicher Vorschriften im BGB zur Rechtsstellung eines Toten[279]. Aus diesem Grund ist die zivilrechtliche Einordnung des Leichnams Gegenstand einer seit langem andauernden Auseinandersetzung, die schon seit dem Inkrafttreten des BGB geführt wird[280]. Die Grundlage aller Meinungsverschiedenheiten bildet die Frage, ob der Leichnam und die von ihm abgetrennten Substanzen als Sachen im Sinne des § 90 BGB angesehen werden können. Aus der Fülle der zu diesem Thema veröffentlichten Publikationen wird die Unsicherheit hinsichtlich der rechtlichen Klassifizierung eines Verstorbenen deutlich. Die Schwierigkeiten einer eindeutigen rechtlichen Qualifizierung des Leichnams wurzeln in den verschiedenen religiösen und kulturellen Überzeugungen unserer pluralistischen Gesellschaft hinsichtlich der Totenverehrung. Einigkeit besteht insoweit, dass man bei der rechtlichen Qualifikation des Leichnams dem Verstorbenen mit Pietät begegnen muss. Es sind also die unterschiedlichen subjektiven und individuellen Gefühle, die der einzelne zum

---

275 Transplantationsgesetz vom 05.11.1997, BGBl I 1997, 2631.
276 §§ 3 und 4 TPG, die die Voraussetzungen bzgl. der postmortalen Organtransplantation enthalten.
277 Rechtsobjekte sind nach dem BGB lediglich „Sachen und Rechte"; siehe hierzu *Flume*, BGB AT, S. 141; Musielak, Grundkurs BGB, Rdnr. 255f.
278 Die rechtliche Qualifikation künstlicher Körperteile ist nicht Gegenstand der folgenden Untersuchung, da das TPG lediglich die Entnahme und die Spende von menschlichen Gewebe und Organen regelt, siehe zum Anwendungsbereich des TPG etwa *Laufs/Uhlenbruck*, Handbuch des Arztrechts, 2. Aufl., § 131, Rdnr. 4. Siehe zu künstlichen Körperteilen etwa: *Deutsch/Spickhoff*, Medizinrecht, Rdnr. 618ff.
279 Demgegenüber enthält das BGB zahlreiche Vorschriften zur Rechtslage des nasciturus und des nondum conceptus. Siehe bsplw. für den nasciturus: nach § 1923 Abs. 2 BGB kann der nasciturus als Erbe, nach § 2108 BGB als Nacherbe und nach § 2178 BGB als Vermächtnisnehmer eingesetzt werden; zudem erhält der nasciturus bei der Tötung eines Unterhaltspflichtigen Ersatzansprüche aus § 844 Abs. 2 S. 2 BGB und aus § 10 Abs. 2 S. 2 StVG, § 35 Abs. 2 LuftVG, § 5 Abs. 2 S. 2 HPflG, § 28 Abs. 2 S. 2 ATG. Der nondum conceptus kann als Nacherbe bzw. Vermächtnisnehmer eingesetzt werden, §§ 2101 Abs. 1, 2106 Abs. 2, 2162, 2178 BGB.
280 Siehe die Nachweise bei *Zimmermann*, NJW 1979, 569 (570 FN. 12); siehe zu den Versuchen einer Qualifizierung des Leichnams in früheren Rechtsordnungen *Englert*, Todesbegriff und Leichnam, S. 118ff.

Toten hegt, die eine allgemein anzuerkennende zivilrechtliche Klassifizierung des Verstorbenen so schwierig machen. Dennoch verlangen insbesondere Gründe der Rechtssicherheit und der Rechtsklarheit, dass der Leichnam in das gegebene System des BGB eingeordnet wird. Zwar hat die Diskussion um die rechtliche Natur des Leichnams bisher zu keinem eindeutigen Ergebnis geführt; dennoch lassen sich hierbei grundsätzlich zwei verschiedene Ansätze unterscheiden. Während eine Position von einer persönlichkeitsrechtlichen Betrachtungsweise ausgeht, versucht die andere Strömung eine sachenrechtliche Lösung zu finden[281].

In den anschließenden Ausführungen wird der Frage nach der Rechtsnatur des Leichnams nachgegangen; die darauffolgenden Untersuchungen befassen sich mit der möglichen Verkehrsfähigkeit und dem Bestimmungsrecht über den Leichnam

I. Die Rechtsnatur des Leichnams

1. Der persönlichkeitsrechtliche Ansatz

Die Grundlage dieser Ansicht stellt die rechtliche Beziehung des Lebenden zu seinem Körper dar. Da diese nach überwiegender Auffassung rein persönlichkeitsrechtlich ausgeprägt ist, negieren die Vertreter dieser Sichtweise die Sachqualität des Leichnams und werten auch die Rechtsstellung des Leichnams rein persönlichkeitsrechtlich[282]. So wird zur Begründung unter anderem vorgebracht, dass einer Qualifikation des Leichnams als Sache das über den Tod hinaus fortwirkende Persönlichkeitsrecht des Verstorbenen entgegenstehe, so dass eine Einordnung des Leichnams als Sache dessen besonderen Charakter nicht in hinreichender Weise Rechnung getragen werde[283]. Jedoch räumen auch die Vertreter dieser Sichtweise ein, dass die Nachwirkungen des Persönlichkeitsrechtes zeitlich begrenzt seien, so dass der Leichnam lediglich bis zum Ende der Totenehrung des Verstorbenen rein persönlichkeitsrechtlichen Regeln unterliege, danach sei er als Sache anzusehen[284]. Die rechtliche Qualifikation des Leichnams wird demnach als ein Problem der dogmatischen Umsetzung des postmortalen Persönlichkeitsrechts in das Zivilrecht angesehen; hierbei wird mit unterschiedlichen Ansätzen versucht, den Verstorbenen selbst als Träger des postmortalen Persönlichkeitsrechts anzuerkennen.

---

281 Siehe die ausführliche Darstellung bei *Schünemann*, Die Rechte am menschlichen Körper, S. 212ff.; *Jickeli/Stieper*, in: J. v. Staudingers, Bearbeitung 2004, § 90, Rdnr. 27ff.; *Marly*, in: Soergel, 13. Aufl., § 90, Rdnr. 9ff.
282 *Larenz*, AT, § 20 I, Rndr.9; *Wieacker*, AcP 148 (1943), 57 (66 in FN. 11); *Forkel*, JZ 1974, 593 (596f.); *Müller*, Sachenrecht, Rndr.16; *Gierke*, Deutsches Privatrecht, S. 35f.; *Hilchenbach*, Die Zulässigkeit von Transplantatentnahmen vom toten Spender aus zivilrechtlicher Sicht, S. 52ff.; *Hubmann*, Das Persönlichkeitsrecht, S. 341ff.; *Schreuer*, Der menschliche Körper und die Persönlichkeitsrechte, in: Festschrift für Bergbohm, S. 242, 262.
283 *Hilchenbach*, Die Zulässigkeit von Transplantatentnahmen vom toten Spender aus zivilrechtlicher Sicht, S. 58ff.
284 *Westermann*, in: Erman, 6. Aufl., § 90, Rdnr. 8; *Becker*, JR 1951, 328 (330).

Ausgangspunkt dieser Sichtweise ist die Überlegung, dass dem Verstorbenen ein postmortales Persönlichkeitsrecht[285] zukommt. Die Vertreter dieser Meinung versuchen mit verschiedenen Ansätzen zu belegen, dass entweder der Verstorbene selbst als Träger dieses postmortalen Persönlichkeitsrechts zu sehen ist oder aber, dass das postmortale Persönlichkeitsrecht ein subjektloses Recht sei.

Die Verfechter, die den Verstorbenen selbst als Träger des postmortalen Persönlichkeitsrechts werten, versuchen einerseits den Leichnam als „mystische Person"[286] einzustufen, ähnlich einer juristischen Person, um so zu ihrer Rechtsfähigkeit zu gelangen[287]. Zudem wird überlegt, dem Leichnam eine allgemeine Rechtssubjektivität zusprechen[288]. Schließlich wird dem Leichnam auch eine Teilrechtsfähigkeit zugesprochen[289]. Daneben versteht die Lehre von den subjektlosen Rechten[290] das postmortale Persönlichkeitsrecht als ein Recht ohne Rechtsträger, so dass dessen Wahrnehmung anderen Personen als den eigentlichen Trägern obliegt.

2. Der sachenrechtliche Ansatz

Die überwiegende Ansicht in der Literatur wertet den Leichnam als Sache im Sinne des § 90 BGB[291]. Tragendes Argument dieser Sichtweise stellt das formelle Verständnis des Sachbegriffes im Sinne des § 90 BGB dar. So wird vorgetragen, dass der Sachbegriff des § 90 BGB rein objektiv zu bestimmen sei[292]. Da der Leichnam eine

---

285 zu der Anerkennung des Postmortalen Persönlichkeitsrechts siehe (S.).
286 Mystik: [griechisch] die, in der Religionsgeschichte eine in unterschiedlicher Ausprägung den Religionen gemeinsame Form religiösen Erlebens, die Erkenntnis Gottes aus Erfahrung (Cognitio Dei experimentalis), die Vereinigung (Unio mystica) mit ihm oder die Erkenntnis des Wesens der transzendenten Wirklichkeit sucht, aus: Meyers Grosses Taschenlexikon, 7. Aufl., Band 15, S. 186.
287 *Kiessling*, NJW 1969, 533 (536f.).
288 *Buschmann*, NJW 1970, 2081 (2087f.).
289 *Schreuer*, Der menschliche Körper und die Persönlichkeitsrechte, in: Festschrift für Bergbohm, S. 242 (266ff.); *Mecker*, Stellung des menschlichen Leichnams im Privatrecht, S. 17; Schmitt, in: MüKo, 5. Aufl., § 1, Rdnr. 55 spricht von einer „postmortalen" Teilrechtsfähigkeit.
290 Erman/Weitnauer, 7. Aufl., Anh. § 12 Rdnr. 10; *Hilchenbach*, Die Zulässigkeit von Transplantatenentnahmen vom toten Spender als Problem des Zivilrechts, S. 89ff.
291 Jauernig, in: Jauernig, 11. Aufl., Vor § 90, Rndr.9; Michalski, in: Erman, 11. Aufl., § 90, Rndr.6; Marly, in: Soergel, 13. Aufl., § 90, Rdnr. 10; Jickeli/Stieper, in: J. v. Staudingers, Bearbeitung 2004, § 90, Rndr.28; Holch, in: MüKo, 5. Aufl., § 90, Rndr.32; Heinrichs, in: Palandt, 66. Aufl., Überbl. Vor § 90, Rndr. 11; *Eichholz*, NJW 1968, 2272 (2273); *Kiessling*, NJW 1969, 533 (534); *Zimmermann*, NJW 1979, 569 (570); *Maier*, Verkauf von Körperorganen, S. 35; *Taupitz*, JZ 1992, 1089 (1093); *Edlbacher*, ÖJZ, 1965, 449 (450f.).
292 Marly, in: Soergel, 13. Aufl., § 90, Rdnr. 10; *Maier*, Der Verkauf von Körperorganen, S. 35.

Körperlichkeit[293] aufweise und die Rechtssubjektivität des Menschen mit dessen Tod ende[294] könne der Leichnam nur als Rechtsobjekt und damit als Gegenstand im Sinne von § 90 BGB angesehen werden[295]. Damit erfüllt der Leichnam alle Voraussetzungen des § 90 BGB, so dass er als Sache in diesem Sinne zu qualifizieren sei[296]. Einigen Vertretern des sachenrechtlichen Ansatzes scheint diese Qualifikation des Leichnams so eindeutig zu sein, dass sie es nicht für nötig halten, eine Begründung für diesen Ansatz zu liefern[297].

3. Stellungnahme

Der Leichnam ist mit dem sachenrechtlichen Ansatz zu den Sachen im Sinne des § 90 BGB zu zählen. Die Fülle der Erklärungsversuche des persönlichkeitsrechtlichen Ansatzes macht die Unsicherheit deutlich, eine überzeugende Begründung ihrer Sichtweise zu erbringen. Zudem gelingt es keinem der Verfechter dieser unterschiedlichen Einordnungsversuche, sich innerhalb der Dogmatik des BGB zu bewegen[298].

So kennt das BGB nur Rechtssubjekte (natürliche und juristische Personen)[299] und Rechtsobjekte (körperliche und unkörperliche Rechtsgegenstände)[300], wobei diese Unterteilung in der Systematik des BGB deutlich hervorgehoben wird[301]. Das deutsche Zivilrecht qualifiziert dabei das Rechtsobjekt als „Gegenbegriff" zu dem des Rechtssubjekts, mit der Folge, dass Rechtsobjekte niemals Rechtssubjekte sein können (und umgekehrt)[302].

Infolge dieser Klassifizierung kann der Leichnam nur als Rechtssubjekt oder als Rechtsobjekt angesehen werden; eine außerhalb dieses Systems liegende „Mischform"

---

293 So *Eichholz*, NJW 1968, 2272 (2273).
294 *Schünemann*, Die Rechte am menschlichen Körper, S. 213.
295 Marly, in: Soergel, 13. Aufl., § 90, Rdnr. 10.
296 *Bieler*, JR 1976, 224 (225); *Reimann*, Die postmortale Organentnahme als zivilrechtliches, in: Festschrift Küchenhoff, I.Band, S. 341 (346); *Zimmermann*, NJW 1979, 569 (579); *Görgens*, JR 1980, 140 (141).
297 darauf weist *Schünemann*, Die Rechte am menschlichen Körper S. 213 hin (dortige FN. 4).
298 Ebenso *Britting*, Die postmortale Insemination als Problem des Zivilrechts, S. 76.
299 Siehe hierzu: Brox, Allgemeiner Teil des BGB, 23. Aufl., Rdnr. 654ff.
300 Siehe hierzu: *Bork*, BGB AT, Rdnr. 227ff.
301 Buch 1, Allgemeiner Teil: Abschnitt 1 für Personen und Abschnitt 2 für Sachen und Tiere; für die Unterscheidung von Rechtssubjekten zu den Rechtsobjekten spielt die Hervorhebung der Tiere in § 90a BGB keine Rolle, da die Tiere jedenfalls nicht zu den Rechtssubjekten, sondern zu den Rechtsobjekten zu zählen sind, so dass sie keine „Mischform" zwischen Rechtssubjekten und Rechtsobjekten einnehmen (so auch Bork, BGB AT, Rdnr. 235); zu den Intentionen des Gesetzgebers zu § 90a BGB siehe: BT-Drs. 11/7369.
302 *Bork*, BGB AT, Rdnr. 230; Brox, Allgemeiner Teil des BGB, 23. Aufl., Rdnr. 731f.

hat auszuscheiden[303]. Wie bereits oben erwähnt wurde, stützt sich die personenrechtliche Auffassung zur Begründung ihrer Sichtweise auf die persönlichkeitsrechtliche Beziehung des Lebenden zu seinem Körper. Hierbei ist allgemein anerkannt, dass der Körper des lebenden Menschen, der mit dem menschlichen Wesen eine Einheit darstellt[304], nicht als Rechtsobjekt und damit als Sache zu qualifizieren ist[305]. Da nach der oben dargestellten Systematik des BGB die Person dem Objekt gegenübergestellt ist kann auch der menschliche Körper nicht beides zugleich sein[306]. Während sich der Mensch infolge der Einheit von Seele, Geist und körperlicher Materie von der Sache unterscheidet[307] und es folglich gerechtfertigt erscheint das Verhältnis des lebenden Menschen zu seinem Körper rein persönlichkeitsrechtlich zu definieren[308], kann diese rechtliche Qualifikation nicht auf den Leichnam übertragen werden, da mit dem Tode des Menschen auch dessen Rechtsfähigkeit[309] und damit dessen Rechtssubjektivität ein Ende gefunden hat[310]. Durch den Tod ist es zu einer Trennung der Einheit von Körper und Person gekommen, so dass nur noch der Leichnam als die sterbliche Hülle übriggeblieben ist. Es stellt sich damit die Frage, wer (oder was) als das damit fehlende juristische Zuordnungssubjekt für das postmortale Persönlichkeitsrecht anzusehen ist. An diesem Punkt zeigen sich die dogmatischen Schwächen dieses persönlichkeitsrechtlichen Ansatzes.

Gegen jegliche Versuche dem Leichnam eine Rechtssubjektivität zuzusprechen spricht zunächst die Wertung des BGB bzgl. des Endes der Rechtsfähigkeit. Da das Vorliegen der Rechtsfähigkeit die Voraussetzung für die Existenz eines Rechtssubjektes ist[311], kommt es insoweit entscheidend darauf an, ob der Leichnam rechtsfähig ist. Zwar regelt das BGB das Ende der Rechtsfähigkeit nicht ausdrücklich[312], jedoch ist aus § 1922 Abs. 1 BGB zu schließen, dass die Fähigkeit, Träger von Rechten und

---

303 So auch *Eichholz*, NJW 1968, 2272 (2273).
304 *Eichholz*, NJW 1968, 2272 (2273).
305 Marly, in: Soergel, 13. Aufl., § 90, Rdnr. 5; Jickeli/Stieper, in: J. v. Staudingers, Bearbeitung 2004, § 90, Rndr. 18.
306 Marly, in: Soergel, 13. Aufl., § 90, Rdnr. 5; Jickeli/Stieper, in: J. v. Staudingers, Bearbeitung 2004, § 90, Rndr. 18.
307 Ruß (1994), in: LK/StGB, 11. Aufl., § 242, Rdnr. 4 m.w.N.; Steffen, Umfang und Grenzen des besonderen Persönlichkeitsrechts am eigenen Körper, S. 55; BGH, NJW 1994, 127f.; *Brohm*, JuS. 1998, 197 (199).
308 *Lanz-Zumstein*, Die Rechtsstellung, S. 70; Wieling, Sachenrecht, 2. Aufl., S. 63; *Forkel*, JZ 1974, 594; *Taupitz*, JZ 1992, 1091; BGHZ 124, 52 (54); a.A. *Brunner*, NJW 1953, 1173; *Brohm*, JuS. 1998, 197 (199).
309 Zum Begriff der Rechtsfähigkeit siehe: Schmitt, in: MüKo, 5. Aufl., § 1, Rdnr. 6; Heinrichs, in: Palandt, 66. Aufl., Überbl. V. § 1, Rdnr. 1; Westermann, in: Ermann, 11. Aufl., vor § 1, Rdnr. 1; Musielak, Grundkurs BGB, 9. Aufl., Rdnr. 283; *Coester-Waltjen*, Jura 2000, 106ff.
310 Brox, Allgemeiner Teil des BGB, 23. Aufl., Rdnr. 654ff.
311 *Martinek*, in: jurisPK-BGB, 3. Aufl. 2006, § 1, Rdnr. 1.
312 *Schünemann*, Die Rechte am menschlichen Körper, S. 233; *Coester-Waltjen*, Jura 2000, 106 (107).

Pflichten zu sein mit dem Tod eines Menschen erlischt[313]. Damit spricht das BGB dem Leichnam jegliche Rechtsfähigkeit ab, so dass die daran geknüpfte Eigenschaft als Rechtssubjekt nicht vorliegt[314].

Auch der Bejahung der Rechtsfähigkeit des Leichnams als „mystische Person" mittels eines Vergleiches zu den juristischen Personen kann nicht gefolgt werden, da es hierbei auf eine Analogie zu den gesetzlichen Regeln über juristische Personen hinauslaufen müsste[315]. Die juristische Person ist jedoch aus Gründen der Rechtssicherheit nicht analogiefähig[316], da es sich bei den juristischen Personen um reine Zweckschöpfungen des Gesetzgebers handelt mit der Folge, dass der Gesetzgeber ihnen die Rechtsfähigkeit, die er ihnen verliehen hat, auch wieder entziehen könnte[317].

Zudem ist die Qualifizierung des Leichnams als teilrechtsfähig abzulehnen. Gegen eine solche Annahme spricht zunächst, dass der Begriff der Teilrechtsfähigkeit im Gegensatz zur beschränkten Geschäftsfähigkeit[318] dem Gesetz fremd ist, so dass er bis auf wenige Ausnahmefälle[319] keine allgemeine Anerkennung in der privatrechtlichen Dogmatik gefunden hat[320]. Die von diesem Ansatz zur Begründung der Teilrechtsfähigkeit des Leichnams angeführte Parallele zur Teilrechtsfähigkeit des nasciturus[321] kann nicht überzeugen. Allen Normen des Gesetzes, die eine Rechtsfähigkeit des noch nicht geborenen Kindes fingieren, ist gemeinsam, dass später einmal ein rechtsfähiger Mensch auftritt[322]. Der Rechtserwerb ist demnach von der späteren Lebendgeburt abhängig[323]. Dieser Zustand ist bei einem Leichnam jedoch nicht zu erwarten, da die Rechtsfähigkeit und damit die Rechtssubjektivität mit

---

313 *Martinek*, in: jurisPK-BGB, 3. Aufl. 2006, § 1, Rdnr. 13; *Brox*, Allgemeiner Teil des BGB, 23. Aufl., Rdnr. 661; *Tag*, MedR 1998, 387 (388); *Fahse*, in: Soergel, 13. Aufl., § 1 Rdnr. 12; *Coester-Waltjen*, Jura 2000, 106 (107); ähnlich *Ipsen*, JZ 2001, 989 (993).
314 So auch: *Schünemann*, Die Rechte am menschlichen Körper, S. 234; *Borowy*, Die postmortale Organentnahme und ihre zivilrechtlichen Folgen, S. 82; *Ennecerus/Nipperdey*, Allgemeiner Teil des Bürgerlichen Rechts, 15. Aufl., Band 1, § 121 II 1; *Taupitz*, Das Recht im Tod, S. 7.
315 *Schünemann*, Die Rechte am menschlichen Körper, S. 235.
316 *Schünemann*, Die Rechte am menschlichen Körper, S. 235; *Britting*, Die postmortale Insemination als Problem des Zivilrechts, S. 76f.
317 *Martinek*, in: jurisPK- BGB, 3. Aufl. 2006, § 1, Rdnr. 2.
318 siehe zum Begriff: *Krüger- Nieland*, in: BGB- RGRK, § 106, Rdnr. 1.
319 Teilrechtsfähig sind jeweils im unterschiedlichen Umfang: die Personengesellschaften des Handelsrechts (§§ 124, 161 Abs. 2 HGB, § 7 Abs. 2 PartGG), die Gesellschaft bürgerlichen Rechts (§§ 705ff. BGB), der nichtrechtsfähige Verein (§ 54 BGB) und der nasciturus.
320 *Buschmann*, NJW 1970, 2081 (2086); *Pawlowski*, Allgemeiner Teil des BGB, 7. Aufl., Rdnr. 98b; *Schünemann*, Die Rechte am menschlichen Körper, S. 234; *Wolf- Naujoks*, Anfang und Ende der Rechtsfähigkeit des Menschen, 1955, S. 209.
321 Siehe hierzu *Coester-Waltjen*, Jura 2000, 106 (107).
322 *Westermann*, FamRZ 1969, 561 (563); *Buschmann*, NJW 1970, 2081 (2086).
323 *Larenz*, AT, 9. Aufl., § 5II., Rdnr. 19.

dem Tod endgültig weggefallen sind, so dass die Übertragung der Grundsätze der Teilrechtsfähigkeit des nasciturus auf den Leichnam ausgeschlossen ist[324].

Auch die Theorie der allgemeinen Rechtssubjektivität vermag nicht zu überzeugen. Nach dieser Auffassung steht der Begriff der Rechtsfähigkeit neben dem der allgemeinen Rechtssubjektivität, worunter die Eigenschaft „Zuordnungssubjekt zumindest eines Rechtssatzes zu sein" verstanden wird[325]. Nach dieser These setzt die allgemeine Rechtssubjektivität also voraus, dass man Zuordnungssubjekt eines Rechtssatzes ist. Hier wird folglich die Subjektivität selbst als Voraussetzung der allgemeinen Rechtssubjektivität verwandt, so dass es sich hierbei um einen Zirkelbeweis handeln dürfte[326]. Diese Theorie leidet an schweren dogmatischen und logischen Schwächen, so dass sie abzulehnen ist[327].

Schließlich ist die Annahme, bei dem postmortalen Persönlichkeitsrecht handele es sich um ein subjektloses Recht, ebenso abzulehnen. Zwar ist diese Rechtsfigur dem Zivilrecht nicht völlig fremd[328], die Übertragung deren Prinzipien auf das postmortale Persönlichkeitsrecht widerspricht jedoch dem Sinn des subjektlosen Rechts. So wurden die subjektlosen Rechte geschaffen, um Rechtspositionen, die nur vorübergehend keinen Rechtsträger aufweisen, im Interesse eines künftigen Rechtsträgers zu sichern[329]. Gemeinsam ist daher allen subjektlosen Rechten, dass sie dann Anwendung finden, wenn ein direkter Übergang des Rechts vom alten Rechtsträger auf den neuen Rechtsträger nicht unmittelbar stattfinden kann, so dass es lediglich auf bestimmte Zeit niemandem zugewiesen werden kann[330]; diese Rechtsfigur setzt damit zwingend einen künftigen Rechtsträger als Berechtigten voraus[331], so dass es lediglich ein Zwischenstadium zu überbrücken versucht[332]. Auf Dauer angelegte subjektive Rechte würden jedoch der gesamten Konzeption des subjektiven Rechts widersprechen[333]. Den Vertretern dieses Ansatzes zufolge handelt es sich bei dem postmortalen Persönlichkeitsrecht jedoch um eines auf Dauer

---

324 *Britting*, Die postmortale Insemination als Problem des Zivilrechts, S. 76; *Schünemann*, Die Rechte am menschlichen Körper, S. 234; *Buschmann*, NJW 1970, 2081 (2083).
325 *Buschmann*, NJW 1970, 2081 (2087).
326 In diesem Sinne auch *Schünemann*, Die Rechte am menschlichen Körper, S. 236.
327 Ablehnend auch: *Küchenhoff*, Persönlichkeitsschutz kraft Menschenwürde, in: Festschrift für Geiger, S. 50; *Schünemann*, S. 236; *Britting*, Die postmortale Insemination als Problem des Zivilrechts, S. 77; *Wessel*, Die Vermarktung Verstorbener, S. 50.
328 Siehe zu den anerkannten subjektlosen Rechten: *Hohner*, Subjektlose Rechte, S. 81ff.
329 Schmitt, in: MüKo, 5. Aufl., § 1, Rdnr. 53.
330 *Buschmann*, NJW 1970, 2081 (2087); *Schünemann*, Die Rechte am menschlichen Körper, S. 238f.
331 *Buschmann*, NJW 1970, 2081 (2087); *Hohner*, Subjektlose Rechte, S. 78.
332 *Westermann*, FamRZ 1969, 561 (565); *Buschmann*, NJW 1970, 2081 (2087); *Schünemann*, Die Rechte am menschlichen Körper, S. 238f.
333 *Hohner*, Subjektlose Rechte, S. 78.

angelegten Rechts, bei dem es überhaupt keinen Rechtsträgerwechsel geben soll; es soll sich vielmehr infolge des Zeitablaufs abschwächen und letztendlich erlöschen[334]. Die Dauerhaftigkeit des postmortalen Persönlichkeitsrechts widerspricht damit der Dogmatik der Figur des subjektlosen Rechts[335]. Zudem lässt sich gegen diese Qualifikation des postmortalen Persönlichkeitsrechts einführen, dass es im Bereich der Persönlichkeitsrechte wegen der Verbindung von Recht und Person kein subjektloses Recht geben kann[336]; da das erforderliche Zuordnungssubjekts nur im Verstorbenen erblickt werden kann, dieser jedoch wegen des Todes nicht rechtsfähig ist[337], existiert kein rechtsfähiges Rechtssubjekt als möglicher Träger des postmortalen Persönlichkeitsrechts.

Zudem können die Vertreter des persönlichkeitsrechtlichen Ansatzes keine schlüssige dogmatische Begründung dafür liefern, wie sich der Wandel des „Persönlichkeitsrückstandes" des Leichnams nach dem Ende der Totenehrung in eine Sache vollziehen soll[338]. Klare Aussagen zu dem genauen Zeitpunkt des Wechsels von persönlichkeitsrechtlichen zu sachenrechtlichen Regeln werden ebenso wenig aufgezeigt wie überzeugende Argumente dafür, die den Grund dieses Übergangs begründen könnten. So wird teilweise von variablen Totenehrungszeiten einzelner Verstorbener ausgegangen, abhängig von ihrer Popularität und Bedeutung zu Lebzeiten[339]. Daneben wird die Zuordnung der Gebeine des Verstorbenen zu einem bestimmten Individuum als entscheidendes Kriterium für das Fortwirken des Persönlichkeitsschutzes genannt; ist jedoch die Verwesung des Leichnams schon so weit fortgeschritten, dass eine solche Zuordnung nicht mehr möglich ist, soll der

---

334 *Schünemann*, Die Rechte am menschlichen Körper, S. 239; daran vermag auch dir Argumentation von *Bender*, VersR 2001, 815 (820) nichts zu ändern, wenn er ausführt, dass es sich bei dem Postmortalen Persönlichkeitsrecht nicht um ein „ewiges" Recht handele, sondern dass es lediglich ein Zwischenstadium überbrücken soll, abgesteckt durch den Tod des Rechtsinhabers einerseits und durch das Erlöschen des Rechts nach den Schutzfristen andererseits; lediglich in diesem Zeitraum sei es ein subjektloses Recht.
Wenn aber das Postmortale Persönlichkeitsrecht lediglich in dieser Zeitspanne existiert und „nur" in dieser Zeitspanne subjektlos sein soll, so betrifft diese Subjektlosigkeit die gesamte Existenz des Postmortalen Persönlichkeitsrechts; in Wahrheit findet keine Überbrückung eines Zwischenstadiums statt, da sich das angebliche „Zwischenstadium" auf die gesamte Dauer der Existenz des Persönlichkeitsrechts bezieht, so dass die Subjektlosigkeit doch auf Dauer angelegt ist.
335 *Buschmann*, NJW 1970, 2081 (2087).
336 *Tag*, MedR 1998, 387 (388).
337 Siehe oben (S.).
338 *Eichholz*, NJW 1968, 2272 (2273); *Bock*, Rechtliche Voraussetzungen der Organentnahme von Lebenden und Verstorbenen, S. 200; *Borowy*, Die postmortale Organentnahme und ihre zivilrechtlichen Folgen, S. 82; *Maier*, Der Verkauf von Körperorganen, S. 35.
339 *Becker*, JR 1951, 328 (330); *Rausnitz*, Das Recht 1903, 593 (594).

persönlichkeitsrechtliche Schutz beendet sein³⁴⁰. Die Unklarheiten dieser Begründungsversuche führen zu nicht unerheblichen Abgrenzungsproblemen, so dass die Gefahr von Rechtsunsicherheit besteht³⁴¹. Eine dogmatisch überzeugende Änderung der rechtlichen Qualifikation des Leichnams infolge von Zeitablauf ist nur dann begründbar, wenn der Leichnam von Anfang an als Sache angesehen wird³⁴². Insgesamt vermögen die Begründungsversuche des persönlichkeitsrechtlichen Ansatzes nicht zu überzeugen. Die dieser Sichtweise innewohnendenden Schwierigkeiten sich innerhalb der Systematik des BGB zu bewegen führen dazu, dass dieser Lösung nicht gefolgt werden kann. Der Leichnam ist vielmehr mit der herrschenden Literatur als Sache im Sinne des § 90 BGB anzusehen. Mit dieser Einstufung ist keinesfalls eine erniedrigende Bewertung des Leichnams verbunden; diese Qualifikation soll sich außerhalb jeglicher „ethischer (Ab-) Wertung"³⁴³ bewegen und lediglich eine rein formale Einordnung des Leichnams ermöglichen³⁴⁴.

4. Die Einschränkungen des Sachenrechts und die Bestimmungsbefugnis über den menschlichen Leichnam

Zwar ist der Leichnam mit der herrschenden Meinung in der Literatur zu den Sachen im Sinne des § 90 BGB zu zählen; damit ist jedoch noch keine Aussage darüber gemacht, ob Verfügungen über ihn überhaupt zulässig sind und in welchem Umfang. Die ausschließlich sachenrechtliche Betrachtung des Leichnams hätte ansonsten zur Folge, dass er einer unbeschränkten Eigentums- und Verkehrsfähigkeit zugänglich wäre. Diese rein sachenrechtliche Qualifizierung des Leichnams erschiene indes unangemessen, da damit dem einzigartigen Charakter des Leichnams, der in der Vergangenheit ein Menschensein darstellte, nicht hinreichend Respekt gezollt würde³⁴⁵. Aus diesen Gründen muss dem Leichnam eine Art Sonderstellung in der Kategorie der Rechtsgegenstände eingeräumt werden mit der Folge, dass er nicht wie die übrigen Rechtsobjekte einer rein sachenrechtlichen Beurteilung unterliegt³⁴⁶; vielmehr ist er zwar als „Sache" im Sinne des § 90 BGB zu werten, bei der jedoch

---

340 *Gareis,*, Seuff. Bl., S. 308 (318); *Gaedke,* Handbuch des Friedhofs- und Bestattungsrechts, 9. Aufl., S. 106.
341 *Britting,* Die postmortale Insemination als Problem des Zivilrechts, S. 78; *Müller,* Die kommerzielle Nutzung menschlicher Körpersubstanzen, S. 55.
342 Jickeli/Stieper, in: J.v. Staudingers, Bearbeitung 2004, § 90, Rndr. 28.
343 *Zimmermann,* NJW 1979, 569 (579).
344 So auch: *Britting,* Die postmortale Insemination als Problem des Zivilrechts, S. 82; *Maier,* Der Verkauf von Körperorganen, S. 35.
345 *Tag,* MedR 1998, 387 (388); *Borowy,* Die postmortale Organentnahme und ihre zivilrechtlichen Folgen, S. 82.
346 Mühl, in: Soergel, 13. Aufl., § 90, Rndr.11; Dilcher, in: J.v. Staudingers, Bearbeitung 1995, § 90, Rndr. 20; Heinrichs, in: Palandt, 66. Aufl., Überbl. V. § 90, Rndr. 11.

"primär persönlichkeitsrechtliche Regelungen"[347] zur Anwendung kommen. Die einschränkende Anwendung der sachenrechtlichen Regeln beim Leichnam folgt neben dem Fortwirken des Allgemeinen Persönlichkeitsrechts aus dem Totensorgerecht[348]. Da diese beiden Rechtsinstitute die eingeschränkte Sachqualität des Leichnams begründen, sollen sie Thema der nachfolgenden Darstellung sein.

a. Einschränkungen durch das postmortale Persönlichkeitsrecht

aa. Die Anerkennung des postmortalen Persönlichkeitsrechts

Der BGH hat in seiner „Cosima- Wagner- Entscheidung" vom 26.11.1954 erstmalig entschieden, dass die schutzwürdigen Werte der Persönlichkeit die Rechtsfähigkeit ihres Rechtssubjekts überdauern, so dass das Persönlichkeitsrecht noch über den Tod des ursprünglichen Rechtsträgers hinaus wirke[349]. Diese Rechtsprechung wurde vom BGH in seiner „Mephisto-Entscheidung" vom 20.03.1968 bestätigt[350]. Auch hier teilte er die in seiner „Cosima-Wagner-Entscheidung" getroffene Wertung, dass die schutzwürdigen Werte der Persönlichkeit die Rechtsfähigkeit ihres Rechtssubjekts überdauern[351]. Zwar sei das höchstpersönliche Persönlichkeitsrecht, mit Ausnahme seiner vermögenswerten Bestandteile, weder übertragbar noch vererblich; dies sei jedoch nicht entscheidend, da die Rechtsordnung auch unabhängig von Bestehen eines lebenden Rechtssubjekts Gebote und Verbote zur Fürsorge und Obhut verletzungsfähiger Rechtsgüter bestimmen könne, und deren Wahrnehmungsbefugnis, insbesondere von Unterlassungsansprüchen, auch demjenigen zuzuweisen in der Lage sei, der nicht selbst Träger dieser Rechte sei[352]. Einschränkungen erfährt das allgemeine Persönlichkeitsrecht mit dem Tode seines Trägers hinsichtlich der Ausgestaltungen, die die „Existenz einer aktiv handelnden Person" voraussetzen sowie hinsichtlich des Schutzes der „persönlichen Empfindungen des Angegriffenen"[353]. Zur Begründung des postmortalen Persönlichkeitsschutzes verweist der BGH auf das Grundrecht der Menschenwürde (Art. 1 Abs. 1 GG) und auf das Grundrecht der freien Entfaltung der Persönlichkeit (Art. 2 Abs. 1 GG). So sei allgemein anerkannt,

---

347 *Tag*, MedR 1998, 387 (389); *Taupitz*, JZ 1992, 1089 (1093); *Jickeli/ Stieper*, in: J. v. Staudingers, Bearbeitung 2004, § 90, Rdnr. 30ff.; Heinrichs, in: Palandt, 66. Aufl., Überbl. V. § 90, Rdnr. 11; *Taupitz*, Das Recht im Tod, S. 7.
348 Siehe hierzu: Jickeli/Stieper, in: J.v. Staudingers, Bearbeitung 2004, § 90, Rdnr. 29ff.; *Maier*, Der Verkauf von Körperorganen, S. 36.
349 BGHZ 15, 249 (259)- Cosima Wagner = GRUR 1955, 201 (204), der BGH entschied hierbei die Wahrnehmungsbefugnis des Persönlichkeitsrechts anhand des Willens des Verstorbenen.
350 BGHZ 50, 133ff.- Mephisto- Entscheidung = NJW 1968, 1773ff.
351 BGHZ 50, 133 (136)- Mephisto- Entscheidung; BGH NJW 1968, 1773 (1774).
352 BGHZ 50, 133 (137); BGH, NJW 1968, 1773 (1774) – Mephisto- Entscheidung. Zur Begründung führt der BGH beispielsweise § 22 KUG, § 83 UrhG, § 189 StGB, § 361 StPO auf, die zur Wahrnehmung bestimmter Rechte auf die Angehörigen abstellen.
353 BGHZ 50, 133 (136); BGH, NJW 1968, 1773 (1774)– Mephisto-Entscheidung.

dass vom Verstorbenen neben übertragbaren materiellen Werten auch immaterielle Güter hinterlassen werden, die ebenfalls verletzbar seien und in gleicher Weise schutzwürdig sind[354]. Es sei mit der verfassungsrechtlichen Werteordnung des Grundgesetzes nicht vereinbar, diese immateriellen Güter den Angriffen Dritter schutzlos preiszugeben[355]. Da die Menschenwürde auch nach dem Tode „antastbar" bleibe, könne ein effektiver Schutz der Menschenwürde und der freien Entfaltung der Persönlichkeit zu Lebzeiten nur dann gewährleistet werden, „wenn der Mensch auf einen Schutz seines Lebensbildes wenigstens gegen grobe ehrverletzende Entstellungen nach dem Tode vertrauen und in dieser Erwartung leben kann"[356]. Diese Rechtsprechung wurde vom BVerfG weitestgehend gebilligt. So führte es aus, dass die in „Art. 1 Abs. 1 GG aller staatlichen Gewalt auferlegte Verpflichtung, dem Einzelnen Schutz gegen Angriffe auf seine Menschenwürde zu gewähren, nicht mit dem Tode ende"[357].

Einschränkend stellte es jedoch fest, dass das postmortale Persönlichkeitsrecht[358] nur auf Art. 1 Abs. 1 GG und nicht auch auf Art. 2 Abs. 1 GG zu stützen sei, da dieses Grundrecht die Existenz einer zumindest „potentiell oder zukünftig handlungsfähigen Person unabdingbar voraussetze"[359].

---

354 *BGHZ* 50, 133 (136f.); BGH, NJW 1968, 1773 (1774)– Mephisto-Entscheidung.
355 *BGHZ* 50, 133 (138); BGH, NJW 1968, 1773 (1774)– Mephisto-Entscheidung.
356 *BGHZ* 50, 133 (138); BGH, NJW 1968, 1773 (1774) – Mephisto-Entscheidung.
357 *BVerfG*, NJW 1971, 1645 (1647)- Zur Mephisto-Entscheidung des BGH; diese Auffassung bestätigte das BVerfG nochmals in seiner Entscheidung vom 25.02.1993, NJW 1993, 1462- Heinrich-Böll-Entscheidung; diese Rechtsprechung des BVerfG fand in der verfassungsrechtlichen Literatur allgemeine Anerkennung gefunden; *bejahend*: Maurer, DÖV 1980, 7 (9); Stern/Sachs, Das Staatsrecht der Bundesrepublik Deutschland, Band III/1, S. 1052; Kunig, in: v. Münch/Kunig, 5. Aufl., Art. 1, Rdnr. 15; Zippelius, in: Bonner Kommentar, Bearbeitung 1995, Art. 1 Abs. 1 und 2, Rdnr. 53f.; *ablehnend*: Bizer, NVwZ 1993, 653 (655), der der Auffassung ist, dass „auch die staatliche Schutzpflicht gegenüber der Menschenwürde ein lebendes Rechtssubjekt voraussetze".
358 Instruktiv zum Inhalt des Postmortalen Persönlichkeitsrechts: Rixecker, in: MüKo, 5. Aufl., Anhang § 12, Allg. PersönlR, Rdnr. 34ff.
359 *BVerfG*, NJW 1971, 1645 (1647)- Zur Mephisto- Entscheidung des BGH; zahlreiche Vertreter der Literatur billigen neben der zivilrechtlichen Rechtsprechung diese Entscheidung des BVerfG: *bejahend* aus der Rechtsprechung: *LG Berlin*, GRUR 1980, 187 (188)- „Der eiserne Gustav"; *OLG München*, WRP 1982, 659 (661)- „Cellular- Therapie"; *OLG München*, ZUM 1990, 195ff.; *OLG Düsseldorf*, AfP 2000, 468- „Heim Galinski"; *BGH* JZ 1990, 37 (38)- „Emil Nolde";
bejahend aus der Literatur: Buschmann NJW 1970, 2082 (2083); Bizer, NVwZ 1993, 653 (654); Löffler/Ricker, Handbuch des Presserechts, 42. Kapitel, Rdnr. 5; *Wille*, MedR 2007, 91 (91); *ablehnend* aus der Literatur: Wyduckel, DVBl 1989, 327 (332); Schack, GRUR 1985, 352 (355): diese Autoren sind der Ansicht, dass dem Verstorbenen auch nach Art. 2 Abs. 1 GG ein begrenzter postmortaler Persönlichkeitsschutz zustehe.

bb. Wahrnehmungsberechtigte des postmortalen Persönlichkeitsrechts

Nachdem festgestellt worden ist, dass das postmortale Persönlichkeitsrecht seine grundsätzliche Anerkennung sowohl in der höchstrichterlichen Rechtsprechung als auch in dem überwiegenden Teil der Literatur gefunden hat muss nunmehr geklärt werden, wer denn als Wahrnehmungsberechtigter dieses Rechts anzusehen ist. Es wurde bereits oben festgestellt, dass weder der Verstorbene selbst als Träger des postmortalen Persönlichkeitsrechts anzuerkennen ist, noch, dass das postmortale Persönlichkeitsrecht ein „subjektloses Recht" darstellt.

Da das Selbstbestimmungsrecht ein Element des Allgemeinen Persönlichkeitsrechts darstellt[360], ist zunächst derjenige als Wahrnehmungsberechtigter des postmortalen Persönlichkeitsrechts anzusehen, den der Verstorbene zu Lebzeiten selbst bestimmt hat[361]. Liegt eine entsprechende Zuweisung des Verstorbenen nicht vor, so sind nicht etwa dessen Erben[362], sondern die Angehörigen des Verstorbenen zur Wahrnehmung des postmortalen Persönlichkeitsrechts legitimiert[363]. Diese Berechtigung folgt zum einen aus der Überlegung, dass der Verstorbene zu seinen Lebzeiten eine persönliche Beziehung zu seinen Angehörigen aufgebaut hat, so dass sich zwischen ihnen eine intime Verbundenheit entwickelte, mit der Folge, dass der Verstorbene letztendlich „im Andenken seiner Angehörigen fortlebt"[364]. Da das Andenken eine höchstpersönliche Erinnerung der Angehörigen an den

---

360 *Wessel*, Die Vermarktung Verstorbener, S. 57.
361 *BGHZ* 15, 249 (259f.); in *BGH*, NJW 1968, 1773 (1775) – Mephisto- Entscheidung, heißt es: „(...) in erster Linie ist der vom Verstorbenen zu Lebzeiten Berufene als Wahrnehmungsberechtigter anzusehen."; Müller- Christmann, in: Bamberger/ Roth, § 1922, Bearbeitung 2002, § 1922, Rdnr. 30; Jickeli/Stieper, in: J. v. Staudingers, Bearbeitung 2004, § 90, Rdnr. 30; *Staudinger*, in: Hk- BGB, § 823, Rdnr. 95; Rixecker, in: MüKo, 5. Aufl., Anh § 12 Allg. PersönlR, Rdnr. 33; *Ehmann*, JuS. 1997, 193 (201).
362 So aber: Stein, in: Soergel, 13. Aufl., § 1922, Rdnr. 24f.
363 *BGH*, NJW 1968, 1773 (1775f.); Ehmann, in: Erman, 10. Aufl., Anh § 12, Rdnr. 174f.; *Ehmann*, JuS. 1997, 193 (201); Jickeli/Stieper, in: J. v. Staudingers, Bearbeitung 2004, § 90, Rdnr. 30; *Laufs*, Arztrecht, Rdnr. 279; *Taupitz*, JZ 1992, 1089 (1094); siehe zur Rangfolge und ihren Problemen: *LG Bückeburg*, NJW 1977, 1065 (1066); *Bizer*, NVwZ 1993, 653 (655); Stein, FamRZ 1989, 7 (15); *Nikoletopoulos*, Die zeitliche Begrenzung des Persönlichkeitsschutzes nach dem Tode, S. 129–139; *Laufs/Uhlenbruck*, Handbuch des Arztrechts, § 131, Rdnr. 14f; *Staudinger*, in: Hk- BGB, § 823, Rdnr. 95; Rixecker, in: MüKo, 5. Aufl., Anh § 12 Allg. PersönlR, Rdnr. 33 *Prütting*, in: PWW, § 12, Rdnr. 33; *Taupitz*, Das Recht im Tod, S. 8.
Differenzierend nach der Art der zu schützenden Interessen *Fuchs*, Deliktsrecht, S. 62f.; werden ideelle Interessen betroffen, so ist in erster Linie der vom Verstorbenen Berufene ansonsten die Angehörigen wahrnehmungsberechtigt. Zum Schutz der auf den Erben übergegangenen vermögenswerten Bestandteile des Persönlichkeitsrechts soll dagegen dieser wahrnehmungsberechtigt sein; er ist dabei jedoch an den erklärten oder mutmaßlichen Willen des Verstorbenen gebunden.
364 *Westermann*, FamRZ 1969, 561 (566).

Verstorbenen darstellt gehört es zu ihrer Persönlichkeitssphäre[365], so dass nur sie bestimmen können, wann es beeinträchtigt wurde; schon aus diesem Grund kann der Schutz dieser persönlichen Verbundenheit vor Beeinträchtigungen durch Dritte allein den Angehörigen obliegen. Darüber hinaus billigte der Gesetzgeber in § 22 KunstUrhG, § 60 Abs. 1 und Abs. 2 UrhG, § 77 Abs. 2, § 194 Abs. 2 StGB, § 361 StPO den Angehörigen des Verstorbenen und nicht dessen Erben gewisse Rechte zu; es ist damit gerechtfertigt diese Vorschriften in analoger Anwendung zur Begründung der Wahrnehmungsbefugnisse der Angehörigen heranzuziehen[366].

Diese Überlegung wird ferner durch die §§ 3 und 4 TPG[367] gestützt. Hiernach ist eine postmortale Organentnahme gemäß § 3 Abs. 1 Nr. 1 TPG nur bei einer (auch formlosen) Einwilligung des Verstorbenen zulässig. Liegt eine solche Einwilligung nicht vor und ist auch kein Widerspruch des Verstorbenen in eine Entnahme vorhanden kann eine Organentnahme nur durch eine Zustimmung der nächsten Angehörigen des Verstorbenen erfolgen, § 4 Abs. 1 S. 1, 2,3 und Abs. 2 S. 1 TPG. Der Gesetzgeber übertrug demnach den Angehörigen und nicht den Erben des Verstorbenen die subsidiäre Entscheidungsbefugnis hinsichtlich einer Organentnahme; er wollte offenkundig mit den §§ 3 und 4 TPG das postmortale Persönlichkeitsrecht des Verstorbenen schützen[368].

Diese gesetzgeberische Zuweisung gründet demnach auch hier in der engen persönlichen Beziehung der Angehörigen zum Verstorbenen. So wird ausdrücklich in § 4 Abs. 2 S. 2 TPG klargestellt, dass den Angehörigen diese Entscheidungsbefugnis nur dann zustehen soll, wenn sie in den letzten zwei Jahren vor dem Tod zu dem potentiellen Spender persönlichen Kontakt hatten. Diese Voraussetzung soll sicherstellen, dass der Angehörige fähig ist, den mutmaßlichen Willen des Verstorbenen hinsichtlich einer möglichen Spende auf Grund ihres persönlichen Kontaktes zu erschließen[369]. Aus dieser Normierung ist zu schließen, dass der Gesetzgeber die höchstpersönliche Entscheidung einer Organspende im Falle des Fehlens einer ausdrücklichen Einwilligung des Verstorbenen den Menschen anvertrauen wollte, die dem Verstorbenen infolge ihrer intimen Verbundenheit besonders nahe standen und demnach am geeignetsten sind, die Rechte und Wünsche des Verstorbenen zu wahren. Diese Wertung wird ferner in § 4 Abs. 2 S. 6 TPG bestärkt. Hiernach sind die Personen, die dem Verstorbenen in besonderer persönlicher Verbundenheit offenkundig nahe standen dem nächsten Angehörigen gleichgestellt. Auch hier hat sich der Gesetzgeber dazu entschlossen, nicht auf die Entscheidung der Erben

---

365 *Bizer*, NVwZ 1993, 653 Müller-Christmann, in: Bamberger/Roth, § 1922, Bearbeitung 2002, § 1922, Rdnr. 30 (655); *Westermann*, FamRZ 1969, 561 (566).
366 *BGH* NJW 1968, 177 (1774f.).- Mephisto; Müller-Christmann, in: Bamberger/Roth, § 1922, Bearbeitung 2002, § 1922, Rdnr. 50; Rixecker, in: MüKo, 5. Aufl., Anhang § 12, Allg. PersönlR, Rdnr. 33.
367 Transplantationsgesetz vom 05.11.1997, BGBl I 1997, 2631.
368 *Schroth*, Transplantationsgesetz, § 3 Rdnr. 46; BT-Drs. 13/8027, S. 9.
369 *Rixen, in: Höfling*, Kommentar zum Transplantationsgesetz (TPG), Bearbeitung 2002, § 4 Rdnr. 20; *Schroth*, Transplantationsgesetz, § 4 Rdnr. 36.

abzustellen. Diese Vorschrift, unter die in erster Linie die nichteheliche Lebensgemeinschaft zu subsumieren ist[370], soll sicherstellen, dass die Rechte des Verstorbenen, insb. die Berücksichtigung seines mutmaßlichen Willens[371], von denjenigen Personen wahrgenommen wird, die mit dem Verstorbenen ein enges Zusammengehörigkeitsgefühl verband[372], die folglich für den potentiellen Organspender von großer Bedeutung waren[373].

Damit bleibt festzuhalten, dass die eigene Persönlichkeitssphäre der Angehörigen infolge des Todes um das Sorgerecht bzgl. des Verstorbenen vergrößert worden ist[374]. Das bedeutet jedoch nicht, dass sie diese Rechtsposition aus egoistischen Motiven heraus nutzen dürfen; sie haben vielmehr den Willen des Verstorbenen zu respektieren[375]. Diese eingeschränkte Wahrnehmungsbefugnis kommt auch in § 3 Abs. 2 Nr. 1 TPG zum Ausdruck, der festlegt, dass bei Personen, die einer Organentnahme widersprachen, nach deren Tod keine Entnahme erfolgen darf. Die Angehörigen und sonstige Wahrnehmungsberechtigten sind damit an den Willen des Verstorbenen gebunden, haben seine Entscheidung zu respektieren und dürfen sich nicht über seinen Entschluss hinwegsetzen[376]. Darüber hinaus trägt auch § 4 Abs. 1 S. 3 TPG diese Entscheidung, der bestimmt, dass der Angehörige einen mutmaßlichen Willen des Verstorbenen zu beachten hat. Liegt demnach ein mutmaßlicher Wille vor oder sind Fakten bekannt, die auf einen solchen schließen lassen, ist der Angehörige seiner Zuständigkeit, selbst einen eigenen Entschluss zu fassen, enthoben, mit der Folge, dass er den Arzt vom Vorhandensein des mutmaßlichen Willen in Kenntnis zu setzen hat[377].

Folglich haben die Angehörigen diese Schutzpflichten im Sinne des Verstorbenen wahrzunehmen, so dass sie ausschließlich als Treuhänder dieser Rechte des Verstorbenen fungieren[378].

---

370 *Schroth*, Transplantationsgesetz, § 4 Rdnr. 32.
371 *Rixen, in: Höfling*, Kommentar zum Transplantationsgesetz (TPG), § 4 Rdnr. 24; *Schroth*, Transplantationsgesetz, § 4 Rdnr. 28.
372 *Schroth*, Transplantationsgesetz, § 4 Rdnr. 29.
373 *Schroth*, Transplantationsgesetz, § 4 Rdnr. 32.
374 *Westermann*, FamRZ 1969, 561 (570); *Müller*, die kommerzielle Nutzung menschlicher Körpersubstanzen, S. 58.
375 *Westermann*, FamRZ 1969, 561 (570); *Taupitz*, Das Recht im Tod, S. 8; *Schmidt-Didczuhn*, ZRP 1991, 264 (266); *Fuchs*, Deliktsrecht, S. 63 (bzgl. der Erben).
376 So auch: *Schroth*, Transplantationsgesetz, § 3 Rdnr. 19.
377 *Rixen, in: Höfling*, Kommentar zum Transplantationsgesetz (TPG), § 4 Rdnr. 9; *Schroth*, Transplantationsgesetz, § 4 Rdnr. 11; BT- Drs. 13/8027, S. 9.
378 *Müller*, die kommerzielle Nutzung menschlicher Körpersubstanzen, S. 58; *Taupitz*, JZ 1992, 1089 (1094); *Schroth*, Transplantationsgesetz, § 4 Rdnr. 2 spricht von „(...) Sachwaltern der Rechte des Verstorbenen"; *Rixen, in: Höfling*, Kommentar zum Transplantationsgesetz (TPG), § 4 Rdnr. 9, spricht vom „(...) Sachwalter des über den Tod hinaus fortwirkenden Persönlichkeitsrechts (...)"; *Taupitz*, Das Recht im Tod, S. 8; *Deutsch*, AcP 192 (1992), 161, (172ff.); BT- Drs. 13/8027, S. 9.

Hierbei ist jedoch zu beachten, dass das postmortale Persönlichkeitsrecht nicht unbegrenzt fortbesteht[379]. Als entscheidender Anhaltspunkt dürfte wohl die Dauer der Totenehrung dienen[380], wobei eine genaue Zeitangabe jedoch nicht möglich ist[381].

b. Einschränkungen durch das Totensorgerecht

Neben dem postmortalen Persönlichkeitsrecht schränkt auch das Totensorgerecht die Anwendung sachenrechtlicher Normen auf den Leichnam ein. Es ist nicht abzustreiten, dass nach dem Tod gewisse Verfügungen über den Leichnam vorzunehmen sind. So muss der Verstorbene bspw. beigesetzt werden. Da sachenrechtliche Regelungen nur eingeschränkt anzuwenden sind, folgen diese Rechte und Pflichten aus dem Totensorgerecht. Überwiegend wird das Totensorgerecht als sonstiges Recht im Sinne des § 823 Abs. 1 BGB qualifiziert, welches gewohnheitsrechtlich anerkannt ist und ein besonderes Persönlichkeitsrecht der Angehörigen darstellt[382]. Zwar mangelt es an einer ausdrücklichen gesetzlichen Normierung des Totensorgerechts, dennoch findet es in § 2 Abs. 2 FeuerbestattungsG[383] und den BestattungsG der Bundesländer eine Rechtsgrundlage, die der Generalisation zugänglich ist[384]. Zur Wahrnehmung der Totensorge ist zunächst derjenige berechtigt, den der Verstorbene selbst berufen

---

379 *Heldrich*, Der Persönlichkeitsschutz Verstorbener, S. 173f.
380 Jickeli/Stieper, in: J. v. Staudingers, Bearbeitung 2004, § 90, Rdnr. 30, 40; *Schünemann* spricht von einer „Mindestruhezeit" die durchschnittlich 30 Jahre betragen soll, vgl. Schünemann, S. 274f.; grundsätzlich dürfte die Schutzdauer bei 25 bis 30 Jahren liegen, so auch *Müller*, Die kommerzielle Nutzung menschlicher Körpersubstanzen, S. 58 (dortige FN. 217).
381 BGHZ 107, 384, 392: Der BGH stellt auf die Umstände des Einzelfalles ab; instruktiv zu den Schutzfristen auch: Rixecker, in: MüKo, 5. Aufl., Anhang § 12, Allg. PersönlR, Rdnr. 36; *Staudinger*, in: Hk- BGB, § 823, Rdnr. 94.
382 *Albrecht*, Rechtliche Zulässigkeit, S. 39; *Samson*, NJW 1974, 2030 (); *Schlüter*, Erbrecht, Rdnr. 1074; *Zimmermann*, NJW 1079, 569 (571); *Maurer*, DÖV 1980, 7 (13f.); *Strätz*, Rechtsstellung des Toten, S. 64; *Hubmann*, Das Persönlichkeitsrecht, S. 266; *Hengstler*, KHuR 2003, 57 (69); *Hohloch*, JuS. 1990, 144 (145); *OLG Frankfurt a.M.*, NJW- RR 1989, 1159 (1160); *KG Berlin*, FamRZ 1969, 414 (415); *LG Kiel*, FamRZ 1986, 56 (58). Die dogmatische Herleitung des Totensorgerechts ist allerdings umstritten, siehe hierzu *Schünemann*, Die Rechte am menschlichen Körper, S. 242f.
383 Vom 15.05.1934, RGBl. I. S. 380. Dieses Gesetz gilt nicht mehr in Baden-Württemberg, Bayern, Berlin, Brandenburg, Bremen, Hamburg, Mecklenburg-Vorpommern, Nordrhein-Westfalen, Rheinland-Pfalz, Sachsen und Sachsen-Anhalt. In Hessen, Niedersachsen, Schleswig-Holstein, Saarland und Thüringen gilt das Gesetz über die Feuerbestattung als Landesrecht fort.
384 *Reimann*, Die postmortale Organentnahme als zivilrechtliches Problem, in: Festschrift Küchenhoff, S. 341 (347); Wolpert, Ufita 34, 150 (173f.); Jickeli/Stieper, in: J. v. Staudingers, Bearbeitung 2004, § 90, Rdnr. 31; *Britting*, Die postmortale Insemination als Problem des Zivilrechts, S. 92; *OLG Frankfurt a.M.*, NJW- RR 1989, 1159 (1160); *KG Berlin*, FamRZ 1969, 414 (415).

hat³⁸⁵. Entscheidend ist damit der Wille des Verstorbenen³⁸⁶. Fehlt eine solche Bestimmung, so sind die nächsten Angehörigen als Wahrnehmungsberechtigte des Totensorgerechts anzusehen und nicht etwa die Erben³⁸⁷. Dies ergibt sich zunächst aus der Bestimmung des § 2 Abs. 2 FeuerbestattungsG, der den Angehörigen die subsidiäre Befugnis zur Wahl der Bestattungsart zuschreibt. Die Entscheidung, bei Fehlen einer gewillkürten Wahrnehmungsberechtigung des Verstorbenen, diese den Angehörigen zuzuschreiben konnte sich in der Praxis der Bundesländer durchsetzen³⁸⁸. Die breite Akzeptanz und Umsetzung dieser Regelung rechtfertigt den Schluss, dass die Rechtsgemeinschaft den Angehörigen und nicht den Erben die

---

385 Brox, Erbrecht, 18. Aufl., S. 7; Jickeli/Stieper, in: J. v. Staudingers, Bearbeitung 2004, § 90, Rdnr. 32; Marly, in: Soergel, 13. Aufl., § 90, Rdnr. 13; *M. Schmidt* in: jurisPK-BGB, 3. Aufl. 2006, § 1922, Rdnr. 92; *Gaedke*, Handbuch des Friedhofs- und Bestattungsrechts, 9. Aufl., S. 104f.; Hoeren, in: Schulze, 5. Aufl., vor §§ 1922- 2385, Rdnr. 13; *Görgens*, JR 1980, 140 (142); OLG Karlsruhe, NJW 2001, 2980 (2980); *OLG Frankfurt a.M.*, NJW- RR 1989, 1159 (1160); LG München, FamRZ 1982, 849 (849).

386 BGH, NJW-RR 1992, 834 (834); *BGH*, FamRZ 1978, 15(15); *OLG Karlsruhe*, NJW 2001, 2980 (2980); Lohmann, in: Bamberger/Roth, Bearbeitung 2002, § 1968, Rdnr. 2; Stein, in: Soergel, 13. Aufl., § 1968, Rdnr. 8.

387 *Albrecht*, Rechtliche Zulässigkeit, S. 39; *Ebenroth*, Erbrecht, S. 8; Stein, in: Soergel, 13. Aufl., § 1968, Rdnr. 8; Stürner, in: Jauernig, 12. Aufl., § 1968, Rdnr. 5; Brox, Erbrecht, 18. Aufl., S. 7; Jickeli/Stieper, in: J. v. Staudingers, Bearbeitung 2004, § 90, Rdnr. 32; Marly, in: Soergel, Stand: Frühjahr 2000, § 90, Rdnr. 13; M. Schmidt in: jurisPK-BGB, 3. Aufl. 2006, § 1922, Rdnr. 92; *Gaedke*, Handbuch des Friedhofs- und Bestattungsrechts, 9. Aufl., S. 104; Hoeren, in: Schulze, 5. Aufl., vor §§ 1922- 2385, Rdnr. 13; *Görgens*, JR 1980, 140 (142); *Zimmermann*, Erbrecht, S. 34; *Schlüter*, Erbrecht, 15. Aufl., Rdnr. 1074; Lohmann, in: Bamberger/Roth, Bearbeitung 2002, § 1968, Rdnr. 2; Johannsen, in: BGB- RGRK, 12. Aufl., § 1968, Rdnr. 4; *Lange*, Erbrecht, 5. Aufl., S. 105; *Reimann*, Die postmortale Organentnahme als zivilrechtliches Problem, S. 341 (347); Siegmann, in: MüKo, 4. Aufl., § 1968, Rdnr. 7; *Tschichoflos*, in: PWW, § 1922, Rdnr. 47; *OLG Karlsruhe*, NJW 2001, 2980 (2980); *OLG Frankfurt a.M.*, NJW- RR 1989, 1159 (1160); *BGH*, FamRZ 1973, 620 (621); *BGH*, NJW-RR 1992, 834 (834); *OLG Karlsruhe*, MDR 1990, 443 (443); *BGH*, FamRZ 1978, 15 (15); *RGZ 154*, 269 (270f.); *LG Kiel*, FamRZ 1986, 56 (58); *KG- Berlin*, FamRZ 1969, 414 (415); *LG München*, FamRZ 1982, 849 (850).

388 So haben folgende Bundesländer ähnliche Regelungen hinsichtlich der Berechtigung und Verpflichtung der Angehörigen, allerdings in unterschiedlicher Reihenfolge, für die Art der Bestattung Sorge zu tragen:
In Bayern Art. 15 Abs. 2 BestattungsG; in Baden-Württemberg § 31 Abs. 1 BestattungsG; in Berlin § 16 Abs. 1 BestattungsG; in Nordrhein-Westfalen § 8 Abs. 1 Bestattungsgesetz; in Hamburg § 10 Abs. 1 BestattungsG; in Brandenburg § 20 Abs. 1 Brandenburgisches Bestattungsgesetz; in Mecklenburg-Vorpommer § 9 Abs. 2 BestattungsG; in Sachsen § 10 Abs. 1 Sächsisches BestattungsG; in Sachsen-Anhalt § 14 Abs. 2 S. 1 i.V.m. § 10 Abs. 2 S. 1 BestattungsG; in Schleswig-Holstein § 13 Abs. 2 BestattungsG; in Niedersachsen § 8 Abs. 3 BestattungsG; in Hessen § 12 Abs. 1 u.2 Gesetz über das Friedhofs- und Bestattungswesen; in Thüringen § 18

sekundäre Berechtigung und Verpflichtung zuschreibt, über die Art der Beisetzung des Verstorbenen zu entscheiden[389]. Diese Zuweisung ergibt sich auch aus einer anderen Überlegung. Beim Totensorgerecht wird weder das Vermögen, noch eine Rechtsbeziehung vererbt[390]; es handelt sich demnach nicht um Vermögensfragen[391]. Aus diesen Gründen erscheint es zutreffend vom Totensorgerecht als einem „absoluten Nichtvermögensrecht" zu sprechen[392]. Dem Totensorgerecht liegen vielmehr familienrechtliche Beziehungen des Verstorbenen zu seinen verbliebenen Familienangehörigen zugrunde[393]; den entscheidender Aspekt stellt damit die persönliche Solidarität der Familienmitglieder dar, die sich schon zu Lebzeiten, möglicherweise über mehrere Jahrzehnte, zwischen den einzelnen Angehörigen und dem Verstorbenen entwickelte, so dass nur diese familiäre Verbindung gewährleisten kann, dass dem Andenken des Verstorbenen mit Pietät begegnet wird und dessen Wünsche hinreichend berücksichtigt werden[394]. Würde man den Erben das Totenfürsorgerecht übertragen, bestünde die Möglichkeit, dass unter Umständen Personen betraut würden, die in keiner familiären Bindung zum Verstorbenen standen, da die Erben nicht mit den Angehörigen identisch sein müssen[395]. Daraus könnte die Gefahr erwachsen, dass diese Personen mangels einer hinreichenden persönlichen Beziehung zum Verstorbenen nicht in der Lage wären, dessen Wünschen und Andenken mit dem nötigen Respekt zu begegnen. Zudem bestünde die Möglichkeit, dass Angehörige, die in einer engen familiären Beziehung zum Verstorbenen standen, völlig von der Totensorge ausgeschlossen wären. Es ist demnach durchaus angebracht diese familienrechtliche Fürsorgepflicht[396] den Angehörigen und nicht den Erben

---

Abs. 1 BestattungsG; in Saarland § 26 Abs. 1 BestattungsG. Lediglich Rheinland-Pfalz hat in § 9 BestattungsG die Erben als primären Verantwortlichen bestimmt.

389   Ebenso *Zimmermann*, NJW 1979, 569 (571).
390   *Zimmermann*, Erbrecht, S. 34; *Gaedke*, Handbuch des Friedhofs- und Bestattungsrechts, S. 104.
391   Marly, in: Soergel, 1 3. Aufl., § 90, Rdnr. 13; *OLG Karlsruhe*, MDR 1990, 443 (443).
392   Jickeli/Stieper, in: J. v. Staudingers, Bearbeitung 2004, § 90, Rdnr. 31.
393   Jickeli/Stieper, in: J. v. Staudingers, Bearbeitung 2004, § 90, Rdnr. 32; *Schlüter*, Erbrecht, 15. Aufl., Rdnr. 1074; Marly, in: Soergel, 13. Aufl., § 90, Rdnr. 13; Johannsen, in: BGB- RGRK, 12. Aufl., § 1968, Rdnr. 4; *Gaedke*, Handbuch des Friedhofs- und Bestattungsrechts, S. 104; *Lange*, Erbrecht, 5. Aufl., S. 105; *Reimann*, Die postmortale Organentnahme als zivilrechtliches Problem, S. 341 (347); Siegmann, in: MüKo, 4. Aufl., § 1968, Rdnr. 7; *OLG Frankfurt a.M.*, NJW- RR 1989, 1159 (1160); *KG Berlin*, FamRZ 1969, 414 (415); *LG München*, FamRZ 1982, 849 (849); *LG Kiel*, FamRZ 1986, 56 (58).
394   *Gaedke*, Handbuch des Friedhofs- und Bestattungsrechts, S. 104; *OLG Karlsruhe*, MDR 1990, 443 (443).
395   und umgekehrt.
396   *Reimann*, Die postmortale Organentnahme als zivilrechtliches Problem, S. 341 (347).

zu übertragen[397]. Dieses Ergebnis wird auch durch die Normierung in den §§ 3 und 4 TPG gestützt.

Inhaltlich umfasst das Totensorgerecht primär die Ermächtigung, die für die Beerdigung notwendigen Verfügungen über den Leichnam zu treffen[398]. Diese Befugnis umfasst unter anderem die Art und den Ort der Bestattung zu wählen[399], eine würdige Beerdigung zu betreiben[400], die Wahl und die Gestaltung des Grabmals vorzunehmen[401], eine Exhumierung anzuordnen, ggf. eine Umbettung des Verstorbenen zu bestimmen[402], den Verstorbenen einem anatomischen Institut zur Verfügung zu stellen[403], in eine Organ- bzw. Gewebespende[404] einzuwilligen oder eine Sektion[405] zu veranlassen[406]. Die Rangfolge der Angehörigen, die zu den im Rahmen des Totensorgerechts zu treffenden Entscheidungen berufen sind, ergibt sich aus ihrer familienrechtlichen Stellung zum Verstorbenen, wie sie in § 2 Abs. 3 FeuerbestattungsG erstmals[407] normiert wurden und von den landesrechtlichen Bestimmungen weitestgehend übernommen worden sind[408]. Neben diesen primären

---

397 So auch *Britting*, Die postmortale Insemination als Problem des Zivilrechts, S. 90f.
398 Jickeli/Stieper, in: J. v. Staudingers, Bearbeitung 2004, § 90, Rdnr. 31.
399 *Zimmermann*, Erbrecht, S. 34; *LG Kiel*, FamRZ 1986, 56 (58); Johannsen, in: BGB-RGRK, 12. Aufl., § 1968, Rdnr. 4f.; Lohmann, in: Bamberger/Roth, Bearbeitung 2002, § 1968, Rdnr. 2; *Albrecht*, Rechtliche Zulässigkeit, S. 39.
400 *LG Kiel*, FamRZ 1986, 56 (58).
401 *Zimmermann*, Erbrecht, S. 34; *Lange*, Erbrecht, 5. Aufl., S. 106; *KG* FamRZ 1969, 414 (415).
402 Eine Umbettung ist jedoch nur in Ausnahmefällen zulässig und an strenge Voraussetzungen geknüpft, um dem Prinzip der Wahrung der Totenruhe zu entsprechen; siehe hierzu: Marly, in: Soergel, 13. Aufl., § 90, Rdnr. 16; Jickeli/Stieper, in: J. v. Staudingers, Bearbeitung 2004, § 90, Rdnr. 34; *RGZ 108*, 217 (229); *LG München*, FamRZ 1982, 849 (850); *OLG Oldenburg*, FamRZ 1990, 1273 (1274); *OLG Karlsruhe*, MDR 1990, 443 (443f.).
403 Jickeli/Stieper, in: J. v. Staudingers, Bearbeitung 2004, § 90, Rdnr. 34.
404 Siehe zu den Voraussetzungen einer postmortalen Organ- bzw. Gewebespende §§ 3 und 4 TPG.
405 Zur Zulässigkeit klinischer Sektionen siehe: Hengstler, KhuR 2003, 57ff.; *Zimmermann*, NJW 1979, 596ff.
406 *Schlüter*, Erbrecht, Rdnr. 1074; *Britting*, Die postmortale Insemination als Problem des Zivilrechts, S. 91; Jickeli/Stieper, in: J. v. Staudingers, Bearbeitung 2004, § 90, Rdnr. 35.
407 Nach § 2 Abs. 3 FeuerbestattungsG geht der Wille des überlebenden Ehegatten demjenigen der Verwandten, der Wille der Kinder oder ihrer Ehegatten dem der übrigen Verwandten, der Wille näherer Verwandter dem der entfernteren Verwandten oder des Verlobten vor; siehe auch die vergleichbare Rangfolge in § 4 Abs. 2 S. 1 TPG.
408 Johannsen, in: BGB- RGRK, 12. Aufl., § 1968, Rdnr. 4; *Lange*, Erbrecht, S. 105; *Reimann*, Die postmortale Organentnahme als zivilrechtliches Problem, S. 341 (347); Siegmann, in: MüKo, 4. Aufl., § 1968, Rdnr. 7; *Gaedke*, Handbuch des Friedhofs- und Bestattungsrechts, S. 109; *OLG Karlsruhe*, MDR 1990, 443 (443). Siehe zum Begriff

Befugnissen umfasst das Totensorgerecht als sonstiges Recht im Sinne des § 823 Abs. 1 BGB die Ermächtigung, rechtswidrige Einwirkungen Unbefugter auf den Leichnam abzuwehren[409] und die Herausgabe der sterblichen Überreste von Dritten zu verlangen[410]; bei einer Verletzung des § 823 Abs. 1 BGB stehen dem Totensorgeberechtigten Schadensersatz-[411], Beseitigungs- und Unterlassungsansprüche zu[412]. Zu diesem Zweck können die Vorschriften zum Eigentumsschutz, insbesondere die §§ 985 und 1004 BGB, entsprechend angewendet werden[413].

Hierbei ist zu beachten, dass die Befugnisse der Totensorgeberechtigten nicht uneingeschränkt gelten; vielmehr findet die Ausübung der Totenfürsorge ihre Grenzen im dem durch das postmortale Persönlichkeitsrecht geschützten Willen des Verstorbenen[414]. Der Wille des Verstorbenen genießt demnach Priorität und die Angehörigen sind an dessen Anordnungen gebunden[415]. Ausdrückliche Willensbekundungen sind jedoch nicht erforderlich, ausreichend ist vielmehr, dass auf den Willen aus den äußeren Umständen mit Sicherheit geschlossen werden kann[416]. Zum

---

und zur Rangfolge der Angehörigen instruktiv *Albrecht*, Rechtliche Zulässigkeit, S. 40ff.
409 Jickeli/Stieper, in: J.v. Staudingers, Bearbeitung 2004, § 90, Rdnr. 31; Holch, in: MüKO, 5. Aufl., § 90, Rdnr. 32; Marly, in: Soergel, 13. Aufl., § 90, Rdnr. 15; *Zimmermann*, NJW 1976, 569 (571); *LG Kiel*, FamRZ 1986, 56 (58); *OLG München*, NJW 1976, 1805 (1805).
410 *Trockel*, Die Rechtswidrigkeit klinischer Sektionen, S. 107; *Zimmermann*, NJW 1979, 569 (571); *Strätz*, Rechtsstellung des Toten, S. 32; *Hilchenbach*, Die Zulässigkeit von Transplantationen von toten Spendern aus zivilrechtlicher Sicht, S. 205f.; *KG* FamRZ 1969, 414 (415).
411 Der Schadensersatzanspruch besteht jedoch mangels Vermögensschadens nicht in Geldersatz, sondern ist auf die Naturalrestitution gerichtet, hierzu: v. Blume, AcP 112, 367 (397).
412 *Hohloch*, JuS. 1990, 144 (145); *Zimmermann*, NJW 1979, 569 (571); *OLG Hamm*, NJW- RR 1989, 1059 (1160); *KG*, FamRZ 1969, 414 (415).
413 *Zimmermann*, NJW 1979, 569 (571); Jickeli/Stieper, in: J. v. Staudingers, Bearbeitung 2004, § 90, Rdnr. 31; Marly, in: Soergel, 13. Aufl., § 90, Rdnr. 15; *Müller*, Die kommerzielle Nutzung menschlicher Körpersubstanzen, S. 59.
414 Jickeli/Stieper, in: J. v. Staudingers, Bearbeitung 2004, § 90, Rdnr. 34; *LG München*, FamRZ 1982, 849 (849).
415 *Ebenroth*, Erbrecht, S. 8; Leipold, Erbrecht, 16. Aufl., Rdnr. 636; *Reimann*, Die postmortale Organentnahme als zivilrechtliches Problem, S. 341 (347f.); Schulze, 5. Aufl., vor §§ 1922–2385, Rdnr. 13; *Lange*, Erbrecht, 5. Aufl., S. 105f.; Holch, in: MüKo, 5. Aufl., § 90, Rdnr. 32; Siegmann, in: MüKo, 4. Aufl., § 1968, Rdnr. 7; Johannsen, in: BGB- RGRK, 12. Aufl., § 1968, Rdnr. 4; Jickeli/Stieper, in: J. v. Staudingers, Bearbeitung 2004, § 90, Rdnr. 34; *OLG Hamm*, NJW- RR 1989, 1159 (1160); *LG München*, FamRZ 1982, 849 (849); *RGZ 100*, 171 (173); *RGZ 108*, 217 (220); *RGZ 154*, 269 (270ff.).
416 Johannsen, in: BGB- RGRK, 12. Aufl., § 1968, Rdnr. 4; Lohmann, in: Bamberger/Roth, Bearbeitung 2002, § 1968, Rdnr. 2; Marly, in: Soergel, 13. Aufl., § 90, Rdnr. 13; Siegmann, in: MüKO, 4. Aufl., § 1968, Rdnr. 7; Brox, Erbrecht, 18. Aufl., S. 7;

Teil wird jedoch vertreten, dass die Anweisungen des Verstorbenen an § 138 BGB zu messen seien mit der Folge, dass die Angehörigen an sittenwidrige oder gegen ihr Pietätsgefühl verstoßende Anordnungen nicht gebunden seien[417]. Diese Sichtweise, die auf die Gefühle der Angehörigen als das maßgebliche Kriterium abstellt, kann zu erheblichen Abgrenzungsproblemen führen und birgt damit die Gefahr von Rechtsunsicherheit, so dass sie anzulehnen ist[418]. So ist nicht ausgeschlossen, dass von mehreren gleichberechtigten Totensorgeberechtigten im Sinne des § 2 Abs. 3 FeuerbestattungsG die Anordnungen des Verstorbenen teilweise als mit ihrem Pietätsgefühl vereinbar und teilweise als damit unvereinbar gesehen werden, mit der Folge, dass Unsicherheiten bzgl. der Ausführung dieser Wünsche entstehen können. Zudem widerspricht diese Ansicht dem das Totensorgerecht beherrschenden Grundsatz, dass der Wille des Verstorbenen maßgeblich ist[419]. Diese Wertung wird in § 2 Abs. 1 FeuerbestattungsG bestätigt, der zunächst auf den Willen des Verstorbenen abstellt und nur subsidiär in § 2 Abs. 2 FeuerbestattungsG den Willen der Angehörigen Beachtung schenkt. Könnte die Gefühlswelt der Angehörigen letztendlich über die Wünsche des Verstorbenen entscheiden, würde man im Ergebnis dem Willen der Angehörigen Priorität vor dem Willen des Verstorbenen zuschreiben. Schließlich spricht gegen diese Sichtweise die Schutzfunktion der Menschenwürde aus Art. 1 Abs. 1 GG. So wurde im Rahmen der Begründung des postmortalen Persönlichkeitsschutzes allgemein anerkannt, dass der Schutz der Menschenwürde nicht mit dem Tod ende, sondern, dass dieser auch danach noch „antastbar" bleibe. Nach dieser Rechtsprechung kann die Menschenwürde zu Lebzeiten nur dann ausreichend gewährleistet werden, wenn der Mensch schon zu Lebzeiten in Erwartung des Schutzes seines Lebensbildes nach dem Tod vertrauen dürfe; entsprechend dieser Rechtsprechung ist ein Verstoß gegen die Menschenwürde dann anzunehmen, wenn der Mensch Bestimmungen bzgl. seines Ablebens getroffen hat ohne auf deren Befolgung nach seinem Tod vertrauen zu dürfen[420]. Die Bindung der Angehörigen an den Willen des Verstorbenen ist auch aus den §§ 3 und 4 TPG abzuleiten.

Abschließend ist darauf hinzuweisen, dass das Totensorgerecht keinesfalls unbegrenzt Wirkung entfaltet; es unterliegt vielmehr wie das postmortale Persönlichkeitsrecht einer zeitlichen Begrenzung[421].

OLG Karlsruhe, NJW 2001, 2980 (2980); *OLG Karlsruhe*, MDR 1990, 443 (443); *BGH*, NJW- RR 1992, 834 (835); *RGZ 100*, 171 (173); *RGZ 154*, 269 (270).

417 So *Gaedke*, Handbuch des Friedhofs- und Bestattungsrechts, S. 108; *Westermann*, FamRZ 1969, 561 (570).
418 Ebenso *Maier*, Der Verkauf von Körperorganen, S. 38; siehe auch; Jickeli/Stieper, in: J.v. Staudingers, Bearbeitung 2004, § 90, Rdnr. 34.
419 BGH, NJW- RR 1992, 834 (834);BGH, FamRZ 1978, 15(15); OLG Karlsruhe, NJW 2001, 2980 (2980); Lohmann, in: Bamberger/Roth, Bearbeitung 2002, § 1968, Rdnr. 2.
420 in diesem Sinne *Maier*, Der Verkauf von Körperorganen, S. 38f.; ähnlich auch *Britting*, Die postmortale Insemination als Problem des Zivilrechts, S. 91.
421 Auch hier können keine starren Fristen angegeben werden; siehe hierzu Jickeli/Stieper, in: J. v. Staudingers, Bearbeitung 2004, § 90, Rdnr. 40, die auf die Mindestruhezeit

II. Die Verkehrsfähigkeit des Leichnams

Nachdem festgestellt worden ist, dass der Leichnam einer unbegrenzten Anwendung sachenrechtlicher Normen nicht zugänglich ist, bleibt nunmehr zu untersuchen, ob und ggf. in welchem Umfang er der Verkehrsfähigkeit tauglich ist. Der Kernpunkt dieser Problematik bildet dabei die Frage, ob neben dem postmortalen Persönlichkeitsrecht und dem Totensorgerecht auch eine Eigentums- bzw. Aneignungsfähigkeit des Leichnams angenommen werden kann. Ihr soll in der nachfolgenden Untersuchung nachgegangen werden.

1. Die Theorie von der Verkehrsfähigkeit des Leichnams

Einige Vertreter des sachenrechtlichen Ansatzes verfolgen die vorgenommene Qualifizierung des Leichnams als Sache im Sinne des § 90 BGB konsequent weiter und sprechen sich für eine Verkehrsfähigkeit der Leiche aus, an der auch Eigentum bestehen könne. Innerhalb dieser Auffassung wird jedoch kontrovers diskutiert, wem das Eigentum an der Leiche zustehen soll und wie es zu erlangen sei. Dennoch ist es möglich zwei Grundthesen aufzuzeigen, die Lehre vom direkten Eigentumserwerb des Leichnams durch die Erben und die Verfechter eines Aneignungsrechts an der herrenlosen Leiche.

a. Direkter Eigentumserwerb durch die Erben

Zum Teil wird ein direkter Eigentumserwerb der Erben am Leichnam befürwortet[422]. Innerhalb dieser Theorie wird auf unterschiedlichen Wegen versucht, den Körper des Verstorbenen als dessen Vermögen im Sinne des § 1922 Abs. 1 BGB zu zählen.

Einerseits wird argumentiert, dass bereits der Mensch an seinem Körper Eigentum habe, so dass der Leichnam mit dem Todesfall zum Nachlass der Erben zu zählen sei[423]. Zum Teil wird der Leichnam jedoch nicht zum Nachlass der Erben gezählt, so dass § 1922 BGB analog angewandt wird[424]. Ein anderer Ansatz wendet § 1922 BGB auch

---

abstellen und danach das Ende beider Rechtspositionen berechnen. Entsprechend der Zeitspanne für Erdbestattungen und Friedhofsordnungen soll sie im Durchschnitt bei 25 Jahren liegen. Ebenso wie bei dem Postmortalen Persönlichkeitsrecht ist der Zeitraum zwischen 25 und 30 Jahren anzusiedeln.

422 Oertmann, Bürgerliches Gesetzbuch, Allgemeiner Teil, 3. Aufl., Vorbem. 6 e) γ); Oertmann, LZ 1925, 511 (513); Brunner, NJW 1953, 1173 (1173); Schäfer, Rechtsfragen zur Verpflanzung, S. 101ff; Weiser, Die Fürsorge für den Leichnam, S. 38.

423 Brunner, NJW 1953, 1173 (1173f.).
Peuster, Eigentumsverhältnisse an Leichen, S. 90; Oertmann, LZ 1925, 511 (513); Oertmann, Bürgerliches Gesetzbuch, Allgemeiner Teil, 3. Aufl., Vorb. 6e vor § 90;, der jedoch den Leichnam nicht als Nachlass wertet und § 1922 Abs. 1 BGB nur analog anwendet.

424 Schäfer, Rechtsfragen zur Verpflanzung, S. 101ff.

nur analog an, jedoch mit einer anderen Begründung[425]. Hiernach bildet das Identitätsverhältnis des lebenden Menschen zu seinem Körper ein „Plus" gegenüber dem Eigentum dar; mit dem Erlöschen des Identitätsverhältnisses (dem Eintritt des Todes) bleibe nur noch als „Minus" das Eigentum am Körper übrig, das den Erben zufalle[426].

Die tragende Grundlage dieser Ansicht bilden dabei vornehmlich praktischer Überlegungen sowie Gründe der Rechtssicherheit. So wird unter anderem vorgebracht, dass ansonsten keine wirksamen Verfügungen – wie z.B. die Überlassung des Leichnams an ein anatomisches Institut- möglich wären, selbst wenn diese dem Wunsch des Verstorbenen entsprachen[427]. Aus diesen Gründen sei der Eigentumsbegriff im Leichenrecht unverzichtbar[428]. Zudem seien Übergriffe Unbefugter auf den Leichnam nur mit Hilfe des Erbeneigentums zivilrechtlich zu bekämpfen[429].

Innerhalb dieser Sichtweise wird jedoch über § 138 BGB versucht, die Verkehrsfähigkeit des Leichnams wieder einzuschränken. So sollen sittenwidrige Rechtsgeschäfte, insbesondere solche, die dem Willen des Verstorbenen widersprechen oder diejenigen, die dem Pietätsgefühl gegenüber dem Leichnam zuwiderlaufen, nichtig sein[430].

b. Eigentumserwerb durch Aneignung

Zum Teil wird der Leichnam zwar als herrenlose Sache angesehen, an ihr soll jedoch die Aneignung möglich sein[431]. Tragendes Argument dieser Sichtweise ist die Erkenntnis, dass Sachen im Sinne des § 90 BGB grds. verkehrsfähig sind[432]. Ein Ausschluss der Verkehrsfähigkeit des Leichnams sei weder kraft Gesetzes, der Natur der Sache noch

---

425 *Peuster*, Eigentumsverhältnisse an Leichen, S. 81.
426 *Peuster*, Eigentumsverhältnisse an Leichen, S. 77, 81 unter Berufung auf *Oertmann*, LZ 1925, 511 (512).
427 *Brunner*, NJW 1953, 1173 (1174); Oertmann, Bürgerliches Gesetzbuch, Allgemeiner Teil, 3. Aufl., Vorbem. 6 e) γ).
428 *Brunner*, NJW 1953, 1173 (1174); so wohl auch: Oertmann, Bürgerliches Gesetzbuch, Allgemeiner Teil, 3. Aufl., Vorbem. 6 e) γ) vor § 90.
429 Oertmann, Bürgerliches Gesetzbuch, Allgemeiner Teil, 3. Aufl., Vorbem. 6 e) γ); *Oertmann*, LZ 1925, 511 (514).
Einschränkend hierbei *Peuster*, Eigentumsverhältnisse an Leichen, S. 74f.: er ist der Ansicht, dass das Eigentum nicht zwingend hinter dem Abwehrrecht der Erben stehen müsse, um privatrechtlich Übergriffe Dritter wirksam bekämpfen zu können. Ihm zufolge gäbe das Besitzrecht dem Berechtigten genügend starke Abwehrmöglichkeiten; hierbei könne das Totensorgerecht der Hinterbliebenen als absolutes Recht theoretisch das Recht zum Besitz vermitteln. Seine Kritik am Totensorgerecht richtet sich nicht gegen die dogmatische Konstruktion des Totensorgerechts.
430 *Brunner*, NJW 1953, 1173 (1174); Oertmann, Bürgerliches Gesetzbuch, Allgemeiner Teil, 3. Aufl., Vorbem. 6 e) γ) ββ) vor § 90; *Peuster,* Eigentumsverhältnisse an Leichen, S. 88, 92f.
431 *Eichholz*, NJW 1968, 2272 (2274); *Kallmann*, FamRZ 1969, 572 (578); *Kohlhaas*, NJW 1967, 1489 (1491); *Edlbacher*, ÖJZ 1965, 449 (451); *Maier*, Der Verkauf von Körperorganen, S. 41ff.
432 *Eichholz*, NJW 1968, 2272 (2273); *Kallmann*, FamRZ 1969, 572 (578).

durch Widmung festzustellen[433]. Zudem sprächen praktische Erwägungen für eine Verkehrsfähigkeit, so seien wirksame Verfügungen über den Leichnam unerlässlich, da medizinischen Institute und Anatomien auf Leichen angewiesen seien[434]. Wem das Aneignungsrecht über dem Leichnam zustehen soll, wird jedoch unterschiedlich beantwortet. Überwiegend wird ein Aneignungsrecht der Erben verneint, da der Mensch kein Eigentum am eigenen Körper habe; es bestehe vielmehr ein Persönlichkeitsrecht, welches jedoch als höchstpersönliches Recht nicht vererbbar sei[435]. Vereinzelt wird eine vorrangige Aneignungsbefugnis bestritten, so dass die Aneignung des Leichnams im Sinne von § 958 Abs. 2 BGB jedermann möglich sei[436]. Vorwiegend wird ein privilegiertes Aneignungsrecht am Leichnam gemäß § 958 Abs. 2 BGB befürwortet, welches überwiegend den Angehörigen zugesprochen wird[437] und vereinzelt auch Krankenhäusern[438] oder vergleichbaren Institutionen[439].

2. Der Leichnam als herrenlose, aneignungsunfähige Sache

Der überwiegende Teil der sachenrechtlichen Theorie sieht den Leichnam jedoch als eine herrenlose, nicht aneignungsfähige Sache an[440]. Hiernach bleibt der Leichnam

---

433 *Eichholz*, NJW 1968, 2272 (2273); *Kallmann*, FamRZ 1969, 572 (578).
434 *Eichholz*, NJW 1968, 2272 (2273f.); *Kallmann*, FamRZ 1969, 572 (578).
435 *Eichholz*, NJW 1968, 2272 (2274); in diesem Sinne auch *Kallmann*, FamRZ 1969, 572 (578); *Edlbacher*, ÖJZ 1965, 449 (453). Anders aber *v. Schwerin*, Seuff.Bl.70, 653 (666), der die Bezeichnung der Hinterbliebenen als unpräzise kritisiert; ähnlich *Spann/Liebhardt*, 1967, 672 (674), die zu einem Aneignungsrecht der Erben tendieren.
436 So *Eichholz*, NJW 1968, 2272 (2274), der die allgemeine Aneignungsbefugnis vor unberechtigten Zugriffen Dritter über § 138 BGB einschränken will.
437 *Kallmann*, FamRZ 1969, 572 (578); *Kramer*, Rechtsfragen der Organtransplantation, S. 26; *Maier*, Der Verkauf von Körperorganen, S. 42; Stein, in Soergel, 12. Aufl., § 1922, Rdnr. 16.
438 *Kohlhaas*, NJW 1967, 1489 (1491).
439 *Edlbacher*, ÖJZ 1965, 449 (454) zählt hierzu die anatomischen Institute, das Museum und Schulen.
440 Holch, in: MüKo, 5. Aufl., § 90, Rdnr. 32; Marly, in: Soergel, 13. Aufl., § 90, Rdnr. 12; Jickeli/Stieper, in: J. v. Staudingers, Bearbeitung 2004, § 90, Rdnr. 37; Kregel, in: BGB- RGRK, 12. Aufl., § 90, Rdnr. 5; Michalski, in: Erman, 11. Aufl., § 90, Rdnr. 6, der jedoch eine Ausnahme für Anatomieleichen macht; Heinrichs, in: Palandt, 66. Aufl., Überbl v § 90, Rdnr. 11; Edenhofer, in: Palandt, 66. Aufl., § 1922, Rdnr. 38; *Enneccerus/Nipperdey*, Allgemeiner Teil des Bürgerlichen Rechts, 15. Aufl., Band 1, § 121 II 1; *Kohlhaas*, NJW 1967, 1489 (1491), kommt zum selben Ergebnis, da er jegliche Kommerzialisierung des Leichnams ablehnt; *Roxin*, JuS 1976, 505 (505f.), im Ergebnis; *Zimmermann*, NJW 1979, 569 (570); *Trockel*, MDR 1969, 811 (811); *Britting*, Die postmortale Insemination als Problem des Zivilrechts, S. 86ff.; *Borowy*, Die postmortale Organentnahme und ihre zivilrechtlichen Folgen, S. 85f.; *Müller*, Die kommerzielle Nutzung menschlicher Körpersubstanzen, S. 60ff.; *Reimann*, Die postmortale Organentnahme als zivilrechtliches Problem, in: Festschrift

für die Dauer der Totenehrung dem Rechtsverkehr entzogen[441]; seine Behandlung richtet sich während dieser Zeit primär nach dem durch das postmortale Persönlichkeitsrecht sichernden Willen des Verstorbenen und sekundär nach dem mit dem Willen des Verstorbenen korrespondierenden Totensorgerecht, welches von seinen Angehörigen ausgeübt wird[442]. Erst wenn der Leichnam nicht mehr Gegenstand der Totenehrung ist, unterliegt er einer sachenrechtlichen Behandlung und wird damit verkehrsfähig[443].

3. Stellungnahme

Der Leichnam ist mit dem überwiegenden Teil des sachenrechtlichen Ansatzes zu den herrenlosen und aneignungsunfähigen Sachen zu zählen. Gegen die Annahme einer Verkehrsfähigkeit des Leichnams spricht zunächst die Systematik des BGB. So wird vereinzelt, um zu einer dogmatisch überzeugenden Begründung des Erwerbs des Eigentums an der Leiche durch die Erben zu gelangen, dem lebenden Menschen an seinem Körper Eigentum zugesprochen[444], damit der Verstorbene zum Nachlass im Sinne des § 1922 Abs. 1 BGB zu zählen ist[445]. Da Eigentum jedoch nur an Sachen möglich ist, müsste der lebende menschliche Körper zu den Sachen im Sinne des § 90 BGB zu zählen sein, um ihn zum Nachlass der Erben zählen zu können. Einer solchen Qualifizierung widerspricht die Systematik des BGB. So kennt das BGB

Küchenhoff, S. 341 (346); *Gaedke*, Handbuch des Friedhofs- und Bestattungsrechts, 9. Aufl., S. 97; *RGSt* 64, 313 (314f.).
Zu beachten ist hierbei, dass Leichen aus alten Kulturen (z. B. prähistorische Skelette, Mumien, Moorleichen) einem Pietätsgefühl infolge Zeitablaufs nicht mehr zugänglich sind; bei ihnen wirkt kein Persönlichkeitsrecht des Verstorbenen mehr nach, so dass sie im Gegensatz zu Leichen, die der Totenehrung unterliegen, uneingeschränkt verkehrs- und eigentumsfähig sind. Siehe hierzu: Heinrichs, in: Palandt, 66. Aufl., Überbl. v. § 90 Rdnr. 11; Jickeli Stieper, in: J. v. Staudingers, Bearbeitung 2004, § 90, Rdnr. 42; Holch, in: MüKo, 5. Aufl., § 90, Rdnr. 31.
441 Jickeli/Stieper, in: J. v. Staudingers, Bearbeitung 2004, § 90, Rdnr. 37; Marly, in: Soergel, 13. Aufl., § 90, Rdnr. 12; *Müller*, Die kommerzielle Nutzung menschlicher Körpersubstanzen, S. 62; *Borowy*, Die postmortale Organentnahme und ihre zivilrechtlichen Folgen, S. 84.
Das römische Recht verwendete hierfür den Begriff der „res extra commercium"; siehe dazu etwa: *Köbler*, Deutsche Rechtsgeschichte, S. 39.
442 Jickeli/Stieper, in: J. v. Staudingers, Bearbeitung 2004, § 90, Rdnr. 37; Marly, in: Soergel, 13. Aufl., § 90, Rdnr. 12; *Borowy*, Die postmortale Organentnahme und ihre zivilrechtlichen Folgen, S. 84.
443 Nach Jickeli/Stieper, in: J. v. Staudingers, Bearbeitung 2004, § 90, Rdnr. 37, 41f. ergibt sich dann eine Aneignungsbefugnis des Friedhofsträgers an den noch vorhandenen Gebeinen; auch Holch, in: MüKo, 5. Aufl., § 90, Rdnr. 33 spricht sich für eine Aneignungsfähigkeit aus, lässt jedoch offen, wem dieses zustehen soll.
444 So *Brunner*, NJW 1953, 1173 (1174).
445 xxx.

nur Rechtssubjekte (natürliche und juristische Personen)[446] und Rechtsobjekte (körperliche und unkörperliche Rechtsgegenstände)[447], wobei diese Unterteilung in der Systematik des BGB deutlich hervorgehoben wird[448]. Das deutsche Zivilrecht qualifiziert dabei das Rechtsobjekt als „Gegenbegriff" zu dem des Rechtssubjekts, mit der Folge, dass Rechtsobjekte niemals Rechtssubjekte sein können (und umgekehrt)[449]. Aus diesen Gründen kann der lebende menschliche Körper nicht selbst Rechtsobjekt eines Herrschaftsrechts sein, so dass am ihm kein Eigentum möglich ist, er damit nicht zum Nachlass der Erben gehören kann[450]. Aber auch der Annahme, wonach sich das Eigentum der Erben aus einer analogen Anwendung des § 1968 BGB ergibt, kann nicht gefolgt werden[451]. Es ist verfehlt aus der Kostentragungspflicht des § 1968 BGB Rückschlüsse auf das Bestimmungsrecht über den Leichnam zu schließen zu wollen[452]. Der alleinige Regelungszweck des § 1968 BGB besteht in der Kostentragungspflicht der Erben[453]. Diese sollen infolge des Vermögenszuwachses

---

446 Siehe hierzu: Brox, Allgemeiner Teil des BGB, 23. Aufl., Rdnr. 654ff.
447 Siehe hierzu: Bork, BGB AT, Rdnr. 227ff.
448 Buch 1, Allgemeiner Teil: Abschnitt 1 für Personen und Abschnitt 2 für Sachen und Tiere; für die Unterscheidung von Rechtssubjekten zu den Rechtsobjekten spielt die Hervorhebung der Tiere in § 90a BGB keine Rolle, da die Tiere jedenfalls nicht zu den Rechtssubjekten, sondern zu den Rechtsobjekten zu zählen sind, so dass sie keine „Mischform" zwischen Rechtssubjekten und Rechtsobjekten einnehmen (so auch Bork, Allgemeiner Teil des Bürgerlichen Gesetzbuches, 2. Aufl., Rdnr. 235); zu den Intentionen des Gesetzgebers zu § 90a BGB siehe: BT-Drs. 11/7369.
449 Bork, BGB AT, Rdnr. 230; Brox, Allgemeiner Teil des BGB, 23. Aufl., Rdnr. 731f.
450 Jickeli/Stieper, in: J. v. Staudingers, Bearbeitung 2004, § 90, Rdnr. 18; Holch, in: MüKo, 5. Aufl., § 90, Rdnr. 2; Müller, Die kommerzielle Nutzung menschlicher Körpersubstanzen, S. 61; Britting, Die postmortale Insemination als Problem des Zivilrechts, S. 83f.; Kramer, Rechtsfragen der Organtransplantation, S. 71; Kallmann, FamRZ 1969, 572 (577).
An dieser Lösung vermag auch nicht der Hinweis Brunners auf den allgemeinen Sprachgebrauch etwas zu ändern; wenn Brunner, NJW 1953, 1173 (1173), meint, aus den Aussagen „mein Arm", „mein Körper" sei der Rückschluss zu ziehen, dass die Allgemeinheit davon ausgehe, der Körper gehöre dem Menschen, befindet er sich in einem Irrtum. Es handelt sich lediglich um die Benutzung von Possessivpronomen, um die Zugehörigkeit zu einer Person auszudrücken. Es würde auch keiner auf die Idee kommen aus der Aussage „meine Oma" auf ein Herrschaftsverhältnis des Enkels/ der Enkelin an der Oma zu schließen.
451 Oertmann, Bürgerliches Gesetzbuch, Allgemeiner Teil, 3. Aufl., Vorbem. 6 e) α), verneint die Eigentumsfähigkeit am lebenden menschlichen Körper, da der Mensch ein Persönlichkeitsrecht am seinem Körper habe. Mit dem Tode erlöscht jedoch die Persönlichkeit, so dass der Leichnam als Sache analog § 1968 BGB dem Eigentum der Erben zu unterstellen ist, Oertmann, Bürgerliches Gesetzbuch, Allgemeiner Teil, 3. Aufl., Vorbem. 6 e) γ).
452 So auch Peuster, Eigentumsverhältnisse an Leichen, S. 52.
453 Ehm, in: jurisPK-BGB, 3. Aufl. 2006, § 1968, Rdnr. 2f.; Stein, in: Soergel, 13. Aufl., § 1968, Rdnr. 2.

durch den Erblasser als Korrelat mit den Kosten der Beerdigung belastet werden[454]. Mehr als diese Zuweisung ist § 1968 BGB nicht zu entnehmen[455]. Ferner ist die Ansicht abzulehnen, die analog § 1922 BGB den Erben als Eigentümer des Leichnams ansieht[456]. Hiernach unterfalle der Leichnam zwar nicht dem Nachlass der Erben, es wird jedoch ein Bestimmungsrecht des Lebenden über seinen Körper anerkannt, dass mit dem Tod auf den Erben übergeht und sich zu einem Eigentumsrecht reduziert[457]. Diese Konstruktion ist dogmatisch nicht haltbar, da das höchstpersönliche Persönlichkeitsrecht, mit Ausnahme seiner vermögenswerten Bestandteile, weder übertragbar noch vererblich ist[458].

Ferner spricht gegen die Annahme einer Eigentumsfähigkeit des Leichnams, dass der Verstorbene hierdurch im Rahmen des dann anwendbaren § 903 BGB der freien Herrschaftsmacht (sei es durch die Erben oder durch die Angehörigen) unterstünde. Diese dürften über ihn nach ihrem freien Belieben, auch gegen einen möglicherweise geäußerten Willen des Verstorbenen, wie mit anderen Gegenständen verfügen, so dass der Leichnam zu einer Handelsware gemacht werden könnte[459], was auf eine Verletzung der über den Tod hinaus verfassungsmäßig garantierten Würde des Verstorbenen hinauslaufen würde[460].

Einer möglichen Kommerzialisierung des Verstorbenen widersprechen jedoch die allgemeinen Wertvorstellung bzw. sittlichen Anschauungen[461]. Schließlich darf nicht verkannt werden, dass der Leichnam nicht lediglich eine tote Hülle darstellt;

---

454 Edenhofer, in: Palandt, Aufl., § 1968, Rdnr. 1.
455 *Peuster*, Eigentumsverhältnisse an Leichen, S. 52f.; aus § 1968 BGB lassen sich keine Rückschlüsse bzgl. des Bestimmungsrechts über den Leichnam entnehmen, da die Frage der Totensorge familienrechtlicher Natur (sie obliegt den Angehörigen) ist und unabhängig von der Frage der als Erbfallschulden anfallenden Beerdigungskosten zu beantworten ist.
456 Schäfer, Rechtsfragen zur Verpflanzung von Körper- und Leichenteilen, S. 104ff.
457 *Schäfer*, Rechtsfragen zur Verpflanzung, S. 33, 84, 101ff.
458 BGHZ 50, 133 (137); BGH, NJW 1968, 1773 (1774) – Mephisto- Entscheidung; *Reimann*, Die postmortale Organentnahme als zivilrechtliches Problem, in: Festschrift Küchenhoff, S. 341 (346).
459 So auch *Kohlhaas*, NJW 1967, 1489 (1491); *Britting*, Die postmortale Insemination als Problem des Zivilrechts, S. 82f.
460 *Forkel*, JZ 1974, 593 (598) formuliert es treffend, wenn er schreibt, dass wenn Bestimmungen des Verstorbenen ignoriert würden, er letztendlich als „Material" bzw. als ein „Ersatzteillager" verwendet würde; ähnlich auch *Müller*, Die kommerzielle Nutzung menschlicher Körpersubstanzen, S. 62, der von einer Verletzung des über den Tod hinaus fortwirkenden Persönlichkeitsrechts spricht; im Ergebnis so auch: Jickeli/Stieper, in: J. v. Staudingers, Bearbeitung 2004, § 90, Rdnr. 33,37, wonach das Postmortale Persönlichkeitsrecht während seiner Dauer Eigentumsrechte am Leichnam ausschließt.
461 *Schünemann*, Die Rechte am menschlichen Körper, S. 230; *Kohlhaas*, NJW 1967, 1489 (1491); *Britting*, Die postmortale Insemination als Problem des Zivilrechts, S. 82.

er verkörpert vielmehr die ehemals lebende Person, ihre Individualität und ihre Persönlichkeit[462]. Aus Gründen der Pietät muss damit dem Leichnam eine Sonderstellung in der Kategorie der Rechtsobjekte eingeräumt werden[463], so dass ihm mit Ehrfurcht zu begegnen ist. Die Verfechter einer Eigentumsfähigkeit des Toten nehmen auf diese Gesichtspunkte nicht die gebührende Rücksicht, sondern stellen ausschließlich die räumliche Materie des Verstorbenen in den Vordergrund, ohne das zu berücksichtigen, was der Körper zu Lebzeiten darstellte[464]. Damit bleibt festzustellen, dass der Leichnam nicht zu den eigentumsfähigen Vermögensgegenständen zu zählen ist[465].

Auch der Argumentation, dass man das Eigentum am Leichnam bräuchte, da es ein besonders starkes Schutzsystem gegen Einwirkungen Dritter bereitstellt, kann nicht gefolgt werden[466]. Dieser Schutz des Verstorben lässt sich auch mit anderen Mitteln bewerkstelligen, so dass es der „Durchsetzungskraft des Eigentums"[467] nicht bedarf[468]. So stellt das Totensorgerecht ein absolutes Recht im Sinne des § 823 Abs. 1 BGB dar, welches den Berechtigten die Befugnis verleiht analog §§ 823 Abs. 1, 985, 1004 BGB rechtswidrige Einwirkungen Unbefugter auf den Leichnam abzuwehren und die Herausgabe der sterblichen Überreste von Dritten zu verlangen. Damit kann der Leichnam[469] mit dem deliktisch geschützten Totensorgerecht in ausreichendem Maße vor Übergriffen Unbefugter gesichert werden, ohne dass die Notwendigkeit besteht, ihn dem Eigentum der Erben oder der Angehörigen unterstellen zu müssen.

Gegen eine Verkehrsfähigkeit des Leichnams spricht zudem die in den §§ 3 und 4 TPG zum Ausdruck kommende Wertung des Gesetzgebers. Wie bereits oben ausgeführt, wollte der Gesetzgeber offensichtlich mithilfe der §§ 3 und 4 TPG das postmortale Persönlichkeitsrecht des Verstorbenen schützen. Aus diesen Gründen hängt die Organ- bzw. Gewebespende grundsätzlich vom Willen des Verstorbenen ab (§ 3 Abs. 1 Nr. 1 TPG). Erst in Ermangelung einer solchen Einwilligung sind die nächsten Angehörigen zu einer Entscheidung hierüber befugt (§ 4 Abs. 1

---

462 So auch: *Britting*, Die postmortale Insemination als Problem des Zivilrechts, S. 83.
463 So schon das Reichsgericht in: *RGSt* 64, 313 (315).
464 *Schünemann*, Die Rechte am menschlichen Körper, S. 229; *Hilchenbach*, Die Zulässigkeit von Transplantationsentnahmen vom toten Spender aus zivilrechtlicher Sicht, S. 59; *Müller*, Die kommerzielle Nutzung menschlicher Körpersubstanzen, S. 62.
465 *Kohlhaas*, NJW 1967, 1489 (1491); Kregel, in: BGB- RGRK, 12. Aufl., § 90, Rdnr. 5; *Müller*, Die kommerzielle Nutzung menschlicher Körpersubstanzen, S. 62.
466 So für das Eigentum der Angehörigen: *Maier*, Der Verkauf von Körperorganen, S. 42; für das Eigentum der Erben siehe: Oertmann, Bürgerliches Gesetzbuch, Allgemeiner Teil, 3. Aufl., Vorbem. 6 e) γ) vor § 90; *Oertmann*, LZ 1925, 511 (514).
467 *Müller*, Die kommerzielle Nutzung menschlicher Körpersubstanzen, S. 62.
468 *Britting*, Die postmortale Insemination als Problem des Zivilrechts, S. 84.
469 Geschützt werden hierbei auch die zu respektierenden Wünsche des Verstorbenen.

S. 1, 2, 3 und Abs. 2 S. 1 TPG), wobei sie an den (auch mutmaßlichen) Willen des Verstorbenen gebunden sind, so dass ihnen lediglich eine eingeschränkte Wahrnehmungsbefugnis zukommt. Diese eingeschränkte Wahrnehmungsbefugnis stünde jedoch in einem eklatanten Widerspruch zum Wesen des Eigentums. Die Erben bzw. die Angehörigen könnten mit der Leiche nicht nach ihrem Belieben frei verfügen, obwohl diese Befugnis der grundsätzlichen freien Verfügungsfreiheit in § 903 BGB statuiert wird; sie wären vielmehr bei jeglicher Entscheidung hinsichtlich des Leichnams an den (auch mutmaßlichen) Willen des Verstorbenen gebunden[470]. Damit käme dem Eigentum lediglich die Funktion eines Abwehrrechts gegenüber Einwirkungen Dritter zu[471]. Da dieser Schutz auch mittels des deliktisch geschützten Totensorgerechts der Angehörigen bzw. über § 4 TPG in ausreichendem Maße zur Verfügung steht, kann auf die „Durchsetzungskraft des Eigentums" verzichtet werden.

Gegen einen Eigentumserwerb der Erben (sei es direkt oder durch einen Aneignungsakt) spricht zudem die Wertung des Gesetzgebers, die subsidiäre Entscheidungsbefugnis hinsichtlich einer Organ- bzw. Gewebespende den nächsten Angehörigen zu übertragen (§ 4 Abs. 2 TPG). Die Intention des Gesetzgebers für diese Zuweisung fußt in der engen persönlichen Beziehung der Angehörigen zum Verstorbenen, wie es sich auch aus § 4 Abs. 2 S. 2 und S. 6 TPG ergibt; damit liegt das Motiv für die Wahrnehmungsbefugnis im persönlichkeitsrechtlichen und nicht im vermögensrechtlichen Bereich. Würde man diese Entscheidungsbefugnis auch den Erben zugestehen widerspräche dies der Absicht des Gesetzgebers. Zudem wäre eine parallele Entscheidungsbefugnis der Erben und der Angehörigen mit der Gefahr der Rechtsunsicherheit verbunden, da es bei Meinungsverschiedenheiten beider Lager zu erheblichen Abgrenzungsschwierigkeiten hinsichtlich einer verbindlichen Entscheidung einer Spende kommen könnte[472].

Zudem lässt sich ein privilegiertes Aneignungsrecht am Leichnam im Sinne des § 958 Abs. 2 BGB nicht begründen. Einer solchen Konstruktion widerspricht die Natur der in § 958 Abs. 2 BGB aufgeführten Aneignungsrechte[473]. Solche Aneignungsrechte, die bundes- oder landesrechtlich bestehen können, sind wiederum vor allem im

---

470 So auch *Borowy*, Die postmortale Organentnahme und ihre zivilrechtlichen Folgen, S. 85.
471 So auch *Borowy*, Die postmortale Organentnahme und ihre zivilrechtlichen Folgen, S. 85; *Hilchenbach*, Die Zulässigkeit von Transplantatenentnahmen vom toten Spender aus zivilrechtlicher Sicht, S. 42.
472 In diesem Sinne auch *Borowy*, Die postmortale Organentnahme und ihre zivilrechtlichen Folgen, S. 86.
473 Ablehnend auch *Britting*, Die Postmortale Insemination als Problem des Zivilrechts, S. 86, jedoch ohne nähere Erläuterung.

Jagdrecht[474], im Fischereirecht[475] sowie im Bergrecht zu finden[476]. Bei diesen Rechten handelt es sich um solche, die entweder untrennbar mit dem Eigentum an einem (Gewässer-) Grundstück verbunden sind oder um solche, die von einer expliziten staatlichen Bewilligung abhängen. Aneignungsrechte, die privatrechtlich begründet werden könnten, sind hierbei nicht ersichtlich, so dass sich eine Vergleichbarkeit dieser Rechte mit einem Aneignungsrecht der Angehörigen oder medizinischen Einrichtungen am Leichnam im Sinne des § 958 Abs. 2 BGB verbietet[477].

Die Verfechter der Eigentumsfähigkeit des Verstorbenen haben die Diskrepanz zwischen der absoluten Verfügungsfähigkeit des Eigentums, wie sie in § 903 BGB statuiert wird, und der besonderen Stellung des Verstorbenen, dessen Behandlung der Pietät zu entsprechen hat, erkannt, und versuchen dieses Missverhältnis über eine Begrenzung der Verfügungsfähigkeit des Leichnams mittels der Anwendung des § 138 BGB zu mildern[478]. Die alleinige Einschränkung der Verfügungsfähigkeit über

---

474 Nach § 3 Abs. 1 BJagdG (Bundesjagdgesetz in der Fassung der Bekanntmachung vom 29. September 1976 (BGBl. I S. 2849), zuletzt geändert durch Artikel 215 der Verordnung vom 31. Oktober 2006 (BGBl. I S. 2407) steht das Jagdrecht dem Eigentümer auf seinem Grund und Boden zu. Es ist untrennbar mit dem Eigentum am Grund und Boden verbunden. Als selbständiges dingliches Recht kann es nicht begründet werden.

475 Das Fischereirecht unterliegt dem Landesgesetzgeber. Es finden sich ähnliche Bestimmungen wie im BJagdG. Hier sei beispielhaft auf das Hessische ((HfischG) vom 19. Dezember 1990, zuletzt geändert durch Gesetz vom 1. Oktober 2002), das Bremische ((BremFiG), vom 17. September 1991, geändert am 01. Juni 1999) und das Saarländische ((SFischG) in der Fassung der Bekanntmachung Vom 16. Juli 1999) Fischereirecht verwiesen. Nach § 3 HfischG, § 2 BremFiG und § 5 SFischG steht das Fischereirecht dem Eigentümer des Gewässergrundstücks zu und ist untrennbar mit dem Eigentum am Gewässergrundstück verbunden.

476 Die Aneignungsbefugnis des Bergwerkseigentümers ergibt sich aus § 9 BBerG (Bundesberggesetz in der Fassung vom 13.08.1980 (BGBl I, S. 1310), zuletzt geändert durch Art. 11 des Gesetzes vom 09.12.2006 (BGBl I, S. 2833)) und die des Inhabers einer bergrechtlichen Bewilligung aus § 8 BBergG.

477 So auch *Strätz*, Rechtsstellung des, S. 28f.; im Ergebnis auch *Britting*, Die Postmortale Insemination als Problem des Zivilrechts, S. 86.

478 *Peuster*, Eigentumsverhältnisse an Leichen, S. 88, 92f. Nach *Brunner*, NJW 1953, 1173 (1174), sind Veräußerungen des Leichnams nichtig, wenn sie der Sittenwidrigkeit i.S.d. § 138 BGB widersprechen, insb. dem Willen des Verstorben zuwiderlaufen; *Eichholz*, NJW 1968, 2272 (2274f.) will mittels einer (analoge) Anwendung des § 138 BGB eine „Verfügungssperre" über den Leichnam erreichen (siehe zur Kritik an der Anwendung des § 138 BGB auf die Aneignung: *Kiessling*, NJW 1969, 533 (534) und *Peuster*, Eigentumsverhältnisse an Leichen, S. 61f.).
Oertmann, Bürgerliches Gesetzbuch, Allgemeiner Teil, 3. Aufl., Vorbem. 6 e) γ) ββ) vor § 90, schränkt die Verfügungsfähigkeit noch weiter ein: ihm zufolge sollen grds. alle Geschäfte über den Leichnam Dritter (auch der Erben) sittlich anstößig sein; er will nur solche Verfügungen über den Leichnam zulassen, die besonderen

den Leichnam mit einer strikten Anwendung des § 138 BGB ist nicht überzeugend und zudem fragwürdig. Die Überprüfung jeglicher Verfügungsgeschäfte des Leichnams anhand des § 138 BGB würde dem Sinn dieser Norm zuwiderlaufen. Der Hauptzweck dieser Vorschrift liegt in der Einschränkung der Privatautonomie[479]. Allerdings ist die Intention dieser Norm nicht in dem Sinne zu verstehen, das Verhalten des rechtsgeschäftlich Handelnden so zu lenken, dass es positiv den herrschenden Wertvorstellungen der Allgemeinheit entspricht[480]. Sie soll lediglich die Geltung derjenigen Rechtsgeschäfte verhindern, die für die Rechtsgemeinschaft unerträglich sind, weil sie gegen die ethischen Wertvorstellungen verstoßen[481]. Als Korrektiv derartiger Rechtsgeschäfte stellt sie lediglich eine Ausnahmevorschrift[482] dar. Dieser Ausnahmecharakter wird insbesondere durch ihre Subsidiarität deutlich[483]. Mithin bietet sie eine letzte Möglichkeit für die Gerichte, im Einzelfall zu einer gerechten Lösung zu kommen[484]. Eine zu häufige Anwendung widerspräche nicht nur ihrem Ausnahmecharakter, sie würde die Vorschrift vielmehr ihrer Funktion berauben und sie zu einer „stumpfen Waffe"[485] degradieren. Zudem würde die Einschränkung der Verfügungsfähigkeit des Leichnams mittels einer konsequenten Anwendung des § 138 BGB[486] zu einer Aushöhlung der Eigentümerbefugnisse im Sinne des § 903 BGB führen. Die Verfügungsbefugnisse über den Leichnam würden auf ein Minimum reduziert, so dass das Eigentum am Leichnam nur noch wenig mit dem Zweck des Eigentums, der grundsätzlich gewährten vollen Verfügungsfähigkeit, gemeinsam hätte. Die Annahme eines solchen „sinnentleerten" oder „degenerierten"[487] Eigentums am Leichnam ist damit weder nützlich noch sinnvoll[488].

---

wissenschaftlichen Zwecken dienen (als Beilspiele nennt er die Abgabe an die Anatomie oder an andere medizinisch Interessierte).
479 Wendtland, in: Bamberger/Roth, Bearbeitung 2002, § 138, Rdnr. 2; Palm, in: Erman, 11. Aufl., § 138, Rdnr. 1; Krüger-Nieland/Zöller, in: BGB- RGRK, 12. Aufl., § 138, Rdnr. 1; *Rüthers/Stadler*, Allgemeiner Teil des BGB, § 26, Rdnr. 27; *Kaiser*, Bürgerliches Recht, S. 38.
480 Wendtland, in: Bamberger/Roth, Bearbeitung 2002, § 138, Rdnr. 2; *Larenz*, AT, § 41 III, Rdnr. 3; Palm, in: Erman, 11. Aufl., § 138, Rdnr. 1.
481 Krüger-Nieland/Zöller, in: BGB- RGRK, 12. Aufl., § 138, Rdnr. 1; Kaiser, Bürgerliches Recht, 10. Aufl., S. 38; Palm, in: Erman, 11. Aufl., § 138, Rdnr. 1.
482 *Larenz*, AT, § 41 III, Rdnr. 17 spricht von „Schrankenfunktion"; *Schünemann*, Die Rechte am menschlichen Körper, S. 229.
483 Siehe zur subsidiären Anwendbarkeit von § 138 BGB etwa: Palm, in: Erman, 11. Aufl., § 138, Rdnr. 2; *Nassall*, in: jurisPK-BGB, 3. Aufl. 2006, § 138, Rdnr. 70–73.
484 *Schünemann*, Die Rechte am menschlichen Körper, S. 229.
485 *Schünemann*, Die Rechte am menschlichen Körper, S. 229.
486 So wie bei Oertmann, Bürgerliches Gesetzbuch, Allgemeiner Teil, 3. Aufl., Vorbem. 6 e) γ) ββ) vor § 90, vorgeschlagen wird.
487 So *Schünemann*, Die Rechte am menschlichen Körper, S. 229.
488 In diesem Sinne auch *Britting*, Die postmortale Insemination als Problem des Zivilrechts, S. 84.

Abschließend ist festzustellen, dass der Leichnam keinen Vermögensgegenstand darstellt[489], sondern vielmehr als Schutzobjekt angesehen werden muss, so dass er als eine herrenlose aneignungsunfähige Sache lediglich dem postmortalen Persönlichkeitsrecht und dem Totensorgerecht unterliegt.

4. Zusammenfassung

- Dem Leichnam kommt keine eigene Rechtssubjektivität zu; seine Rechtsstellung ist nicht rein persönlichkeitsrechtlich zu bewerten.
- Er ist vielmehr mit der Systematik des BGB zu den Sachen im Sinne des § 90 BGB zu zählen.
- Der einzigartige Charakter des Leichnams, dem mit Respekt zu begegnen ist verleiht ihm jedoch eine Sonderstellung in der Kategorie der Rechtsgegenstände, so dass er nicht wie die übrigen Rechtsobjekte einer rein sachenrechtlichen Beurteilung unterliegt; er ist zwar als Sache zu werten, bei der jedoch primär persönlichkeitsrechtliche Regelungen zur Anwendung kommen.
- Diese Einschränkung ergibt sich sowohl aus dem postmortalen Persönlichkeitsrecht als auch aus dem Totensorgerecht.
- Berechtigter des postmortalen Persönlichkeitsrecht ist primär derjenige, den der Verstorbene selbst bestimmt hat; die sekundäre Berechtigung fällt den Angehörigen zu.
- Die Berechtigten des Totensorgerechts sind die Angehörigen des Verstorbenen.
- Infolge dieser Einschränkungen beurteilt sich der Umgang mit dem Leichnam während der Totenehrungszeiten ausschließlich nach diesen beiden Instituten, wobei der Wille des Verstorbenen stets Priorität genießt.
- Der Leichnam ist demnach als herrenlose aneignungsunfähige Sache einzustufen, so dass eine Verkehrsfähigkeit des Leichnams während der Totenehrungszeit ausgeschlossen ist; nach Ablauf dieser Zeitspanne kommen sachenrechtliche Normen zu Anwendung.

---

489 In diesem Sinne auch, *Borowy*, Die postmortale Organentnahme und ihre zivilrechtlichen Folgen, S. 86.

2. Teil

C. Hinweise aus gesetzlichen Regelungen hinsichtlich möglicher Veräußerungsrechte am menschlichen Gewebe

Nachdem es im ersten Teil der Arbeit darum ging, den menschlichen Körper nebst seiner abgetrennten Körpersubstanzen zivilrechtlich einzuordnen, soll nun untersucht werden, ob etwaige gesetzliche Regelungen bestehen, die eine Veräußerbarkeit menschlichen Gewebes ermöglichen. Da der Schwerpunkt der Arbeit sich mit der Frage nach einer etwaigen Veräußerbarkeit menschlicher Gewebe beschäftigt, wird sich die zu erfolgende Untersuchung nachfolgend am Gewebegesetz orientieren. In einem ersten Schritt soll das Gesetzgebungsverfahren zum Gewebegesetz aufgezeigt werden. Nachfolgend wird die rechtliche Regelungssystematik des Gewebegesetzes kritisch hinterfragt. Daraufhin erfolgt eine Darstellung der vom Gesetzgeber vorgenommenen Umsetzung des Gewebegesetzes samt den Auswirkungen auf das Transplantations- und das Arzneimittelgesetz. Hierbei soll untersucht werden, ob nunmehr gesetzliche Regelungen geschaffen wurden, die Veräußerungsrechte am menschlichen Gewebe ermöglichen.

I. Zum Gesetzgebungsverfahren des Gewebegesetzes

Mit dem vom deutschen Bundestag am 24. Mai 2007 verabschiedeten und am 01. August 2007 in Kraft getretenen Gewebegesetz[490] wurde ein langwieriges Gesetzgebungsverfahren nunmehr abgeschlossen[491]. Das Gesetz dient der Umsetzung der europäischen Geweberichtlinie des Europäischen Parlaments und des Rates vom 31. März 2004 zur Festlegung von Qualitäts- und Sicherheitsstandards für die Spende, Beschaffung, Testung, Verarbeitung, Konservierung, Lagerung und Verteilung von menschlichen Geweben und Zellen (Richtlinie 2004/23/EG)[492] und

---

490 Zuletzt geändert durch das Gesetz zur Änderung arzneimittelrechtlicher und anderer Vorschriften vom 17. Juli 2009, BGBl. Jahrgang 2009 Teil I Nr. 43, S. 1990 unter Berücksichtigung der Verordnung über das Register der Gewebeeinrichtungen nach dem Transplantationsgesetz (TPG-Gewebeeinrichtungen-Registerverordnung - TPG-GewRegV) vom 16.10.2008, BT- Drs.743/08 und der Verordnung über die Anforderungen an Qualität und Sicherheit der Entnahme von Geweben und deren Übertragung nach dem Transplantationsgesetz (TPG-Gewebeverordnung - TPG-GewV) vom 21.12.2007, BT- Drs. 939/07.
491 Siehe in *Hübner/Middel/Pühler*, in: Praxisleitfaden Gewebegesetz, S. 5 den Überblick über den Gang des Gesetzgebungsverfahrens zum Gewebegesetz.
492 In der weiteren Ausführung als „Geweberichtlinie" bzw. als „RL 2004/23/EG" bezeichnet, ABl. L 102 vom 07. April 2004, S. 48.

deren Durchführungsrichtlinie 2006/17/EG[493] vom 8. Februar 2006 und der Durchführungsrichtlinie 2006/86/EG[494] vom 24. Oktober 2006 in nationales Recht. Im Rahmen der ersten Versuche hinsichtlich einer Umsetzung der Geweberichtlinie gab es massive Kritik unter anderem seitens der Fachliteratur[495], von Seiten des Bundesrates[496] von Seiten der Ärztevertretungen[497] und den unterschiedlichsten Institutionen[498]. Die Haupteinwendungen, die in der Sachverständigen Anhörung

---

[493] Richtlinie der Kommission zur Umsetzung der Richtlinie 2004/23/EG des Europäischen Parlaments und des Rates hinsichtlich technischer Vorschriften für die Spende, Testung, Verarbeitung, Konservierung, Lagerung und Verteilung von menschlichen Geweben und Zellen, ABl. L 38 vom 09. Februar 2006, S. 40.

[494] Richtlinie der Kommission zur Umsetzung der Richtlinie 2004/23/EG des Europäischen Parlaments und des Rates hinsichtlich der Anforderungen an die Rückverfolgbarkeit, der Meldung schwerwiegender Zwischenfälle und unerwünschter Reaktionen sowie bestimmter technischer Anforderungen an die Kodierung, Verarbeitung, Konservierung, Lagerung und Verteilung von menschlichen Geweben und Zellen, ABl. L 294 vom 25. Oktober 2006, S. 32.

[495] *Pühler/Hübner/Middel*, MedR 2007, 16ff.; *Parzeller/Rüdiger*, StoffR 2007, 70ff.; *Parzeller/Bratzke/Eisenmenger*, StoffR 2006, 128ff.; *Parzeller/Henze*, ZRP 2006, 176ff.; *Heinemann/Löllgen*, PharmR 2007, 183ff.

[496] Stellungnahme des Bundesrates zum Gesetzesentwurf der Bundesregierung vom 25.10.2006, BT- Drs.16/3146, Anlage 2, S. 45–58.

[497] Erweiterte und aktualisierte Stellungnahme der Bundesärztekammer (BÄK) vom 24. Januar 2007 zum Regierungsentwurf für ein Gewebegesetz (BT-Drs. 16/3146), abrufbar unter: www.bundesaerztekammer.de/downloads/ZRegStell20070124.pdf.

[498] Arbeitsgemeinschaft Plasmapherese e.V. BT-A-Drs. 16(14)0125(11); Berufsverband Deutscher Transfusionsmediziner e.V. BT-A-Drs. 16(14)0125(25); Bundesarbeitsgemeinschaft der Freien Wohlfahrtspflege BT-A-Drs. 16(14)0125(2); Bundesverband der Arzneimittelhersteller e.V. BT-A-Drs. 16(14)0125(27); Bundesverband der Pharmazeutischen Industrie e.V. BT-A-Drs. 16(14)0125(23); Bundesverband Reproduktionsmedizinischer Zentren Deutschlands e.V. BT-A-Drs. 16(14)0125(19); Bundesvereinigung Lebenshilfe für Menschen mit geistiger Behinderung BT-A-Drs. 16(14)0125(34); Dachverband Reproduktionsbiologie und –medizin e.V. BT-A-Drs. 16(14)0125(18); Deutsche Forschungsgemeinschaft BT-A-Drs. 16(14)0125(16); Deutsche Gesellschaft der Plastischen, Rekonstrukiven und Ästhetischen Chirurgen, Deutsche Gesellschaft für Verbrennungsmedizin BT-A-Drs. 16(14)0125(12); Deutsche Gesellschaft für Chirurgie BT-A-Drs. 16(14)0125(5 Neu); Deutsche Gesellschaft für Gynäkologie und Geburtshilfe BT-A-Drs. 16(14)0125(6); Deutsche Gesellschaft für Hämatologie und Onkologie BT-A-Drs. 16(14)0125(10); Deutsche Gesellschaft für Rechtsmedizin e.V., Berufsverband deutscher Rechtsmediziner e.V. BT-A-Drs. 16(14)0125(28); Deutsche Gesellschaft für Transfusionsmedizin und Immunhämatologie BT-A-Drs. 16(14)0125(17); Deutsche Knochenmarkspenderdatei gemeinnützige GmbH BT-A-Drs. 16(14)0125(1); Deutsche Krankenhausgesellschaft BT-A-Drs. 16(14)0125(24); Deutsche Ophtalmologische Gesellschaft BT-A-Drs. 16(14)0125(4); Deutsche Stiftung Organtransplantation BT-A-Drs. 16(14)0125(9), 16(14)0125(9); Deutsche TransplantationsGesellschaft e.V. BT-A-Drs. 16(14)0125(15); Deutsches

des Gesundheitsausschusses am 07. März 2007 vorgebracht wurden, richteten sich vor allem gegen das Vorhaben, Gewebe künftig dem Arzneimittelgesetz zu unterstellen. Es wurden Befürchtungen laut, dass sich damit das Gewebe künftig zu einem kommerziellen Gut wandeln werde. Dadurch könnte es zu einer Konkurrenzsituation zwischen der unentgeltlichen Organspende und der mit kommerziellen Interessen betriebenen Gewebegewinnung kommen, was zu einem Rückgang der Zahl der Organspenden nach sich ziehen werde. Der Organspende müsse jedoch weiterhin Vorrang zukommen.

Die Kritik an dem ursprünglichen Entwurf des Gewebegesetzes blieb nicht folgenlos; so wurde die ursprüngliche Fassung in mehr als 50 Punkten korrigiert. In Anlehnung an die befürchtete Konkurrenzsituation wurde nunmehr klargestellt, dass der Organspende und der Organtransplantation stets Priorität vor der Entnahme nur einzelner Teile von Organen und Geweben zukomme.

Mit der Umsetzung des Gewebegesetzes in nationales Recht wurden umfangreiche Änderungen des Transplantationsgesetzes (TPG), des Arzneimittelgesetzes (AMG), des Transfusionsgesetzes (TFG) sowie der Apothekenbetriebsordnung und der Betriebsordnung für Arzneimittelgroßhandelsbetriebe erforderlich.

Das für die Beantwortung der Frage nach einer möglichen Veräußerungsfähigkeit bzw. der -befugnis von menschlichem Gewebe relevante Transplantationsgesetz und Arzneimittelgesetz werden bedürfen nunmehr einer genauen Analyse. Hierzu muss geklärt werden, wie sich die einzelnen Gesetze im Zuge der Umsetzung der Geweberichtlinie entwickelt haben und ob hierdurch die befürchtete Kommerzialisierung hinsichtlich menschlicher Gewebe tatsächlich eingetreten ist bzw. ermöglicht wurde. Zuvor soll jedoch die Regelungssystematik des Gewebegesetzes erläutert werden, da die Kenntnis der europäischen Rahmenbedingungen unerlässlich ist, um überhaupt überprüfen zu können, ob die Geweberichtline eine adäquate Umsetzung in das nationale Recht erfahren hat; hierdurch können bereits an dieser Stelle geschaffene Konfliktfelder aufgezeigt werden, die Einfluss auf die hier zu beantwortende Frage einer möglichen Veräußerungsbefugnis hinsichtlich menschlicher Gewebe haben können.

Institut für Zell- und Gewebeersatz BT-A-Drs. 16(14)0125(30); Deutsches Rotes Kreuz BT-A-Drs. 16(14)0125(29); DSO-G Gemeinnützige Gesellschaft für Gewebetransplantation BT-A-Drs. 16(14)0125(26); Gesellschaft für Regenerative Medizin BT-A-Drs. 16(14)0125(20); Institut für Transfusionsmedizin BT-A-Drs. 16(14)0125(3); Kommissariat der Deutschen Bischöfe BT-A-Drs. 16(14)0125(33); Verband unabhängiger Blutspendedienste e.V. BT-A-Drs. 16(14)0125(14); Zentrales Knochenmarkspender- Register BT-A-Drs. 16(14)0125(32), alle abrufbar unter: www.bundestag.de/bundestag/ausschuesse/a14/anhoerungen/2007/044/stllg/index.html.

II. Regelungssystematik der Geweberichtlinie

Um überprüfen zu können, ob sich der Gesetzgeber bei der Kodifizierung des Gewebegesetzes an die europarechtlichen Vorgaben gehalten hat, muss man sich vergegenwärtigen, dass die Geweberichtlinie im Kontext mit anderen europäischen Richtlinien und Verordnungen zu betrachten ist. Es bedarf insbesondere der Klärung, ob der Gesetzgeber die unterschiedlichen Regelungstatbestände des einschlägigen Sekundärrechts erkannt und damit ihre Übergänge und Abgrenzungen bei der Normierung des Gewebegesetzes hinreichend gewürdigt hat. Aus einer Gesamtbetrachtung dieses Sekundärrechts wird deutlich, dass es auf europäischer Ebene eine klare Trennung zwischen den unterschiedlichen Regelungsgegenständen wie Gewebe, Blut bzw. Blutbestandteile und Arzneimittel gibt; der Richtlinien- bzw. Normgeber hat sich gegen eine gemeinsame Erfassung dieser Bereiche entschieden und deren Behandlung in unterschiedlichen Richtlinien bzw. Normen geregelt[499]. Für das Verständnis des von der EU vorgesehenen Regelungsansatzes ist es unerlässlich die Geweberichtlinie im Kontext mit ihren beiden Durchführungsrichtlinien, der ersten technischen Durchführungsrichtlinie 2006/17/EG[500] und der Durchführungsrichtlinie 2006/86/EG[501], ferner die Richtlinie 2001/83/EG (sog. Arzneimittelrichtline bzw. Humankodex)[502], die Verordnung über Arzneimittel für neuartige Therapien Nr. 1394/2007[503] (im Folgenden Arzneimittel- VO) sowie die Mitteilung der EU- Kommission zur Organspende

---

499 So auch *Pühler/Hübner/Middel*, MedR 2007, 16 (18).
500 Richtlinie 2006/17/EG der Kommission vom 08. Februar 2006 zur Durchführung der Richtlinie 2004/23/EG des Europäischen Parlaments und des Rates hinsichtlich technischer Vorschriften für die Spende, Beschaffung und Testung von menschlichen Geweben und Zellen, ABl. EU Nr. L 38 vom 09.02.2006, S. 40–52.
501 Richtlinie 2006/86/EG der Kommission vom 24. Oktober 2006 zur Umsetzung der Richtlinie 2004/23/EG des Europäischen Parlaments und des Rates hinsichtlich der Anforderungen an die Rückverfolgbarkeit, der Meldung schwerwiegender Zwischenfälle und unerwünschter Reaktionen sowie bestimmter Anforderungen an die Kodierung, Verarbeitung, Konservierung, Lagerung und Verteilung von menschlichen Geweben und Zellen, ABl. EU Nr. L 294 vom 25.10.2006, S. 32–50.
502 Richtlinie 2001/83/EG des Europäischen Parlaments und des Rates vom 6. November 2001 zur Schaffung eines Gemeinschaftskodexes für Humanarzneimittel, ABl. Nr. L 311 vom 28.11.2001, S. 67. Richtlinie zuletzt geändert durch die Richtlinie 2003/63/EG der Kommission, ABl. Nr. L 159 vom 27.06.2003, S. 46. Im Folgenden Arzneimittelrichtlinie genannt.
503 Verordnung des Europäischen Parlaments und des Rates vom 13. November 2007 über Arzneimittel für neuartige Therapien und zur Änderung der Richtlinie 2001/83/EG und der Verordnung (EG) Nr. 726/2004 ABl. L 324 vom 10. Dezember 2007, S. 121; siehe hierzu auch die Berichtigung der Arzneimittel- VO, ABl. L 87/174 vom 31.03.2009.

und -transplantation⁵⁰⁴ zu sehen⁵⁰⁵. Die nachfolgende Analyse beschränkt sich auf diejenigen Kritikpunkte, deren Nicht- bzw. Fehlumsetzung Einfluss auf die Frage nach einer möglichen Veräußerungsbefugnis hinsichtlich menschlicher Gewebe haben kann. Aus diesem Grund konzentriert sich die Analyse auf die Darstellung, ob die klaren Vorgaben der Art. 5 und 6 der Geweberichtlinie richtig umgesetzt wurden und auf die damit im engen Zusammenhang stehenden Begriffe der Beschaffung (Art. 3 f der Geweberichtlinie), der Verarbeitung (Art. 3 g der Geweberichtlinie) und der Gewebezubereitung (§ 4 Abs. 30 S. 1 AMG).

Zunächst erfolgt ein Überblick über den Anwendungsbereich der Geweberichtlinie und deren Durchführungsrichtlinien. Anschließend wird auf das europäische Arzneimittelrecht eingegangen.

1. Die Geweberichtlinie und ihre Durchführungsrichtlinien

a. Rechtsgrundlage der Geweberichtlinie

Die Geweberichtlinie wurde insbesondere auf der Grundlage von Art. 168 Abs. 4 lit. a) EGV⁵⁰⁶ erlassen. Im Rahmen dieser Norm darf die Europäische Gemeinschaft Maßnahmen zur Festlegung hoher Qualitäts- und Sicherheitsstandards für Organe und Substanzen menschlichen Ursprungs sowie für Blut und Blutderivate erlassen. Darüber hinaus wird klargestellt, dass diese Maßnahmen die Mitgliedstaaten nicht daran hindern, strengere Schutzmaßnahmen beizubehalten oder einzuführen⁵⁰⁷. Diese Klarstellung führt dazu, dass die Ermächtigung in Art. 168 Abs. 4 lit. a) AEUV lediglich zum Erlass von Mindeststandards autorisiert, so dass in diesem Bereich Art. 114 AEUV von der spezielleren Norm des Art. 168 Abs. 4 lit. a) AEUV verdrängt wird⁵⁰⁸.

b. Zweck der Geweberichtlinie

Der Zweck der Geweberichtlinie wird entsprechend ihrer Rechtsgrundlage in Art. 1 sowie in ihrem Erwägungsgrund 31 festgelegt. Danach legt sie die

---

504 Mitteilung der Kommission an das Europäische Parlament und den Rat „Organspende und – transplantation: Maßnahmen auf EU- Ebene" vom 30.05.2007 (KOM (2007) 275 end.) inklusive Anhänge SEK (2007) 704 und 705.
505 Vgl. hierzu auch *Pühler/Hübner/Middel*, in: Praxisleitfaden Gewebegesetz, S. 11f.
506 Der „Vertrag über die Arbeitsweise der Europäischen Union" (AEUV) hieß bis zum 30.09.2009 „Vertrag zur Gründung der Europäischen Gemeinschaft" (EGV) und hatte eine abweichende Artikelfolge: Art. 168 Abs. 4 lit. a) AEUV entspricht dabei dem damaligen Art. 152 Abs. 4 lit a) EGV und Art. 114 AEUV entspricht dem damaligen Art. 95 EGV.
507 Diese Klarstellung wurde in Art. 4 Abs. 2 der Geweberichtlinie aufgenommen und kodifiziert, vgl. Abl. EU Nr. L 102, vom 7.4.2004, S. 48 (52).
508 *Lurger*, in: Streinz, Art. 152, Rdnr. 29; *Schmidt am Busch*, in: Grabitz/Hilf, Art. 152, Rdnr. 56; *Pannenbecker*, PharmR 2006, 363 (366).

„Qualitäts- und Sicherheitsstandards für zur Verwendung beim Menschen bestimmte menschliche Gewebe und Zellen fest, um ein hohes Gesundheitsschutzniveau zu gewährleisten"[509].

Im Hinblick auf Art. 168 Abs. 4 lit. a) AEUV geht es damit bei der Geweberichtlinie im Gegensatz „zu den bestehenden Verfahren der Europäischen Gemeinschaft zur Angleichung der Rechts- und Verwaltungsvorschriften im Bereich der Arzneispezialitäten", „nicht primär darum, Gewebe und Zellen menschlichen Ursprungs in den Verkehr zu bringen"[510]. Hieraus folgt, dass das erklärte Ziel der Geweberichtlinie primär im gesundheitspolitischen Gebiet angesiedelt ist[511]. Um dieser Zielvorgabe gerecht zu werden, sollen infolge der Geweberichtlinie

„einheitliche Rahmenbedingungen für die Gewährleistung hoher Qualitäts- und Sicherheitsstandards bei der Beschaffung, Testung, Verarbeitung, Lagerung und Verteilung von Geweben und Zellen in der Gemeinschaft und für die Erleichterung ihres Austauschs zugunsten der Patienten"[512]

c. Der Geltungsbereich der Geweberichtlinie

Im Einklang mit dem oben aufgezeigten Hintergrund wird auch der Geltungsbereich der Geweberichtlinie in ihrem Art. 2 definiert. Danach gilt die Richtlinie

„für die Spende, Beschaffung, Testung, Verarbeitung, Konservierung, Lagerung und Verteilung von zur Verwendung beim Menschen bestimmten menschlichen Geweben und Zellen sowie von auf der Basis von zur Verwendung beim Menschen bestimmten menschlichen Geweben und Zellen hergestellten Produkten"[513].

Nach Art. 2 Abs. 1 S. 2 Geweberichtlinie greift die Richtlinie nur hinsichtlich der Spende, Beschaffung und Testung, wenn die hergestellten Produkte von anderen Richtlinien erfasst werden (Subsidiaritätsprinzip). Diese Regelung ist im Zusammenhang mit Erwägungsgrund (6) der Geweberichtlinie[514] zu lesen:

„Bei Geweben und Zellen, die für die Nutzung in industriell hergestellten Produkten, einschließlich Medizinprodukten, bestimmt sind, sollen nur die Spende, die Beschaffung und Testung von dieser Richtlinie erfasst werden, falls die Verarbeitung, Konservierung, Lagerung und Verteilung durch andere Gemeinschaftsbestimmungen abgedeckt sind".

---

509 Art. 1 der Geweberichtlinie, ABl. EU Nr. L 102, vom 7.04.2004, S. 48 (51).
510 Vorschlag der Kommission für eine Geweberichtlinie vom 19.06.2002, KOM(2002) 319 endgültig, S. 15; *Pannenbecker*, PharmR 2006, 363 (366).
511 *Pannenbecker*, PharmR 2006, 363 (366).
512 Erwägungsgrund 4 der Geweberichtline, ABl. EU Nr. L 102, vom 7.04.2004, S. 48.
513 Art. 2 Abs. 1 S. 1 der Geweberichtlinie 2004/23/EG, ABl. EU Nr. L 102, vom 7.04.2004, S. 48 (51).
514 Geweberichtlinie 2004/23/EG, ABl. EU Nr. L 102, vom 7.4.2004, S. 48 (48).

Daraus ist zu folgern, dass der Geltungsbereich der Geweberichtlinie dann nicht den Umgang mit menschlichen Geweben und Zellen erfasst, wenn diese anderen Zwecken dienen als der Verwendung im bzw. am menschlichen Körper, also bspw. ausschließlich zu diagnostischen Zwecken entnommen werden oder deren forschungsbedingte Nutzung betreffen[515].

Aus diesen Gründen unterliegen auch alle weiteren Verarbeitungsschritte, insbesondere diejenigen der industriellen Herstellung der Richtlinie 2001/83/EG[516] (Arzneimittelrichtlinie) und der Arzneimittel- VO Nr. 1394/2007[517]. Die Arzneimittelrichtlinie ist jedoch nur insoweit einschlägig[518].

Die Ausnahmen vom Geltungsbereich der Geweberichtlinie wurden in Art. 2 Abs. 2 a, b und c kodifiziert. Danach unterliegen nicht dem Geltungsbereich der Geweberichtlinie Gewebe und Zellen, die innerhalb ein und desselben chirurgischen Eingriffs als autologes Transplantat verwendet werden (Art. 2 Abs. 2 a). Unter einer „autologen Verwendung" ist die Entnahme von Zellen oder Geweben und ihre Rückübertragung auf ein und dieselbe Person gemeint[519].

Die Geweberichtlinie gilt ferner nicht für Blut und Blutbestandteile; die Gewinnung, Testung, Verarbeitung, Lagerung und Verteilung von menschlichem Blut und Blutbestandteilen richtet sich nach den Qualitäts- und Sicherheitsstandards der Richtlinie 2002/98/EG des Europäischen Parlaments und des Rates vom 27. Januar 2003[520] (Art. 2 Abs. 2 b). Darüber hinaus gilt die Geweberichtlinie dann nicht, wenn Organe oder Teile von Organen, die zum gleichen Zweck wie das ganze Organ im menschlichen Körper verwendet werden sollen (Art. 2 Abs. 2 c).

Die Geweberichtlinie trifft hinsichtlich ihres Geltungsbereiches, mit Ausnahme des Negativkataloges im Sinne des Art. 2 Abs. 2, keine Differenzierung nach dem späteren Verwendungszweck der betroffenen Geweben oder Zellen menschlichen Ursprungs. Aus diesen Gründen gilt die Geweberichtlinie hinsichtlich der Spende, Beschaffung und Testung für sämtliche Verwendungsarten menschlicher Gewebe und Zellen beim Menschen und zwar unerheblich davon, welche Rechtsnatur das letztendlich zu verwendende Präparat aufweisen wird[521]. Diese umfassende Unterstellung ergibt sich zum Einen infolge des undifferenzierten Gebrauchs des Begriffes

---

515 Vgl. *Pühler/Hübner/Middel*, in: Praxisleitfaden Gewebegesetz, S. 13.
516 Richtlinie 2001/83/EG des Europäischen Parlaments und des Rates vom 6. November 2001 zur Schaffung eines Gemeinschaftskodexes für Humanarzneimittel, ABl. Nr. L 311 vom 28.11.2001, S. 67. Richtlinie zuletzt geändert durch die Richtlinie 2003/63/EG der Kommission, ABl. Nr. L 159 vom 27.06.2003, S. 46.
517 Vgl. *Pühler/Hübner/Middel*, in: Praxisleitfaden Gewebegesetz, S. 13.
518 Siehe hierzu auch die Erweiterte und aktualisierte Stellungnahme der Bundesärztekammer (BÄK) vom 24. Januar 2007 zum Regierungsentwurf für ein Gewebegesetz, BT-A-Drs. 16(14)0125(7), S. 13; *Parzeller/Rüdiger*, StoffR 2007, 70 (72).
519 Art. 3q der Geweberichtlinie 2004/23/EG, ABl. EU Nr. L 102, vom 7.04.2004, S. 48 (52).
520 ABl. Nr. L 33 vom 08. Februar 2003, S. 30.
521 *Pannenbecker*, PharmR 2006, 363 (368).

"Verwendung" im Richtlinientext[522]. Darüber hinaus folgt diese Wertung aus der 4. Begründungserwägung der Geweberichtlinie, wo unter anderem normiert ist, „(...) dass menschliche Gewebe und Zellen unabhängig von ihrem Verwendungszweck von vergleichbarer Qualität und Sicherheit sind"[523]. Ferner unterstellt die Geweberichtlinie sämtliche aus Geweben oder Zellen hergestellten Produkte den gleichen Anforderungen[524].

Damit bleibt festzuhalten, dass der Geltungsbereich der Geweberichtlinie für Arzneimittel ausschließlich die Spende, Beschaffung und Testung erfasst. Die weiteren Schritte der Verwendung (Verarbeitung, Konservierung, Lagerung und Verteilung) werden vom Europäischen Arzneimittelrecht geregelt.

d. Unterscheidungen zwischen der Überwachung der Beschaffung menschlicher Gewebe und Zellen und der staatlichen Zulassung der Gewebeeinrichtungen

Der Systematik der Geweberichtlinie in Verbindung mit ihren Durchführungsrichtlinien ist eine Differenzierung hinsichtlich der Anforderungen an die Beschaffung (Entnahme und Testung) von menschlichen Geweben und Zellen sowie an die entnehmenden Personen einerseits und an die Gewebeeinrichtungen andererseits zu erblicken[525]. Diese klare Differenzierung der Regelungsbereiche wird im Rahmen der Geweberichtlinie und in ihren Durchführungsrichtlinien strikt eingehalten[526].

Aus diesen Gründen wurden die Voraussetzungen hinsichtlich der Beschaffung menschlicher Gewebe und Zellen in Art. 5 der Geweberichtlinie und die staatliche Zulassung, Benennung, Genehmigung oder Lizenzierung von Gewebeeinrichtungen in Art. 6 der Geweberichtlinie gesondert geregelt. Folglich gibt es erhebliche strukturelle Differenzierungen im Rahmen der Anforderungen personeller, formeller und technischer Art, die einerseits an die Gewebeentnahme gemäß Art. 5 der Geweberichtlinie und andererseits an die Gewebeeinrichtungen nach Art. 6 der Geweberichtlinie gestellt werden[527]. Nachfolgend wird die differenzierte Ausgestaltung dieser Regelungsbereiche anhand der europäischen Vorgaben veranschaulicht.

---

522 Im Rahmen der Richtlinie wird lediglich von der „Verwendung" beim Menschen geschrieben, vgl. etwa Art. 1 „(...) zur Verwendung (...)" oder Art. 2 Abs. 1 „(...) zur Verwendung (...)".
523 Siehe hierzu auch *Pannenbecker*, PharmR 2006, 363 (368 dortige FN. 26.).
524 *Pannenbecker*, PharmR 2006, 363 (368 insb. dortige FN. 27).
525 *Pannenbecker*, PharmR 2006, 363 (367f.); die erweiterte und aktualisierte Stellungnahme der Bundesärztekammer (BÄK) vom 24. Januar 2007 zum Regierungsentwurf für ein Gewebegesetz, BT-A-Drs. 16(14)0125(7), S. 14; *Pühler/Hübner/Middel*, MedR 2007, 16 (18).
526 *Pühler/Hübner/Middel*, MedR 2007, 16 (18); *Pühler/Hübner/Middel*, in: Praxisleitfaden Gewebegesetz, S. 14f.
527 *Pühler/Hübner/Middel*, in: Praxisleitfaden Gewebegesetz, S. 14f.

e. Gesonderte Regelungen für die Beschaffung menschlicher Gewebe und Zellen einerseits und für das weitere Verfahren andererseits

Die einschlägigen Normierungen hinsichtlich der Überwachung der Beschaffung menschlicher Gewebe und Zellen werden in Art. 5 der Geweberichtlinie verankert[528]. Diese Anforderungen wurden im Rahmen der ersten technischen Durchführungsrichtlinie 2006/17/EG[529] vom 08. Februar 2006, die insbesondere auf Art. 28 Buchstaben b), d), e), f) und i) der Geweberichtlinie gestützt wird, präzisiert[530]. Mittels dieser Durchführungsrichtlinie werden unter anderem entsprechend Art. 5 Abs. 2 der Geweberichtlinie[531] die technischen Voraussetzungen für die Spende, Beschaffung und Testung von menschlichen Geweben und Zellen festgeschrieben.

Ferner wird die Normierung des Art. 5 der Geweberichtlinie durch die Regelungen ihrer Durchführungsrichtlinie 2006/17/EG präzisiert, und damit eine klare Abgrenzung von der Entnahme und der weiteren Arbeitsschritten erreicht.

Nach Art. 2 Abs. 1 der Richtlinie 2006/17/EG werden die Mitgliedstaaten aufgefordert sicherzustellen, dass, mit Ausnahme von der Partnerspende von Keimzellen, die Entnahme menschlicher Gewebe und Zellen nur dann akkreditiert, benannt, zugelassen oder lizenziert wird, wenn die Anforderungen der Absätze 2 bis 12 erfüllt sind[532]. Gemäß Art. 2 Abs. 2 der Richtlinie 2006/17/EG erfolgt die Entnahme menschlicher Zellen und Gewebe durch Personen, die erfolgreich ein Schulungsprogramm absolviert haben, das von einem klinischen Team, welches sich auf die zu entnehmenden Gewebe oder Zellen spezialisiert hat, oder von einer zur Entnahme

---

528 In Art. 5 der Geweberichtlinie wird die Überwachung der Beschaffung menschlicher Gewebe und Zellen geregelt. Art. 5 lautet:
„(1) Die Mitgliedstaaten stellen sicher, dass die Beschaffung und Testung von Geweben und Zellen von Personen mit angemessener Ausbildung und Erfahrung und unter Bedingungen durchgeführt wird, die von der/den zuständigen Behörde (n) hierfür zugelassen, benannt, genehmigt oder lizenziert wurden".
„(2) Die zuständige (n) Behörde (n) trifft (treffen) alle erforderlichen Maßnahmen, um sicherzustellen, dass die Beschaffung von Geweben und Zellen den Anforderungen des Artikels 28 Buchstaben b), e) und f) entspricht. Die für Spender vorgeschriebenen Untersuchungen werden von einem qualifizierten Labor ausgeführt, das von der(den) zuständigen Behörde (n) zugelassen, benannt, genehmigt oder lizenziert wurde", Geweberichtlinie 2004/23/EG, ABl. EU Nr. L 102, vom 7.4.2004, S. 48 (52).
529 ABl. EU Nr. L 38, S. 40.
530 Vgl. hierzu die erweiterte und aktualisierte Stellungnahme der Bundesärztekammer (BÄK) vom 24. Januar 2007 zum Regierungsentwurf für ein Gewebegesetz, BT-A-Drs. 16(14)0125(7), S. 14.
531 *Pannenbecker*, PharmR 2006, 363 (367); die erweiterte und aktualisierte Stellungnahme der Bundesärztekammer (BÄK) vom 24. Januar 2007 zum Regierungsentwurf für ein Gewebegesetz, BT-A-Drs. 16(14)0125(7), S. 14.
532 ABl. EU Nr. L 38, S. 40 (41).

zugelassenen Gewebebank spezifiziert hat[533]. In Art. 2 Abs. 3 der Durchführungsrichtlinie 2006/17/EG wird schließlich klargestellt, dass die Gewebebank oder die Entnahmeorganisation mit den für die Spenderauswahl zuständigen Mitarbeitern oder klinischen Teams, sofern diese nicht bei derselben Organisation oder Einrichtung beschäftigt sind, schriftliche Vereinbarungen trifft, welche die einzuhaltenden Verfahren aufführen, um die Einhaltung der Auswahlkriterien für Spender gemäß Anhang I sicherzustellen[534].

Im Rahmen des Art. 2 Abs. 2 und Abs. 3 der Richtlinie 2006/17/EG wird damit deutlich, dass eine Differenzierung zwischen einer „Gewebebank" und einer „Entnahmeorganisation" vorgenommen wird[535].

Der Begriff der „Gewebebank" im Sinne der Durchführungsrichtlinie 2006/17/EG ist dabei gleichbedeutend mit einer „Gewebeeinrichtung" im Sinne der Gewebeberichtlinie[536]. Unter einer „Entnahmeorganisation" ist dabei gemäß Art. 1 Buchstabe h) der Durchführungsrichtlinie 2006/17/EG eine Einrichtung des Gesundheitswesens oder eine Krankenhausabteilung oder eine andere Stelle zu verstehen, die zur Entnahme menschlicher Gewebe und Zellen tätig wird und möglicherweise nicht als Gewebebank akkreditiert, benannt, zugelassen oder lizenziert ist[537].

Es zeigt sich damit, dass beiden Einrichtungen grundsätzlich unterschiedliche Funktionen zukommen. Bereits aus diesen Normen wird ersichtlich, dass in der Regel die „Entnahmeorganisation" für die Entnahme menschlicher Gewebe und Zellen zuständig sein soll. Es ist zwar durchaus möglich, dass auch die „Gewebeeinrichtung" die Entnahme vornehmen kann[538]. Dass diese Aufgabe jedoch grundsätzlich der „Entnahmeorganisation" zufallen soll, ergibt sich aber schon aus der Wortwahl und der Satzstellung in Art. 3 Buchstabe o) der Gewebeberichtlinie und in Art. 2 Abs. 2 der Durchführungsrichtlinie 2006/17/EG[539]. Zudem zeigt die systematische Stellung des Art. 5 und Art. 6 der Gewebeberichtlinie mit ihren unterschiedlichen Voraussetzungen sowie Art. 1 Buchstabe h) der Durchführungsrichtlinie 2006/17/EG,

---

533 ABl. EU Nr. L 38, S. 40 (41).
534 ABl. EU Nr. L 38, S. 40 (41).
535 So auch *Pannenbecker*, PharmR 2006, 363 (368).
536 Vgl. Art. 3 Buchstabe o) der Gewebeberichtlinie 2004/23/EG, ABl. EU Nr. L 102, vom 7.4.2004, S. 48 (52). Dort heißt es: „Gewebeeinrichtung" ist eine Gewebebank, eine Abteilung eines Krankenhauses oder eine andere Einrichtung, in der Tätigkeiten im Zusammenhang mit der Verarbeitung, Konservierung, Lagerung oder Verteilung menschlicher Gewebe und Zellen ausgeführt wird. Sie kann auch für die Beschaffung oder Testung der Gewebe und Zellen zuständig sein.
537 ABl. EU Nr. L 38, S. 40 (41).
538 Vgl. hierzu etwa die Definition hinsichtlich der Gewebeeinrichtung in Art. 3 Buchstabe o) 2004/23/EG, ABl. EU Nr. L 102, vom 7.4.2004, S. 48 (52). Siehe ferner Art. 2 Abs. 2 der Durchführungsrichtlinie 2006/17/EG ABl. EU Nr. L 38, S. 40 (41).
539 In beiden Vorschriften wird die den Einrichtungen primär zukommende Aufgabe jeweils am Satzanfang vorgestellt und die lediglich als sekundär einzustufende Funktion am Satzende, bzw. im gesonderten zweiten Satz.

dass die Entnahme nicht von einer Einrichtung vorgenommen werden muss, die als „Gewebeeinrichtung" zu werten ist und den Voraussetzungen von Art. 6 der Geweberichtlinie sowie der Durchführungsrichtlinie 2006/86/EG zu genügen hat[540].

Die Differenzierungen zwischen der Entnahmeorganisation und einer Gewebeeinrichtung und die damit verbundenen unterschiedlichen Aufgabenverteilung werden noch anhand anderer Normierungen der Durchführungsrichtlinie 2006/17/EG deutlich. So wird in Art. 2 Abs. 5 S. 2 der Durchführungsrichtlinie 2006/17/EG geregelt, dass Standardarbeitsanweisungen für die Entnahme, Verpackung, Kennzeichnung und Beförderung von Geweben und Zellen zum Ankunftsort in der Gewebebank vorliegen müssen, die den Vorgaben von Art. 5 dieser Richtlinie zu entsprechen haben[541]. Nach Art. 5 der Durchführungsrichtlinie 2006/17/EG, der das Verfahren zur Entnahme von Geweben und Zellen sowie deren Entgegennahme in der Gewebebank regelt, haben die zuständigen Behörden sicherzustellen, dass die Verfahren zur Spende und Entnahme von Geweben und Zellen und zu deren Entgegennahme in der Gewebebank den Vorschriften gemäß Anhang IV zu entsprechen haben[542]. Die in diesem Zusammenhang relevante Vorschrift der Ziffer 1.4.2. des Anhanges IV zur Durchführungsrichtlinie 2006/17/EG besagt, dass die Organisation, welche die Entnahme vornimmt[543], einen Entnahmebericht erstellt, welcher der Gewebebank[544] übermittelt wird[545]. Diese Normierungen verdeutlichen, dass die Durchführungsrichtlinie 2006/17/EG den Entnahmeorganisation und den Gewebeeinrichtungen jeweils unterschiedliche Aufgabenfelder zugewiesen hat, die sich insbesondere aus ihrem Zusammenwirken ergeben. So ist den oben beschriebenen Regelungen gemeinsam, dass die Entnahmeorganisation zeitlich früher tätig wird und dass das weitere Verfahren in den Zuständigkeitsbereich der Gewebeeinrichtungen fällt. Würden die relevanten Tätigkeiten ausschließlich von einer Organisation erfüllt werden müssen, hätte es diese Aufgabenverteilung nicht bedurft.

Darüber hinaus wird im Rahmen des Art. 6 Abs. 5 der Geweberichtlinie eine weitere Differenzierung hinsichtlich spezifizierter Gewebe und Zellen zur sofortigen Transplantation an den Empfänger vorgenommen, mit der Folge, dass solche Gewebetransplantate nicht dem Art. 6 der Geweberichtlinie unterfallen[546].

---

540 So auch *Pannenbecker*, PharmR 2006, 363 (368).
541 Durchführungsrichtlinie 2006/17/EG ABl. EU Nr. L 38, S. 40 (41).
542 Durchführungsrichtlinie 2006/17/EG ABl. EU Nr. L 38, S. 40 (42).
543 Damit ist die Entnahmeorganisation im Sinne des Art. 1 Buchstabe h) der Durchführungsrichtlinie 2006/17/EG ABl. EU Nr. L 38, S. 40 (41) gemeint, vgl. auch *Pannenbecker*, PharmR 2006, 363 (368).
544 Damit ist die Gewebeeinrichtung im Sinne von Art. 3 Buchstabe o) der Geweberichtlinie 2004/23/EG, ABl. EU Nr. L 102, vom 7.4.2004, S. 48 (52) gemeint, vgl. hierzu *Pannenbecker*, PharmR 2006, 363 (368).
545 Durchführungsrichtlinie 2006/17/EG ABl. EU Nr. L 38, S. 40 (50).
546 Erweiterte und aktualisierte Stellungnahme der Bundesärztekammer (BÄK) vom 24. Januar 2007 zum Regierungsentwurf für ein Gewebegesetz, BT-A-Drs. 16(14)0125(7),

f. Europäisches Arzneimittelrecht

Neben den bereits erwähnten Richtlinien ist auch die Verordnung (EG) Nr. 1394/2007 des Europäischen Parlaments und des Rates vom 13. November 2007 über Arzneimittel für neuartige Therapien und zur Änderung der Richtlinie 2001/83/EG[547] und der Verordnung (EG) Nr. 726/2004[548] zur Bestimmung des Geltungsbereichs der Geweberichtlinie zu berücksichtigen[549]. Der Arzneimittel- VO können verschiedene Normierungen entnommen werden, die für die Abgrenzung zur Geweberichtlinie relevant sind[550]. Der Gegenstand der Arzneimittel- VO erstreckt sich auf die Genehmigung, Überwachung und Pharmakovigilanz[551] von Arzneimitteln für neuartige Therapien (Art. 1). In Art. 2 der Arzneimittel- VO erfolgt eine Definition von Produkten, die als Arzneimittel für neuartige Therapien gelten. Danach gelten als „Arzneimittel für neuartige Therapien" die Humanarzneimittel, die Gentherapeutika gemäß Anhang I Teil IV der Richtlinie 2001/83/EG sind[552], somatische Zelltherapeutika gemäß Anhang I Teil IV der Richtlinie 2001/83/EG[553] und biotechnologisch bearbeitete Gewebeprodukte gemäß Buchstabe b (Art. 2 Abs. 1 a)[554]. Als „biotechnologisch bearbeitetes Gewebeprodukt" gilt ein Produkt das biotechnologisch bearbeitete Zellen oder Gewebe enthält oder aus ihnen besteht und dem Eigenschaften zur Regeneration, Wiederherstellung oder zum Ersatz menschlichen Gewebes zugeschrieben werden oder das zu diesem Zweck verwendet oder Menschen verabreicht wird (Art. 2 Abs. 1 b)[555]. In Kapitel 2 der Arzneimittel- VO werden Anforderungen an die Genehmigung für das Inverkehrbringen aufgestellt.

S. 14; *Pühler/Hübner/Middel*, MedR 2007, 16 (18); *Pühler/Hübner/Middel*, in: Praxisleitfaden Gewebegesetz, S. 14f.

547 Richtlinie 2001/83/EG des Europäischen Parlaments und des Rates vom 6. November 2001 zur Schaffung eines Gemeinschaftskodexes für Humanarzneimittel, ABl. L 311 vom 28.11.2001, S. 67.

548 Verordnung (EG) Nr. 726/2004 des Europäischen Parlaments und des Rates vom 31. März 2004 zur Festlegung von Gemeinschaftsverfahren für die Genehmigung und Überwachung von Human- und Tierarzneimitteln und zur Erreichung einer europäischen Arzneimittel-Agentur, ABl. L 136 vom 30.04.2004, S. 1. Die Verordnung gilt am dem 30. Dezember 2008, vgl. Art. 30.

549 ABl. L 324 vom 10. Dezember 2007, S. 121.

550 *Parzeller/Rüdiger*, StoffR 2007, 70 (72); erweiterte und aktualisierte Stellungnahme der Bundesärztekammer (BÄK) vom 24. Januar 2007 zum Regierungsentwurf für ein Gewebegesetz, BT-A-Drs. 16(14)0125(7), S. 14; *Pühler/Hübner/Middel*, MedR 2007, 16 (18f.).

551 Die WHO definiert Pharmakovigilanz heute als „die Wissenschaft und Aktivitäten, die zur Entdeckung, Beurteilung sowie zum Verständnis und zur Vorbeugung von unerwünschten Wirkungen oder anderen Problemen in Verbindung mit Arzneimitteln dienen", abrufbar unter: http://www.klinische-pharmazie.info/dra/vigilanz.

552 ABl. L 311 vom 28.11.2001, S. 67 (114ff.).

553 ABl. L 311 vom 28.11.2001, S. 67 (114ff.).

554 ABl. L 324 vom 10. Dezember 2007, S. 121 (124).

555 ABl. L 324 vom 10. Dezember 2007, S. 121 (124).

Im Rahmen dieser Voraussetzungen wird in Artikel 3 der Arzneimittel-VO ausdrücklich auf die Geweberichtlinie Bezug genommen. Dort wird klargestellt, dass die Spende, Beschaffung und Testung von Arzneimittel für neuartige Therapien, die menschliche Zellen oder Gewebe enthalten, gemäß der Richtlinie 2004/2/EG erfolgen (Art. 3)[556]. Dieser Verweis ist im Zusammenhang mit Erwägungsgrund 14 der Arzneimittel- VO zu lesen. Dort heißt es, dass „die vorliegende Verordnung den Grundsätzen der Richtlinie 2004/23/EG nicht zuwiderlaufen sollte, sondern sie dort, wo dies notwendig ist, durch zusätzliche Vorschriften ergänzen solle. Enthält ein Arzneimittel für neuartige Therapien menschliche Zellen oder Gewebe, so sollte die Richtlinie 2004/23/EG nur für Spende, Beschaffung und Testung gelten, da alle weiteren Aspekte unter die vorliegende Verordnung fallen[557].

Dieser Verweis entspricht dem in Art. 2 Abs. 1 Geweberichtlinie normierten Subsidiaritätsprinzip[558]. Aus diesem Kontext wird deutlich, dass Arzneimittel für neuartige Therapien, die weder industriell noch unter Anwendung industrieller Methoden hergestellt worden sind, lediglich den Standards der Geweberichtlinie zu entsprechen haben[559]. Hierbei wird ersichtlich, dass dieses Schutzniveau als hinreichend anzusehen ist[560]. Für diese Weise der Gewinnung ist kein Zulassungsverfahren festgelegt[561]. Daneben werden weitere Schritte der industriellen Herstellung vom Anwendungsbereich der Arzneimittelrichtlinie 2001/83/EG erfasst[562], die dann vorrangig anzuwenden ist[563]. Die Arzneimittel- VO stellt damit eine Schnittstelle dar zwischen der von der EU aufgestellten Regelungssystematik für den Bereich der Gewebemedizin; sie steht demnach zwischen der Geweberichtlinie einerseits und zwischen der Arzneimittelrichtlinie andererseits[564].

---

556 ABl. L 324 vom 10. Dezember 2007, S. 121 (125).
557 ABl. L 324 vom 10. Dezember 2007, S. 121 (122).
558 *Parzeller/Rüdiger*, StoffR 2007, 70 (72); *Pühler/Hübner/Middel*, MedR 2007, 16 (19); erweiterte und aktualisierte Stellungnahme der Bundesärztekammer (BÄK) vom 24. Januar 2007 zum Regierungsentwurf für ein Gewebegesetz, BT-A-Drs. 16(14)0125(7), S. 15; *Pühler/Hübner/Middel*, in: Praxisleitfaden Gewebegesetz, S. 12.
559 Erweiterte und aktualisierte Stellungnahme der Bundesärztekammer (BÄK) vom 24. Januar 2007 zum Regierungsentwurf für ein Gewebegesetz, BT-A-Drs. 16(14)0125(7), S. 15; *Pühler/Hübner/Middel*, MedR 2007, 16 (19); *Hansmann*, MedR 2006, 155 (157).
560 *Pühler/Hübner/Middel*, in: Praxisleitfaden Gewebegesetz, S. 12.
561 *Hansmann*, MedR 2006, 155 (157); erweiterte und aktualisierte Stellungnahme der Bundesärztekammer (BÄK) vom 24. Januar 2007 zum Regierungsentwurf für ein Gewebegesetz, BT-A-Drs. 16(14)0125(7), S. 15; *Pühler/Hübner/Middel*, MedR 2007, 16 (19).
562 Vgl. Erwägungsgrund 6 der Geweberichtlinie ABl. EU Nr. L 102, vom 7.04.2004, S. 48 (48).
563 *Pühler/Hübner/Middel*, MedR 2007, 16 (18); *Pannenbecker*, PharmR 2006, 363 (367).
564 *Pühler/Hübner/Middel*, in: Praxisleitfaden Gewebegesetz, S. 13; erweiterte und aktualisierte Stellungnahme der Bundesärztekammer (BÄK) vom 24. Januar 2007 zum Regierungsentwurf für ein Gewebegesetz, BT-A-Drs. 16(14)0125(7), S. 23f.

g. Trennung der Begriffe der „Beschaffung" und der „Verarbeitung"

Mit der europarechtlich kodifizierten Trennung der Anforderungen an die Vorgaben der Art. 5 und Art. 6 der Geweberichtlinie korrespondiert die europarechtlich vorgesehene Unterscheidung zwischen den Begriffen der „Beschaffung" und den der „Verarbeitung" menschlicher Gewebe oder Zellen. Der Begriff der „Beschaffung" wird in Art. 3 f der Geweberichtlinie als ein Prozess, durch den Gewebe oder Zellen verfügbar gemacht werden definiert[565]. Die die Behörden der Mitgliedstaaten treffenden Pflichten für diesen Bereich werden in Art. 5 der Geweberichtlinie und in Art. 2 der Durchführungsrichtlinie 2006/17/EG statuiert[566]. Demgegenüber subsumiert Art. 3 g der Geweberichtlinie unter den Begriff der „Verarbeitung" sämtliche Tätigkeiten im Zusammenhang mit der Aufbereitung, Handhabung, Konservierung und Verpackung von zur Verwendung beim Menschen bestimmten Geweben oder Zellen[567]. Die die Behörden der Mitgliedstaaten für diesen Bereich treffenden Pflichten werden sowohl in Art. 6 der Geweberichtline[568] als auch in deren Durchführungsrichtlinie 2006/86/EG[569] aufgeführt.

2. Fazit

Abschließend bleibt demnach festzuhalten, dass es auf europäischer Ebene ein klar ausdifferenziertes Regelungssystem gibt, welches ausdrücklich zwischen der Gewebespende sowie den darauf folgenden Verarbeitungsschritten einerseits und Geweben im Sinne von „Rohstoffen" andrerseits unterscheidet und an diese unterschiedlichen Bereiche verschiedene formelle, personelle und technische Anforderungen stellt[570]. Daneben wurden auf europäischer Ebene klare Begrifflichkeiten geschaffen. Dieses Regelungssystem und die von der EU vorgegebenen Definitionen dienen dabei zur Erreichung der Zielvorgaben des Art. 168 Abs. 4 a 1.Hs. AEUV, wonach Maßnahmen zur Festlegung hoher Qualitäts- und Sicherheitsstandards für Organe und Substanzen menschlichen Ursprungs sowie für Blut und Blutderivate festgelegt werden[571]. Diese Zielvorgabe korrespondiert mit dem Erwägungsgrund 4 der Geweberichtlinie[572], wonach die Schaffung einheitlicher Rahmenbedingungen

---

565 ABl. EU Nr. L 102, vom 7.4.2004, S. 48 (51).
566 ABl. EU Nr. L 38, S. 40 (41); bemerkenswert ist hierbei, dass die Überschrift ausdrücklich auf die Entnahme verweist.
567 ABl. EU Nr. L 102, vom 7.4.2004, S. 48 (51).
568 ABl. EU Nr. L 102, vom 7.4.2004, S. 48 (52).
569 ABl. EU Nr. L 294, vom 25.10.2006, S. 32ff.
570 Erweiterte und aktualisierte Stellungnahme der Bundesärztekammer (BÄK) vom 24. Januar 2007 zum Regierungsentwurf für ein Gewebegesetz, BT-A-Drs. 16(14)0125(7), S. 16; *Pühler/Hübner/Middel*, in: Praxisleitfaden Gewebegesetz, S. 14f.
571 Erweiterte und aktualisierte Stellungnahme der Bundesärztekammer (BÄK) vom 24. Januar 2007 zum Regierungsentwurf für ein Gewebegesetz, BT-A-Drs. 16(14)0125(7), S. 16.
572 Abl. EU Nr. L 102, vom 7.4.2004, S. 48 (48).

für hohe Qualitäts- und Sicherheitsstandards bei der Beschaffung, Testung, Verarbeitung, Lagerung und Verteilung von Geweben und Zellen in der Gemeinschaft und für die Erleichterung ihres Austausches zugunsten der Patienten angestrebt werde.

Indem der Gesetzgeber entgegen der EU- Regelungssystematik grundsätzlich alle Gewebe und Zellen menschlichen Ursprungs dem Arzneimittelgesetz unterstellt, ohne dabei hinreichend konkrete Differenzierungen zu treffen, lässt er zu den europäischen Vorgaben Inkompatibilitäten entstehen[573]. Ein sachlicher Grund für die undifferenzierte Umsetzung der Art. 5 und 6 der Geweberichtlinie ist insoweit nicht ersichtlich[574].

Die Verkennung des von der EU ausgearbeiteten Regelungssystems durch den Gesetzgeber wird noch an weiteren Stellen besonders deutlich. So hat der Gesetzgeber trotz dieser klarer Strukturen einen anderen Weg eingeschlagen und begibt sich somit mit Unterstellung der Gewebezubereitung im Sinne des § 4 Abs. 30 S. 1 AMG unter den Arzneimittelbegriff in einen Konflikt, nicht nur mit der Arzneimittel- VO, sondern vielmehr mit dem gesamten europäischen Regelungsbereich für die Gewebemedizin[575]. Durch die Schaffung des Begriffes der Gewebezubereitung verlässt der Gesetzgeber den von der EU geschaffenen Rahmen, nach dem die Gewebeentnahme von der Geweberichtlinie erfasst wird, während alle weiteren Verarbeitungsschritte der Arzneimittelrichtline vorbehalten werden[576]. Den von der Geweberichtlinie ausdifferenzierten Weg umgeht der Gesetzgeber, indem er unter den Begriff der Gewebezubereitung sowohl Gewebeprodukte als auch Gewebetransplantate subsumiert, um auf diesem Weg eine undifferenzierte Umsetzung der Geweberichtlinie über das Arzneimittelrecht zu ermöglichen[577].

Daneben durchbricht er mit seinen Definitionen der „Herstellung" im Sinne des § 4 Abs. 14 AMG und im Sinne des § 17 Abs. 1 S. 2 Nr. 2 TPG sowie der „Entnahme" im Sinne des § 1a Nr. 6 TPG die differenzierte Regelung der Gewebeentnahme (Art. 3 f der Geweberichtlinie) einerseits und der Gewebeverarbeitung (Art. 3 g der Geweberichtlinie) andererseits. Nach § 4 Abs. 14 AMG wird unter „Herstellen" das

---

573 *Pühler/Hübner/Middel*, in: Praxisleitfaden Gewebegesetz, S. 13; erweiterte und aktualisierte Stellungnahme der Bundesärztekammer (BÄK) vom 24. Januar 2007 zum Regierungsentwurf für ein Gewebegesetz, BT-A-Drs. 16(14)0125(7), S. 16f.
574 Erweiterte und aktualisierte Stellungnahme der Bundesärztekammer (BÄK) vom 24. Januar 2007 zum Regierungsentwurf für ein Gewebegesetz, BT-A-Drs. 16(14)0125(7), S. 17.
575 Erweiterte und aktualisierte Stellungnahme der Bundesärztekammer (BÄK) vom 24. Januar 2007 zum Regierungsentwurf für ein Gewebegesetz, BT-A-Drs. 16(14)0125(7), S. 23.
576 Erweiterte und aktualisierte Stellungnahme der Bundesärztekammer (BÄK) vom 24. Januar 2007 zum Regierungsentwurf für ein Gewebegesetz, BT-A-Drs. 16(14)0125(7), S. 24.
577 Erweiterte und aktualisierte Stellungnahme der Bundesärztekammer (BÄK) vom 24. Januar 2007 zum Regierungsentwurf für ein Gewebegesetz, BT-A-Drs. 16(14)0125(7), S. 23f.

Gewinnen, das Anfertigen, das Zubereiten, das Be- oder Verarbeiten, das Umfüllen einschließlich Abfüllen, das Abpacken, das Kennzeichnen und die Freigabe verstanden, während die „Entnahme" im Sinne des § 1a Nr. 6 TPG als die Gewinnung von Organen oder Geweben definiert wird. Infolge des Zusammenspiels beider Normen stellen somit nahezu sämtliche Entnahmen vom menschlichen Gewebe gleichzeitig die Herstellung eines Arzneimittels dar, während die Entnahme nach dem Stand der medizinischen Wissenschaft und Technik als die erfolgende Ablösung von Organen, Organteilen oder Geweben vom Körper des Spenders und alle vorbereitenden Maßnahmen einschließlich der Überprüfung der Spendereignung bis hin zur Übergabe an ein Transplantationszentrum oder eine Gewebebank definiert wird[578].

Der Herstellungsbegriff des Arzneimittelgesetzes ist viel weiter ausgestaltet als der europäisch vorgegebene Begriff der „Beschaffung" im Sinne des Art. 3 f der Geweberichtline; zudem wird insbesondere durch das Zusammenspiel der § 4 Abs. 14 AMG, § 17 Abs. 1 S. 2 Nr. 2 TPG und § 1a Nr. 6 TPG das von der Geweberichtline gesondert normierte Verfahren der Be- und Verarbeitung durchbrochen, indem es bereits von der Herstellung im Sinne des § 4 Abs. 14 AMG erfasst wird[579].

Die vom Gesetzgeber erfolgte Umsetzung des Gewebegesetzes wird nicht nur den Zielvorgaben nicht gerecht, sie schafft vielmehr an weiteren Stellen erhebliches Konfliktpotential[580].

III. Das Transplantationsgesetz

1. Der Anwendungsbereich des Transplantationsgesetzes, § 1 TPG

Der Anwendungsbereich des Transplantationsgesetzes wird in § 1 TPG[581] abgesteckt. Nach § 1 Abs. 1 S. 1 TPG gilt es für die Spende und die Entnahme von menschlichen Organen oder Geweben zum Zwecke der Übertragung sowie für die Übertragung der Organe oder der Gewebe einschließlich der Vorbereitung dieser Maßnahmen[582].

---

578 Stellungnahme der Deutschen Stiftung Organtransplantation (DSO) vom 06.02.2007, BT-A-Drs. 16(14)0125(9), S. 5f.
579 Erweiterte und aktualisierte Stellungnahme der Bundesärztekammer (BÄK) vom 24. Januar 2007 zum Regierungsentwurf für ein Gewebegesetz, BT-A-Drs. 16(14)0125(7), S. 22; Stellungnahme der Deutschen Stiftung Organtransplantation (DSO) vom 06.02.2007, BT-A-Drs. 16(14)0125(9), S. 5f.
580 Erweiterte und aktualisierte Stellungnahme der Bundesärztekammer (BÄK) vom 24. Januar 2007 zum Regierungsentwurf für ein Gewebegesetz, BT-A-Drs. 16(14)0125(7), S. 16f.
581 Transplantationsgesetz in der Fassung der Bekanntmachung vom 4. September 2007 (BGBl. I S. 2206), das durch Artikel 3 des Gesetzes vom 17. Juli 2009 (BGBl. I S. 1990) geändert worden ist.
582 In § 1 Abs. 1 S. 1 der bisherigen Fassung des am 01.12.1997 in Kraft getretenen Transplantationsgesetzes (Gesetz über die Spende, Entnahme und Übertragung von Organen), BGBl. I S. 2631, erfasste der Anwendungsbereich bereits Organe, Organteile und Gewebe, die durch eine Legaldefinition in Absatz 1 Satz 1 zu

Im Satz 2 wird zudem klargestellt, dass sich der Anwendungsbereich auch auf das Verbot des Handels mit menschlichen Organen oder Geweben erstreckt. § 1 Abs. 2 TPG enthält einen Negativkatalog, der den Anwendungsbereich im Hinblick auf bestimmte Körpersubstanzen wieder einschränkt. Nach § 1 Abs. 2 TPG gilt das Gesetz nicht für Gewebe, die innerhalb ein und desselben chirurgischen Eingriffs einer Person entnommen werden, um auf diese rückübertragen zu werden (Nr. 1) und ferner nicht für Blut und Blutbestandteile (Nr. 2).

Der aufgezeigte Anwendungsbereich lässt sich demnach zum Einen durch den Charakter der Körpersubstanz und zum Anderen durch die beabsichtigte Nutzung festlegen. Das Transplantationsgesetz verbietet demnach gemäß § 1 Abs. 1 S. 2 TPG den Handel mit Organen und Geweben.

a. Art der Körpersubstanzen

aa. Organe im Sinne des § 1 Abs. 1 TPG

Was unter Organen und Geweben zu verstehen ist, wird in § 1 a Nr. 1, 4[583] legaldefiniert. Bei der Formulierung des Begriffes hat sich der Gesetzgeber weitestgehend an die Vorgaben des Art. 3 e der EG- Geweberichtlinie gehalten[584]. Nach § 1 a Nr. 1 TPG sind Organe mit Ausnahme der Haut[585], alle aus verschiedenen Geweben bestehenden Teile des menschlichen Körpers, die in Bezug auf Struktur, Blutgefäßversorgung und Fähigkeit zum Vollzug physiologischer Funktionen eine funktionale Einheit bilden, einschließlich der Organteile und einzelnen Gewebe eines Organs, die zum gleichen Zweck wie das ganze Organ im menschlichen Körper verwendet werden können, mit Ausnahme solcher Gewebe, die zur Herstellung von Arzneimitteln für neuartige Therapien im Sinne des § 4 Absatz 9 des Arzneimittelgesetzes bestimmt sind.

Organen im Sinne des Gesetzes zusammengefasst wurden. Infolge der Umsetzung der Geweberichtlinie wurde eine differenzierte Regelung für Organe und Gewebe erforderlich (vgl. die Begründung zu Nr. 4 des Gesetzesentwurfes der Bundesregierung vom 25.10.2006, BT-Drs. 16/3146 S. 23).

583 Die Begriffsbestimmungen des § 1 a TPG (NF) beruhen im Wesentlichen auf den in Art. 3 Geweberichtlinie 2004/23/EG, Abl. EU Nr. L 102, vom 7.4.2004, S. 48 (51f.) enthaltenen Definitionen, vgl. Begründung zu Nr. 5 des Gesetzesentwurfes der Bundesregierung vom 25.10.2006, BT-Drs.16/3146, S. 24.

584 Geweberichtlinie 2004/23/EG, Abl. EU Nr. L 102, vom 7.4.2004, S. 48 (51). Gemäß Art. 3 e stellt ein „Organ" einen differenzierten und lebensnotwendigen Teil des menschlichen Körpers dar, der aus verschiedenen Geweben besteht und seine Struktur, Vaskularisierung und Fähigkeit zum Vollzug physiologischer Funktionen mit deutlicher Autonomie aufrechterhält.

585 Obwohl die Haut aus medizinischer Sicht ein Organ darstellt, wird sie dem Gewebe unterstellt; vgl. Begründung zu Nr. 5 des Gesetzesentwurfes der Bundesregierung vom 25.10.2006, BT-Drs. 16/3146, S. 24.

In § 1 a Nr. 2 TPG[586] wird erläutert, was unter vermittlungspflichtigen Organen zu verstehen ist während § 1 a Nr. 3 TPG[587] klarstellt, welche Organe nicht regenerierungsfähig sind.

bb. Gewebe im Sinne des § 1 Abs. 1 S. 1 i. V. mit § 1 a Nr. 4 TPG

Bei der Bestimmung des Begriffes des Gewebes versuchte der Gesetzgeber die in Art. 3 b der Geweberichtlinie enthaltene Definition umzusetzen. Nach Art. 3 b der Geweberichtlinie[588] werden unter „Gewebe" alle aus Zellen bestehenden Bestanteile des menschlichen Körpers aufgefasst. Nach Art. 3 a der Geweberichtlinie sind unter „Zellen" einzelne menschliche Zellen oder Zellansammlungen, die durch keine Art von Bindegewebe zusammengehalten werden, zu verstehen. Diese Begriffe erfahren in Erwägungsgrund Nr. 7 der Geweberichtlinie eine Präzisierung dahingehend, dass die vorliegende Richtlinie für Gewebe und Zellen gelten solle, einschließlich hämatopoetischer Stammzellen aus peripherem Blut, Nabelschnur (-blut) und Knochenmark, Geschlechtszellen (Eizellen, Samenzellen), fötale Gewebe und Zellen sowie adulte und embryonale Stammzellen[589].

Dabei versäumte es der Gesetzgeber eine klare und praxistaugliche Definition des Gewebes zu kodifizieren, so dass es nunmehr infolge der von ihm gewählten unpräzisen Definition des Gewebes zu schwerwiegenden Abgrenzungsproblemen kommen kann, da nicht ersichtlich ist, welche Geweben und Zellen in concreto dem Anwendungsbereich des Transplantationsgesetzes unterfallen[590].

So werden gemäß § 1 a Nr. 4 TPG unter Gewebe alle aus Zellen bestehenden Bestandteile des menschlichen Körpers, die keine Organe nach Nummer 1 sind, einschließlich einzelner menschlicher Zellen verstanden. Im Zuge der Umsetzung der Geweberichtlinie wurde der Anwendungsbereich auf die bisher vom TPG nicht erfassten Zellen erstreckt[591]. Infolge dieser Gleichstellung von Geweben und Zellen gilt das TPG nunmehr auch für Keimzellen, für Gene und andere DNA- Teile[592].

---

586 Die Begriffsbestimmung der vermittlungspflichtigen Organe entspricht der in § 9 S. 1 und S. 2 TPG (a.F.) enthaltenen Legaldefinition, vgl. Begründung zu Nr. 5 des Gesetzesentwurfes der Bundesregierung vom 25.10.2006, BT-Drs. 16/3146, S. 24.

587 Die Begriffsbestimmung der nicht regenerierungsfähigen Organe entspricht der in § 8 Abs. 1 S. 2 TPG (a.F.) enthaltenen Legaldefinition, vgl. Begründung zu Nr. 5 des Gesetzesentwurfes der Bundesregierung vom 25.10.2006, BT-Drs. 16/3146, S. 24.

588 Geweberichtlinie 2004/23/EG, Abl. EU Nr. L 102, vom 7.4.2004, S. 48 (51).

589 Geweberichtlinie 2004/23/EG, Abl. EU Nr. L 102, vom 7.4.2004, S. 48 (48).

590 Erweiterte und aktualisierte Stellungnahme der Bundesärztekammer (BÄK) vom 24. Januar 2007 zum Regierungsentwurf für ein Gewebegesetz, 16(14)0125(7), S. 29; Stellungnahme des Deutschen Roten Kreuzes vom 01.03.2007, BT-A-Drs. 16(14)0125(29), S. 1.

591 Siehe Begründung zu Nr. 4 des Gesetzesentwurfes der Bundesregierung vom 25.10.2006, BT-Drs. 16/3146, S. 23.

592 Begründung zu Nr. 4 des Gesetzesentwurfes der Bundesregierung vom 25.10.2006, BT-Drs. 16/3146, S. 23f.; *König*, in: Medizinstrafrecht, S. 414 (siehe besonders dortige

Daneben wird im Rahmen des Negativkataloges gemäß § 1 Abs. 2 TPG Nr. 2 klargestellt, dass dieses Gesetz nicht für Blut und Blutbestandteile[593] gilt[594]. Damit wird der Anwendungsbereich des TPG (n.F.) im Gegensatz zum TPG (a.F.)[595] auf Knochenmark, embryonale und fötale Gewebe sowie die damit im engen Sachzusammenhang stehenden Organe von Embryonen und Föten erstreckt[596]. Dies gilt jedoch nur soweit, wie deren Gewinnung und Verwendung zu medizinischen Zwecken in Deutschland erlaubt ist[597]. Es wird klarstellend darauf hingewiesen, dass das hohe Schutzniveau der bislang geltenden Gesetze (des Stammzellengesetzes und des Embryonenschutzgesetzes) unberührt bleiben soll[598].

Darüber hinaus unterfallen nunmehr auch hämatopoetische Stammzellen dem Gewebebegriff im Sinne des § 1 a Nr. 4 TPG. Das Gesetz lässt jedoch eine klare Definition für Stammzellen aus Knochenmark und sonstigen Zellpräparationen (z.B. Lymphozytenkonzentrate) als „Zellen eines Organs" oder „Gewebe" vermissen[599].

Im Folgenden wird auf die Konsequenzen der unklaren gesetzlichen „Definition" eingegangen.

cc. Die unterschiedliche Regelung hinsichtlich hämatopoetischer
Stammzellen aus Nabelschnurblut, aus peripherem Blut
und aus Knochenmark

Diese Unklarheiten werden insbesondere anhand der verschiedenen thematischen Behandlung ein und derselben medizinisch anzuwendenden Zellfraktion, den hämatopoetischen Stammzellen besonders deutlich[600]. Während die bisherige Fassung des

---

FN. 23, wonach die Kollision mit dem ESchG nicht dazu führe, dass Organ- bzw. Gewebehandelsverbot für embryonale und fetale Organe und Gewebe nicht gelte).
593 Siehe zu den sich daraus ergebenden Wertungswidersprüchen im Rahmen des Organ- bzw. Gewebehandelsverbots etwa *König*, in: TPG, vor §§ 17,18, Rdnr. 4.
594 § 1 Abs. 2 Nr. 2 TPG (NF) entspricht der Bestimmung in Art. 2 Abs. 2 b der Geweberichtlinie 2004/23/EG, Abl. EU Nr. L 102, vom 7.4.2004, S. 48 (51), vgl. Begründung zu Nr. 4 des Gesetzesentwurfes der Bundesregierung vom 25.10.2006, BT-Drs. 16/3146, S. 24.
595 In dem Negativkatalog des § 2 TPG (a.F.) waren neben dem Blut auch das Knochenmark sowie embryonale und fetale Organe und Gewebe vom Anwendungsbereich des TPG ausgeschlossen.
596 Siehe hierzu die Begründung zu Nr. 4 des Gesetzesentwurfes der Bundesregierung vom 25.10.2006, BT-Drs. 16/3146, S. 24.
597 Siehe hierzu die Begründung zu Nr. 4 des Gesetzesentwurfes der Bundesregierung vom 25.10.2006, BT-Drs. 16/3146, S. 24.
598 Siehe hierzu die Begründung zu Nr. 4 des Gesetzesentwurfes der Bundesregierung vom 25.10.2006, BT-Drs. 16/3146, S. 23.
599 Stellungnahme des Deutschen Roten Kreuzes vom 01.03.2007, BT-A-Drs. 16(14) 0125(29), S. 1.
600 Stellungnahme des Deutschen Roten Kreuzes vom 01.03.2007, BT-A-Drs. 16(14)0125(29), S. 1; erweiterte und aktualisierte Stellungnahme der Bundesärztekammer (BÄK)

Transplantationsgesetzes das Knochenmark ausdrücklich aus seinem Anwendungsbereich ausgeschlossen hat (vgl. § 1 Abs. 2 TPG (a.F.)), wird es nunmehr infolge der weiten Definition des Gewebes gemäß § 1 a Nr. 4 TPG mit umfasst. Auf Grund dieser Kodifikation werden damit Stammzellen, die aus Knochenmark gewonnen werden, vom Transplantationsgesetz erfasst. Daneben können hämatopoetische Stammzellen aber auch aus peripherem Blut und aus Nabelschnurblut gewonnen werden. Da das Blut und die Blutbestandteile jedoch gemäß § 1 Abs. 2 Nr. 2 TPG vom Anwendungsbereich des Transplantationsgesetzes ausgegrenzt werden, richtet sich die Behandlung der auf diesem Wege gewonnenen hämatopoetischen Stammzellen nach dem Transfusionsgesetz. Damit wird die gesetzliche Regelung für hämatopoetische Stammzellen je nach der Art ihrer Gewinnung getrennt[601]. Dies ist schon deswegen nicht nachvollziehbar, da es sich biologisch um denselben Zelltyp handelt[602]. Mit der unterschiedlichen Behandlung dieser Substanzen verbunden ist die Entstehung von Rechtsunsicherheit[603], da nicht klar ersichtlich ist, welche Zellen im Einzelnen in welchem Gesetz erfasst sind und welche Rechtsfolgen sich hieran knüpfen[604]. Diese unterschiedliche Behandlung wird zudem zu einer verschiedenartigen Entwicklung der behördlichen Überwachungspraxis und somit zu einer unterschiedlichen medizinischen Praxis führen[605]. Es ist unverständlich, weshalb identische Stammzellen nicht denselben Qualitäts- und Sicherheitsanforderungen unterstellt werden, zumal zunehmend sequentielle Mischpräparationen verwendet werden, die auf beiden Wegen gewonnene Stammzellen enthalten[606]. Zudem sind sowohl die Gewinnung von hämatopoetischen Stammzellen bei der

---

vom 24. Januar 2007 zum Regierungsentwurf für ein Gewebegesetz, BT-A-Drs. 16(14)0125(7), S. 25, 29.

601 Stellungnahme des Deutschen Roten Kreuzes vom 01.03.2007, BT-A-Drs. 16(14)0125(29), S. 1.

602 Stellungnahme des Deutschen Roten Kreuzes vom 01.03.2007, BT-A-Drs. 16(14)0125(29), S. 1; Stellungnahme der Deutschen Gesellschaft für Transfusionsmedizin und Immunhämatologie (DGTI) vom 27.02.2007, BT-A-Drs. 16(14)0125(17), S. 1; erweiterte und aktualisierte Stellungnahme der Bundesärztekammer (BÄK) vom 24. Januar 2007 zum Regierungsentwurf für ein Gewebegesetz, BT-A-Drs. 16(14)0125(7), S. 54; *Heinemann/Löllgen*, PharmR 2007, 183 (189).

603 So werden in den §§ 8 und 8a TPG (n.F.) umfangreiche Voraussetzungen für die Knochenmarksentnahme kodifiziert, die dem TFP fremd sind, vgl. erweiterte und aktualisierte Stellungnahme der Bundesärztekammer (BÄK) vom 24. Januar 2007 zum Regierungsentwurf für ein Gewebegesetz, BT-A-Drs. 16(14)0125(7), S. 55.

604 Erweiterte und aktualisierte Stellungnahme der Bundesärztekammer (BÄK) vom 24. Januar 2007 zum Regierungsentwurf für ein Gewebegesetz, BT-A-Drs. 16(14)0125(7), S. 29.

605 Stellungnahme des Deutschen Roten Kreuzes vom 01.03.2007, BT-A-Drs. 16(14)0125(29), S. 1.

606 Erweiterte und aktualisierte Stellungnahme der Bundesärztekammer (BÄK) vom 24. Januar 2007 zum Regierungsentwurf für ein Gewebegesetz, BT-A-Drs. 16(14)0125(7), S. 28, 54; *Heinemann/Löllgen*, PharmR 2007, 183 (189).

Knochenmarkpunktion unter Narkose als auch die Gewinnung von hämatopoetischen Stammzellen nach einer medikamentösen Mobilisation mittels Zellapherese mit nahezu den gleichen lebensbedrohlichen Nebenwirkungen verbunden[607]. Aus diesen Gründen stellt die Unterwerfung von hämatopoetischen Stammzellen in zwei unterschiedlichen Gesetzen (TFG und TPG) eine aus medizinischen Gründen nicht nachvollziehbare Entscheidung des Gesetzgebers dar. Diese nicht gebotene Differenzierung lässt die Vermutung aufkommen, dass der Gesetzesentwurf infolge mangelnden medizinischen Verständnisses entstanden ist[608]. Es wäre vielmehr geboten gewesen, die Gewinnung von Knochenmark ebenfalls im Transfusionsgesetz zu regeln, um auf diese Weise sicherzustellen, dass dieselben Voraussetzungen für alle Modalitäten der Gewinnung von hämatopoetischen Stammzellen gelten und keine Mehrkosten durch eine differenzierte Behandlung entstehen[609].

dd. Begriff der fötalen Geweben und Zellen, adulte und embryonale Stammzellen

Auch an anderer Stelle finden sich Unklarheiten hinsichtlich begrifflicher Definitionen im neuen Transplantationsgesetz. Im Zuge der Umsetzung der Geweberichtlinie werden nunmehr auch fötale Geweben und Zellen in den Gewebebegriff im Sinne des § 1 a Nr. 4 TPG einbezogen. Zwar wurden in § 4 a TPG die Voraussetzungen der Entnahme von Geweben und Organen von toten Föten und Embryonen geregelt. Es bleibt jedoch unklar, was unter dem Begriff „fötal" überhaupt zu verstehen ist, da der Gesetzgeber weder eine Legaldefinition des Begriffs kodifizierte noch den Begründungen zum Gewebegesetz hilfreiche Anhaltspunkte hierzu entnommen werden können[610]. Darüber hinaus treten Abgrenzungsprobleme hinsichtlich der Behandlung adulter und embryonaler Stammzellen auf. Vom Transplantationsgesetz werden adulte Stammzellen über § 1 a Nr. 4 TPG dann erfasst, wenn sie aus Knochenmark gewonnen werden. Daneben können sie auch dem Transfusionsgesetz unter dem Begriff der hämatopoetischer Stammzellen unterliegen, wenn sie aus

---

607 Erweiterte und aktualisierte Stellungnahme der Bundesärztekammer (BÄK) vom 24. Januar 2007 zum Regierungsentwurf für ein Gewebegesetz, BT-A-Drs. 16(14)0125(7), S. 54.
608 *Heinemann/Löllgen*, PharmR 2007, 183 (189); erweiterte und aktualisierte Stellungnahme der Bundesärztekammer (BÄK) vom 24. Januar 2007 zum Regierungsentwurf für ein Gewebegesetz, BT-A-Drs. 16(14)0125(7), S. 54.
609 Erweiterte und aktualisierte Stellungnahme der Bundesärztekammer (BÄK) vom 24. Januar 2007 zum Regierungsentwurf für ein Gewebegesetz, BT-A-Drs. 16(14)0125(7), S. 54; Stellungnahme des Deutschen Roten Kreuzes vom 01.03.2007, BT-A-Drs. 16(14)0125(29), S. 1; Stellungnahme der Deutschen Gesellschaft für Transfusionsmedizin und Immunhämatologie (DGTI) vom 27.02.2007, BT-A-Drs. 16(14)0125(17), S. 1; *Heinemann/Löllgen*, PharmR 2007, 183 (189).
610 Erweiterte und aktualisierte Stellungnahme der Bundesärztekammer (BÄK) vom 24. Januar 2007 zum Regierungsentwurf für ein Gewebegesetz, BT-A-Drs. 16(14)0125(7), S. 28.

peripherem Blut gewonnen werden. Auch hier stellt sich die Frage, aus welchen Gründen der Gesetzgeber keine einheitliche Regelung für diese Gewebearten in einem Gesetz kodifizierte, zumal die wahlweise aus peripherem Blut oder aus Knochenmark gewonnenen hämatopoetischen Stammzellen identisch sind[611].

b. Art der beabsichtigten Nutzung

Im Rahmen der Art der beabsichtigten Nutzung der einschlägigen Körpersubstanz differenziert das TPG in mehrfacher Hinsicht. So ist der Anwendungsbereich gemäß § 1 Abs. 1 TPG zum Einen dann eröffnet, wenn eine Übertragung von Organen bzw. Geweben beabsichtigt ist sowie hinsichtlich der Vorbereitung dieser Maßnahmen (S. 1) und zum Anderen bei einem Handel mit menschlichen Organen oder Geweben (S. 2).

aa. Zweck der Übertragung

Im Gegensatz zur Regelung des § 1 Abs. 1 S. 1 TPG (a.F.) wurde im § 1 Abs. 1 S. 1 TPG (n.F.) die Passage „auf andere Menschen" gänzlich gestrichen. Die Aufhebung der bisherigen Beschränkung des Anwendungsbereiches auf „andere" Menschen erfolgte im Rahmen der richtlinienkonformen Umsetzung der Geweberichtlinie, die grundsätzlich auch die Fälle erfasst, in denen die Gewebe und Zellen auf den Spender rückübertragen werden (autologe Transplantationen)[612]. Der Anwendungsbereich im Rahmen der autologen Transplantation wird jedoch nach § 1 Abs. 2 Nr. 1 TPG wiederum eingeschränkt[613].

Zudem war der Begriff der Übertragung „auf Menschen" enger, als die Definition im Rahmen des § 1 a Nr. 7 TPG[614]; diesem Gesichtspunkt wurde nunmehr Rechnung getragen, indem die Voraussetzung der Übertragung „auf Menschen" in § 1 Abs. 1 S. 1 TPG gestrichen würde[615].

---

611 Erweiterte und aktualisierte Stellungnahme der Bundesärztekammer (BÄK) vom 24. Januar 2007 zum Regierungsentwurf für ein Gewebegesetz, BT-A-Drs. 16(14)0125(7), S. 28.
612 Begründung zu Nr. 4 des Gesetzesentwurfes der Bundesregierung vom 25.10.2006, BT-Drs. 16/3146, S. 23.
613 § 1 Abs. 2 Nr. 1 TPG (n.F.) dient dabei der Umsetzung von Art. 2 Abs. 2 a der Geweberichtlinie 2004/23/EG, Abl. EU Nr. L 102, vom 7.4.2004, S. 48 (51), der die autologe Transplantation innerhalb ein und desselben chirurgischen Eingriffs vom Anwendungsbereich ausnimmt, vgl. die Begründung zu Nr. 4 des Gesetzesentwurfes der Bundesregierung vom 25.10.2006, BT-Drs. 16/3146, S. 23f.
614 Der Begriff der „Übertragung" i.S.v. § 1 a Nr. 7 beruht auf Art. 3 l der Geweberichtlinie 2004/23/EG, Abl. EU Nr. L 102, vom 7.4.2004, S. 48 (51), wobei statt der Benennung „Verwendung beim Menschen" auf den bisherigen Terminus der „Übertragung" aus dem TPG festgehalten wird; siehe hierzu Begründung zu Nr. 5 des Gesetzesentwurfes der Bundesregierung vom 25.10.2006, BT-Drs. 16/3146, S. 24f.
615 Begründung zu Nr. 4 des Gesetzesentwurfes der Bundesregierung vom 25.10.2006, BT-Drs. 16/3146, S. 23.

bb. Vorbereitungsmaßnahmen

Im Rahmen des § 1 Abs. 1 S. 1 TPG wird klargestellt, dass der Anwendungsbereich auch die Vorbereitungsmaßnahmen für Eingriffe zur Organ.- bzw. Gewebeentnahme und Organ- bzw. Gewebeübertragung einschließlich aller nach den §§ 9 bis 11 TPG zur Organ- bzw. Gewebeentnahme, -vermittlung und -übertragung erforderlichen Maßnahmen mit umfasst[616]. Zu diesen Handlungen gehören u.a. die Feststellung des Todes, die Klärung der Zulässigkeit einer Organ- bzw. Gewebeentnahme, die intensivmedizinischen Maßnahmen zur künstlichen Aufrechterhaltung der Atmungs- und Kreislauffunktionen, die Organisation der Organ- bzw. Gewebeentnahme sowie die erforderlichen klinischen und labortechnischen Untersuchungen zur Eignung des Organ- bzw. Gewebespenders und der entnommenen Organe bzw. Gewebe[617].

2. Regelungen zur Postmortalspende

Im zweiten Abschnitt des Transplantationsgesetzes (§§ 3 bis 7 TPG) werden die Voraussetzungen festgelegt, unter denen eine Organ- und Gewebeentnahme bei Verstorbenen zulässig ist.

Zunächst wird in § 3 TPG die Entnahme von Organen bzw. Geweben mit Einwilligung des Verstorbenen geregelt.

In § 4 TPG wurden die Voraussetzungen einer Entnahme von Organen bzw. Geweben mit Zustimmung anderer Personen kodifiziert.

Mit dem neu eingefügten § 4a TPG werden die Regelungen zur Zulässigkeit einer Organ- bzw. Gewebeentnahme bei toten Embryonen und Föten festgelegt[618]. Das Nachweisverfahren hinsichtlich des Vorliegens der Voraussetzungen der Postmortalspende ist in § 5 TPG kodifiziert worden. Der Grundsatz, dass die Würde des Verstorbenen bei der Spende hinreichend zu würdigen ist wurde in § 6 TPG festgelegt. Schließlich erfuhren die Voraussetzungen der Datenerhebung, der Datenverwertung und der Auskunftspflichten im Rahmen der Umsetzung des Gewebegesetzes in § 7 TPG erhebliche Neuerungen[619].

a. Der Todesbegriff des Transplantationsgesetzes

Für die Durchführung einer Postmortalspende muss der Tod des potentiellen Spenders zweifelsfrei festgestellt werden. Bereits die Frage, wann ein Mensch tot ist, birgt jedoch einige Schwierigkeiten in sich, die sowohl durch die sehr unübersichtliche

---

616 Siehe hierzu Begründung zu § 1 des interfraktionellen Gesetzesentwurfes vom 16.04.1996, BT-Drs. 13/4355, S. 16.
617 Siehe hierzu Begründung zu § 1 des interfraktionellen Gesetzesentwurfes vom 16.04.1996, BT-Drs. 13/4355, S. 16.
618 Vgl. die Begründung zu Nr. 10 des Gesetzesentwurfes der Bundesregierung vom 25.10.2006, BT-Drs. 16/3146, S. 26f.
619 Vgl. die Begründung zu Nr. 13 des Gesetzesentwurfes der Bundesregierung vom 25.10.2006, BT-Drs. 16/3146, S. 27f.

Normierung im TPG als auch infolge einer mangelnden Definition des Gesetzgebers hinsichtlich entscheidender Kriterien noch verstärkt wird.

So fordert einerseits § 3 Abs. 1 S. 1 Nr. 2 TPG, dass der Tod des Organ- oder Gewebespenders nach Regeln, die dem Stand der Erkenntnisse der medizinischen Wissenschaft entsprechen, festgestellt ist; andererseits normiert § 3 Abs. 2 Nr. 2 TPG, dass die Entnahme von Organen oder Geweben unzulässig ist, wenn nicht vor der Entnahme bei dem Organ- oder Gewebespender der endgültige, nicht behebbare Ausfall der Gesamtfunktion des Großhirns, des Kleinhirns und des Hirnstamms nach Verfahrensregeln, die dem Stand der Erkenntnisse der medizinischen Wissenschaft entsprechen, festgestellt ist. Eine klare Definition des „Gesamthirntodes als Individualtod" wird jedoch vom Gesetzgeber weder im Gesetzestext noch in der Begründung vorgenommen[620]. Obwohl eine klare normative Regelung diesbezüglich fehlt, ist die Gleichsetzung des Gesamthirntodes als Individualtod faktisch gegeben und weitgehend medizinisch und rechtlich anerkannt[621].

Dennoch wird in dem das Nachweisverfahren des Todes regelnden § 5 Abs. 1 S. 2 TPG auf den über drei Stunden andauernden nicht behebbaren Stillstand von Herz und Kreislauf als zusätzliches Merkmal abgestellt. Indem der Gesetzgeber eindeutige Definitionen des Todesbegriffes vermissen lässt, wird der Todesbegriff unterschiedlichen Interpretationen zugeführt[622]. Ferner wird teilweise davon ausgegangen, dass das Transplantationsgesetz mit „zwei Todesbegriffen" arbeite[623].

Infolge des systematischen Zusammenspiels der §§ 5 Abs. 1, 16 Abs. 1 S. 1 Nr. 1, 3 Abs. 1 S. 1 Nr. 2, 3 Abs. 2 Nr. 2 TPG in Verbindung mit den Richtlinien der BÄK[624], werden vom Gesetz zwei unterschiedliche Feststellungen des Todes gefordert[625];

---

620 *Herrig*, Gewebetransplantation, S. 85; *Parzeller/Henze/Bratzke*, KritV 2004, 371 (375); *Angstwurm*, in: Praxisleitfaden Gewebegesetz, S. 203.

621 *Parzeller*, in: Praxisleitfaden Gewebegesetz, S. 80; *Schroth*, in: TPG, Vor §§ 3, 4, Rdnr. 4.

622 *Parzeller/Henze/Bratzke*, KritV 2004, 371 (375) mit Nachweisen hinsichtlich der verschiedenen Ansichten; *Parzeller*, in: Praxisleitfaden Gewebegesetz, S. 77f. wo anschaulich die verwendeten Todesdefinitionen und die Todesfeststellungen tabellarisch aufgezeigt sind.

623 *Höfling/Rixen*, in: Höfling, Kommentar zum Transplantationsgesetz (TPG), § 3, Rdnr. 7; *Deutsch*, NJW 1998, 777(778).

624 Siehe zu den Richtlinien der BÄK hinsichtlich der Feststellung des Hirntodes unter: http://www.bundesaerztekammer.de/downloads/Hirntodpdf.pdf. und hinsichtlich der Richtlinien bzgl. der ärztlichen Beurteilung unter: http://www.bundesaerztekammer.de/downloads/RiliOrgaAerztlBeurteilung.pdf. , jeweils abgerufen am 15.09.2009.

625 *Lilie*, in: Humaniora, S. 967 weist zutreffend darauf hin, dass sich hinter der Systematik der Todesdefinition und der Todesfeststellung im Rahmen der Gewebespende ein Fehler im Gesetzgebungsverfahren verberge; ähnlich auch die Stellungnahme der GKV vom 24.01.2007, BT-A-Drs. 16(14)0125(8), S. 5, die die bisherige Formulierung als „Redaktionsversehen" werten.

einerseits die Todesfeststellung gemäß § 3 Abs. 1 S. 1 Nr. 2 TPG und die Feststellung des Gesamthirntodes nach § 3 Abs. 2 Nr. 2 TPG (sog. indirekte Hirntodfeststellung), welche jeweils verschiedene Anforderungen aufstellen[626]. Darüber hinaus erfährt die Todesfeststellung infolge des in § 5 Abs. 1 TPG geforderten endgültigen nicht behebbaren Stillstands von Herz und Kreislauf, seit dem mehr als drei Stunden verstrichen sein müssen, eine weitere Hürde[627].

Die Verfahrensregel des § 5 Abs. 1 S. 1 TPG fordert, dass sowohl der Tod nach § 3 Abs. 1 S. 1 Nr. 2 als auch nach Abs. 2 TPG durch zwei qualifizierte und gemäß § 5 Abs. 2 S. 1 unabhängige Ärzte[628] festgestellt wird. Demgegenüber genügt nach § 5 Abs. 1 S. 2 TPG die Todesfeststellung gemäß § 3 Abs. 1 S. 1 Nr. 2 TPG nur eines Arztes, wenn nach dem nicht mehr behebbaren Herz- Kreislauf- Versagen bereits drei Stunden verstrichen sind; dabei darf die Feststellung des Gesamthirntodes gemäß § 3 Abs. 2 Nr. 2 TPG ausschließlich durch zwei Ärzte erfolgen, selbst wenn sichere äußere Todeszeichen[629] vorhanden sind, so dass der Mensch sicher feststellbar tot ist[630]. Die Konsequenz eines derartigen Zulässigkeitskriteriums der Gewebeentnahme besteht nunmehr in dem widersinnigen Umstand, dass zwar ein Arzt sichere Todeszeichen feststellen darf, so dass der Betroffene bestattet bzw. seziert werden könnte, eine zeitnahe Gewebeentnahme aber scheitert, da die indirekte Hirntodfeststellung durch mindestens zwei unabhängige Ärzte zu erfolgen hat[631].

---

626 *Parzeller/Rüdiger*, StoffR 2007, 70 (84); *Parzeller/Henze*/Bratzke, KritV 2004, 371 (378); vgl. Begründung zu Nr. 1 und Nr. 2 des Änderungsantrags zum TPG vom 24.06.1997, BT- Drs.13/8027, S. 8; *Parzeller/Eisenmenger*, in: Praxisleitfaden Gewebegesetz, S. 189.

627 *Parzeller/Eisenmenger*, in: Praxisleitfaden Gewebegesetz, S. 189.

628 Zur Vermeidung etwaiger Konfliktsituationen ist erforderlich, dass die Feststellung hinsichtlich des Todes von der Gewebe- bzw. Organentnahme bzw. -übertragung strikt voneinander getrennt wird. Aus diesen Gründen führte der Gesetzgeber in § 5 Abs. 1 S. 1 TPG das Erfordernis ein, dass zwei Ärzte den potentiellen Spender unabhängig voneinander zu untersuchen haben, in § 5 Abs. 2 S. 1 TPG die Voraussetzung, dass die untersuchenden Ärzte weder an der Entnahme noch an der Übertragung der Körpersubstanzen beteiligt sein dürfen und in § 5 Abs. 2 S. 2 TPG, dass diese Ärzte keinen Weisungen eines Arztes unterstehen dürfen, der an diesen Maßnahmen beteiligt ist. Vgl. hierzu *Angstwurm*, in: Praxisleitfaden Gewebegesetz, S. 202.

629 Etwa Totenflecken, Fäulnis oder Totenstarre.

630 *Parzeller/Rüdiger*, StoffR 2007, 70 (84); *Parzeller/Henze*/Bratzke, KritV 2004, 371 (378).

631 *Parzeller/Rüdiger*, StoffR 2007, 70 (84); siehe auch *Parzeller/Henze*/Bratzke, KritV 2004, 371 (379ff.) mit zahlreichen Fallbeispielen hierzu.

Trotz der Unpraktikabilität der doppelten Feststellung des Todes, die seit Jahren von Seiten der Literatur[632] und nochmals in den Stellungnahmen[633] zur Ausführung des Gewebegesetzes auf massive Kritik gestoßen ist, hat der Gesetzgeber die Möglichkeit zur Änderung der Todesfeststellung fruchtlos verstreichen lassen.

b. Entnahme mit Einwilligung des Spenders, § 3 TPG

Nach § 3 Abs. 1 S. 1 TPG ist die Entnahme von Organen oder Geweben bei Verstorbenen an drei Voraussetzungen geknüpft, die kumulativ vorliegen müssen, nämlich die Einwilligung des Spenders, die Feststellung des Todes nach den Regeln, die dem Stand der Erkenntnisse der medizinischen Wissenschaft entsprechen und die Vornahme des Eingriffes durch einen Arzt. In § 3 Abs. 1 S. 2 TPG wird abweichend von § 3 Abs. 1 S. 1 Nr. 3 TPG klargestellt, dass die Entnahme von Geweben auch durch andere dafür qualifizierte Personen unter der Verantwortung und nach fachlicher Weisung eines Arztes vorgenommen werden darf. In § 3 Abs. 2 TPG wird geregelt, dass eine Organ- oder eine Gewebeentnahme unzulässig ist, wenn der potentielle Spender, dessen Tod festgestellt worden ist, einer Entnahme widersprochen hat oder wenn vor der Entnahme nicht der endgültige und nicht mehr behebbare Ausfall der Gesamthirnfunktion des Großhirns, des Kleinhirns und des Hirnstamms nach Verfahrensregeln, die dem Stand der Erkenntnisse der medizinischen Wissenschaft entsprechen, festgestellt worden ist[634].

aa. Vorliegen einer Einwilligung des Spenders, § 3 Abs. 1 S. 1 Nr. 1 TPG

Nach § 3 Abs. 1 S. 1 Nr. 1 TPG setzt die Entnahme von Organen oder Geweben die Einwilligung des potentiellen Spenders voraus, falls in den § 4 oder 4 a TPG nichts Abweichendes bestimmt ist. Durch das Erfordernis der Einwilligung, bzw. des Widerspruchs, soll das Selbstbestimmungsrecht des potentiellen Spenders über seinen Tod hinaus geschützt werden[635]. Daneben wird in § 3 Abs. 2 S. 1 TPG verlangt,

---

632 *Parzeller/Henze*/Bratzke, KritV 2004, 371 (375ff.), die auch zahlreiche Beispiele für die Widersinnigkeit der geltenden Normierung aufführen; *Herrig*, Gewebetransplantation, S. 102ff; *Dettmeyer/Madea*, Rechtsmedizin 2002, 365 (369); *Lilie*, in: Humaniora, S. 967f.
633 Vgl. die Stellungnahme der GKV vom 24.01.2007, BT-A-Drs. 16(14)0125(8), S. 5, die die bisherige Formulierung als „Redaktionsversehen" werten; Stellungnahme der Deutschen Gesellschaft für Rechtsmedizin e.V. und des Berufsverbandes Deutscher Rechtsmediziner e.V. vom 01.03.2007, BT-A-Drs. 16(14)0125, S. 1; Stellungnahme der Deutschen Krankenhausgesellschaft vom 27.02.2007, BT-A-Drs. 16(14)0125(24), S. 6f.
634 Der Negativkatalog des § 3 Abs. 2 TPG dürfte eine an sich überflüssige Regelung des Gesetzgebers sein, da er bereits in § 3 Abs. 1 TPG (n.F.) positiv geregelt hat, wann eine Entnahme in Frage kommt, so auch *Kühn*, MedR 1998, 455 (456).
635 *Parzeller*, in: Praxisleitfaden Gewebegesetz, S. 74; *Schroth*, in: TPG, vor §§ 3,4, Rdnr. 45.

dass der Arzt den nächsten Angehörigen des potentiellen Spenders hinsichtlich der beabsichtigten Organ- oder Gewebeentnahme unterrichtet.

(1) Einwilligungsfähigkeit des potentiellen Spenders

Die Voraussetzung einer wirksamen Einwilligung ist die Einwilligungsfähigkeit des Verstorbenen. Das Transplantationsgesetz definiert dabei nicht, wann von einer Einwilligungsfähigkeit hinsichtlich einer Organ- oder Gewebeentnahme auszugehen ist. Dennoch ist aus § 2 Abs. 2 S. 3 TPG zu entnehmen, dass nicht die Volljährigkeit das entscheidende Kriterium sein soll. So bestimmt § 2 Abs. 2 S. 3 TPG, dass die Einwilligung vom vollendeten sechzehnten Lebensjahr an erklärt werden könne; damit wird klargestellt, dass sich die Einwilligungsfähigkeit nach der natürlichen Einsichtsfähigkeit des Verstorbenen orientiert, die Tragweite einer Organ oder Gewebespende zu begreifen[636]. Diese ist im Normalfall ab einem Alter von sechzehn Jahren anzunehmen, da ab dem sechzehnten Lebensjahr auch die Testierfähigkeit gemäß § 2229 Abs. 1 BGB erreicht ist[637]. Der potentielle Spender muss hierbei lediglich die Einsichtsfähigkeit eines normalen sechzehnjährigen aufweisen[638], was dann zu Abgrenzungsproblemen führen kann, wenn der Betroffene noch nicht das sechzehnte Lebensjahr vollendet hat oder aber eine geistige Behinderung aufweist[639].

(2) Erklärungen Minderjähriger vor Vollendung des 16. Lebensjahres und von geistig Behinderten

Wurde die Einwilligung in eine Organ- oder Gewebeentnahme von einem Minderjährigen erklärt, der im Zeitpunkt der Erklärung das sechzehnte Lebensjahr noch nicht vollendet hat, so kann dessen natürlicher Wille beachtet werden[640], die Einwilligung des daraufhin Verstorbenen ist jedoch unwirksam[641].

Die erforderliche Entscheidung des Einwilligungsunfähigen kann auch nicht durch die zu seinen Lebzeiten Sorgeberechtigten (z.B. durch die Eltern) ersetzt werden[642]. Das Transplantationsgesetz wertet die Einwilligung des potentiellen Spenders in eine postmortale Spende als seine höchstpersönliche Entscheidung[643]. Im Transplantationsgesetz findet sich keine ausdrückliche Regelung zu der Frage, wie mit der Einwilligung eines geistig Behinderten umzugehen ist.

---

636 *Schroth*, in: Medizinstrafrecht, S. 366f.; *Chu*, Organtransplantation und Strafrecht, S. 77; *Parzeller*, in: Praxisleitfaden Gewebegesetz, S. 74.
637 *Schroth*, in: TPG, § 3, Rdnr. 3; Begründung zu § 3 des interfraktionellen Gesetzesentwurfes vom 16.04.1996, BT- Drs. 13/4355, S. 18.
638 *Höfling*, in: Höfling TPG, § 2, Rdnr. 30; *Schroth*, in: Medizinstrafrecht, S. 367.
639 *Chu*, Organtransplantation und Strafrecht, S. 77.
640 *Parzeller*, in: Praxisleitfaden Gewebegesetz, S. 74.
641 *Chu*, Organtransplantation und Strafrecht, S. 78; *Schoth*, in: TPG, § 3, Rdnr. 4; *Schroth*, in: Medizinstrafrecht, S. 367.
642 *Schroth*, in: TPG, § 3, Rdnr. 4; *Schroth*, in: Medizinstrafrecht, S. 367.
643 *Schoth*, in: TPG, § 3, Rdnr. 4; *Schroth*, in: Medizinstrafrecht, S. 367.

Da das Transplantationsgesetz jedoch hinsichtlich der Einwilligung auf die Einwilligungsfähigkeit abstellt, und nicht etwa auf die Volljährigkeit, muss die Einwilligung eines geistig Behinderten, mag er auch volljährig sein, als unwirksam anzusehen sein, wenn er nicht über die erforderliche Einsichts- und Urteilsfähigkeit verfügt[644]

bb. Manifestation der Einwilligung nach außen

Als weiter Voraussetzung einer wirksamen Einwilligung muss hinzutreten, dass der potentielle Spender seine Einwilligung nach außen manifestiert hat, was üblicherweise mit einer entsprechenden Erklärung in einem Organspenderausweis erfolgt[645]. Ausreichend dürfte jedoch auch eine diesbezügliche Erklärung auf einem Zettel sein sowie die Mitteilung an eine Person, dass ein Einverständnis hinsichtlich einer postmortalen Organ- und Gewebeentnahme gegeben ist[646]. Als nicht genügend ist jedoch die Erklärung der Einwilligung in einem Testament zu betrachten, da mit einer Entscheidung hinsichtlich einer Organ- bzw. Gewebespende aus medizinischen Gründen in der Regel nicht bis zur Testamentseröffnung gewartet werden könne[647]

cc. Kein Widerruf der Einwilligung

Darüber hinaus bildet das Fehlen eines Widerrufs der Einwilligung vor dem Tod des potentiellen Spenders eine weitere Wirksamkeitsvoraussetzung einer zulässigen Postmortalspende. Hierbei ist zu beachten, dass nicht jegliche Rücknahme einer Einwilligung in die Postmortalspende einen Widerruf darstellt; sie wird aber grundsätzlich entsprechend des mutmaßlichen Willens als Indiz für den Widerruf zu werten sein[648]. Ist das Vorliegen eines autonomen Widerrufs zu bejahen, so liegt keine wirksame Einwilligung des potentiellen Spenders mehr vor[649].

dd. Kein Zwang hinsichtlich der Einwilligung

Darüber hinaus ist erforderlich, dass die Einwilligung frei von jeglichen Zwängen abgegeben worden ist. Ein Zwang ist grundsätzlich bei jeder Drohung mit einem empfindlichen Übel oder bei der Anwendung von noch fortwirkender Gewalt anzunehmen[650]. Keine Wirksamkeitsvoraussetzung ist es dagegen, dass die Einwilligung frei von Willensmängeln abgegeben worden ist; dies folgt aus der Wertung

---

644 So auch *Joo*, Organtransplantation, S. 78; *Tag*, Körperverletzungstatbestand, S. 318.
645 *Schroth*, in: TPG, § 3, Rdnr. 6; *Schroth*, in: Medizinstrafrecht, S. 367.
646 *Schroth*, in: TPG, § 3, Rdnr. 6; *Schroth*, in: Medizinstrafrecht, S. 367.
647 Begründung zu § 2 des interfraktionellen Gesetzesentwurfes vom 16.04.1996, BT- Drs. 13/4355, S. 17.
648 *Schroth*, in: Medizinstrafrecht, S. 367; *Schroth*, in: TPG, § 3, Rdnr. 8.
649 *Schroth*, in: TPG, § 3, Rdnr. 7.
650 *Schroth*, in: TPG, § 3, Rdnr. 10.

des Gesetzgebers, der die Einwilligung als Einverständnis auffasste und nicht als technische Einwilligung[651].

c. Kein Widerspruch des potentiellen Organ- bzw. Gewebespenders

Schließlich ist für eine zulässige postmortale Organ- bzw. Gewebespende erforderlich, dass der potentielle Spender einer solchen nicht widersprochen hat. Nach § 2 Abs. 2 S. 1 TPG hat der potentielle Spender die Möglichkeit einer Organ- oder Gewebespende zu widersprechen. Dabei kann sich der Widerspruch auch nur auf einzelne Organe oder Gewebe beschränken (§ 2 Abs. 2 S. 2 TPG). Im Gegensatz zu Einwilligung ist der Widerspruch zur Organ- oder Gewebespende schon vom vollendeten vierzehnten Lebensjahr möglich (§ 2 Abs. 2 S. 3 TPG). Ebenso wie die Erklärung der Einwilligung bedarf auch der Widerspruch einer Manifestation nach außen, wobei hinsichtlich des Widerspruches die gleichen Formen wie bei der Einwilligung gelten, so dass nach oben verwiesen werden kann. Liegt ein wirksamer Widerspruch zu einer postmortalen Organ- bzw. Gewebespende vor, scheidet eine solche im Einklang mit dem Menschenbild des Grundgesetzes aus, wonach keiner zum bloßen Objekt degradiert werden dürfe[652].

d. Umfang der Einwilligung

Dem potentiellen Spender bleibt es frei, den Umfang der Einwilligung in eine Organ- bzw. Gewebespende zu beschränken (vgl. § 2 Abs. 2 S. 2 TPG)[653]. So kann sich die Einwilligung lediglich auf einzelne Organe bzw. Gewebe beziehen[654]. Die Spende bezieht sich dann auf die vom Spender zugelassenen Körpersubstanzen[655].

Darüber hinaus ist es zulässig, die Einwilligung an bestimmte, jedoch nicht grundgesetzes- bzw. transplantationsgesetzeswidrige Bedingungen zu knüpfen[656]. So bleibt es dem potentiellen Spender unbenommen, eine Bedingung dahingehend zu stellen, dass nur ganze Organe und nicht nur Teile davon verwendet werden[657].

---

651 *Schoth*, in: TPG, § 3, Rdnr. 10; *Schroth*, in: Medizinstrafrecht, S. 367.
652 Begründung zu § 3 des interfraktionellen Gesetzesentwurfes vom 16.04.1996, BT- Drs.13/4355, S. 18.
653 *Schroth*, in: TPG, § 3, Rdnr. 11; *Schroth*, in: Medizinstrafrecht, S. 367; *Rixen*, in: Höfling, Kommentar zum Transplantationsgesetz (TPG), § 2, Rdnr. 26; *Joo*, Organtransplantation, S. 83f.
654 *Nickel*, Die Entnahme von Organen, S. 160; *Schroth*, in: TPG, § 3, Rdnr. 11; *Schroth*, in: Medizinstrafrecht, S. 367; *Joo*, Organtransplantation, S. 84.
655 *Schroth*, in: TPG, § 3, Rdnr. 11.
656 So ist eine Bedingung als grundgesetzeswidrig anzusehen, wenn sie bestimmt, dass die Körpersubstanz lediglich Männern zugute kommen solle; eine transplantationsgesetzeswidrige Bestimmung liegt dann vor, wenn vermittlungspflichtige Organe im Sinne des § 1a Nr. 2 TPG an einen bestimmten Empfänger übertragen werden sollen, vgl. hierzu *Schroth*, in: TPG, § 3, Rdnr. 11; *Schroth*, in: Medizinstrafrecht, S. 367f.; *Joo*, Organtransplantation, S. 84.
657 *Schroth*, in: TPG, § 3, Rdnr. 11; *Schroth*, in: Medizinstrafrecht, S. 367.

Sollten die Bedingungen zwingenden gesetzlichen Regeln zuwiderlaufen, so sind diese nach dem Rechtsgedanken des § 134 BGB unwirksam[658]. Durch eine Interpretation des Spenderwillens ist dann mit dem Rechtsgedanken des § 139 BGB zu ermitteln, ob trotz der unwirksamen Bedingung von einer wirksamen Einwilligung zur Spende ausgegangen werden kann oder nicht[659].

e. Eingriff durch einen Arzt bzw. durch andere dafür qualifizierte Personen, § 3 Abs. 1 S. 1 Nr. 3, S. 2 TPG

In § 3 Abs. 1 S. 1 Nr. 3 TPG wird festgeschrieben, dass der Eingriff im Rahmen der Organentnahme nur durch einen Arzt vorgenommen werden darf. Damit ist nur der Arzt berechtigt, der über eine Approbation oder über eine entsprechende Befugnis zur Berufsausübung verfügt[660].

Zur Begründung des Arztvorbehaltes wird vorgetragen, dass diese Regelung im Hinblick auf eine sachgerechte Durchführung der Organentnahme dem Schutz des Organempfängers diene[661]. Im Gegensatz dazu wird es für die Gewebeentnahme als ausreichend angesehen, dass die Entnahme von Geweben auch durch andere dafür qualifizierte Personen unter der Verantwortung und nach fachlicher Weisung eines Arztes vorgenommen wird (vgl. § 3 Abs. 1 S. 2 TPG). Zur Begründung dieser abweichenden Regelung wird vorgetragen, dass durch den neu eingefügten S. 2 der für die postmortale Organentnahme strikt geltende Arztvorbehalt für die postmortale Gewebeentnahme durchbrochen werde, da im Gegensatz zu der postmortalen Organentnahme, welche zur Sicherung der Transplantierbarkeit der Organe eine chirurgische Entnahme durch einen Arzt erfordert, es für eine Gewebeentnahme genügt, wenn diese z. B. durch eine entsprechend qualifizierte nichtärztliche Person unter der Verantwortung und Weisung eines Arztes vorgenommen wird[662]. Die Aufhebung des Arztvorbehaltes für die Gewebeentnahme ist folgerichtig, da die Organentnahme im Gegensatz zur Gewebeentnahme um ein Vielfaches komplizierter ist und zudem ein gesteigertes Risiko für den Empfänger darstellt, so dass für den Organsektor eine entsprechende ärztliche Qualifikation gerechtfertigt ist, während die postmortale Gewebeentnahme auch durch ärztliches Hilfspersonal, etwa Sektionsgehilfen, durchgeführt werden kann.

---

658 *Schroth*, in: TPG, § 3, Rdnr. 11f.; *Schroth*, in: Medizinstrafrecht, S. 368.
659 *Schroth*, in: TPG, § 3, Rdnr. 12; *Schroth*, in: Medizinstrafrecht, S. 368.
660 *Parzeller*, in: Praxisleitfaden Gewebegesetz, S. 79; *Schroth*, in: TPG, § 3, Rdnr. 18; *Joo*, Organtransplantation, S. 85.
661 Vgl. die Begründung zu § 3 des interfraktionellen Gesetzesentwurfes vom 16.04.1996, BT- Drs.13/4355, S. 18.
662 Vgl. die Begründung zu Nr. 8 des Gesetzesentwurfes der Bundesregierung vom 25.10.2006, BT-Drs. 16/3146, S. 26.

f. Zustimmung anderer Personen in die Organ- oder Gewebeentnahme
Liegt weder eine schriftliche Einwilligung noch ein schriftlicher Widerspruch des Verstorbenen hinsichtlich einer Entnahme vor, so kommt eine Entnahme gemäß § 4 Abs. 1 S. 1 TPG nur dann in Frage, wenn der Arzt den nächsten Angehörigen über eine in Frage kommende Entnahme von Organen oder Geweben unterrichtet hat und dieser ihr zustimmte. Hatte der potentielle Spender die Entscheidung hinsichtlich einer möglichen Organ- bzw. Gewebeentnahme einer bestimmten Person übertragen (vgl. § 2 Abs. 2 S. 1 TPG), so tritt diese gemäß § 4 Abs. 3 TPG an die Stelle des nächsten Angehörigen. Damit folgt das Transplantationsgesetz der erweiterten Zustimmungslösung, wonach eine Organ- bzw. Gewebeentnahme ohne Einwilligung des potentiellen Spenders oder falls keine Erklärung des potentiellen Spenders vorliegt, ohne Zustimmung nahe stehender Personen, unzulässig ist[663].

aa. Zustimmung der nächsten Angehörigen

Sollten dem Arzt, der die Organ- oder Gewebeentnahme vornehmen oder unter dessen Verantwortung die Gewebeentnahme nach § 3 Abs. 1 Satz 2 vorgenommen werden soll, weder eine schriftliche Einwilligung noch ein schriftlicher Widerspruch des möglichen Organ- oder Gewebespenders vorliegen, ist dessen nächster Angehöriger zu befragen, ob ihm von diesem eine Erklärung zur Organ- oder Gewebespende bekannt ist (vgl. § 4 Abs. 1 S. 1 TPG); dabei kann diese Befragung auch durch eine andere Person als den in S. 1 bezeichneten Arzt erfolgen[664]. Sämtliche Modalitäten der Befragung stehen im Ermessen der Befragerperson[665].

---

663 Im Gegensatz hierzu gibt es noch die „enge Zustimmungslösung", wonach die Organ- bzw. Gewebeentnahme nur mit Einwilligung des potentiellen Spenders zulässig sei, die „strenge bzw. enge Widerspruchslösung", nach der eine Entnahme schon dann möglich ist, wenn der potentielle Spender ihr nicht widersprochen habe, die „eingeschränkte bzw. erweiterte Widerspruchslösung", wonach auch die Angehörigen einer Entnahme widersprechen können, die Informationslösung, nach der von einer grundsätzlichen Spenderbereitschaft ausgegangen wird, falls zu Lebzeiten kein Widerspruch erfolgte und nach der die Angehörigen zu informieren sind, ihnen Einspruchsrechte jedoch nicht zustehen und die „Notstandslösung", nach der auch bei einem Widerspruch des potentiellen Spenders eine Entnahme möglich ist, falls ein Notstand greife, vgl. hierzu *Schroth*, in TPG, vor §§ 3,4, Rdnr. 43f.; *Joo*, Organtransplantation, S. 76f.; *Deutsch*, NJW 1998, 777 (777f.); *Kühn*, MedR 1998, 455 (455f.); *Parzeller*, in: Praxisleitfaden Gewebegesetz, S. 75; vgl. auch die Beschlussvorlage in dem Änderungsantrag zu den BT- Drs.13/4355 und 13/8017 vom 24.06.1997, BT- Drs. 13/8027.
664 Vgl. die Begründung zu Nr. 3 des Änderungsantrag zu den BT- Drs.13/4355 und 13/8017 vom 24.06.1997, S. 9.
665 *Rixen*, in: Höfling, Kommentar zum Transplantationsgesetz (TPG), § 4, Rdnr. 8.

(1) Begriff der nächsten Angehörigen nach dem TPG

Obwohl das deutsche Recht den Begriff des nächsten Angehörigen unterschiedlich verwendet und es damit keine allgemeingültige Definition gibt, welche Personen hierunter zu subsumieren sind, hat sich der Gesetzgeber im Rahmen des Transplantationsgesetzes für eine ganz bestimmte Reihenfolge entscheiden, die sich aus § 1a Nr. 5 TPG ergibt.

(2) Rangfolge der nächsten Angehörigen, § 1 a Nr. 5 TPG

Gemäß dieser Reihenfolge, die in § 1 a Nr. 5 TPG kodifiziert wurde, bestimmt sich die Rangfolge der zur Entscheidung berufenen Angehörigen. Auf der ersten Stufe stehen dabei der Ehegatte oder der eingetragene Lebenspartner, auf der zweiten Stufe die volljährigen Kinder, auf der dritten Stufe die Eltern oder ein anderer Sorgeinhaber (sofern der mögliche Organ- oder Gewebespender zur Todeszeit minderjährig war und die Sorge für seine Person zu dieser Zeit nur einem Elternteil, einem Vormund oder einem Pfleger zustand) auf der vierten Stufe die volljährigen Geschwister und auf der fünften Stufe die Großeltern.

bb. Verfahren der Zustimmung

Um dem Willen des potentiellen Spenders größtmöglich zu entsprechen ist der nächste Angehörige als Sachwalter des postmortalen Persönlichkeitsrechts des Verstorbenen verpflichtet eine ihm bekannte Erklärung des Verstorbenen im Rahmen der Befragung nach § 4 Abs. 1 S. 1 TPG mitzuteilen[666]. Stellt sich nach dieser Befragung eine Einwilligung zur Organ- bzw. Gewebespende heraus, richtet sich deren Zulässigkeit im Folgenden nach § 3 TPG[667].

Lässt sich auch nach der Befragung der Angehörigen keine Bestimmung des Verstorbenen hinsichtlich einer Entnahme seiner Organe oder Geweben (also weder eine Einwilligung noch ein Widerspruch) feststellen, so bestimmt § 4 Abs. 1 S. 2 TPG, dass eine solche Entnahme erst dann zulässig ist, wenn ihr der nächste Angehörige nach einer entsprechenden Unterrichtung zugestimmt hat. Die Entscheidungsfreiheit des nächsten Angehörigen erfährt mit § 4 Abs. 1 S. 4 TPG eine Einschränkung dahingehend, dass seine Entscheidung unter dem Vorbehalt des mutmaßlichen Willens des Verstorbenen steht; hierauf muss der Angehörige vom Arzt hingewiesen werden, vgl. § 4 Abs. 1 S. 5 TPG. Auch diese Regelung soll sicherstellen, dass der Wille des potentiellen Spenders weitestgehend respektiert werden solle, so dass der nächste Angehörige als Sachwalter des postmortalen Persönlichkeitsrechts

---

666 Vgl. die Begründung zu Nr. 3 des Änderungsantrag zu den BT- Drs.13/4355 und 13/8017 vom 24.06.1997, S. 9.
667 Vgl. die Begründung zu Nr. 3 des Änderungsantrag zu den BT- Drs.13/4355 und 13/8017 vom 24.06.1997, S. 9.

des Verstorbenen zu fungieren habe[668]. Aus diesem Grunde hat er die zu Lebzeiten geäußerten Überzeugungen und andere wesentliche Anhaltspunkte, welche die Einstellung des potentiellen Spenders zur Frage einer postmortalen Organ- bzw. Gewebespende vermuten lassen, bei seiner Entscheidung zu berücksichtigen[669]. Kann auf diesem Weg der mutmaßliche Wille des Verstorbenen ermittelt werden, dann ist dem nächsten Angehörigen eine eigene Entscheidung verwehrt;[670] sollte sich jedoch weder der erklärte noch der mutmaßliche Wille des Verstorbenen ermitteln lassen, dann ist der nächste Angehörige nach eigenem, ethisch verantwortbaren Ermessen zu einer Entscheidung im Rahmen seines Totensorgerechts berufen[671].

In § 4 Abs. 2 S. 1 TPG wird klargestellt, dass der nächste Angehörige zu einer Entscheidung hinsichtlich der Entnahme nur dann befugt sein soll, wenn er in den letzten zwei Jahren vor dem Tod des möglichen Organ- oder Gewebespenders zu diesem persönlichen Kontakt hatte. Mit dieser Regelung soll sichergestellt werden, dass nur solche Angehörige zur Entscheidung berufen sein sollen, die aufgrund ihres persönlichen Kontaktes zum Verstorbenen in der Lage sind, eine Entscheidung im Sinne des Verstorbenen zu treffen[672]. Aus diesem Grund ist es ausreichend, wenn in den letzten zwei Jahren vor dem Tod eine gelegentliche Kommunikation zwischen dem Verstorbenen und dem Angehörigen bestand. Da der Kontakt jedoch zwingend privater Natur gewesen sein muss, scheiden allein geschäftliche oder dienstliche Kontakte aus[673]. Dabei ist nicht zwingend notwendig, dass der Kontakt dann nicht persönlicher Natur ist, wenn er über moderne Kommunikationswege, wie etwa das Internet, stattgefunden hat[674]. Entsprechend der Ratio der Norm ist hierbei entscheidend, dass das Internet dazu benutz worden ist, sich über Privates auszutauschen; sollte dies der Fall gewesen sein, ist kein Grund ersichtlich, den E- Mail-Verkehr anders zu würdigen als den postalischen Kontakt[675].

Ob diese Verbundenheit im geforderten Zeitraum tatsächlich bestanden hat, ist durch den Arzt durch Befragung des nächsten Angehörigen festzustellen (§ 4 Abs. 2 S. 2 TPG), wobei den Arzt eine darüberhinausgehende Nachforschungspflicht nicht

---

668 Vgl. die Begründung zu Nr. 3 des Änderungsantrag zu den BT- Drs.13/4355 und 13/8017 vom 24.06.1997, S. 9.
669 Vgl. die Begründung zu Nr. 3 des Änderungsantrag zu den BT- Drs.13/4355 und 13/8017 vom 24.06.1997, S. 9.
670 *Schroth*, in: TPG, § 4, Rdnr. 11.
671 Vgl. die Begründung zu Nr. 3 des Änderungsantrag zu den BT- Drs.13/4355 und 13/8017 vom 24.06.1997, S. 9; *Schroth*, in: TPG, § 4, Rdnr. 13; *Rixen*, in: Höfling, Kommentar zum Transplantationsgesetz (TPG), § 4, Rdnr. 10; *Joo*, Organtransplantation, S. 82.
672 Vgl. die Begründung zu Nr. 3 des Änderungsantrag zu den BT- Drs.13/4355 und 13/8017 vom 24.06.1997, S. 10.
673 *Joo*, Organtransplantation, S. 81; *Nickel*, Die Entnahme von Organen, S. 166; *Schroth*, in: TPG, § 4, Rdnr. 36.
674 Ablehnend, jedoch ohne Begründung *Joo*, Organtransplantation, S. 81.
675 So auch *Schroth*, in: TPG, § 4, Rdnr. 36.

trifft[676]. Bei mehreren gleichrangigen nächsten Angehörigen ist die Beteiligung und die Entscheidung eines von ihnen ausreichend (§ 4 Abs. 2 S. 3, 1.HS. TPG), wobei die Unterrichtung etwaiger anderer Angehöriger nicht dem Arzt, sondern dem unterrichteten Angehörigen obliegt[677]. Da der Widerspruch eines jeden der gleichrangigen Angehörigen zu beachten ist (§ 4 Abs. 2 S. 3, 2.Hs. TPG), kommt mehreren gleichrangigen Angehörigen insoweit ein Vetorecht zu[678].

Sollte ein vorrangig nächster Angehöriger innerhalb angemessener Zeit nicht erreichbar sein, so genügt die Beteiligung und Entscheidung des zuerst erreichbaren nächsten Angehörigen (§ 4 Abs. 2 S. 4 TPG). Dabei bemisst sich die „angemessene Zeit" insbesondere danach, wie lange nach Eintritt des Todes die betreffenden Organe bzw. Gewebe noch transplantierfähig entnommen werden können[679].

In § 4 Abs. 1 S. 6 TPG wurde darüber hinaus noch ein besonderes Verfahren verankert. Der nächste Angehörige kann hiernach mit dem Arzt vereinbaren, dass er seine erklärte Zustimmung zur Transplantation innerhalb einer bestimmten, vereinbarten Frist widerrufen kann. Während die Vereinbarung dieser Bedenkzeit der Schriftform bedarf (vgl. § 4 Abs. 1 S. 6, 2. Hs. TPG), kann der Widerruf innerhalb der vereinbarten Frist auch formlos erklärt werden[680].

cc. Zustimmung anderer Personen

Neben der Entscheidung der nächsten Angehörigen sieht das Gesetz vor, dass eine Zustimmung bzw. ein Widerspruch in zwei weiteren Fällen durch andere Personen erfolgen könne. Dies kann sowohl eine Person in besonderer persönlicher Verbundenheit (vgl. § 4 Abs. 2 S. 5 TPG) als auch eine Vertrauensperson (vgl. § 2 Abs. 2 S. 1 i.V.m § 4 Abs. 3 TPG) sein.

(1) Person in besonderer persönlicher Verbundenheit, § 4 Abs. 2 S. 5 TPG

In § 4 Abs. 2 S. 5, 1.HS TPG wird klargestellt, dass eine volljährige Person dem nächsten Angehörigen dann gleichsteht, wenn sie dem möglichen Organ- oder Gewebespender bis zu seinem Tode in besonderer persönlicher Verbundenheit offenkundig nahegestanden hat; in diesem Fall tritt sie neben den nächsten Angehörigen (§ 4 Abs. 2 S. 5, 2.HS TPG). Diese Regelung spricht insbesondere die nichteheliche Lebensgemeinschaft an[681]. Obwohl die Ratio der Voraussetzung einer „besonderen

---

676 Vgl. die Begründung zu Nr. 3 des Änderungsantrag zu den BT- Drs.13/4355 und 13/8017 vom 24.06.1997, S. 10.
677 Vgl. die Begründung zu Nr. 3 des Änderungsantrag zu den BT- Drs.13/4355 und 13/8017 vom 24.06.1997, S. 10.
678 *Schroth*, in: TPG, § 4, Rdnr. 42; *Joo*, Organtransplantation, S. 81; *Schroth*, in: Medizinstrafrecht, S. 369.
679 Vgl. die Begründung zu Nr. 3 des Änderungsantrag zu den BT- Drs.13/4355 und 13/8017 vom 24.06.1997, S. 10.
680 *Schroth*, in: TPG, § 4, Rdnr. 17.
681 *Schroth*, in: Medizinstrafrecht, S. 369; *Schroth*, in: TPG, § 4, Rdnr. 32.

persönlichen Verbundenheit offenkundigen Nahestehens" im Rahmen des § 4 TPG primär die angemessene Verwirklichung der Rechte des Verstorbenen garantieren und nicht wie in § 8 Abs. 1 S. 2 TPG in erster Linie dem Organ- bzw. Gewebehandel entgegen wirken solle[682], gleichen sie sich insoweit, als dass beide Regelungen auch den Willen des potentiellen Spenders schützen wollen. Dass auch der Gesetzgeber von einer nahezu identischen Funktion beider Normen ausging zeigen die amtlichen Begründungen, in denen die Voraussetzungen der „besonderen persönlichen Verbundenheit offenkundigen Nahestehens" sowohl für § 4 TPG[683] als auch für § 8 TPG[684] fast wortgleich abgebildet worden sind. Da sich die Erörterung der Voraussetzungen und der damit einhergehenden Probleme einer „besonderen persönlichen Verbundenheit offenkundigen Nahestehens" besser im Zuge der Darstellung der Lebendspende eignet, wird auf die dortige Ausführung verwiesen.

(2) Zustimmung einer benannten Person (Vertrauensperson)

Nach § 2 Abs. 2 S. 1 TPG steht es dem potentiellen Spender frei, die Entscheidung zur postmortalen Organ- bzw. Gewebespende einer Person seines Vertrauens zu übertragen. Wie bei der eigenen Einwilligung zur postmortalen Spende muss der potentielle Spender auch bei der Übertragung dieser Entscheidung auf die Vertrauensperson das sechzehnte Lebensjahr bereits vollendet haben, § 2 Abs. 2 S. 3 TPG. Dabei ist für die Entscheidung zur Organ- bzw. Gewebespende ausreichend, dass die Vertrauensperson bereits das sechzehnte Lebensjahr vollendet hat[685]. Dass eine Volljährigkeit der Vertrauensperson nicht erforderlich ist ergibt sich aus einem Umkehrschluss der Regelung hinsichtlich der geforderten Altersgrenze für die Einwilligung des potentiellen Spenders; dieser kann gemäß § 2 Abs. 2 S. 1 TPG bereits mit der Vollendung des sechzehnten Lebensjahres an selbst in eine Spende einwilligen[686]. Zudem sind auch minderjährige Ehegatten bzw. Eltern nächste Angehörige, die zur Entscheidung befugt sind, so dass die Befugnis zur Einwilligung in eine Spende bereits ab dem sechzehnten Lebensjahr insgesamt gegeben ist, zumal der Gesetzgeber keine gesonderte Alternsgrenze für die Vertrauensperson festgeschrieben hat[687]. Diese Vertrauensperson tritt dann gemäß § 4 Abs. 3 TPG an die Stelle der nächsten Angehörigen. Ebenso wie diese hat auch die Vertrauensperson

---

682 Schroth, in: TPG, § 4, Rdnr. 28.
683 Vgl. die Begründung zu Nr. 3 des Änderungsantrag zu den BT- Drs.13/4355 und 13/8017 vom 24.06.1997, S. 10f.
684 Vgl. Begründung zu § 7 des interfraktionellen Gesetzesentwurfes vom 16.04.1996, BT-Drs. 13/4355, S. 20 f.
685 Schroth, in: TPG, § 4, Rdnr. 45f; diese Auffassung ist jedoch nicht unumstritten, so wird teilweise die Volljährigkeit der Vertrauensperson gefordert, vgl. hierzu etwa Nickel, Die Entnahme von Organen, S. 169.
686 Schroth, in: TPG, § 4, Rdnr. 46.
687 Schroth, in: TPG, § 4, Rdnr. 46.

die Entscheidung zur Spende in eigener Verantwortung zu treffen[688]. Wurden mehrere Vertrauenspersonen benannt, so muss durch Auslegung ermittelt werden, ob die Zustimmung zur Spende nur von allen gemeinsam getroffen werden dürfe oder ob jeder allein entscheidungsbefugt ist[689].

g. Angehörige bzw. andere Berechtigte nicht vorhanden oder nicht erreichbar
Sollte der wohl seltene Fall eintreten, dass der Verstorbene keine nächsten Angehörigen oder keine diesen nach § 4 Abs. 2 S. 5 TPG gleichgestellte Person hat oder ist keine dieser Personen erreichbar, so ist sowohl eine Organ- als auch eine Gewebeentnahme unzulässig, wobei § 4 Abs. 3 TPG hiervon unberührt bleibt[690]; sollte demnach der Verstorbene eine bestimmte Person mit der Entscheidung einer Spende betraut haben, dann ist die Entscheidung der Person einzuholen und zu befolgen[691]. Sollte jedoch die Vertrauensperson innerhalb einer angemessenen Frist nicht erreichbar sein, die Übertragung der Entscheidungsbefugnis ablehnen oder inzwischen verstorben sein tritt an ihre Stelle der nächste Angehörige nach § 4 Abs. 1, 2 und § 1a Nr. 5 TPG und ggf. die Person nach § 4 Abs. 2 S. 5 TPG; unter Berücksichtigung des Selbstbestimmungsrechts des Verstorbenen ist eine Spende aber dann unzulässig, wenn sich nach dem erklärten Willen des potentiellen Spenders ergibt, dass in diesen Fällen ausschließlich die Vertrauensperson entscheidungsbefugt sein soll[692].

h. Die Organ- und Gewebeentnahme bei toten Embryonen und Föten, § 4 a TPG
Im Zuge der Umsetzung der Geweberichtlinie durch das Gewebegesetz wurden einige wichtige Bereiche des Transplantationsgesetzes geändert. Zu diesen wesentlichen Neuerungen gehört die notwendig gewordene Ausdehnung des Anwendungsbereichs des TPG auf embryonale und fetale Organe und Gewebe gemäß § 1 Abs. 1 und Abs. 2 TPG. Bislang war das Transplantationsgesetz wegen des Negativkataloges in § 1 Abs. 2 TPG (a.F.) auf diese Körpersubstanzen unanwendbar. Die Regelungen hinsichtlich deren Entnahme wurden bisher in der Richtlinie zur Verwendung fetaler Zellen und fetaler Gewebe der Bundesärztekammer geregelt[693]. Der Gesetzgeber wurde dieser Erweiterung gerecht, indem er nunmehr in § 4 a TPG die Entnahme von Organen und Geweben bei toten Embryonen und Föten kodifiziert hat; hierbei orientiert er sich an den schon bislang strengen Voraussetzungen,

---

688 *Herrig*, Gewebetransplantation, S. 141; *Joo*, Organtransplantation, S. 82.
689 *Schroth*, in: TPG, § 4, Rdnr. 49; *Joo*, Organtransplantation, S. 83.
690 Vgl. die Begründung zu Nr. 3 des Änderungsantrag zu den BT- Drs.13/4355 und 13/8017 vom 24.06.1997, S. 11.
691 *Rixen*, in: Höfling, Kommentar zum Transplantationsgesetz (TPG), § 4, Rdnr. 26.
692 Vgl. die Begründung zu Nr. 3 des Änderungsantrag zu den BT- Drs.13/4355 und 13/8017 vom 24.06.1997, S. 11.
693 Vgl. die Begründung zu Nr. 10 des Gesetzesentwurfes der Bundesregierung vom 25.10.2006, BT-Drs. 16/3146, S. 26.

indem er die Anforderungen zur Postmortalspende gemäß der §§ 3ff. TPG aufgreift. Klarstellend sei darauf hingewiesen, dass weder die im Embryonenschutzgesetz noch die im Stammzellengesetz enthaltenen Schutzvorschriften durch die Erweiterung des Anwendungsbereiches des Transplantationsgesetzes berührt werden[694].

Nachfolgend werden die wesentlichen Normierungen der Organ- und Gewebeentnahme bei toten Embryonen und Föten gemäß § 4a TPG näher dargestellt. Anschließend erfolgt eine Aufstellung und Erläuterung der als kritikwürdig anzusehenden gesetzlichen Normierungen in diesem Bereich. Daraufhin sollen im Rahmen eines Exkurses die möglichen Einsatzgebiete von aus Embryonen bzw. Föten gewonnenen Geweben und Organen aufgezeigt werden. Die auch die aus menschlichen Föten bzw. Embryonen gewonnen Gewebe treffenden Konsequenzen der arzneimittelrechtlichen Ausrichtung des Gewebegesetzes werden an späterer Stelle erläutert.

aa. Die Voraussetzungen der Entnahme bei toten Embryonen und Föten, § 4a TPG

Nach § 4 a Abs. 1 S. 1 Nr. 1 TPG ist eine Entnahme von Organen oder Geweben bei einem toten Embryo oder Fötus nur zulässig, wenn der Tod des Embryos oder Fötus nach dem Stand der Erkenntnisse der medizinischen Wissenschaft festgestellt worden ist. Zur Bestimmung dieser Regeln wurde es nunmehr notwendig den Anwendungsbereich des § 16 Abs. 1 TPG (a.F.), nach dem die Bundesärztekammer den Stand der Erkenntnisse der medizinischen Wissenschaft feststellt durch die Einfügung von Nr. 1a, der sich auf die Feststellung des Todes im Sinne des § 4 a Abs. 1 S. 1 Nr. 1 TPG bezieht, zu ergänzen[695].

Ferner muss gemäß § 4 a Abs. 1 S. 1 Nr. 2 TPG die Frau, die mit dem Embryo oder Fötus schwanger war, ihre Einwilligung in die Organ- oder Gewebeentnahme nach einer entsprechenden ärztlichen Aufklärung schriftlich erteilt haben; hierbei ist zu beachten, dass die Aufklärung und die Einholung der Einwilligung erst nach der Feststellung des Todes erfolgen dürfen, § 4 a Abs. 1 S. 3 TPG[696].

Zwar bestimmt § 4 a Abs. 1 S. 1 Nr. 3 TPG, dass der Eingriff grundsätzlich durch einen Arzt vorgenommen werden muss; dieses Erfordernis wird jedoch durch

---

694 Vgl. die Begründung zu Nr. 10 des Gesetzesentwurfes der Bundesregierung vom 25.10.2006, BT-Drs. 16/3146, S. 26.
695 Dies entspricht der Befugnis der Bundesärztekammer nach § 3 Abs. 1 S. 1 Nr. 2 TPG die Regeln zur Feststellung des Todes von möglichen Organ- bzw. Gewebespendern festzulegen, vgl. die Begründung zu Nr. 10 und Nr. 29 des Gesetzesentwurfes der Bundesregierung vom 25.10.2006, BT-Drs.16/3146, S. 26, 35.
696 Durch die Einfügung von Satz 3 soll sichergestellt werden, dass die Entscheidung zu einer möglichen Spende unabhängig von der vorangegangenen Feststellung des Todes erfolgen müsse, um sicherzustellen, dass die Frau, die mit dem Embryo schwanger war, eine freie Entscheidung trifft, vgl. die Begründung zu Nr. 10 des Gesetzesentwurfes der Bundesregierung vom 25.10.2006, BT-Drs.16/3146, S. 27.

§ 4 a Abs. 1 S. 2 i. V. mit § 3 Abs. 1 S. 2 TPG im Rahmen der Gewebeentnahme durchbrochen⁶⁹⁷.

Nach § 5 Abs. 3 TPG dürfen die am Schwangerschaftsabbruch oder die an der Todesfeststellung Beteiligten an der Verwertung fetaler oder embryonaler Geweben oder Zellen weder teilnehmen noch daraus einen Nutzen ziehen, um auf diese Weise einem möglichen Interessenkonflikt vorzubeugen⁶⁹⁸. Dazu gehört es auch, dass in diesem Zusammenhang keinerlei Vergünstigungen angeboten oder gewährt werden dürfen⁶⁹⁹.

Im Zuge der Umsetzung der Geweberichtlinie und der damit verbundenen Erweiterung des Anwendungsbereiches des Transplantationsgesetzes sind nunmehr Verstöße gegen § 4 a Abs. 1 S. 1 TPG strafbewehrt und Verstöße gegen § 5 Abs. 3 S. 3 TPG werden mit einem Bußgeld geahndet.

Der Verstoß gegen die Voraussetzungen der Einholung einer Einwilligung und des Arztvorbehaltes hinsichtlich der Entnahme von Organen und Geweben toter Föten und Embryonen gemäß § 4a Abs. 1 S. 1 Nr. 1, Nr. 2 oder Nr. 3 TPG wurde nunmehr in § 19 Abs. 2 TPG kodifiziert und ist demnach strafbewehrt⁷⁰⁰.

Darüber hinaus führt ein Verstoß gegen die in § 3 Abs. 3 S. 3 TPG normierte Aufzeichnungspflicht bei der Feststellung des Todes des Fötus oder des Embryos zu einer möglichen Geldbuße gemäß § 20 Abs. 1 Nr. 1, 2.Alt. TPG⁷⁰¹.

bb. Wesentliche Kritikpunkte im Rahmen der Kodifizierung
    der Entnahme bei toten Embryonen und Föten

Die Regelungen hinsichtlich der Entnahme von Geweben bei toten Föten und Embryonen ist an einigen Stellen lückenhaft und weist erhebliche Defizite im Bereich der Begriffsbestimmung auf, die eine Intransparenz nach sich zieht.

(1) Unterstellung der Frau unter den Begriff der „Spenderin", § 4a Abs. 3 TPG

Problematisch erscheint es, die Frau, die mit dem Fötus oder Embryo schwanger war, unter den Begriff der Spenderin zum Zwecke der Dokumentation, der

---

697 Der Arztvorbehalt wird nur für die Gewebeentnahme gelockert, da es fachlich gerechtfertigt ist, wenn die Gewebeentnahme z.B. durch entsprechend qualifizierte nichtärztliche Personen unter der Verantwortung und der Weisung eines Arztes vorgenommen wird, vgl. die Begründung zu Nr. 10 des Gesetzesentwurfes der Bundesregierung vom 25.10.2006, BT-Drs.16/3146, S. 27.
698 Begründung zu Nr. 11 des Gesetzesentwurfes der Bundesregierung vom 25.10.2006, BT-Drs.16/3146, S. 27.
699 Begründung zu Nr. 10 des Gesetzesentwurfes der Bundesregierung vom 25.10.2006, BT-Drs. 16/3146, S. 26.
700 Begründung zu Nr. 35 des Gesetzesentwurfes der Bundesregierung vom 25.10.2006, BT-Drs. 16/3146, S. 36.
701 Begründung zu Nr. 36 des Gesetzesentwurfes der Bundesregierung vom 25.10.2006, BT-Drs. 16/3146, S. 36.

Rückverfolgung und des Datenschutzes zu subsumieren. Rechtstechnisch handelt es sich bei der Entnahme von Geweben und Organen eines toten Fötus oder Embryos um eine Postmortalspende, so dass die Mutter als Angehörige und eben nicht als Spenderin anzusehen ist[702]. Auch wenn die Zuordnung der Frau zu dem Begriff der Spenderin ausschließlich nur für die Zwecke der Dokumentation, Rückverfolgbarkeit und des Datenschutzes zu gelten habe, ist die Begrifflichkeit irreführend. Es könne dadurch der Eindruck entstehen, die Mutter habe eine generelle Entscheidungs- und Verfügungsbefugnis als besondere Form des Elternrechts über ihr Kind, welches im weitesten Sinne als ein Eigentumsrecht am Kind verstanden werden könnte[703].

(2) Zeitpunkt der Aufklärung und der Einwilligung, § 4a Abs. 1 S. 1 Nr. 2 TPG

Es ergeben sich zudem Unklarheiten im Zusammenhang mit dem Zeitpunkt, in dem die Aufklärung vorgenommen und die Einwilligung der Frau eingeholt werden sollen. So wird in § 4a Abs. 1 S. 1 Nr. 2 TPG festgelegt, dass die Frau, die mit dem Embryo oder Fötus schwanger war, durch einen Arzt über eine in Frage kommende Organ- oder Gewebeentnahme aufgeklärt worden ist und in die Entnahme der Organe oder Gewebe schriftlich eingewilligt hat. Der Gesetzgeber fordert lediglich, dass die Frau „schwanger war" unterlässt es jedoch einen genauen Zeitpunkt festzulegen, wann die Schwangerschaft beendet ist[704].

Daneben fordert § 4a Abs. 1 S. 3 TPG, dass die Aufklärung und die Einholung der Einwilligung erst nach Feststellung des Todes erfolgen dürfen. Die inhaltliche Ausgestaltung dieser Norm wirft neben medizinrechtlichen auch ethische Fragestellungen auf, wobei insbesondere der lückenhafte, fragmentarische intransparente Charakter der Regelung zu monieren ist[705]. Im Rahmen dieser Normierung wurde nicht der zeitliche Zusammenhang zwischen der Aufklärung, der Einholung der Einwilligung und der möglicherweise eingeschränkten Einwilligungsfähigkeit der Frau bedacht[706]. Da der Schwangerschaftsabbruch in der Regel nach erfolgter Anästhesie der Betroffenen durchgeführt wird, ist davon auszugehen, dass die

---

702 Stellungnahme des Kommissariats der Deutschen Bischöfe vom 05.05.2007, BT-A-Drs. 16(14)0125(33), S. 9.

703 Stellungnahme des Kommissariats der Deutschen Bischöfe vom 05.03.2007, BT-A-Drs. 16(14)0125(33), S. 9.

704 Erweiterte und aktualisierte Stellungnahme der Bundesärztekammer (BÄK) vom 24. Januar 2007 zum Regierungsentwurf für ein Gewebegesetz, BT-A-Drs. 16(14)0125(7), S. 71f.

705 *Parzeller/Rüdiger*, StoffR 2007, S. 84; erweiterte und aktualisierte Stellungnahme der Bundesärztekammer (BÄK) vom 24. Januar 2007 zum Regierungsentwurf für ein Gewebegesetz, BT-A-Drs. 16(14)0125(7), S. 70ff.; Stellungnahme der Deutschen Gesellschaft für Gynäkologie und Geburtshilfe vom 23.01.2007, BT-A-Drs. 16(14)0125(6), S. 1ff.

706 *Parzeller/Rüdiger*, StoffR 2007, S. 84; Deutsche Gesellschaft für Gynäkologie und Geburtshilfe BT-A-Drs. 16(14)0125(6), S. 5.

Einwilligungsfähigkeit der Frau zumindest eingeschränkt ist[707]. Daneben ist es jedoch erforderlich, dass über das gewonnene Gewebe möglichst zeitnah zu entscheiden ist, da es möglichst schnell aufbereitet und konserviert werden muss[708]. Dieses Zusammenspiel der verschiedenen Faktoren zeigt, dass die in der Form vorliegende Regelung unklar ist und in der Praxis auf Probleme stoßen kann[709].

(3) Feststellung des Todeszeitpunktes, § 4a Abs. 1 S. 1 Nr. 1 i. V. m. § 16 Abs. 1 S. 1 Nr. 1a TPG

Nach § 4a Abs. 1 S. 1 Nr. 1 TPG muss der Tod des Embryos oder Fötus nach Regeln, die dem Stand der Erkenntnisse der medizinischen Wissenschaft entsprechen, festgestellt werden. Dabei wird die Richtlinienkompetenz zur Festlegung des Stands der Erkenntnisse der medizinischen Wissenschaft bezüglich der Feststellung des Todes nach § 4a Abs. 1 S. 1 Nr. 1 TPG gemäß § 16 Abs. 1 S. 1 Nr. 1a TPG der Bundesärztekammer übertragen. Nach der zurzeit aktuellen Richtlinie aus dem Jahre 1991 werden in Punkt 4.2 als Todeskriterien das Fehlen von Spontanatmung und Herzschlag nach Ausschluss reversibler Einflüsse, wie Hypothermie des Fetus oder Arzneimittelwirkungen genannt, wobei für Frühgeburten die Kriterien des Hirntodes gelten[710]. Zu bemängelt ist hierbei, dass der Gesetzgeber keine klaren Vorgaben hinsichtlich des Zeitpunktes der Todesfeststellung getroffen hat. Sollte die Todesfeststellung intrauterin vorgenommen werden, dann wäre die geplante Abtreibung zur Gewinnung fötaler Gewebe deutlich erschwert, während bei einer Todesfeststellung nach der durchgeführten Abtreibung die bisher praktizierte Gewebegewinnung im Rahmen von geplanten Abtreibungen weiterhin möglich wäre[711]. Zudem ist völlig unklar, anhand welcher Regeln der Tod eines Embryos zumindest vor der Anlage der Organe in der zehnten Schwangerschaftswoche zu

---

707 Erweiterte und aktualisierte Stellungnahme der Bundesärztekammer (BÄK) vom 24. Januar 2007 zum Regierungsentwurf für ein Gewebegesetz, BT-A-Drs. 16(14)0125(7), S. 72; Parzeller/Rüdiger, StoffR 2007, S. 84.

708 Erweiterte und aktualisierte Stellungnahme der Bundesärztekammer (BÄK) vom 24. Januar 2007 zum Regierungsentwurf für ein Gewebegesetz, BT-A-Drs. 16(14)0125(7), S. 72.

709 Erweiterte und aktualisierte Stellungnahme der Bundesärztekammer (BÄK) vom 24. Januar 2007 zum Regierungsentwurf für ein Gewebegesetz, BT-A-Drs. 16(14)0125(7), S. 72; Parzeller/Rüdiger, StoffR 2007, S. 84.

710 Vgl. die Richtlinien zur Verwendung fetaler Zellen und fetaler Gewebe, Stellungnahme der „zentralen Kommission der Bundesärztekammer zur Wahrung ethischer Grundsätze in der Reproduktionsmedizin, Forschung an menschlichen Embryonen und Gentherapie", 1991, S. 5, abrufbar unter: www.bundesaerztekammer.de/downloads/Fetalzellpdf.pdf.

711 Vgl. die Stellungnahme des Kommissariats Deutscher Bischöfe vom 05.03.2007, BT-A-Drs. 16(14)0125(33), S. 8; vgl. die erweiterte und aktualisierte Stellungnahme der Bundesärztekammer (BÄK) vom 24. Januar 2007 zum Regierungsentwurf für ein Gewebegesetz, BT-A-Drs. 16(14)0125(7), S. 72.

bestimmen wäre[712]. Der Gesetzgeber hat es versäumt, klare Kriterien zur Feststellung des Todes zu normieren.

cc. Exkurs: Die möglichen Einsatzgebiete von aus Embryonen oder Föten gewonnenen Geweben oder Organen

Mit der Transplantation von fötalen und embryonalen Geweben und Zellen erhoffen sich Ärzte und Wissenschaftler neue Therapieformen gegen bestimmte Krankheiten gewinnen zu können. Der Vorteil des Einsatzes fötaler Gewebe und Zellen, im Vergleich zu Geweben Erwachsener, liegt in deren besonderen Eigenschaften. So besitzen sie die Fähigkeit zur Differenzierung, zur Reifung zu Wachstum und Proliferation sowie den Vorteil einer niedrigen Antigenität –, die sie für Transplantationszwecke besonders geeignet machen[713].

(1) Der Einsatz fetaler und embryonaler Geweben

Die Verwendung fetaler und Embryonaler Geweben zeichnet sich durch ein breites Anwendungsgebiet aus. Zum einen werden sie zu Forschungszwecken verwendet. Daneben versucht man mit der Transplantation entsprechender fetaler Zellen oder Geweben spezifische funktionelle Organdefekte zu beheben[714].

(aa) Einsatz zu Forschungszwecken

Der Einsatz fötaler und embryonaler Geweben zu Forschungszwecken erstreckt sich neben der Grundlagenforschung hinsichtlich der Gewinnung biologischer und medizinischer Erkenntnisse (etwa zur Testung von Medikamenten) auch auf den routinemäßigen Gebrauch zu diagnostischen Zwecken (Identifizierung von Viren)[715].

---

712 Vgl. die erweiterte und aktualisierte Stellungnahme der Bundesärztekammer (BÄK) vom 24. Januar 2007 zum Regierungsentwurf für ein Gewebegesetz, BT-A-Drs. 16(14)0125(7), S. 73.

713 Richtlinien zur Verwendung fetaler Zellen und fetaler Gewebe, Stellungnahme der „Zentralen Kommission der Bundesärztekammer zur Wahrung ethischer Grundsätze in der Reproduktionsmedizin", 1991, S. 1, abrufbar unter: www.bundesaerztekammer.de/page.asp?his=0.7.45.3250.

714 Richtlinien zur Verwendung fetaler Zellen und fetaler Gewebe, Stellungnahme der „Zentralen Kommission der Bundesärztekammer zur Wahrung ethischer Grundsätze in der Reproduktionsmedizin", 1991, S. 1, abrufbar unter: www.bundesaerztekammer.de/page.asp?his=0.7.45.3250.

715 Richtlinien zur Verwendung fetaler Zellen und fetaler Gewebe, Stellungnahme der „Zentralen Kommission der Bundesärztekammer zur Wahrung ethischer Grundsätze in der Reproduktionsmedizin", 1991, S. 1, abrufbar unter: www.bundesaerztekammer.de/page.asp?his=0.7.45.3250; Expertise: Fetales Gewebe- Ein Gutachten zu Forschung und Verwendung von embryonalen/ fetalem Gewebe. Verfasst von Dr. G. Berg, TU Berlin (2000). Herausgegeben von „Pro Familia Bundesverband", Frankfurt a.M., abrufbar unter: www.profamilia.de/shop/download/225.pdf.

(bb) Die Einsatzfelder einer Transplantation fötaler und embryonaler
Geweben am Beispiel der Parkinson Krankheit

Die wohl wichtigste und am häufigsten angewendete Transplantation von neuronalen Zellen auf Menschen ist bei Alzheimer-Kranken und Parkinson-Patienten anzutreffen[716]. Daneben werden weitere Anwendungsfelder wie etwa bei Chorea Huntington oder Epilepsie, bei Multipler Sklerose, bei Schlaganfällen, bei einer Querschnittslähmung und im Rahmen der kosmetischen oder Pharmaindustrie erwähnt[717].

Da es für heute noch keine Möglichkeit einer ursächlichen Behandlung des Parkinson-Syndroms gibt, versprechen sich viele Forscher von der Transplantation fetalen Gewebes einen hilfreichen Ansatz. Dabei werden die Möglichkeiten der „Fetaltransplantation" häufig anhand der Parkinsonschen Krankheit erläutert, so dass dieses Krankheitsbild im Nachfolgenden näher erläutert wird. Bei der Parkinsonschen Krankheit (bzw. Morbus Parkinson) handelt es sich um eine neurodegenerative Erkrankung, die im fortgeschrittenen Lebensalter (grundsätzlich bei ca. 50 bis 60 jährigen Männern) auftritt. Sie wird infolge des fortschreitenden Absterbens bestimmter Nervenzellen, so genannter dopaminerger Neuronen, in bestimmten Teilen des Gehirns hervorgerufen. Zu den Symptomen gehören Bewegungsarmut bis hin zur vollständigen Bewegungslosigkeit (Akinese), eine Muskelsteifheit (Rigor) sowie ein unwillkürliches Zittern (Ruhetremor). Eine Behandlung der Krankheit erfolgt u. a. mit dem L- Dopa Neurotransmitter. Bei dieser Behandlung, die mit Nebenwirkungen wie etwa Übelkeit, Brechreiz, Kopfschmerzen, Einschlafstörungen verbunden ist, kommt es zwar zu einer Linderung der Symptomatik, eine Heilung ist damit jedoch nicht verbunden. Aus diesen Gründen forscht man nach nebenwirkungsärmeren Therapien, zu denen in erster Linie die Transplantation von dopaminergen Nervenzellen, die aus den Gehirnen von abgetriebenen Föten bzw. Embryonen gewonnen werden, ins Gehirn von Parkinson-Erkrankten zu zählen ist. Als günstigster Entnahmezeitpunkt gilt inzwischen die 6. bis 9. Schwangerschaftswoche[718]. Man hegte die Hoffnung, dass die transplantierten Nervenzellen anstelle

---

716 Expertise: Fetales Gewebe- Ein Gutachten zu Forschung und Verwendung von embryonalen/ fetalem Gewebe. Verfasst von Dr. G. Berg, TU Berlin (2000). Herausgegeben von „Pro Familia Bundesverband", Frankfurt a.M., abrufbar unter: www.profamilia.de/shop/download/225.pdf; erweiterte und aktualisierte Stellungnahme der Bundesärztekammer (BÄK) vom 24. Januar 2007 zum Regierungsentwurf für ein Gewebegesetz 16(14)0125(7), S. 70.
717 Expertise: Fetales Gewebe- Ein Gutachten zu Forschung und Verwendung von embryonalen/ fetalem Gewebe. Verfasst von Dr. G. Berg, TU Berlin (2000). Herausgegeben von „Pro Familia Bundesverband", Frankfurt a.M., abrufbar unter: www.profamilia.de/shop/download/225.pdf, mit weiteren Beispielen.
718 Expertise: Fetales Gewebe- Ein Gutachten zu Forschung und Verwendung von embryonalen/ fetalem Gewebe. Verfasst von Dr. G. Berg, TU Berlin (2000). Herausgegeben von „Pro Familia Bundesverband", Frankfurt a.M., abrufbar unter: www.profamilia.de/shop/download/225.pdf.

der bereits abgestorbenen Nervenzellen das erforderliche Dopamin produzieren würden.

Zurzeit liegen jedoch noch keine gesicherten Ergebnisse über nachweisbare Erfolge dieser Therapieform vor. In einigen Fällen konnte man zwar eine Linderung der Symptomatik nachweisen; die Wissenschaft ist sich hierbei jedoch nicht einig, ob diese Linderung tatsächlich auf der vorgenommenen Transplantation beruht oder eben nicht. Aus diesen Gründen sind weitere Forschungen notwendig, damit geklärt werden kann, ob die Transplantation fetaler bzw. embryonaler Geweben die geeignete Therapieform darstellt, um Nervenerkrankungen, wie die Parkinsonsche Krankheit, Alzheimer oder die Huntington Krankheit wirksam bekämpfen zu können[719].

(2) Gewinnung fetalen und embryonalen Gewebes

Das fetale und embryonale Gewebe lässt sich auf zwei Arten gewinnen. Zum einen kommt eine Gewinnung infolge eines induzierten Schwangerschaftsabbruches in Betracht. Daneben kann es auch von toten Embryonen und Föten entnommen werden, die aus einer Fehlgeburt stammen. Die auf diese Art gewonnenen Substanzen sind jedoch aus medizinischer Sicht kaum geeignet, da eine Fehlgeburt in der Regel nicht geplant ist, sie vielmehr unkontrolliert abläuft. Um eine Transplantation erfolgreich durchführen zu können, muss das Gewebe jedoch möglichst frisch sein, so dass der Zeitfaktor und damit die Planbarkeit der Entnahme eine entscheidende Rolle spielen. Darüber hinaus ist der Fötus bzw. der Embryo im Mutterleib bereits abgestorben, so dass seine Geweben und Zellen ihrerseits schon „tot" sind. Ferner besteht bei diesen Geweben und Zellen die Gefahr, dass sie infektiös sind, da ein Befall mit Viren oder Bakterien häufig nicht ausgeschlossen ist.

3. Voraussetzungen der Entnahme von Organen und Geweben bei lebenden Spendern, §§ 8ff. TPG

Im dritten Abschnitt des Transplantationsgesetzes werden die Voraussetzungen hinsichtlich einer Entnahme von Organen und Geweben von lebenden Spendern geregelt. Da es sich bei der Lebendspende von Geweben und Organen um einen für den Spender therapeutisch ungerechtfertigten fremdnützigen Eingriff handelt[720], richtet sich deren Zulässigkeit nach strengen Anforderungen.

---

719 Siehe zu den bisherigen Ergebnissen und möglichen Risiken dieser Therapieform Expertise: Fetales Gewebe- Ein Gutachten zu Forschung und Verwendung von embryonalen/ fetalem Gewebe. Verfasst von Dr. G. Berg, TU Berlin (2000). Herausgegeben von „Pro Familia Bundesverband", Frankfurt a.M., abrufbar unter: www.profamilia.de/shop/download/225.pdf.
720 *Chu*, Organtransplantation und Strafrecht, S. 131; *Parzeller*, KritV 2004, 371 (382); Begründung zu § 7 des interfraktionellen Gesetzesentwurfes vom 16.04.1996, BT-Drs. 13/4355, S. 20.

Im Einzelnen lassen sich spenderbezogene, empfängerbezogene und nicht personenbezogene Voraussetzungen unterscheiden. Zu den personenbezogenen Voraussetzungen auf der Spenderseite gehören die in § 8 Abs. 1 S. 1 Nr. 1a TPG statuierte Volljährigkeit und die Einwilligungsfähigkeit, die in § 8 Abs. 1 S. 1 Nr. 1b TPG geforderte Einwilligung in die Entnahme, die Geeignetheit des Spenders nach § 8 Abs. 1 S. 1 Nr. 1c TPG und die vom Spender vor der Entnahme abzugebende Bereiterklärung zur ärztlichen Nachbetreuung gemäß § 8 Abs. 3 S. 1 TPG.

Zu den empfängerbezogenen Voraussetzungen gehören die Geeignetheit nach § 8 Abs. 1 S. 1 Nr. 2 TPG und die vom Empfänger vor der Organentnahme abzugebende Bereiterklärung zu ärztlichen Nachbetreuung gemäß § 8 Abs. 3 S. 1 TPG.

Zu den nicht personenbezogenen Voraussetzungen zählt die § 8 Abs. 1 S. 1 Nr. 3 TPG angeordnete Subsidiarität der Lebendspende von Organen gegenüber der postmortalen Organspende[721], ferner muss der Eingriff durch einen Arzt vorgenommen werden (§ 8 Abs. 1 S. 1 Nr. 4 TPG), die vom Arzt vorzunehmende Aufklärung (§ 8 Abs. 1 S. 1 Nr. 1b i.V.m. Abs. 2 S. 1, S. 2 TPG), wobei sowohl der Inhalt der Aufklärung als auch die Einwilligung des Spenders schriftlich fixiert und vom aufklärenden und dem weiteren Arzt sowie dem Spender zu unterzeichnen sind (§ 8 Abs. 2 S. 3 TPG), darüber hinaus muss die Erklärung der nach Landesrecht zuständigen Kommission gemäß § 8 Abs. 3 S. 2 TPG vorliegen, schließlich erfolgt die wohl erheblichste Einschränkung der Lebendorganspende in § 8 Abs. 1 S. 2 TPG wonach der Empfängerkreis für nicht regenerierungsfähige Organe auf Verwandte ersten oder zweiten Grades, Ehegatten, eingetragene Lebenspartner[722], Verlobte oder andere Personen, die dem Spender in besonderer persönlicher Verbundenheit offenkundig nahestehen reduziert worden ist.

Schließlich wurden durch das Gewebegesetz neue Formen der Lebendspende in den §§ 8a bis 8c TPG normiert.

Nachfolgend werden die einzelnen Voraussetzungen der Lebendspende im Einzelnen dargestellt und einer kritischen Betrachtung unterzogen.

a. Die Voraussetzungen des § 8 TPG im Einzelnen

aa. Anforderungen in Bezug auf die Spender- und Empfängerperson

Zunächst erfolgt eine Darstellung der personenbezogenen Voraussetzungen einer Lebendspende, wobei sowohl die spender- als auch die empfängerbezogenen Kriterien zwecks Übersichtlichkeit im Rahmen einer Erläuterung erfolgen werden.

---

721 Siehe hierzu Begründung zu § 7 des interfraktionellen Gesetzesentwurfes vom 16.04.1996, BT-Drs. 13/4355, S. 20.
722 Die Erstreckung auf eingetragene Lebenspartner dient u.a. der Anpassung an die geänderte Gesetzgebung hinsichtlich gleichgeschlechtlicher Lebenspartnerschaften.

(1) Einwilligungsfähigkeit und Volljährigkeit, § 8 Abs. 1 S. 1 Nr. 1 a TPG

Gemäß § 8 Abs. 1 S. 1 Nr. 1 a TPG ist die Entnahme von Organen oder Geweben[723] bei einer lebenden Person zum Zwecke der Übertragung auf andere[724], soweit in § 8 a nichts Abweichendes bestimmt ist[725], nur zulässig, wenn die Person volljährig und einwilligungsfähig ist.

Das Transplantationsgesetz enthält weder in der alten noch in der neuen Fassung eine Aussage darüber, wann von einer Einwilligungsfähigkeit des potentiellen Spenders auszugehen ist. Da mit der Organ- bzw. der Gewebeentnahme die körperliche Integrität des potentiellen Spenders tangiert wird, kann es nicht auf formalisierte Regeln hinsichtlich einer bestehenden Geschäftsfähigkeit ankommen; eine solche Begrenzung wäre mit dem Recht auf körperliche Unversehrtheit als höchstpersönliches Recht nicht zu vereinbaren[726]. Ausschlaggebend für die Feststellung der Einwilligungsfähigkeit ist vielmehr die Beurteilung der natürlichen Einsichts- und Urteilsfähigkeit, die es dem potentiellen Spender erlaubt, die Bedeutung der Entnahme und sämtliche hiermit verbundenen Beeinflussungen und Risiken richtig zu überblicken und abzuschätzen[727]. Sollten dem mit der Transplantation betrauten Arzt etwaige Zweifel an der Einwilligungsfähigkeit des potentiellen Spenders verbleiben[728], so ist vor der Aufklärung nach § 8 Abs. 2 TPG ein Facharzt für Psychiatrie heranzuziehen[729]. Sollten auch nach dieser Untersuchung etwaige Zweifel an der Einwilligungsfähigkeit des potentiellen Spenders auftreten, muss von einer Einwilligungsunfähigkeit ausgegangen werden, um den höchstpersönlichen Rechten des Betroffenen Rechnung zu tragen und ihn von den weitreichenden Folgen einer Transplantation zu bewahren[730].

Als weitere Voraussetzung der Lebendtransplantation normiert § 8 Abs. 1 S. 1 Nr. 1 a TPG das Erreichen der Volljährigkeit. Obwohl die Einwilligungsfähigkeit im

---

723 Bei der Einfügung von „oder Geben" handelt es sich um eine redaktionelle Anpassung, vgl. die Begründung zu Nr. 15 des Gesetzesentwurfes der Bundesregierung vom 25.10.2006, BT-Drs. 16/3146, S. 28.
724 Die Ergänzung „zum Zwecke der Übertragung auf andere" dient der Abgrenzung zu § 8 c, vgl. die Begründung zu Nr. 15 des Gesetzesentwurfes der Bundesregierung vom 25.10.2006, BT-Drs. 16/3146, S. 28.
725 Die Ergänzung „soweit in § 8 a nichts Abweichendes bestimmt ist" dient der Abgrenzung zu dem Sonderfall der Übertragung von Knochenmark bei Minderjährigen, vgl. die Begründung zu Nr. 15 des Gesetzesentwurfes der Bundesregierung vom 25.10.2006, BT-Drs. 16/3146, S. 28.
726 *Bubnoff*, GA 1968, 65 (67f.); *Laufs*, Arztrecht, S. 143.
727 *Bubnoff*, GA 1968, 65 (67f.); *Joo*, Organtransplantation, S. 131; *Bock*, Rechtliche Voraussetzungen der Organentnahme von Lebenden und Verstorbenen, S. 243; *Esser*, in: Höfling, Kommentar zum Transplantationsgesetz (TPG), § 8, Rdnr. 11.
728 Etwa wegen einer psychischen Erkrankung.
729 Begründung zu § 7 des interfraktionellen Gesetzesentwurfes vom 16.04.1996, BT- Drs.13/4355, S. 20.
730 *Esser*, in: Höfling, Kommentar zum Transplantationsgesetz (TPG), § 8, Rdnr. 14.

Einzelfall zu prüfen ist und nicht ausgeschlossen werden kann, dass auch Minderjährige die erforderliche Urteils- und Einsichtsfähigkeit besitzen, um die Tragweite und das Risiko einer Lebendtransplantation zu begreifen, hat sich der Gesetzgeber für diese starre Altersgrenze entschieden. Hierbei wollte der Gesetzgeber wohl unter anderem ausschließen, dass Minderjährige als Spender missbraucht werden[731], so dass sich die Prüfung einer etwaigen Einwilligungsfähigkeit bei ihnen erübrigt, sie vielmehr von vornherein als Spender ausscheiden. Um dem Selbstbestimmungsrecht des Minderjährigen im größtmöglichen Umfang Rechnung zu tragen, wäre diese starre Altersgrenze verfassungsrechtlich nicht zwingend geboten gewesen; vielmehr hätte der Gesetzgeber dessen Entschluss hinsichtlich einer Transplantation respektieren können, falls er die erforderliche Einwilligungsfähigkeit besessen hätte[732]. Gemessen an den Risiken einer Lebendtransplantation und dem Umstand, dass der Eingriff medizinisch nicht notwendig ist, stellt die vom Gesetzgeber gewählte starre Altersgrenze dennoch ein taugliches Mittel dar, um dem Minderjährigen einen größtmöglichen Schutz zu gewährleisten.

Da die Spende für einen Empfängerkreis bestimmt ist, zu dem der Minderjährige eine enge emotionale Beziehung aufweist, könnte die Feststellung der erforderlichen Einsichts- und Urteilsfähigkeit infolge einer sich selbst auferlegten Spenderpflicht zu einer Drucksituation oder zu einer Überschätzung der eigenen intellektuellen Reife führen[733]. Indem der Gesetzgebe der Einwilligung des Minderjährigen hinsichtlich einer Lebendtransplantation jegliche rechtliche Relevanz aberkannt hat, entband er den zuständigen Arzt vor einer nicht selten mit erheblichen Schwierigkeiten verbundenen Feststellung der Einsichts- und Urteilsfähigkeit; mit der Normierung einer starren Altersgrenze sorgte der Gesetzgeber mithin für Rechtssicherheit in diesem sensiblen Bereich[734].

(2) Möglichkeit der Ersetzung der Einwilligung bei Einwilligungsunfähigen und Minderjährigen Spendern

Sollten die Voraussetzungen des § 8 Abs. 1 S. 1 Nr. 1a TPG nicht vorliegen, mithin ein nicht einwilligungsfähiger bzw. nicht volljähriger potentieller Spender gegeben sein, stellt sich die Frage, ob diese „Mängel" mit Hilfe einer stellvertretend abgegebenen Einwilligung überwunden werden können.

Da Minderjährige der elterlichen Sorge unterliegen, vgl. § 1626 Abs. 1 S. 1 BGB, ist zunächst zu prüfen, ob eine derartige Zustimmungserklärung der Eltern von

---

731 So wohl auch *Joo*, Organtransplantation, S. 132.
732 *Esser*, in: Höfling, Kommentar zum Transplantationsgesetz (TPG), § 8, Rdnr. 17.
733 *Esser*, in: Höfling, Kommentar zum Transplantationsgesetz (TPG), § 8, Rdnr. 18; *Voll*, Die Einwilligung, S. 236f; *Kramer*, Rechtsfragen der Organtransplantation, S. 177, weist völlig zutreffend darauf hin, dass gerade Minderjährige emotional eher dazu tendieren können, zu einer Organtransplantation bereit zu sein, ohne die sich ergebenden Nachteile in ihrem vollen Umfang entsprechend zu würdigen.
734 *Esser*, in: Höfling, Kommentar zum Transplantationsgesetz (TPG), § 8, Rdnr. 18.

ihrem Sorgerecht umfasst ist. Gemäß § 1626 Abs. 1 S. 2 Alt.1BGB umfasst dabei die elterliche Sorge die hier interessierende Personensorge. Bei einem operativen Eingriff wird in das höchstpersönliche Recht des minderjährigen Kindes, namentlich die körperliche Integrität, eingegriffen[735]. Dabei ist anerkannt, dass sich die elterliche Sorge auch auf höchstpersönliche Rechtsgüter des Minderjährigen erstreckt[736]. So ist nicht in Abrede zu stellen, dass Einwilligungen der Eltern in ärztliche Eingriffe hierunter zu subsumieren sind, wenn sie zur Wahrung der Interessen der Minderjährigen geboten erscheinen. Handelt es sich demnach um einen ärztlichen Heileingriff, ist eine Vertretung Minderjähriger möglich[737].

Entscheidender Unterschied zur Lebendtransplantation ist jedoch der hinter der Transplantation verfolgte Zweck. Während bei einem ärztlich gebotenen Heileingriff ausschließlich die Interessen des Minderjährigen verfolgt werden, erfolgt die Lebendtransplantation einzig und allein zu fremdnützigen Zwecken, die darüber hinaus dem körperlichen Wohl des Kindes in keinster Weise dienlich sind, vielmehr das körperliche Wohlergehen des Kindes beeinträchtigen (können)[738]. Bei einer Zuerkennung der Vertretungsbefugnis in diesem Bereich würde man dem Minderjährigen ein Opfer zugunsten Dritter abverlangen, welches zu seinen körperlichen und gesundheitlichen Interessen in einem krassen Widerspruch stünde[739].

Da das Personensorgerecht der Eltern sich inhaltlich am Wohlergehen des Kindes zu orientieren hat, eine Lebendtransplantation aber eben nicht den Interessen des Kindes dient, überschreitet eine dahingehend erteilte Einwilligung die Grenzen elterlicher Einwilligungsbefugnisse nach den §§ 1626, 1627 BGB und stellt einen Missbrauch des elterlichen Sorgerechts dar[740].

(3) Formbedürftigkeit der Einwilligung und des Widerrufs

Nach § 8 Abs. 2 S. 4 TPG wird festgelegt, dass die erforderliche Einwilligung des potentiellen Spenders in einer Niederschrift aufzuzeichnen und von der aufklärenden Person, dem weiteren Arzt und dem potentiellen Spender zu unterzeichnen ist. Da dieses Formerfordernis der Verfahrenssicherung dient[741], scheidet die Möglichkeit

---

735 *Bubnoff*, GA 1968, S. 66.
736 *Kramer*, Rechtsfragen der Organtransplantation, S. 175.
737 *Kramer*, Rechtsfragen der Organtransplantation, S. 175.
738 Ebenso *Voll*, Die Einwilligung, S. 238; *Kramer*, Rechtsfragen der Organtransplantation, S. 176.
739 *Bubnoff*, GA 1968, S. 68; *Rüping*, GA 1978, 129 (133) formuliert es im Ergebnis sehr treffend, dass man „(...) den Spender nicht mehr in seiner Autonomie anerkennen, sondern ihn als Mittel zum Zweck benutzen und nach seiner Nützlichkeit für die Erhaltung fremder Gesundheit bewerten" würde.
740 *Bubnoff*, GA 1968, S. 68; *Völl*, Die Einwilligung, S. 238; *Rüping*, GA 1978, 129 (133); *Laufs*, Arztrecht, S. 143; *Kramer*, Rechtsfragen der Organtransplantation, S. 176; *Kern*, NJW 1994, 753 (756).
741 Begründung zu § 7 des interfraktionellen Gesetzesentwurfes vom 16.04.1996, BT-Drs. 13/4355, S. 21.

einer lediglich mündlich bzw. konkludent abgegebenen Einwilligungserklärung aus[742]. Demgegenüber statuiert § 8 Abs. 2 S. 6 TPG, dass die Einwilligung jederzeit schriftlich oder mündlich widerrufen werden könne; hierfür bedürfe es weder einer bestimmten Form, noch der Angabe der den Widerruf tragenden Gründe[743].

(4) Geeignetheit, § 8 Abs. 1 S. 1 Nr. 1 c, Nr. 2 TPG

Das Transplantationsgesetz schreibt als weitere personenbezogene Voraussetzung der Lebendspende vor, dass sowohl der Spender als auch das Organ bzw. das Gewebe „geeignet" sind. Hinsichtlich der Spendereigenschaft statuiert § 8 Abs. 1 S. 1 Nr. 1 c TPG, dass die Organ- bzw. Gewebeentnahme nur dann zulässig sein soll, wenn der potentielle Spender als solcher nach ärztlicher Beurteilung geeignet ist und voraussichtlich nicht über das Operationsrisiko hinaus gefährdet oder über die unmittelbaren Folgen der Entnahme hinaus gesundheitlich schwer beeinträchtigt wird. Dabei wird hinsichtlich des angesprochenen Risikos auf das „allgemeine Operationsrisiko" abgestellt[744].

Darüber hinaus fordert § 8 Abs. 1 S. 1 Nr. 2 TPG, dass die Übertragung des Organs oder des Gewebes auf den vorgesehenen Empfänger nach ärztlicher Beurteilung geeignet ist, das Leben dieses Menschen zu erhalten oder bei ihm eine schwerwiegende Krankheit zu heilen, ihre Verschlimmerung zu verhüten oder ihre Beschwerden zu lindern. Sämtliche angesprochenen Voraussetzungen sind durch eine ärztliche Begutachtung ex- ante festzustellen[745].

Um einen umfassenden Schutz des potentiellen Spenders bei einem medizinisch nicht indizierten Eingriffe zu gewährleisten stellt die „Geeignetheit" seiner Person als auch seines Organs bzw. seines Gewebes für den Empfänger ein taugliches und unverzichtbares Kriterium dar. Problematischer ist hingegen die Forderung in § 8 Abs. 1 S. 1 Nr. 1 c TPG zu beurteilen, wonach der potentielle Spender nicht über das Operationsrisiko hinaus gefährdet oder über die unmittelbaren Folgen der Entnahme hinaus gesundheitlich schwer beeinträchtigt wird. Liegen beim potentiellen Spender sowohl die Einwilligungsfähigkeit, die Volljährigkeit als auch die Geeignetheit[746] vor, dann wurde seinem Selbstbestimmungsrecht am eigenen Körper hinreichend Rechnung getragen. Diesen Menschen muss der moralische Anspruch zuerkannt werden, in derartigen existentiellen, höchstpersönlichen Entscheidungen prinzipiell respektiert zu werden[747]. Wurde der potentielle Spender

---

742 So auch *Joo*, Organtransplantation, S. 136.
743 Begründung zu § 7 des interfraktionellen Gesetzesentwurfes vom 16.04.1996, BT-Drs. 13/4355, S. 21.
744 Begründung zu § 7 des interfraktionellen Gesetzesentwurfes vom 16.04.1996, BT-Drs. 13/4355, S. 20.
745 Begründung zu § 7 des interfraktionellen Gesetzesentwurfes vom 16.04.1996, BT-Drs. 13/4355, S. 20.
746 Bzgl. seiner Person und hinsichtlich des Nutzens für den Empfänger.
747 *Gutmann*, MedR 1997, 147 (152f.).

hinreichend aufgeklärt, so obliegt es alleine ihm, die Notwendigkeit des Eingriffs und die möglicherweise auftretenden gesundheitlichen Folgen abzuwägen; eine Beurteilung Dritter, ob der Eingriff denn „vernünftig " erscheine, dürfe ihm nicht zugemutet werden[748].

Ein weitergehender „Schutz" seiner Person kommt einer Missachtung seines Selbstbestimmungsrechts nahe und erscheint als eine zu weit gehende Bevormundung durch den Staat.

(5) Formbedürftigkeit der Einwilligung und des Widerrufs derselben, § 8 Abs. 2 S. 3, S. 5 TPG

Gemäß § 8 Abs. 2 S. 3 TPG sind der Inhalt der Aufklärung und die Einwilligungserklärung des Spenders in einer Niederschrift aufzuzeichnen, die von den aufklärenden Personen, dem weiteren Arzt und dem Spender zu unterzeichnen ist. Die geforderte Niederschrift verfolgt einerseits einen umfassenden Schutz des Spenders; die Schriftlichkeit soll dem Spender seine Entscheidung und die damit verbunden Risiken nochmals vor Augen geführt werden, um eine übereilte Entscheidung auszuschließen. Aus diesen Gründen scheidet eine lediglich mündlich oder konkludent abgegebene Einwilligungserklärung aus[749]. Andererseits wird infolge der Niederschrift die erfolgte Aufklärung dokumentiert um sicherstellen zu können, dass das gesetzlich geforderte Verfahren eingehalten worden ist, so dass die Norm und auch das beteiligte Fachpersonal schützt; die Vorschrift dient damit letztendlich der Verfahrenssicherung[750]. Im Gegensatz zum Schriftlichkeitserfordernis hinsichtlich der Einwilligung, kann der Widerruf derselben jederzeit und ohne Angabe von Gründen formlos erfolgen (§ 8 Abs. 2 S. 3 TPG); zu beachten ist hierbei, dass er lediglich eine in die Zukunft gerichtete Rechtswirksamkeit entfaltet[751].

(6) Einverständnis zur ärztlichen Nachbetreuung, § 8 Abs. 3 S. 1 TPG

In § 8 Abs. 3 S. 1 TPG hat der Gesetzgeber als weitere Voraussetzung der Lebendspende normiert, dass sich bei einer Organspende sowohl der Spender als auch der Empfänger zur Teilnahme an einer ärztlich empfohlenen Nachbetreuung erklärt haben. Auffällig ist hierbei, dass bei einer Gewebespende ausschließlich die Bereiterklärung des Spenders genügt. Ausgehend vom Schutzzweck der Norm, wonach die geforderte Nachbetreuung eine optimale ärztliche und psychische Betreuung der Betroffenen gewährleisten soll, um den Erfolg der Transplantation umfassend

---

748 *BVerfG*, NJW 1979, 1925 (1931); *Gutmann*, MedR 1997, 147 (152f.).
749 *Joo*, Organtransplantation, S. 136f.
750 Vgl. Begründung zu § 7 des interfraktionellen Gesetzesentwurfes vom 16.04.1996, BT-Drs. 13/4355, S. 21.
751 Vgl. Begründung zu § 7 des interfraktionellen Gesetzesentwurfes vom 16.04.1996, BT-Drs. 13/4355, S. 21.

zu sichern⁷⁵², ist nicht einsichtig, aus welchen Gründen eine Nachbetreuung des Empfängers einer Gewebespende für nicht erforderlich erachtet wird. Da der Gesetzgeber jedenfalls beim Spender eine Nachbetreuung fordert, geht er davon aus, dass die Entnahme gewisse Komplikationen hervorrufen könne. Dass auch beim Empfänger des Gewebes etwaige Schwierigkeiten auftreten können, etwa infolge einer Abstoßung des Gewebes aufgrund einer zunächst nicht festgestellten Inkompatibilität, ist nicht vollständig auszuschließen. Um diese Risiken zu minimieren, und zu einer dem Gesetzeszweck entsprechenden erfolgreichen Transplantation zu gelangen, wäre auch eine Einwilligung des Empfängers zur Nachbetreuung im Rahmen einer Gewebespende erforderlich und wünschenswert gewesen; indem der Gesetzgeber eine solche Nachbetreuung nicht fordert, verhält er sich zu seinem eigenen Schutzzweck der Norm in einem Widerspruch.

bb. Personenunabhängige Voraussetzungen

Das Transplantationsgesetz schreibt neben personenbedingten Voraussetzungen auch einige Zulässigkeitskriterien der Lebendtransplantation vor, die außerhalb der Spender- bzw. Empfängerperson liegen. Diese sollen nunmehr aufgezeigt werden.

(1) Aufklärung durch einen Arzt, § 8 Abs. 1 S. 1 Nr. 1 b i.V.m. § 8 Abs. 2 S. 1, S. 2 und S. 3, Vornahme des Eingriffs durch einen Arzt, § 8 Abs. 1 S. 1 Nr. 4 TPG

Zunächst ist erforderlich, dass der potentielle Spender durch einen Arzt aufgeklärt worden ist und in die Entnahme eingewilligt hat (§ 8 Abs. 1 S. 1 Nr. 1 b TPG). Die einzelnen Inhalte sowie der Umfang der Aufklärung werden in § 8 Abs. 2 S. 1, S. 2 und S. 3 TPG geregelt; hierbei werden die erheblichsten Inhalte aufgezählt, über die aufgeklärt werden muss, namentlich das Wesen, die Bedeutung und die Durchführung der Organ- oder Gewebeentnahme⁷⁵³.

Der Spender ist über den Zweck und die Art des Eingriffs (§ 8 Abs. 2 S. 1 Nr. 1 TPG), die Untersuchung sowie das Recht, über die Ergebnisse der Untersuchung unterrichtet zu werden (§ 8 Abs. 2 S. 1 Nr. 2)⁷⁵⁴, die Maßnahmen, die dem Schutz des Spenders dienen, sowie den Umfang und mögliche, auch mittelbare Folgen und Spätfolgen der beabsichtigten Organ- oder Gewebeentnahme für seine Gesundheit (§ 8 Abs. 2 S. 1 Nr. 3 TPG), die ärztliche Schweigepflicht (§ 8 Abs. 2 S. 1 Nr. 4), die zu erwartenden Erfolgsaussichten der Organ- oder Gewebeübertragung und sonstige Umstände, denen er erkennbar eine Bedeutung für die Spende beimisst (§ 8 Abs. 2

---

752 Vgl. Begründung zu § 7 des interfraktionellen Gesetzesentwurfes vom 16.04.1996, BT-Drs. 13/4355, S. 21.
753 Vgl. die Begründung zu Nr. 15 des Gesetzesentwurfes der Bundesregierung vom 25.10.2006, BT-Drs. 16/3146, S. 29.
754 Die Aufklärung bzgl. der durchzuführenden Untersuchungen ist insoweit von Bedeutung, als dass der potentielle Spender wissen muss, ob er bspw. auf HIV oder Hepatitis- Viren untersucht worden ist, vgl. die Begründung zu Nr. 15 des Gesetzesentwurfes der Bundesregierung vom 25.10.2006, BT-Drs. 16/3146 S. 29.

S. 1 Nr. 5 TPG), sowie über die Erhebung und Verwendung personenbezogener Daten (§ 8 Abs. 2 S. 1 Nr. 6 TPG) aufzuklären. Da der Eingriff für den Spender medizinisch nicht indiziert ist, bedurfte es der Normierung der eben aufgezeigten strengen Anforderungen an den Inhalt und den Umfang der Aufklärung[755]. Darüber hinaus ist der Spender darüber zu informieren, dass seine Einwilligung Voraussetzung für die Organ- oder Gewebeentnahme ist (§ 8 Abs. 2 S. 2 TPG). Alle Vervollständigungen dienen hierbei der Umsetzung des Artikels 13 Abs. 2 der EG- Geweberichtlinie i.V.m. dem Anhang der EG- Geweberichtlinie und konkretisieren die schon im bisherigen Satz 1 enthaltenen Aufklärungsinhalte[756].

Um einen umfassenden Schutz des potentiellen Spenders sowie des Empfängers zu gewährleisten, ist nach § 8 Abs. 1 S. 1 Nr. 4 TPG erforderlich, dass der Eingriff durch einen Arzt vorgenommen wird[757].

(2) Subsidiarität der Lebendspende im Fall der Organentnahme,
§ 8 Abs. 1 S. 1 Nr. 3 TPG

In § 8 Abs. 1 S. 1 Nr. 3 TPG wird klargestellt, dass die Lebendorganspende nur dann zulässig ist, wenn ein geeignetes Organ eines verstorbenen Spenders im Zeitpunkt der Organentnahme nicht zur Verfügung steht. Dabei subsumiert der Gesetzgeber unter das Tatbestandsmerkmal „nicht zur Verfügung stehen" sowohl die Möglichkeit, dass das Organ gänzlich fehlt als auch die Alternative, dass es im Hinblick auf die Dringlichkeit einer Organübertragung nicht rechtzeitig zur Verfügung steht[758].

Damit wird der Lebendorganspende gegenüber der postmortalen Organspende eine subsidiäre Stellung zugeschrieben. Als Begründung hinsichtlich dieser Wertung wird zum Einen auf das Interesse des Lebendspenders hingewiesen, dass die Lebendspende ausschließlich die letzte Möglichkeit sein dürfe, wenn ein geeignetes Organ eines verstorbenen potentiellen Spenders nicht bzw. im Hinblick auf die Dringlichkeit einer Organübertragung nicht rechtzeitig zur Verfügung steht[759]. Darüber hinaus soll die Lebendorganspende nicht dazu führen, dass das Bemühen um die Gewinnung um postmortale Organspenden vernachlässigt werde[760]. Im Hinblick auf die Gefahren einer Lebendtransplantation scheinen die gesetzgeberischen

---

755 Vgl. die Begründung zu Nr. 15 des Gesetzesentwurfes der Bundesregierung vom 25.10.2006, BT-Drs. 16/3146 S. 28.
756 Vgl. die Begründung zu Nr. 15 des Gesetzesentwurfes der Bundesregierung vom 25.10.2006, BT-Drs. 16/3146 S. 28.
757 Vgl. Begründung zu § 7 des interfraktionellen Gesetzesentwurfes vom 16.04.1996, BT-Drs. 13/4355, S. 20.
758 Begründung zu § 7 des interfraktionellen Gesetzesentwurfes vom 16.04.1996, BT-Drs. 13/4355, S. 20.
759 Begründung zu § 7 des interfraktionellen Gesetzesentwurfes vom 16.04.1996, BT-Drs. 13/4355, S. 20.
760 Begründung zu § 7 des interfraktionellen Gesetzesentwurfes vom 16.04.1996, BT-Drs. 13/4355, S. 20.

Motive durchaus nachvollziehbar zu sein, dennoch werfen sie einige Fragen auf, die nachfolgend kritisch hinterfragt werden.

Der Gesetzgeber hat strenge Anforderungen an die Zulässigkeit einer Lebendspende statuiert. Neben der unverzichtbaren Einwilligungsfähigkeit und der Volljährigkeit fordert er eine umfassende Aufklärung des Spenders, die Freiwilligkeit seiner Entscheidung, ein geringes Operationsrisiko und die Bereitschaft zur Nachbetreuung. Sämtliche Anforderungen sollen den potentiellen Spender in seiner körperlichen Integrität schützen und zudem sein Selbstbestimmungsrecht hinreichend würdigen. Erkennt der potentielle Spender die mit der Transplantation verbundenen Risiken und entscheidet er sich im Rahmen seiner Einwilligungsfähigkeit dennoch für eine solche, so stellt dies einen Akt seiner grundrechtlich geschützten Selbstbestimmung dar. In einer solchen Situation ist der Spender nicht schutzwürdig[761]. Da die Subsidiaritätsregelung ausweislich der Gesetzesbegründung gerade den Interessen des potentiellen Spenders dienen soll[762], stellt sich nunmehr eine widersprüchliche Situation dar: Der die Voraussetzungen der Lebendorganspende erfüllende, und damit nicht (mehr) zu beschützende Spender, wird nunmehr in seinem Recht auf Selbstbestimmung eingeschränkt und damit vor sich selbst beschützt. Folglich kann in dieser Konstellation die Subsidiaritätsregelung ihren Zweck nicht erfüllen. Sie stellt dann vielmehr einen verfassungsrechtlich bedenklichen und „nicht zu billigenden Grundrechtsschutz vor sich selbst"[763] dar.

Problematisch erscheint die Subsidiaritätsklausel zudem unter dem Gesichtspunkt, dass nach neueren medizinischen Erkenntnissen die medizinische Erfolgsquote von Transplantationen bei der Verwendung Organe lebender Spender, jedenfalls im Hinblick auf Nierentransplantate, deutlich höher liegt, als dies bei der Verwendung postmortal entnommener Organe der Fall ist[764]. Sollte demnach sowohl ein postmortal entnommenes Organ als auch ein geeigneter und die übrigen Voraussetzungen erfüllender Lebendspender zur Verfügung stehen, greift die Subsidiaritätsregelung und der Gesetzgeber nimmt dem Patienten die Möglichkeit, eine medizinisch erfolgversprechendere Therapie in Anspruch zu nehmen. Damit zwingt der Gesetzgeber dem Patienten eine medizinisch eindeutig schlechtere Therapieform

---

761 *Esser*, in: Höfling, Kommentar zum Transplantationsgesetz (TPG), § 8, Rdnr. 58; *Gutmann*, MedR 1997, 147 (152).

762 Begründung zu § 7 des interfraktionellen Gesetzesentwurfes vom 16.04.1996, BT-Drs. 13/4355, S. 20.

763 *Esser*, in: Höfling, Kommentar zum Transplantationsgesetz (TPG), § 8, Rdnr. 58; im Ergebnis ebenso *Edelmann*, VersR 1999, 1065 (1068); *Gutmann*, MedR 1997, 147 (152) bringt es auf den Punkt, wenn er ausführt, dass „Gesetzlicher Paternalismus dieser Art in einem liberalen Rechtsstaat schlechthin nicht zu rechtfertigen ist".

764 *Forkel*, Jura 2001, 73 (78); *Gutmann*, MedR 1997, 147 (152); *Edelmann*, VersR 1999, 1065 (1068); *Esser*, in: Höfling, Kommentar zum Transplantationsgesetz (TPG), § 8, Rdnr. 55.

auf[765]. Unabhängig davon, ob man diese Regelung mit dem staatlichen Schutzpflichtauftrag für den Empfänger als verfassungsrechtlich bedenklich ansieht[766], befindet sich die Subsidiaritätsregelung mit dem grundrechtlich geschützten Selbstbestimmungsrecht des potentiellen Spenders in Konflikt.

Darüber hinaus gibt es zahlreiche Patienten, die einer Postmortalspende aus moralischen und ethischen Gründen ablehnend gegenüberstehen, so dass es insoweit bei diesen sogar zu psychischen Problemen kommen könne; unabhängig davon, ob diese Bedenken vernünftig erscheinen oder nicht, kommt ihnen grundrechtlicher Schutz aus den Art. 2 Abs. 1 und Abs. 2 sowie Art. 4 GG zu[767].

Sämtliche Erwägungen haben gezeigt, dass die Anwendung der Subsidiaritätsklausel mit erheblichen Schwierigkeiten verbunden ist. Es wäre wünschenswert gewesen, wenn der Gesetzgeber die Novellierung des Transplantationsgesetzes zum Anlass genommen hätte, seine diesbezügliche Normierung nochmals zu überdenken und gegebenenfalls zu ändern[768] bzw. gänzlich zu streichen.

(3) Stellungnahme der Gutachtenkommission, § 8 Abs. 3 S. 2 TPG

Ein weiteres Instrumentarium zur Gewährung eines umfassenden Schutzes der betroffenen Rechtsgüter ist in § 8 Abs. 3 S. 2 TPG normiert. Nach § 8 Abs. 3 S. 2 TPG ist für die Entnahme von Organen bei Lebenden erforderlich, dass die nach Landesrecht zuständige Kommission gutachtlich dazu Stellung genommen hat, ob begründete tatsächliche Anhaltspunkte dafür vorliegen, dass die Einwilligung in die Organspende nicht freiwillig erfolgt oder das Organ Gegenstand verbotenen Handeltreibens nach § 17 TPG ist. Der Kommission muss gemäß § 8 Abs. 3 S. 3 TPG ein Arzt, der weder an der Entnahme noch an der Übertragung von Organen beteiligt ist, noch Weisungen eines Arztes untersteht, der an solchen Maßnahmen beteiligt ist, eine Person mit der Befähigung zum Richteramt und eine in psychologischen Fragen erfahrene Person angehören. Der Gesetzgeber hat erkannt, dass allein Zugehörigkeiten zu bestimmten Gruppen, wie etwa das Bestehen bestimmter Verwandtschaftsverhältnisse, nicht ausreichend sind, um das Vorliegen der

---

765 *Gutmann*, MedR 1997, 147 (152); *Edelmann*, VersR 1999, 1065 (1068); *Esser*, in: Höfling, Kommentar zum Transplantationsgesetz (TPG), § 8, Rdnr. 55.
766 Dafür sprechen sich *Gutmann*, MedR 1997, 147 (152) und *Edelmann*, VersR 1999, 1065 (1068) mit dem Hinweis darauf, dass den Staat eine Schutzpflicht hinsichtlich der körperlichen Unversehrtheit und der Gesundheit trifft, die infolge der Auferlegung einer weniger erfolgversprechenden Behandlungsmethode verletzt werde. Demgegenüber hinterfragt *Esser* in: Höfling, Kommentar zum Transplantationsgesetz (TPG), § 8, Rdnr. 56 eine derartige Schutzpflicht jedenfalls für den Gesundheitssektor, da sich das für die Schutzpflichtlehre prägende „dreipolige" Rechtsverhältnis auf ein zweiseitiges reduziere.
767 *Gutmann*, MedR 1997, 147 (152); *Edelmann*, VersR 1999, 1065 (1068).
768 Siehe den Vorschlag zu einer diesbezüglichen Änderung der Subsidiaritätsklausel *Esser*, in: Höfling, Kommentar zum Transplantationsgesetz (TPG), § 8, Rdnr. 58, dortige FN. 52.

Freiwilligkeit sicher anzunehmen[769]. Um eine größtmögliche Sicherung der betroffenen Rechtsgüter sicherstellen zu können strebt er mit den in § 8 Abs. 3 S. 2 und S. 3 TPG aufgestellten Kriterien einen „Schutzes durch Verfahren" an[770].

Um ausschließen zu können, dass der Entschluss zur Spende ohne jeglichen äußeren Druck oder durch Vorteilsgewährung entstanden ist[771], hat er mit den Normierungen in § 8 Abs. 3 S. 2 und S. 3 TPG eine unabhängige Instanz geschaffen, die sich mit diesen Fragen zu beschäftigen hat. Dabei ist jedoch zu beachten, dass der Entscheidung der Kommission lediglich ein empfehlender Charakter beizumessen ist[772], so dass sie dem verantwortlichen Arzt eine zusätzliche verfahrensrechtliche Sicherheit bietet[773], den behandelnden Arzt mithin in keinster Weise von seinen eigenen Verpflichtungen entbindet[774]. Ein Vetorecht ist der Kommission nicht zuzugestehen[775].

Unbegreiflich ist jedoch, dass der Gesetzgeber eine Prüfung der Freiwilligkeit einer Gewebespende durch die Kommission nicht normiert hat. In der Gesetzesbegründung heißt es lediglich, dass sich die Zuständigkeit der Lebendspendekommission weiterhin auf die Lebendspende von Organen beziehen wird[776]. Ungeachtet dessen, dass die Organspende für den Betroffenen einen schwerwiegenderen Eingriff darstellen mag, als eine Gewebeentnahme, so ist doch nicht auszuschließen, dass die Bereitschaft zu einer solchen Spende ebenso infolge einer Drucksituation oder aufgrund einer Vorteilsgewährung entstanden ist. Vor dem Hintergrund, dass in Deutschland schon heute mehr Gewebe transplantiert werden als Organe, etwa in Form von Augenhornhäuten oder Herzklappen, die Gewebespende also immer mehr an Bedeutung zunimmt, steigt auch die Gefahr einer durch kommerzielle Zwecke motivierten Gewebespende. Wenn der Gesetzgeber die hinter der Vorschrift des § 8 Abs. 3 S. 2 und S. 3 TPG stehende Ratio, mithin die Aufgabe der Kommission, ernst nehmen würde, hätte er die Prüfung der Kommission auch auf die Gewebespende erstrecken müssen. Mit seiner unvollständigen Regelung schafft er lediglich Rechtsunsicherheit und provoziert einen möglichen Gewebehandel. Dies ist umso unbegreiflicher, als dass er in § 9 Abs. 2 S. 1 TPG ausdrücklich einen Vorrang der Organ- vor der Gewebespende normiert hat. Gleichzeitig begibt er sich jedoch der Prüfung durch eine weitere Instanz, ob die betroffene Gewebespende möglicherweise Gegenstand verbotenen Handeltreibens nach § 17 TPG darstellt.

---

769 *Gutmann*, MedR 1997, 147 (151).
770 *Gutmann*, MedR 1997, 147 (151).
771 Vgl. Begründung zu § 7 des interfraktionellen Gesetzesentwurfes vom 16.04.1996, BT-Drs. 13/4355, S. 21.
772 *Gutmann*, MedR 1997, 147 (151).
773 Vgl. Begründung zu § 7 des interfraktionellen Gesetzesentwurfes vom 16.04.1996, BT-Drs. 13/4355, S. 21.
774 *Edelmann*, VersR 1999, 10651068).
775 *Gutmann*, MedR 1997, 147 (151).
776 Vgl. die Begründung zu Nr. 15 des Gesetzesentwurfes der Bundesregierung vom 25.10.2006, BT-Drs. 16/3146, S. 29.

(4) Eingeschränkter Empfängerkreis bei der Spende nicht
regenerierungsfähiger Organe, § 8 Abs. 1 S. 2 TPG

Um die Freiwilligkeit der Spende sicherzustellen und um einem verdeckten und nicht kontrollierbaren Organhandel begegnen zu können[777] hat der Gesetzgeber mit § 8 Abs. 1 S. 2 TPG eine weitere Einschränkung hinsichtlich des zulässigen Spender- und Empfängerkreises bei nicht regenerierungsfähigen Organen vorgenommen. Der Anwendungsbereich des § 8 Abs. 1 S. 2 TPG erfasst neben den beispielhaft aufgezählten Nieren und Teilen einer Leber sämtliche anderen nicht regenerierungsfähigen Organe[778].

Der Gesetzgeber geht davon aus, dass grundsätzlich eine verwandtschaftliche oder vergleichbar persönliche Beziehung die beste Gewähr für eine freiwillige Organspende bieten und damit auf diese Weise finanzielle Aspekte unterbunden werden können, so dass einem auch verdeckten Organhandel wirksam begegnet werden könne[779].

(aa) Erforderlicher Verwandtschaftsgrad

Zur Bestimmung des erforderlichen Verwandtschaftsgrades ist die Vorschrift des § 1589 S. 3 BGB relevant, wonach sich die Verwandtschaft nach der Zahl der sie vermittelnden Geburten bestimmt. Nach § 1589 S. 1 BGB sind demnach Verwandte ersten Grades die Eltern und die Kinder des potentiellen Spenders während Verwandte zweiten Grades nach § 1589 S. 2 BGB die Großeltern, die ehelichen sowie nichtehelichen Geschwister einschließlich der Enkel des potentiellen Spenders zu subsumieren sind. Hinsichtlich des Ehegatten ist zu beachten, dass es sich um den „aktuellen" Ehegatten, nicht jedoch um den ehemaligen, geschiedenen Ehegatten handeln muss[780]. Wie § 8 Abs. 1 S. 2 TPG nunmehr ausdrücklich klarstellt, muss es sich um eine eingetragene Lebenspartnerschaft handeln. Hinsichtlich der Bestimmung des Verlobten sind die Normen der §§ 1297 ff. BGB maßgeblich.

Sollte das zu spendende Organ nicht für eine der in § 8 Abs. 1 S. 2 TPG aufgezählten gesetzlichen Bedingungen unterworfen und grundsätzlich leicht beweisbaren Empfängergruppen bestimmt sein, ermöglicht das Gesetz im Rahmen einer „Öffnungsklausel"[781] eine Spende zugunsten anderer Personen, die dem Spender in besonderer persönlicher Verbundenheit offenkundig nahestehen.

---

777 Vgl. Begründung zu § 7 des Gesetzesentwurfes vom 16.04.1996, BT-Drs. 13/4355, S. 20.
778 Dabei wird der Begriff der nicht regenerierungsfähigen Organe in § 1a Nr. 3 TPG nunmehr legaldefiniert als solche Organe, die sich beim Spender nach der Entnahme nicht wieder bilden können.
779 Vgl. Begründung zu § 7 des interfraktionellen Gesetzesentwurfes vom 16.04.1996, BT-Drs. 13/4355, S. 20.
780 *Esser*, in: Höfling, Kommentar zum Transplantationsgesetz (TPG), § 8, Rdnr. 70, siehe hier auch zu den einschlägigen Normen zur Bestimmung des Ehegatten.
781 *Joo*, Organtransplantation, S. 135.

(bb) Das Bestehen einer offenkundigen besonderen Verbundenheit, § 8 Abs. 1 S. 2 TPG (Cross- Over-Spenden bzw. Überkreuz- Lebendspenden)

Die Voraussetzungen des Bestehens einer offenkundigen besonderen Verbundenheit sollen nachfolgend im Rahmen der Problematik einer Cross- Over- Spende (Überkreuz-Lebendspende) näher erläutert werden. Diese besondere Konstellation der Lebendspende bietet sich wegen ihrer zunehmenden Bedeutung besonders an, um diesen Problemkreis zu erörtern und gleichzeitig festzustellen, ob sie mit der „Öffnungsklausel" in Einklang zu bringen ist. Bei einer „Überkreuz-Lebendspende" sind jeweils zwei Paare gegeben[782], von denen jeweils der gesunde Partner des einen Paares als Spender und jeweils ein kranker Partner des anderen Paares als Empfänger eines Organs[783] fungiert, da innerhalb der jeweiligen Beziehungen eine Organspende wegen einer vorhandenen Inkompatibilität ausgeschlossen ist. Da sich die Paare erst zum Zwecke der Lebendtransplantation kennenlernen ist hier fraglich, ob eine besondere offenkundige Verbundenheit zwischen dem jeweiligen Spender und Empfänger des Organs bejaht werden könne.

Nach der Gesetzesbegründung wird vor allem dann von einer besonderen persönlichen Verbundenheit ausgegangen, wenn zwischen dem Spender und dem Empfänger eine gemeinsame Lebensplanung mit einer inneren Bindung besteht, die auf Dauer angelegt ist[784]. Erforderlich ist demnach ein „Zusammengehörigkeitsgefühl"[785]. Als Folge dieser Interpretation schließt der Gesetzgeber solche zwischenmenschlichen Beziehungen von dem Anwendungsbereich aus, die in einer lediglich zufälligen oder befristeten häuslichen Lebensgemeinschaft bestehen bzw. bloß ökonomisch motiviert sind[786]. Allerdings erweitert der Gesetzgeber seine eigene enge Auslegung der besonderen persönlichen Verbundenheit, indem er ausführt, dass eine vergleichbare Verbundenheit auch bei einer räumlichen Trennung der Personen angenommen werden könne, wenn diese Bindung über einen längeren Zeitraum gewachsen sei[787]. Die besondere Verbundenheit könne sich in diesen Fällen aus anderen offenkundigen Tatsachen, wie eines engen Freundschaftsverhältnisses mit häufigen persönlichen Kontakten über einen längeren Zeitraum ergeben[788].

Die Formulierung des Gesetzgebers hinsichtlich der Forderung einer „besonderen persönlichen Verbundenheit offenkundigen Nahestehens" birgt an verschiedenen

---

782 Dabei wird es sich grundsätzlich um Ehepaare handeln.
783 In der Regel dürfte hierbei die Nierenspende von ausschlaggebender Bedeutung sein.
784 Vgl. Begründung zu § 7 des interfraktionellen Gesetzesentwurfes vom 16.04.1996, BT-Drs. 13/4355, S. 20 f.
785 *Esser*, in: Höfling, Kommentar zum Transplantationsgesetz (TPG), § 8, Rdnr. 76.
786 Vgl. Begründung zu § 7 des interfraktionellen Gesetzesentwurfes vom 16.04.1996, BT-Drs. 13/4355, S. 20f.
787 Vgl. Begründung zu § 7 des interfraktionellen Gesetzesentwurfes vom 16.04.1996, BT-Drs. 13/4355, S. 21.
788 Vgl. Begründung zu § 7 des interfraktionellen Gesetzesentwurfes vom 16.04.1996, BT-Drs. 13/4355, S. 21.

Stellen Auslegungsschwierigkeiten. Aus den Gesetzesbegründungen lässt sich zumindest herauslesen, dass sich die geforderte Beziehung zwischen dem potentiellen Spender und dem Empfänger objektiv nach außen manifestiert haben muss, nur dann sei von einer „Offenkundigkeit" auszugehen[789].

Die erste Schwierigkeit, die überwunden werden muss folgt aus dem Umstand, dass der Gesetzgeber zwar eine besondere Verbundenheit fordert, an keiner Stelle jedoch definiert wie lange diese Verbundenheit zwischen dem potentiellen Spender und dem Empfänger bestehen müsse, um sie zu einer „besonderen" zu machen. Im Rahmen der Gesetzesmaterialien fordert der Gesetzgeber, dass die Bindung „auf Dauer angelegt sein müsse"[790] und dass eine „bloß zufällige oder befristete Lebensgemeinschaft"[791] eine besondere Verbundenheit nicht zu begründen vermag; der gesetzgeberische Wille ist demnach dahingehend zu interpretieren, dass die geforderte Bindung eine gewisse Zeitspanne überschritten haben muss[792]. Aus diesen Gründen wird zur Bestimmung der erforderlichen Dauer der Beziehung teilweise gefordert, dass die erforderliche Nähebeziehung erst ab einem Zeitraum von einem halben Jahr[793] bejaht werden könne. Dabei sei die sechsmonatige nicht als starre Mindestgrenze zu verstehen, vielmehr sei auf die Umstände des jeweiligen Einzelfalles abzustellen[794], so dass die besondere persönliche Verbundenheit in bestimmten Fällen auch schon früher[795], angenommen werden könne. Da sich die Paare bei einer „Cross- Over- Spende" grundsätzlich erst zum Zwecke der Transplantation kennenlernen, wird es bei ihnen an einer sechsmonatigen Beziehung in der Regel mangeln. Fraglich ist hierbei, ob das Kriterium der „gewissen Dauer" zwingend ist, um zur Bejahung einer „offenkundigen besonderen Verbundenheit" zu gelangen.

Teilweise wird gegen die Voraussetzung einer gewissen Dauer einer Nähebeziehung vorgetragen, dass das Gesetz eine solche Mindestdauer auch nicht bei der Ehegatten. bzw. Verlobteneigenschaft fordere; in diesen Fällen sei es denkbar, dass sich die betreffenden Personen erst wenige Stunden kennen und sich dann gemäß § 1297 BGB gegenseitig das Eheversprechen geben[796]. Bei oberflächlicher Betrachtung mag dieser Vergleich durchaus zu überzeugen, und demnach gegen jegliche Mindestdauer einer Nähebeziehung sprechen. Es darf jedoch nicht übersehen werden, dass die in § 8 Abs. 1 S. 2 TPG genannten Institute gerade von einer Dauerhaftigkeit der Beziehung ausgehen. Sämtlichen gesetzlich geschützten

---

789 So auch *Seidenath*, MedR 1998, 253 (254); *Schroth*, MedR 1999, 67 (67); *Esser*, in: Höfling, Kommentar zum Transplantationsgesetz (TPG), § 8, Rdnr. 80.
790 Vgl. Begründung zu § 7 des interfraktionellen Gesetzesentwurfes vom 16.04.1996, BT-Drs. 13/4355, S. 20f.
791 Vgl. Begründung zu § 7 des interfraktionellen Gesetzesentwurfes vom 16.04.1996, BT-Drs. 13/4355, S. 20f.
792 So *Esser*, in: Höfling, Kommentar zum Transplantationsgesetz (TPG), § 8, Rdnr. 78.
793 So *Esser*, in: Höfling, Kommentar zum Transplantationsgesetz (TPG), § 8, Rdnr. 79.
794 So *Esser*, in: Höfling, Kommentar zum Transplantationsgesetz (TPG), § 8, Rdnr. 79.
795 *Schroth*, MedR 1999, 67 (67).
796 *Seidenath*, MedR 1998, 253 (254).

„Lebensgemeinschaften"[797] ist immanent, dass sie auf einer länger andauernden gegenseitigen Kenntnis beruhen. Dass ein Eheversprechen bereits nach einem Tag abgegeben wird, dürfte als absolute Ausnahme angesehen werden, und rechtfertigt nicht einen derartigen Vergleich.

Um zu einer tragfähigen Begründung der Voraussetzung „einer gewissen Dauer" zu gelangen, ist es unerlässlich sich die hinter der gesetzlichen Norm des § 8 Abs. 1 S. 2 TPG stehende Ratio zu vergegenwärtigen. Zum einen wollte der Gesetzgeber die Gefahren eines möglichen Organhandels unterbinden[798]. Darüber hinaus sollte die bei einem medizinisch nicht indizierten Eingriff tangierte Gesundheit des potentiellen Spenders geschützt werden; die Regelung soll sicherstellen, dass der potentielle Spender seine Entscheidung vollkommen ohne Druck und nach reiflicher Überlegung trifft[799]. Demnach ist das weitere erklärte Ziel dieser Regelung, die Freiwilligkeit der Spendebereitschaft zu garantieren[800].

Um diese Zielvorgaben zu erfüllen, ist, wie sich auch aus den in § 8 Abs. 1 S. 2 TPG ausdrücklich genannten Personengemeinschaften ergibt, eine enge, intensive und hinreichend gefestigte zwischenmenschliche Beziehung zwischen dem potentiellen Spender und dem potentiellen Empfänger unerlässlich, um auszuschließen, dass der potentielle Spender seinen Entschluss zur Organspende bei eventuell auftretenden Komplikationen im Rahmen der Operation nicht bereut[801]. Der Gesetzgeber geht davon aus, dass die in § 8 Abs. 1 S. 2 TPG aufgeführten Personengemeinschaften diese Voraussetzungen erfüllen, mithin eine Beziehung zueinander aufweisen, die in der Regel infolge häufiger persönlicher Kontakte über einen längeren Zeitraum gewachsen ist[802]. Die vom Gesetzgeber zur Begründung der Intensität der Beziehung aufgeführten Passagen einer „gemeinsamen Lebensplanung mit innerer Bindung" stellen ausweislich des Wortlautes lediglich Regelvermutungen auf und dienen darüber hinaus zur Abgrenzung von rein „ökonomisch motivierten Zweckwohngemeinschaften"[803]. Hierbei wollte der Gesetzgeber sicherstellen, dass die Motivation des Spenders aus der persönlichen Verbundenheit erwachsenden, innerlich akzeptierten Gefühl der sittlichen Pflicht herrühren solle[804].

Wenn der Gesetzgeber davon ausgeht, dass eine „gemeinsame Lebensplanung mit innerer Bindung" für eine intensive Beziehung sprechen, sind keine Gründe

---

797 Gemeint sind die in § 8 Abs. 1 S. 2 TPG ausdrücklich genannten Institute.
798 Vgl. Begründung zu § 7 des interfraktionellen Gesetzesentwurfes vom 16.04.1996, BT-Drs. 13/4355, S. 20.
799 *Nickel/Preisgabe*, MedR 2004, 307 (308).
800 Vgl. Begründung zu § 7 des interfraktionellen Gesetzesentwurfes vom 16.04.1996, BT-Drs. 13/4355, S. 20.
801 *Seidenath*, MedR 1998, 253 (255).
802 Vgl. Begründung zu § 7 des interfraktionellen Gesetzesentwurfes vom 16.04.1996, BT-Drs. 13/4355, S. 21.
803 *BSG*, MedR 2004, 330 (333).
804 Vgl. Begründung zu § 7 des interfraktionellen Gesetzesentwurfes vom 16.04.1996, BT-Drs. 13/4355, S. 21.

ersichtlich, die gegen eine vergleichbare Intensität bei der „Cross- Over- Spende" sprechen. Sowohl die eingegangene Ehe, eine Verlobung als auch im Rahmen einer eingetragenen Lebenspartnerschaft sind die Partner bereit, ihr Leben und damit auch ihr Schicksal miteinander zu teilen. Die Situation bei einer „Überkreuz- Lebendspende" ist insoweit vergleichbar, da hier die Paare ein nahezu gleiches persönliches Schicksal erlitten haben und einen ähnlichen Lebensrhythmus durchleben, so dass Vieles für das Vorhandensein einer persönlichen Verbundenheit[805] spricht. Ferner ist die Lage bei der „Cross- Over- Spende" und den im Gesetz aufgeführten Lebensgemeinschaften insoweit gemeinsam, als dass sowohl bei der Spende im Rahmen einer Ehe, einer eingetragenen Lebenspartnerschaft als auch bei Verlobten die Motivation zur Transplantation letztendlich die Selbe ist, nämlich die Sorge um das Wohlergehen des Partners und die Bereitschaft ein persönliches Opfer zu erbringen, um die Leiden des eigenen Partners zu lindern bzw. zu beenden. Da eine direkte Spende an den eigenen Partner lediglich an der vorhandenen Inkompatibilität scheitert, die Bereitschaft zur Transplantation aber von vornherein vorhanden ist, rechtfertigt die vorhandene Motivation den Schluss, dass der potentielle Spender auch ein mögliches Misslingen der Operation bzw. das Auftreten gewisser Komplikationen im Rahmen einer Transplantation nicht bereuen wird[806].

Um jedoch dem Schutz der körperlichen Integrität und des psychischen Wohlbefindens des jeweiligen Spenders beim Auftreten möglicher Schwierigkeiten im Rahmen des Genesungsprozess umfassend gerecht werden zu können, ist erforderlich, dass die zwischen den jeweiligen Paaren aufgebaute Beziehung ähnlich wie bei den gesetzlich genannten Instituten auf eine unbefristete Dauer angelegt ist[807].

Ob eine dahingehende hinreichend intensive Beziehung zwischen den Paaren entstanden ist, die auch erwarten lässt, dass sie auch noch für die Zeit nach der Operation bestehen wird, ist aus einer ex- ante- Sicht eines objektiven Betrachters zu ermitteln. Hierbei dürfte von ausschlaggebender Bedeutung sein, ob die Paare vor der Operation häufig engen persönlichen Kontakt pflegten, um sowohl über die geplante Transplantation mit den möglichen Komplikationen zu sprechen als auch Pläne für ein gemeinsames Verhältnis nach der Operation zu bereden[808]; als nicht ausreichend müsste es angesehen werden, wenn lediglich Treffen vor der Operation vereinbart wurden, um die Kompatibilität festzustellen, da dies der Situation eines Ringtausches oder einer anonymen Spende zu nahe käme[809]. Sollten diese

---

805 *Kühn*, MedR 1998, 455 (458); *Seidenath*, MedR 1998, 253 (255f.).
806 *Seidenath*, MedR 1998, 253 (255).
807 BSG, MedR 2004, 330 (333).
808 Um Beweisschwierigkeiten von vornherein zu vermeiden sollten die Paare, ähnlich einer Selbsthilfegruppe, Notizen über ihre Treffen führen, um genau belegen zu können, dass sie sich ernsthaft mit den Folgen einer Transplantation auseinander gesetzt haben und dass infolge der Treffen eine persönliche Verbundenheit zwischen ihnen entstanden ist.
809 BSG, MedR 2004, 330 (333).

Voraussetzungen erfüllt sein, gibt es keine tragenden Gründe, bei einer „Cross-Over- Spende" die offenkundige persönliche Verbundenheit zu verneinen[810].

b. Entnahme von Organen und Geweben vom Lebenden Spendern in speziellen Fällen, §§ 8a, b, c TPG

Im Zuge der Umsetzung der Geweberichtlinie hat der Gesetzgeber in den §§ 8a, b und c TPG spezielle Fälle der Entnahme von Organen und Geweben bei lebenden Spendern normiert. So werden in § 8a TPG die Voraussetzungen der Entnahme von Knochenmark bei minderjährigen Personen, in § 8b TPG die Voraussetzungen hinsichtlich der Entnahme von Organen und Geweben in besonderen Fällen und in § 8c TPG die Zulässigkeitskriterien bei der Entnahme von Organen und Geweben zur Rückübertragung geregelt.

aa. Knochenmarkspende, § 8a TPG

(1) Die Entnahme und die Spende von Knochenmark nach den Änderungen im Transplantationsgesetz

Der Anwendungsbereich des Transplantationsgesetzes war bisher gemäß des Negativkataloges in § 1 Abs. 2 TPG (a.F.) auf die Knochenmarktransplantation unanwendbar. Der Gesetzgeber verwies diesbezüglich auf das ärztliche Berufsrecht und auf vertragliche Regelungen[811].

Im Zuge der Umsetzung der Geweberichtlinie[812] durch das Gewebegesetz vom 01. August 2007 kam es jedoch zu einer Ausweitung des Anwendungsbereiches des Transplantationsgesetzes auch auf die Knochenmarkspende gemäß § 1 Abs. 1, Abs. 2 TPG (n.F.). Die Voraussetzungen der Knochenmarkspende werden nunmehr ausdrücklich in den §§ 3, 8 und 8 a TPG (n.F.) geregelt. Damit gelten die Voraussetzungen der §§ 3 und 8 TPG (n.F.) auch für die Entnahme von Knochenmark[813]. Entsprechend der bisherigen Praxis wird in § 8 a TPG (n.F.) die Übertragung von Knochenmark auf nahe Verwandte auch bei Minderjährigen unter strengen Voraussetzungen zugelassen[814].

---

810 So auch im Ergebnis das *BSG*, MedR 2004, 330 (331ff.).
811 *Schroth*, in: Medizinstrafrecht, S. 402.
812 Geweberichtlinie 2004/23/EG, ABl. L 102 vom 07. April 2004, S. 48.
813 Begründung zu Nr. 4 des Gesetzesentwurfes der Bundesregierung vom 25.10.2006, BT-Drs.16/3146, S. 24.
814 Begründung zu Nr. 4 des Gesetzesentwurfes der Bundesregierung vom 25.10.2006, BT-Drs.16/3146, S. 24.

(2) Die Entnahme von Knochenmark bei minderjährigen
Personen gemäß § 8 a TPG

Im Zuge der Erweiterung des Anwendungsbereichs des Transplantationsgesetzes auf die Knochenmarkspende wird vom Gesetzgeber die Möglichkeit der Lebendspende von Knochenmark bei minderjährigen Personen nunmehr ausdrücklich in § 8 a TPG zugelassen[815]. Die Zulässigkeitsvoraussetzungen, die in § 8a Abs. 1 S. 1 Nr. 1 bis Nr. 5 geregelt sind, werden nachfolgend näher dargestellt. So ist gemäß § 8 a S. 1 TPG die Entnahme von Knochenmark bei einer minderjährigen Person zum Zwecke der Übertragung abweichend von § 8 Abs. 3 S. 1 Nr. 1 a und b sowie Nr. 2 zulässig, wenn die Verwendung des Knochenmarks für Verwandte ersten Grades oder Geschwister der minderjährigen Person vorgesehen ist, § 8 a Abs. 1 S. 1 Nr. 1 TPG. Dabei ist die Verwandtschaft und der Grad der Verwandtschaft nach den §§ 1589 i. V. m. 1592ff. BGB zu beurteilen[816]. Darüber hinaus muss die Übertragung des Knochenmarks auf den vorgesehenen Empfänger nach ärztlicher Beurteilung geeignet sein, bei ihm eine lebensbedrohende Krankheit zu heilen, § 8 a Abs. 1 S. 1 Nr. 2 TPG. Zudem wird die Subsidiarität der Knochenmarkspende Minderjähriger in Nr. 3 verankert; so ist die Einbeziehung des Minderjährigen als Spender zur Behandlung Dritter nur dann zulässig, wenn ein geeigneter Spender nach § 8 Abs. 1 S. 1 Nr. 1 im Zeitpunkt der Entnahme des Knochenmarks nicht verfügbar ist, § 8 a Abs. 1 S. 1 Nr. 3 TPG. Ferner stellt Nr. 4 S. 1 klar, dass eine Spende nur dann zulässig ist, wenn der gesetzliche Vertreter nach entsprechender Aufklärung gemäß § 8 Abs. 2 in die Entnahme und Verwendung des Knochenmarks eingewilligt hat. Darüber hinaus wird über den Verweis in Nr. 4 S. 2 auf § 1627 BGB klargestellt, dass der gesetzliche Vertreter bei seiner Entscheidung an das Kindeswohl gebunden ist[817]. Die Regelung in Nr. 4 S. 3 verlangt weiter, dass der Minderjährige bei Vorliegen des entsprechenden Alters und der geistigen Reife durch einen Arzt nach § 8 Abs. 2 aufzuklären sei; hierbei ist ein diesbezüglicher Wille des Minderjährigen beachtlich (Nr. 4 S. 4). Die Regelung in Nr. 4 S. 3 und S. 4 soll sicherstellen, dass der Wille des

---

[815] Ursprünglich war im Gesetzesentwurf der Bundesregierung und in den Änderungsanträgen die Entnahme von Knochenmark bei nicht einwilligungsfähigen Volljährigen in einem 2.Absatz zu § 8 a vorgesehen; dessen Voraussetzungen sollten sich parallel an den für minderjährige Spender orientieren. Diese Regelung ist jedoch wieder herausgenommen worden, da im Rahmen der Anhörung vorgetragen worden ist, dass die Knochenmarkentnahme bei volljährigen nicht einwilligungsfähigen Personen in der Praxis keine Rolle spiele, vgl. die Begründung zu Nr. 16 der Beschlussempfehlung des Gesundheitsausschusses vom 23.05.2007, BT-Drs.16/5433, S. 54.

[816] Begründung zu Nr. 16 des Gesetzesentwurfes der Bundesregierung vom 25.10.2006, BT-Drs.16/3146, S. 29.

[817] Begründung zu Nr. 16 des Gesetzesentwurfes der Bundesregierung vom 25.10.2006, BT-Drs.16/3146, S. 29.

Minderjährigen entsprechend seiner geistigen Reife berücksichtigt wird[818]. Die in Nr. 4 S. 5 statuierte Berücksichtigung einer in welcher Form auch immer dargelegten Ablehnung des Minderjährigen in die Entnahme oder Verwendung des Knochenmarks entspricht dem in § 41 Abs. 3 Nr. 2 S. 2 i. V. m. § 40 Abs. 4 Nr. 3 S. 3 AMG normierten Grundsatz für fremdnützige klinische Prüfungen bei Minderjährigen[819]. Schließlich wird in Nr. 5 klargestellt, dass der Minderjährige bei Vorliegen seiner Einwilligungsfähigkeit in die Entnahme selbst einzuwilligen hat. Dabei ist in der Regel davon auszugehen, dass der Minderjährige vom vollendeten sechzehnten Lebensjahr an die für die Einwilligung erforderliche Einsichtsfähigkeit besitzt[820].

Soll das Knochenmark des Minderjährigen für Verwandte ersten Grades verwendet werden, so hat der gesetzliche Vertreter dies unverzüglich dem Familiengericht anzuzeigen, um eine Entscheidung nach § 1629 Abs. 2 S. 3 i. V. mit § 1796 BGB herbeizuführen (Satz 2). Diese gesetzlich angeordnete Meldepflicht der Eltern soll dabei einem möglichen Interessenkonflikt vorbeugen und das Wohl des Kindes umfassend schützen; der Interessenkonflikt ist durchaus denkbar, da die Eltern, die eine am Wohl des Kindes ausgerichtete Entscheidung zu treffen haben, gleichzeitig ein eigenes Interesse an der Übertragung des Knochenmarks haben[821].

(3) Kritische Stellungnahme

Während die bislang übliche- nicht kodifizierte- Praxis, sich größtenteils auf Spenden zwischen minderjährigen Geschwistern beschränkte[822], erfolgt aufgrund der Neuregulierung eine Ausweitung der Knochenmarkspende Minderjähriger auch auf Erwachsene ersten Grades. Die Erweiterung des Anwendungsbereichs des Transplantationsgesetzes um die Knochenmarkspende von Minderjährigen wirft einige Probleme auf.

---

818 Begründung zu Nr. 16 des Gesetzesentwurfes der Bundesregierung vom 25.10.2006, BT-Drs.16/3146, S. 29.
819 Begründung zu Nr. 16 des Gesetzesentwurfes der Bundesregierung vom 25.10.2006, BT-Drs.16/3146, S. 29.
820 Begründung zu Nr. 16 des Gesetzesentwurfes der Bundesregierung vom 25.10.2006, BT-Drs.16/3146, S. 29.
821 Begründung zu Nr. 16 der Beschlussempfehlung des Gesundheitsausschusses vom 23.05.2007, BT- Drs.16/5433, S. 54.
822 Stellungnahme der Bundesvereinigung Lebenshilfe für Menschen mit geistiger Behinderung vom 05.03.2007, BT-A-Drs.16(14)0125(34), S. 2; Stellungnahme von Graumann, Einzelsachverständige, vom 27.02.2007, BT-A-Drs. 16(14)0125(22), S. 6; *Parzeller/Rüdiger*, StoffR 2007, 70 (82).

(aa) Fehlen einer ärztlichen Aufklärung und der Einwilligung
des Minderjährigen

Es können Situationen auftreten, in denen weder eine ärztliche Aufklärung des Minderjährigen stattgefunden hat, noch eine wirksame Einwilligung des Minderjährigen gegeben ist[823].

So ist die in § 8a Abs. 1 S. 1 Nr. 4 TPG geforderte ärztliche Aufklärung bei Minderjährigen an Einschränkungen geknüpft; sie hat zu erfolgen, soweit der Minderjährige aufgrund seines Alters und seiner geistigen Reife überhaupt in der Lage ist die Aufklärung zu begreifen. Ist er dazu jedoch nicht im Stande, kann er über die möglichen Konsequenzen der Spende nicht hinreichend aufgeklärt werden. Zudem kann eine von dem Minderjährigen erteilte Einwilligung rechtlich unwirksam sein, wenn er nicht in der Lage war, Wesen, Bedeutung und Tragweite der Entnahme zu erkennen und seinen Willen hiernach auszurichten[824].

(bb) Mangelnde gesetzliche Regelung zur angeordneten Subsidiarität
der Knochenmarkspende Minderjähriger

Darüber hinaus ist auch die in § 8a Abs. 1 S. 1 Nr. 3 TPG statuierte Subsidiarität der Knochenmarkspende Minderjähriger kritisch zu betrachten. So wird zwar klargestellt, dass die Einbeziehung Minderjähriger als Spender zur Behandlung nur dann erfolgen dürfe, wenn zum Zeitpunkt der Entnahme kein geeigneter Spender nach § 8 Abs. 1 S. 1 Nr. 1 TPG zur Verfügung stehe. Der Gesetzesbegründung sind jedoch keinerlei Anhaltspunkte zu regelungsbedürftigen Kriterien der Subsidiarität zu entnehmen. So wird weder geklärt wie viel Aufwand betrieben werden müsse, um einen geeigneten Spender ausfindig zu machen noch wird klargestellt, zu welchem Zeitpunkt entschieden werden soll, dass kein geeigneter Spender ausfindig gemacht werden konnte[825]. Darüber hinaus ist ungeklärt, auf welche Weise und von wem der Nachweise zu erbringen ist, dass kein geeigneter Spender zur Verfügung steht.

(cc) Unzureichende Berücksichtigung des Kindeswohls

Ferner wird das Kindeswohl mit der derzeitigen gesetzlichen Fassung nur unzureichend berücksichtigt. Es wird zwar festgelegt, dass der gesetzliche Vertreter gemäß § 8a S. 1 Nr. 4 S. 2 TPG bei seiner Entscheidung an das Kindeswohl gebunden ist (vgl. § 1627 BGB). Dieser Regelung kommt jedoch nur klarstellende Funktion einer den Eltern ohnehin obliegenden Verpflichtung zu. Es hätte darüber hinaus weiterer Normierungen bedurft, die das Kindeswohl im umfassenden Sinne schützen

---

823 Stellungnahme der Bundesarbeitsgemeinschaft der Freien Wohlfahrtspflege vom 15.01.2007, BT-A-Drs.16(14)0125(2), S. 4; *Parzeller/Rüdiger*, StoffR 2007, 70 (82).
824 *Parzeller/Rüdiger*, StoffR 2007, 70 (82).
825 Bundesvereinigung Lebenshilfe für Menschen mit geistiger Behinderung BT-A-Drs. 16(14)0125(34), S. 2; Graumann, Institut Mensch, Ethik und Wissenschaft (Einzelsachverständige), BT-A-Drs. 16(14)0125(22), S. 6.

müssten. Obwohl die Knochenmarkspende in erster Linie den Interessen Dritter dient ist nicht von der Hand zu weisen, dass sie auch positive Auswirkungen auf den minderjährigen Spender und dessen Familie haben kann. So kann mittels der Knochenmarkspende unter Umständen das Leben eines Elternteils oder des eines Geschwisters gerettet werden, dessen Tod im umgekehrten Fall zu einer schwierigen Belastung der gesamten Familie führen könnte. Diese positiven Effekte dürfen dennoch nicht darüber hinwegtäuschen, dass die Knochenmarkspende eben einen medizinisch nicht induzierten Eingriff bei dem Minderjährigen darstellt, so dass der gesamte Vorgang ausschließlich an seinem Wohl zu orientieren hat. Aus diesem Grunde darf die Knochenmarkspende nur dann vorgenommen werden, wenn dieser Eingriff mit einem nur minimalen medizinischen Risiko beim Minderjährigen und einem maximalen Nutzen der Spende verbunden ist. Unter Berücksichtigung dieser Prämisse hätte es einer gesetzlichen Regelung bedurft, die ausdrücklich klargestellt hätte, dass weder das Leben noch die Gesundheit des Minderjährigen infolge des Eingriffs ernsthaft gefährdet werden können. Es ist unverständlich, weshalb der Gesetzgeber eine entsprechende Regelung nicht normiert hat, zumal in § 41 Abs. 2 Nr. 2d AMG ein vergleichbarer Sachverhalt geregelt wird. So wird in § 41 Abs. 2 Nr. 2d S. 1 AMG klargestellt, dass im Rahmen der klinischen Prüfung bei einem Minderjährigen (...) die Forschung für die betroffene Person nur mit einem minimalen Risiko und einer minimalen Belastung verbunden sein darf. Es hätte keines großen Aufwandes benötigt eine diesbezügliche Regelung im Transplantationsgesetz zu kodifizieren[826]. Der Gesetzgeber wollte mit der Normierung der Subsidiarität der Knochenmarkspende Minderjähriger in § 8a S. 1 Nr. 3 TPG zwar die Interessen des Minderjährigen schützen; die Regelung der Subsidiarität wurde von ihm jedoch nur unzureichend ausgestaltet. Um einen größtmöglichen Schutz des Minderjährigen zu erreichen wäre es erforderlich gewesen, wenn der Gesetzgeber über den geregelten Teil hinaus zudem normiert hätte, dass der potentielle Empfänger mit keinem anderen bekannten medizinischen Verfahren, welches genauso erfolgversprechend ist, therapiert werden kann. Nur auf diesem Wege hätte sichergestellt werden können, dass der Rückgriff auf den Minderjährigen die letztmögliche Therapieform darstellt.

Darüber hinaus wird in § 8a S. 2 TPG der Fall einer möglichen Interessenkollision geregelt. Es ist zu begrüßen, dass der Gesetzgeber dieses mögliche Konfliktfeld gesehen und seine Lösung einer unabhängigen Instanz übertragen hat. Es ist jedoch nicht verständlich, weswegen der Gesetzgeber den möglichen Interessenkonflikt lediglich bei der beabsichtigten Übertragung des Knochenmarks auf die Eltern vermutet. Die gleiche Problematik kann sich auch bei einer geplanten Übertragung auf ein Geschwisterteil ergeben. Auch in diesem Fall müssen die Eltern sowohl das Wohl des kranken als auch das Wohl des spendenden Kindes beachten und gegeneinander abwägen. Es kann durchaus sein, dass ebenso in dieser Konstellation die Eltern von Emotionen geleitet werden, da sie das Wohlergehen beider Kinder zu beachten haben und nicht von vornherein ausgeschlossen ist, dass sie das Wohl des

---

826   Kritisch insoweit auch *Parzeller/Rüdiger*, StoffR 2007, 70 (83).

kranken Kindes über das des anderen Kindes stellen. Aus diesen Gründen wäre es wünschenswert gewesen, wenn der Gesetzgeber die Entscheidung zur Knochenmarkspende Minderjähriger gänzlich einer unabhängigen Instanz übertragen hätte, um auf diesem Weg sicherzustellen, dass eine unvoreingenommene Entscheidung gefunden wird.

bb. Entnahme von Organen und Geweben in besonderen Fällen, § 8b TPG

Im neu eingefügten § 8b TPG wird die Entnahme von Organen und Geweben in besonderen Fällen behandelt. Von dieser Vorschrift werden diejenigen Organe und Gewebe erfasst, die nicht für eine unmittelbare Übertragung auf einen anderen Menschen entnommen wurden[827].

Wurden Organe oder Gewebe bei einer lebenden Person im Rahmen einer medizinischen Behandlung entnommen[828], ist ihre Übertragung nur zulässig, wenn die Person einwilligungsfähig und entsprechend § 8 Abs. 2 S. 1 und 2 aufgeklärt worden ist und in diese Übertragung der Organe oder Gewebe eingewilligt hat (§ 8b Abs. 1 S. 1 TPG). Da es sich bei der geforderten Behandlung um einen medizinisch indizierten Eingriff handelt, in dessen Verlauf die Körpersubstanzen entnommen werden, ist neben der geforderten Einwilligungsfähigkeit und Aufklärung eine darüber hinaus gehende Volljährigkeit ebenso wenig zu fordern, wie die Anwesenheit einer weiteren ärztlichen bzw. einer anderen sachverständigen Person[829]. Die Normierung des § 8b Abs. 2 TPG, wonach Abs. 1 entsprechend für die Gewinnung von menschlichen Samenzellen, die für eine medizinisch unterstützte Behandlung bestimmt sind, gilt, wurde infolge der weiten Fassung des Begriffes der Entnahme nach § 1a Nr. 6 TPG notwendig, da hierunter auch die Gewinnung von menschlichen Keimzellen erfasst wird[830]. § 8b Abs. 3 TPG, wonach für einen Widerruf der Einwilligung § 8 Abs. 2 S. 6 TPG entsprechend gelte, hat lediglich eine klarstellende Funktion[831].

---

827 Vgl. die Begründung zu Nr. 16 des Gesetzesentwurfes der Bundesregierung vom 25.10.2006, BT-Drs.16/3146, S. 29.
828 Diese Organe bzw. Gewebe werden bei dem potentiellen Spender „bei Gelegenheit" verfügbar gemacht, um sie dann zur Verwendung bei Menschen zu ver- bzw. zu bearbeiten; hierunter wären bspw. Operationsreste oder nach Geburten die Plazenta zu subsumieren, vgl. die Begründung zu Nr. 16 des Gesetzesentwurfes der Bundesregierung vom 25.10.2006, BT-Drs.16/3146, S. 29.
829 Vgl. die Begründung zu Nr. 16 des Gesetzesentwurfes der Bundesregierung vom 25.10.2006, BT-Drs.16/3146, S. 29f.
830 Vgl. die Begründung zu Nr. 16 des Gesetzesentwurfes der Bundesregierung vom 25.10.2006, BT-Drs.16/3146, S. 30.
831 Vgl. die Begründung zu Nr. 16 des Gesetzesentwurfes der Bundesregierung vom 25.10.2006, BT-Drs.16/3146, S. 30.

cc. Entnahme von Organen und Geweben zur Rückübertragung, § 8c TPG

Schließlich werden im neuen § 8c TPG die Voraussetzungen der Entnahme von Organen und Geweben zur Rückübertragung geregelt. Ein solcher Eingriff kann bspw. bei Verbrennungsopfern relevant werden, bei denen gesunde Hautteile zwecks Anzüchtung entnommen werden, und anschließend wieder auf den Patienten rückübertragen werden sollen; ferner im Rahmen der Entnahme von Knochenmark, welches außerhalb der Körpers bestrahlt wird und nach der Bestrahlung wieder rückübertragen wird[832].

Da es sich bei der Entnahme als auch bei der Rückübertragung um Maßnahmen im Rahmen einer medizinischen Behandlung derselben Person handeln muss (§ 8c Abs. 1 Nr. 2 TPG), sind an die Organ- als auch an die Gewebeentnahme nicht so strenge Voraussetzungen zu stellen wie nach § 8 TPG[833]. So reicht für die Wirksamkeit der Einwilligung nach § 8c Abs. 1 Nr. 1a TPG die Einwilligungsfähigkeit, eine darüber hinaus gehende Volljährigkeit ist nicht erforderlich; ferner genügt eine Aufklärung, die den Erfordernissen des § 8 Abs. 2 S. 1 und S. 2 TPG entspricht (§ 8c Abs. 1 Nr. 1b TPG)[834]. Da sowohl die Entnahme als auch die Rückübertragung im Rahmen einer medizinischen Behandlung zu erfolgen hat und darüber hinaus auch erforderlich sein muss (§ 8c Abs. 1 Nr. 2 TPG), gilt der Arztvorbehalt des § 8c Abs. 1 Nr. 3 TPG ausnahmslos[835].

Während § 8c Abs. 2 TPG die Voraussetzungen der Vertretungsregeln hinsichtlich der Entnahme und der Rückübertragung von Organen oder Geweben bei nicht einwilligungsfähigen Personen regelt, normiert § 8c Abs. 3 TPG den Sonderfall der Entnahme und Rückübertragung von Organen bzw. Geweben bei lebenden Föten oder Embryonen. Mit § 8c Abs. 4 TPG, der auf § 8 Abs. 2 S. 4 TPG verweist, soll sie Aufzeichnung der Aufklärung und der Einwilligung sichergestellt werden[836]. Schließlich wird im Rahmen des § 8c Abs. 5 TPG klargestellt, dass sowohl die Einwilligung zur Entnahme als auch die Einwilligung zur Rückübertragung entsprechend § 8 Abs. 2 S. 6 TPG formlos widerrufen werden könne.

---

832 Vgl. die Begründung zu Nr. 16 des Gesetzesentwurfes der Bundesregierung vom 25.10.2006, BT-Drs.16/3146, S. 30.
833 Vgl. die Begründung zu Nr. 16 des Gesetzesentwurfes der Bundesregierung vom 25.10.2006, BT-Drs.16/3146, S. 30.
834 Vgl. die Begründung zu Nr. 16 des Gesetzesentwurfes der Bundesregierung vom 25.10.2006, BT-Drs.16/3146, S. 30.
835 Vgl. die Begründung zu Nr. 16 des Gesetzesentwurfes der Bundesregierung vom 25.10.2006, BT-Drs.16/3146, S. 30.
836 Vgl. die Begründung zu Nr. 16 des Gesetzesentwurfes der Bundesregierung vom 25.10.2006, BT-Drs.16/3146, S. 30.

4. Gewebeeinrichtungen, Untersuchungslabore, Register

Im neu eingeführten Abschnitt 3a werden Regelungen hinsichtlich von Gewebeeinrichtungen, Untersuchungslaboren und Registern in den §§ 8d bis 8f TPG eingeführt. Mit diesen Regelungen sollen die von der Geweberichtlinie[837] aufgestellten Anforderungen an die Sicherheit und Qualität von Geweben und Zellen menschlichen Ursprungs auch im Bereich der Tätigkeiten der Gewebeeinrichtungen in nationales Recht umgesetzt werden[838]. Um diese hohen Sicherheits- und Qualitätsanforderungen zu erreichen, wird in der Geweberichtlinie klargestellt, dass die Beschaffung, die Entgegennahme und die Verarbeitung von menschlichen Geweben und Zellen in besonderer Weise zu überwachen ist[839]. Darüber hinaus bedürfen Gewebeeinrichtungen, die mit der Testung, Verarbeitung, Konservierung, Lagerung oder Verteilung von menschlichen Geweben und Zellen beschäftigt sind, der behördlichen Zulassung[840]. Im Zuge der Umsetzung dieser und weiterer Vorgaben wurde der Abschnitt 3a neu in das Transplantationsgesetzes eingeführt, dessen Voraussetzungen im Nachfolgenden näher dargestellt werden.

In § 8d werden grundlegende und zwingende Anforderungen der Gewebeeinrichtungen normiert. Die Normierung dieser Vorschrift dient der Umsetzung der Art. 5, 8. 10 Abs. 1, 16, 17 und 19 der Geweberichtlinie[841], in nationales Recht[842]. Im darauffolgenden § 8e TPG wurden Regelungen hinsichtlich der Untersuchungslabore kodifiziert. Mit der Aufnahme dieser Norm in das Transplantationsgesetz wurde Art. 5 Abs. 2 S. 2 der Geweberichtlinie in nationales Recht umgesetzt[843]. Schließlich war es im Zuge der Realisierung von Art. 10 Abs. 2, Abs. 3 der Geweberichtlinie[844] erforderlich, spezielle Regelungen hinsichtlich eines Registers über Gewebeeinrichtungen zu normieren. Dieser Verpflichtung ist der Gesetzgeber mit der Aufnahme des § 8f TPG nachgekommen. Die einzelnen Neuerungen werden im Folgenden näher dargestellt.

---

837 Geweberichtlinie 2004/23/EG, Abl. EU Nr. L 102, vom 7.4.2004, S. 48.
838 Begründung zu Nr. 17 des Gesetzesentwurfes der Bundesregierung vom 25.10.2006, BT-Drs.16/3146, S. 30.
839 Siehe hierzu Art. 5 und Art. 19 der Geweberichtlinie 2004/23/EG, Abl. EU Nr. L 102, vom 7.4.2004, S. 48 (52, 55f.).
840 Siehe hierzu Art. 6 der Geweberichtlinie 2004/23/EG, Abl. EU Nr. L 102, vom 7.4.2004, S. 48 (52).
841 Geweberichtlinie 2004/23/EG, Abl. EU Nr. L 102, vom 7.4.2004, S. 48 (52, 53, 54, 55, 56).
842 Begründung zu Nr. 17 des Gesetzesentwurfes der Bundesregierung vom 25.10.2006, BT-Drs. 16/3146, S. 30.
843 Geweberichtlinie 2004/23/EG, Abl. EU Nr. L 102, vom 7.4.2004, S. 48 (52).
844 Geweberichtlinie 2004/23/EG, Abl. EU Nr. L 102, vom 7.4.2004, S. 48 (53f.).

a. Besondere Pflichten der Gewebeeinrichtungen, § 8d TPG

In § 8d Abs. 1 TPG werden die besonderen Pflichten der Gewebeeinrichtungen gemäß § 1a Nr. 8 TPG, die Gewebe entnimmt oder untersucht, normiert. So darf nach § 8d Abs. 1 S. 1 TPG eine Gewebeeinrichtung, die Gewebe entnimmt oder untersucht, unbeschadet der arzneimittelrechtlichen Vorschriften nur betrieben werden, wenn sie einen Arzt bestellt hat, der die erforderliche Sachkunde nach dem Stand der medizinischen Wissenschaft besitzt[845].

Darüber hinaus werden in § 8d Abs. 1 S. 2 TPG besondere Verpflichtungen aufgestellt. So werden in Nr. 1 die Anforderungen zur Einhaltung des Standes der medizinischen Wissenschaft und Technik hinsichtlich der Gewebeentnahme sowie der Spenderidentifikation und -dokumentation geregelt[846], während in Nr. 2 die medizinische Eignung des Spenders geregelt ist[847]. Die Verpflichtung bezüglich der erforderlichen Laboruntersuchungen wurde in Nr. 3 verankert[848]. Die spezifischen Anforderungen hinsichtlich der Aufbereitung, der Be- oder Verarbeitung, der Konservierung oder der Aufbewahrung von Geweben sind in Nr. 4 kodifiziert[849]. Die erforderliche medizinische Versorgung des Spenders wird in Nr. 5[850] und die Einhaltung der Qualitätssicherung hinsichtlich der Anforderungen in den Nummern 2 bis 5 wird in Nr. 6 sichergestellt. Die nähere Ausgestaltung dieser besonderen

---

845 Nach der Begründung zu Nr. 17 des Gesetzesentwurfes der Bundesregierung vom 25.10.2006, BT-Drs.16/3146, S. 30 soll Abs. 1 nicht für die Laboruntersuchungen im Sinne von Satz 2 Nr. 3 gelten; in diesen Fällen ist allein § 8e maßgeblich.

846 Die Vorschrift dient neben dem Schutz der spendenden Person auch dem Schutz der behandelnden Person, vgl. die Begründung zu Nr. 17 des Gesetzesentwurfes der Bundesregierung vom 25.10.2006, BT-Drs.16/3146, S. 31.

847 Zwingend ist hiernach, dass die abschließende Feststellung der Geeignetheit des potentiellen Spenders durch einen Arzt erfolgen muss, während Untersuchungen im Vorfeld, wie z. B. die Feststellung des Blutdrucks, der Gewichts oder des Pulses von anderen dafür qualifizierten Personen durchgeführt werden kann, vgl. die Begründung zu Nr. 17 des Gesetzesentwurfes der Bundesregierung vom 25.10.2006, BT-Drs.16/3146, S. 31.

848 Die Einzelheiten zum jeweiligen Untersuchungsumfang, wie z. B. auf bestimmte Infektionsmarker wie HIV, Hepatitis B und C und Syphilis werden in einer Rechtsverordnung nach § 16a näher konkretisiert. Die nähere Ausgestaltung richtet sich nach § 8e, vgl. die Begründung zu Nr. 17 des Gesetzesentwurfes der Bundesregierung vom 25.10.2006, BT-Drs.16/3146, S. 31.

849 Diese Vorschrift stellt sicher, dass das Gewebe erst nach den festgelegten Prüfungen und Untersuchungen nach Nr. 2 und Nr. 3 erfolgen darf, vgl. die Begründung zu Nr. 17 des Gesetzesentwurfes der Bundesregierung vom 25.10.2006, BT-Drs.16/3146, S. 31.

850 Um einen umfassenden Schutz des Gewebespenders zu garantieren, soll durch die Kodifizierung der medizinischen Versorgung sichergestellt werden, dass sowohl vor als auch nach der Gewebeentnahme sämtliche erforderlichen medizinischen Maßnahmen durchgeführt werden müssen, vgl. die Begründung zu Nr. 17 des Gesetzesentwurfes der Bundesregierung vom 25.10.2006, BT-Drs. 16/3146, S. 31.

Anforderungen wurde durch § 8d Abs. 1 S. 3 TPG einer Rechtsverordnung nach § 16a TPG vorbehalten[851].

Mit § 8d Abs. 2 TPG[852] wurden wesentliche Dokumentationsverpflichtungen festgeschrieben, die sämtliche Gewebeeinrichtungen erfüllen müssen, und zwar unabhängig von der jeweils ausgeführten Tätigkeit. Die Dokumentationsverpflichtungen dienen der Sicherstellung einer umfassenden Risikoerfassung und einer effizienten Kontrolle nach den Vorschriften des Transplantationsgesetzes, des Arzneimittelgesetzes und sonstigen gesetzlichen Vorschriften[853]. Daneben soll eine vollständige Rückverfolgung vom Spender zum Empfänger[854] sowie die spätere medizinische Behandlung des Spenders gewährleistet werden[855].

In § 8d Abs. 3 TPG wird den Gewebeeinrichtungen eine umfassende Dokumentationsverpflichtung hinsichtlich ihrer Tätigkeiten auferlegt[856]. Im Rahmen dieser Dokumentationsverpflichtung müssen sie der zuständigen Bundesoberbehörde jährlich einen Bericht liefern (S. 2). Auf diese Weise wird ein Überblick über die Tätigkeiten der Gewebeeinrichtungen ermöglicht; zudem kann so festgestellt werden, ob der Bedarf an Gewebe in Deutschland gedeckt werden kann[857]. Die formellen Anforderungen an die Berichterstattung werden in Satz 3, 4 und 5 festgelegt. Die den zuständigen Bundesoberbehörden übermittelten Daten werden von diesen anonymisiert in einem Gesamtbericht bekanntgemacht (vgl. Satz 6)[858]. Kommen die Gewebeeinrichtungen ihrer Meldepflicht nicht nach, so kann die zuständige

---

851 Mit der TPG- GewV vom 21.12.2007, BR- Drs.939/07 werden die Anforderungen an die Qualität und Sicherheit der Entnahme von Geweben und deren Übertragung zur Abwehr von Gefahren für die menschliche Gesundheit und zur Risikovorsorge festgelegt. Hierdurch werden die durch das Gewebegesetz in das Transplantationsgesetz verankerten Pflichten konkretisiert; die Verordnung definiert dabei die Verpflichtungen der Gewebeeinrichtungen nach § 8d TPG, die Verpflichtungen zur Dokumentation übertragener Gewebe durch Einrichtungen der medizinischen Versorgung gemäß § 13a TPG und die Verpflichtung der Einrichtungen der medizinischen Versorgung zur Meldung schwerwiegender Zwischenfälle und schwerwiegender unerwünschter Reaktionen bei Gewebe gemäß § 13b TPG.
852 Mit Art. 8 Abs. 2 TPG (n.F.) wird Art. 8 Abs. 1 der Geweberichtlinie 2004/23/EG, Abl. EU Nr. L 102, vom 7.4.2004, S. 48 (53) in nationales Recht umgesetzt.
853 Vgl. die Begründung zu Nr. 17 des Gesetzesentwurfes der Bundesregierung vom 25.10.2006, BT-Drs.16/3146, S. 31.
854 Und umgekehrt.
855 Vgl. die Begründung zu Nr. 17 des Gesetzesentwurfes der Bundesregierung vom 25.10.2006, BT-Drs.16/3146, S. 31.
856 § 8d Abs. 3 TPG (n.F.) dient der Umsetzung von Art. 10 Abs. 1 der Geweberichtlinie 2004/23/EG, Abl. EU Nr. L 102, vom 7.4.2004, S. 48 (53) in nationales Recht.
857 Vgl. die Begründung zu Nr. 17 des Gesetzesentwurfes der Bundesregierung vom 25.10.2006, BT-Drs.16/3146, S. 31.
858 Diese Normierung ist hinsichtlich des Schutzes von Betriebsgeheimnissen erforderlich und vertretbar, da der Bericht größtenteils die Zusammenstellung der Gesamtmengen in Deutschland beinhaltet, nicht jedoch die Darstellung des Umfangs

Bundesoberbehörde nach Satz 7 die für die Überwachung zuständige Behörde hierüber informieren[859].

b. Regelungen hinsichtlich der Untersuchungslabore, § 8e TPG

In § 8e TPG wurden spezielle Anforderungen an die Untersuchungslabore und deren Aufgaben normiert[860]. So dürfen gemäß § 8e S. 1 TPG die für Gewebespender nach § 8d Abs. 1 S. 2 Nr. 3 vorgeschriebenen Laboruntersuchungen nur von einem Untersuchungslabor vorgenommen werden, für das eine Erlaubnis nach den Vorschriften des Arzneimittelgesetzes erteilt worden ist. Diese ergänzende Erlaubnis nach § 20b AMG ist erforderlich, da auch die Laboruntersuchungen als Teil der arzneimittelrechtlichen Herstellung anzusehen sind, so dass sichergestellt werden muss, dass gerade die für die Sicherheit und Qualität von Geweben entscheidenden Laboruntersuchungen auch entsprechend qualifiziert ablaufen[861]. Sollte eine entsprechende Erlaubnis nicht erteilt worden sein, ist eine Nutzung der im Rahmen der Organspende gewonnenen Untersuchungsergebnisse für die Gewebenutzung ausgeschlossen[862].

In Satz 2 wird den Untersuchungslaboren die Verpflichtung auferlegt, eine Qualitätssicherung für die nach § 8d Abs. 1 S. 2 Nr. 3 TPG vorgeschriebenen Laboruntersuchungen sicherzustellen. Dadurch soll entsprechend § 8d Abs. 1 S. 2 Nr. 6 TPG sichergestellt werden, dass auch in den Untersuchungslaboren gleichartige Qualitätssicherungsmaßnahmen stattfinden[863].

c. Die Einführung eines Registers über Gewebeeinrichtungen, § 8f TPG

In § 8f Abs. 1 S. 1 TPG wird normiert, dass das Deutsche Institut für Medizinische Dokumentation und Information ein öffentlich zugängliches Register über die im Geltungsbereich dieses Gesetzes tätigen Gewebeeinrichtungen führt und seinen laufenden Betrieb sicherstellt. Mit der öffentlichen Zugänglichkeit wird sichergestellt, dass die größtmögliche Transparenz über die Aktivitäten auf dem Gebiet der

---

der Tätigkeit jeder einzelnen Einrichtung, vgl. die Begründung zu Nr. 17 des Gesetzesentwurfes der Bundesregierung vom 25.10.2006, BT-Drs. 16/3146, S. 31.

859 Die zuständige Behörde kann dann im Rahmen ihrer Inspektions- oder Überwachungstätigkeit das korrekte Meldeverhalten von den Gewebeeinrichtungen verlangen, vgl. die Begründung zu Nr. 17 des Gesetzesentwurfes der Bundesregierung vom 25.10.2006, BT-Drs.16/3146, S. 32.

860 Die Vorschrift dient der Umsetzung von Art. 5 Abs. 2 S. 2 der Geweberichtlinie 2004/23/EG, Abl. EU Nr. L 102, vom 7.4.2004, S. 48 (52) in nationales Recht.

861 Vgl. Begründung zu Nr. 17 des Gesetzesentwurfes der Bundesregierung vom 25.10.2006, BT-Drs.16/3146, S. 32.

862 *Middel/Pannenbecker*, in: Praxisleitfaden Gewebegesetz, S. 92.

863 Vgl. die Begründung zu Nr. 17 des Gesetzesentwurfes der Bundesregierung vom 25.10.2006, BT-Drs.16/3146, S. 32.

Gewebeentnahme, -abgabe und -einfuhr hergestellt wird[864]. In Satz 2 wird präzisiert welche Angaben im Register enthalten sind; das sind neben den Angaben zu der Gewebeeinrichtung auch solche, die sich auf die umfangreichen Tätigkeiten der Gewebeeinrichtung beziehen. Das zuständige Institut kann für die Benutzung des Registers Entgelte verlangen (Satz 4). Dabei bedarf der Entgeltkatalog der Zustimmung des Bundesministeriums für Gesundheit, welches das Benehmen mit dem Bundesministerium für Finanzen herzustellen hat (Satz 5); auf diese Weise soll eine Kontrolle über den Entgeltkatalog ermöglicht werden[865]. In Satz 6 wird schließlich eine Befreiung von der Entgeltpflicht für die zuständigen Behörden der Länder und der Europäischen Kommission normiert. Nach Absatz 2 S. 1 kann das Bundesministerium für Gesundheit mit der Zustimmung des Bundesrates durch Rechtsverordnung nähere Einzelheiten zu Art, Erhebung, Darstellungsweise und Bereitstellung der Angaben nach Absatz 1 festsetzen[866]. Zudem wird in Absatz 2 S. 2 die Möglichkeit eingeräumt, dass im Rahmen dieser Verordnung auch Angaben an Einrichtungen und Behörden innerhalb und außerhalb des Geltungsbereichs dieses Gesetzes übermittelt werden[867].

5. Vermittlung und Übertragung bestimmter Organe, Transplantationszentren, Zusammenarbeit bei der Entnahme von Organen und Geweben, §§ 9 bis 12 TPG

Im vierten Abschnitt des Transplantationsgesetzes werden Verfahrensvorschriften der Organisation hinsichtlich einer Übertragung vermittlungspflichtiger Organe im Sinne des § 1a Nr. 2 TPG aufgestellt. Die zentrale Vorschrift dieses Abschnittes, welche die Zulässigkeitskriterien der Übertragung vermittlungspflichtiger Organe zusammenfasst, stellt § 9 Abs. 1 S. und S. 2 TPG dar. Hiernach ist das Verfahren dahingehend zu beschreiben, dass die vermittlungspflichtigen Organe ausschließlich von den nach § 10 TPG zugelassenen Transplantationszentren unter Beteiligung

---

864 Vgl. die Begründung zu Nr. 17 des Gesetzesentwurfes der Bundesregierung vom 25.10.2006, BT-Drs.16/3146, S. 32.
865 Vgl. die Begründung zu Nr. 17 des Gesetzesentwurfes der Bundesregierung vom 25.10.2006, BT-Drs.16/3146, S. 32.
866 Der Entwurf der Verordnung über das Register der Gewebeeinrichtungen dach dem Transplantationsgesetz des Bundesministeriums für Gesundheit vom März 2008 wurde durch die TPG- Gewebeeinrichtungen- Registerverordnung- TPG-GewRegV vom 16.10.2008, BR- Drs.743/08 umgesetzt.
867 Diese Ermächtigung dient der Umsetzung von Art. 10 Abs. 3, der Geweberichtlinie 2004/23/EG, Abl. EU Nr. L 102, vom 7.4.2004, S. 48 (54) nach dem die Mitgliedstaaten und die Europäische Kommission ein Netz zur Verknüpfung der nationalen Register der Gewebeeinrichtungen einzurichten haben, vgl. die Begründung zu Nr. 17 des Gesetzesentwurfs der Bundesregierung vom 25.10.2006, BT-Drs.16/3146, S. 32.

der Koordinierungsstelle nach § 11 TPG übertragen werden dürfen und von der zuständigen Vermittlungsstelle im Sinne des § 12 TPG zu vermitteln sind[868].

a. Gesetzlich verfolgte Ziele durch die Zusammenarbeit

Insgesamt sind demnach vier Institutionen an dem Verfahren beteiligt, namentlich die Transplantationszentren, andere Krankenhäuser, die Vermittlungsstelle und die Koordinierungsstelle. Diese Zusammenarbeit unterschiedlicher Einrichtungen ist kein Selbstzweck, sondern verfolgt vielmehr begrüßenswerte Ziele. So fordert der Gesetzgeber ausdrücklich, dass die Verantwortungsbereiche der Organentnahme, der Organvermittlung und der Organübertragung klar zu trennen sind, um die Gleichbehandlung, die Chancengleichheit und die Verteilungsgerechtigkeit der in den jeweiligen Wartelisten der Transplantationszentren für die gleiche Organübertragung aufgenommenen Patienten zu gewährleisten sowie zur Minimierung der gesundheitlichen Risiken beim Organempfänger[869].

b. Verfahren zur Erreichung dieser Ziele

Zur Erreichung der genannten Ziele wurde vom Gesetzgeber ein Verfahren entwickelt, welches sich in drei wesentliche Schritte einteilen lässt[870]. Eingangs hat der behandelnde Arzt die Patienten, bei denen die Übertragung vermittlungspflichtiger Organe medizinisch angezeigt ist, mit deren schriftlicher Einwilligung unverzüglich an das Transplantationszentrum zu melden, in dem die Organübertragung vorgenommen werden soll (§ 13 Abs. 3 S. 1 TPG). Daraufhin sind die Transplantationszentren verpflichtet, unverzüglich über die Annahme eines Patienten zur Organübertragung und seine Aufnahme (gegebenenfalls auch über die Herausnahme aus der Warteliste) in die Warteliste zu entscheiden; die Entschließung über die Aufnahme in die Warteliste ist nach Regeln zu entscheiden, die dem Stand der Erkenntnisse der medizinischen Wissenschaft entsprechen, insbesondere nach Notwendigkeit und Erfolgsaussicht einer Organübertragung (§ 10 Abs. 2 Nr. 1, 2 TPG).

Schließlich vermittelt die Vermittlungsstelle die vermittlungspflichtigen Organe nach Regeln, die dem Stand der Erkenntnisse der medizinischen Wissenschaft entsprechen, insbesondere nach Erfolgsaussicht und Dringlichkeit für die geeigneten Patienten (§ 12 Abs. 3 S. 1 TPG).

Indem sowohl die Aufnahme in die Warteliste gemäß § 10 Abs. 2 Nr. 2 TPG als auch der Verteilung der vermittlungspflichtigen Organe gemäß § 12 Abs. 3 S. 4 TPG nach Regeln, die dem Stand der Erkenntnisse der medizinischen Wissenschaft,

---

868 *Middel/Pannenbecker*, in: Praxisleitfaden Gewebegesetz, S. 93.
869 Vgl. die Begründung zu Ziff. III des interfraktionellen Gesetzesentwurfes vom 16.04.1996, BT-Drs.13/4355, S. 11, sowie die Begründung zu § 8, S. 21.
870 *Joo*, Organtransplantation, S. 170; diese Darstellung soll sich nur auf die wesentlichen Schritte beschränken, eine ausführliche Zusammenfassung der Aufgaben der jeweiligen Institutionen findet sich bei *Middel/Pannenbecker*, in: Praxisleitfaden Gewebegesetz, S. 94ff.

insbesondere nach Erfolgsaussicht und Dringlichkeit für geeignete Patienten zu erfolgen hat, wird die Einhaltung der oben genannten Ziele sichergestellt[871].

Daneben ist zu beachten, dass die Aufnahme der Patienten in die Warteliste die einzige Möglichkeit darstellt, um an vermittlungspflichtige Organe zu gelangen[872]. Ferner sind die Wartelisten der Transplantationszentren als eine einheitliche Warteliste zu behandeln (§ 12 Abs. 3 S. 2 TPG). Durch diese beiden Kriterien werden insbesondere die Chancengleichheit, die Gleichbehandlung und die Verteilungsgerechtigkeit der in den jeweiligen Wartelisten der Transplantationszentren für die gleiche Organübertragung aufgenommenen Patienten gewährleistet[873].

Als Vermittlungsstelle im Sinne des § 12 Abs. 1 S. 1 TPG ist die gemeinnützige Stiftung Eurotransplant mit Sitz in den Niederlanden tätig[874]. Durch Eurotransplant wird der internationale Austausch von vermittlungspflichtigen Organen in einem Einzugsgebiet, in dem 124 Millionen Menschen leben, koordiniert und vermittelt. An dieser Zusammenarbeit nehmen Transplantationszentren aus den Niederlanden, Belgien, Deutschland, Luxemburg, Slowenien, Österreich und Kroatien teil[875]. Neben einer optimalen Nutzung der verfügbaren Spenderorgane gewährleistet Eurotransplant vor allem ein transparentes und objektives Auswahlsystem auf der Grundlage medizinischer Kriterien[876].

Mit § 11 TPG wurde eine besondere Regelung für die Zusammenarbeit bei der Entnahme von Organen und Geweben geschaffen. Nach § 11 Abs. 1 S. 1 TPG ist die Entnahme von vermittlungspflichtigen Organen einschließlich der Vorbereitung von Entnahme, Vermittlung und Übertragung die gemeinschaftliche Aufgabe der Transplantationszentren und der anderen Krankenhäuser in regionaler Zusammenarbeit. Zur Organisation dieser Aufgabe wird von den in § 11 Abs. 1 S. 2 TPG genannten Institutionen eine geeignete Einrichtung, die Koordinierungsstelle, benannt. Diese Aufgabe wurde von der Gemeinnützigen Stiftung „Deutsche Stiftung Organtransplantation" (DSO) am 27. Juni 2000 übernommen.

Die Vorschrift stellt damit klar, dass die Organentnahme keine zentrumsbezogene Aufgabe der einzelnen Transplantationszentren ist, sondern vielmehr eine Gemeinschaftsaufgabe aller Transplantationszentren sowie der anderen Krankenhäuser zugunsten aller Patienten auf der Warteliste[877]. Mit der Übertragung dieser Aufgabenfelder auf die Koordinierungsstelle soll die Zusammenarbeit zur Organentnahme

---

871 Vgl. die Begründung zu § 9 des interfraktionellen Gesetzesentwurfes vom 16.04.1996, BT-Drs.13/4355, S. 22.
872 Joo, Organtransplantation, S. 166.
873 Vgl. die Begründung zu § 11 des interfraktionellen Gesetzesentwurfes vom 16.04.1996, BT-Drs.13/4355, S. 26; Joo, Organtransplantation, S. 166.
874 Vgl. die Begründung zu § 11 des interfraktionellen Gesetzesentwurfes vom 16.04.1996, BT-Drs.13/4355, S. 25.
875 http://www.eurotransplant.nl/index.php?id=ueber.
876 http://www.eurotransplant.nl/index.php?id=ziele.
877 Vgl. die Begründung zu § 10 des interfraktionellen Gesetzesentwurfes vom 16.04.1996, BT-Drs.13/4355, S. 23.

und zur Durchführung aller zur Transplantation notwendigen Maßnahmen, mit Ausnahme der Organvermittlung, bestmöglich organisiert werden[878]. Das Transplantationsgesetz lässt ausdrücklich nur einen Anbieter als bundesweite Koordinierungsstelle zu; daneben verbietet es den Transplantationszentren und den anderen Krankenhäusern Organe allein oder in Zusammenarbeit mit anderen Anbietern zu entnehmen und diese direkt der Vermittlungsstelle zu melden, vielmehr sind diese Institutionen verpflichtet mit der Koordinierungsstelle zusammen zu arbeiten[879] (vgl. die Anforderungen in § 11 Abs. 4 TPG). Die vom Gesetzgeber geschaffene Form der Kooperation sämtlicher beteiligten Institutionen schließt damit im Bereich der Organtransplantation das Leitprinzip des Gesundheitswesens, infolge von Qualitätswettbewerb zur mehr Effektivität zu gelangen, ausdrücklich aus[880]. Infolge dessen bekennt sich der Gesetzgeber mit der Schaffung der Koordinierungsstelle zu den vom ihm aufgestellte Zielen der Gleichbehandlung, der Chancengleichheit und der Verteilungsgerechtigkeit von vermittlungspflichtigen Organen.

Eine vergleichbare Regelung wurde für den Bereich der Gewebespende nicht geschaffen. Aus Gründen der Übersichtlichkeit werden die damit einhergehenden Problembereiche im Rahmen der Kritik an der arzneimittelrechtlichen Ausrichtung des Gewebegesetzes erörtert.

6. Verbotsvorschriften und ihre Ausnahmen, Straf- und Bußgeldvorschriften §§ 17 bis 20 TPG

Im sechsten Abschnitt des Transplantationsgesetzes werden mit § 17 TPG Vorschriften normiert, die das grundsätzliche Verbot des Organ- und Gewebehandels deklarieren. Die Normen der §§ 17 und 18 TPG enthalten dabei ein abstraktes Gefährdungsdelikt und zugleich ein Tätigkeitsdelikt[881].

Den Kern des Organ- und Gewebehandels bildet dabei § 17 Abs. 1 S. 1 TPG, in dem das Handeltreiben mit Organen und Geweben im weit verstandenen Sinne untersagt wird[882]. Zunächst muss es sich um taugliche Tatobjekte im Sinne des § 17 Abs. 1 S. 1 TPG handeln; ferner müssen sie dem in § 17 Abs. 1 S. 1 TPG vorgeschriebenen Verwendungszweck entsprechen. Während mit § 17 Abs. 1 S. 2 Nr. 1 und Nr. 2 TPG zwei Ausnahmen vom Handelsverbot statuiert wurden, enthält § 17 Abs. 2 TPG neben

---

878 Vgl. die Begründung zu § 10 des interfraktionellen Gesetzesentwurfes vom 16.04.1996, BT-Drs.13/4355, S. 23.
879 Vgl. die Stellungnahme von Gubernatis, Einzelsachverständiger, vom 23.02.2007, BT-A-Drs.16(14)0125(13), S. 3f.
880 Vgl. die Stellungnahme von Gubernatis, Einzelsachverständiger, vom 23.02.2007, BT-A-Drs.16(14)0125(13), S. 4.
881 Sieh hierzu *König*, in: TPG, §§ 17, 18, Rdnr. 3 mit weiteren Hinweisen zur rechtlichen Erfassung des Deliktscharakters.
882 *König*, in: TPG, §§ 17, 18, Rdnr. 2.

§ 17 Abs. 1 S. 1 TPG drei weitere Verbote, wobei die zwei ersten Alternativen primär gegen die Ärzte und die dritte Alternative gegen die Empfänger gerichtet sind[883].

Im Zuge der Umsetzung des Gewebegesetzes erfuhr der sechste und siebte Abschnitt des TPG verschiedene Änderungen, welche infolge der Erweiterung des Anwendungsbereichs des TPG sowie der vorgenommenen Änderungen im Bereich der Lebendspende, der Aufnahme toter Embryonen und Föten etc. notwendig wurden[884].

Daraufhin wird auf die gesetzlich normierten Verbotsvorschriften eingegangen; während sowohl die tauglichen Tatobjekte als auch deren Verwendungszweck mit den damit einhergehenden Ausnahmen im Rahmen des Anwendungsbereichs des Handelsverbotes erörtert wird, erfolgt im Anschluss daran eine gesonderte Darstellung der ausdrücklich zugelassenen Ausnahmetatbestände des § 17 Abs. 1 S. 2 TPG.

a. Schutzgüter des Organ- und Gewebehandelsverbotes, §§ 17, 18 TPG

Den §§ 17, 18 TPG liegt ein umfassendes gesetzgeberisches Verdikt gegen die Kommerzialisierung menschlicher Organe und Gewebe zugrunde[885]. Dieses Verbot wird mit einer Vielzahl unterschiedlicher Schutzgüter und Intentionen begründet[886]. Nachfolgend sollen die entscheidenden Schutzgüter veranschaulicht werden, die diesem rigide ausgestalteten Organ- bzw. Gewebehandelsverbot zugrunde liegen. Ferner wird zu untersuchen ein, ob sie das Kommerzialisierungsverbot rechtfertigen können.

aa. Die einzelnen Schutzgüter

(1) Ausbeutung von Notlagen potentieller Empfänger und potentieller Spender

Am Anfang der Begründung wird auf die mangelnde Verfügbarkeit von geeigneten Spenderorganen hingewiesen; diese Situation könne zu einer wachsenden Versuchung führen, die gesundheitliche Notlage lebensgefährlich Erkrankter aus eigensüchtigen wirtschaftlichen Motiven in besonders verwerflicher Weise auszunutzen[887]. Dieser drohenden wucherischen Ausbeutung potentieller Empfänger soll entgegengewirkt werden; daneben sollen auch die potentiellen Spender, die sich in einer finanziellen Notlage befinden, davor geschützt werden, ihre Gesundheit um

---

883 *König*, in: TPG, §§ 17, 18, Rdnr. 2.
884 Vgl. hierzu *Parzeller*, in: Praxisleitfaden Gewebegesetz, S. 109; Begründung zu Nr. 35 des Gesetzesentwurfes der Bundesregierung vom 25.10.2006, BT-Drs. 16/3146, S. 35f.
885 *König*, in: TPG, §§ 17, 18, Rdnr. 8.
886 Begründung zu Ziffer V Nr. 6 und zu § 16 des interfraktionellen Gesetzesentwurfes 16. 04. 1996, BT-Drs.13/4355, S. 15 und 29.
887 Vgl. die Begründung zu Ziffer V Nr. 6 und zu § 16 des interfraktionellen Gesetzesentwurfes vom 16.04.1996, BT-Drs.13/4355, S. 15und 29.

wirtschaftlicher Vorteile wegen zu gefährden[888]. Das Organ- bzw. das Gewebehandelsverbot der §§ 17, 18 TPG dient damit dem primären gesetzgeberischen Ziel, die Ausbeutung von gesundheitlichen Notlagen auf Seiten des potentiellen Empfänger sowie von wirtschaftlichen Notlagen auf Seiten des potentiellen Spenders zu verhindern[889] (damit seiner körperlichen Integrität) sowie einem Autonomieschutz gegen eine drohende Selbstkorrumpierung[890].

(2) Menschenwürde des Art. 1 Abs. 1 GG

Neben der körperlichen Integrität des Lebenden soll auch die durch Art. 1 Abs. 1 GG garantierte Menschenwürde, die über den Tod hinaus Schutzwirkung entfalte und somit auch einem post mortem vorgenommenen Handel mit Organen oder Geweben entgegenstehe, geschützt werden. Es sei mit der Menschwürde des Art. 1 Abs. 1 GG unvereinbar, wenn der Mensch bzw. seine sterblichen Überreste zum Objekt finanzieller Interessen würden, so dass sowohl der Verkauf als auch die entgeltliche Spende der Schutzgarantie des Art. 1 Abs. 1 GG widersprechen[891]. Auch im Rahmen der Menschenwürde wird demnach den §§ 17, 18 TPG eine zweifache Schutzrichtung zugesprochen, nämlich dem Schutz des potentiellen Spenders als auch dem des potentiellen Empfängers.

(3) Pietätsgefühl der Allgemeinheit

Daneben soll das Organ- bzw. Gewebehandelsverbot das Pietätsgefühl der Allgemeinheit schützen. So soll ein gewinnorientierter Umgang mit Organen bzw. Geweben dem Pietätsgefühl der Allgemeinheit widersprechen[892].

(4) Integrität der Transplantationsmedizin

Schließlich verfolgt der Gesetzgeber mit den §§ 17, 18 TPG den Schutz der Transplantationsmedizin vor dem Anschein sachfremder Erwägungen und will damit ein sozial ungerechtfertigtes „Zweiklassensystem"[893] verhindert, da bei einer Kommerzialisierung menschlicher Transplantate die Gefahr erwächst, dass die Verteilung

---

888 Vgl. die Begründung zu Ziffer V Nr. 6 und zu § 16 des interfraktionellen Gesetzesentwurfes vom 16.04.1996, BT-Drs.13/4355, S. 15 und 29.
889 Vgl. die Begründung zu Ziffer V Nr. 6 und zu § 16 des interfraktionellen Gesetzesentwurfes vom 16. 04. 1996, BT-Drs.13/4355, S. 15 und 29; *Schroth*, JZ1997, 1149 (1150).
890 Vgl. die Begründung zu Ziffer V Nr. 6 und zu § 16 des interfraktionellen Gesetzesentwurfes vom 16. 04. 1996, BT-Drs.13/4355, S. 15 und 29; *König*, in: TPG, vor §§ 17, 18, Rdnr. 21f.
891 Vgl. die Begründung zu § 16 des interfraktionellen Gesetzesentwurfes vom 16. 04. 1996, BT-Drs.13/4355, S. 29; *Parzeller*, in: Praxisleitfaden Gewebegesetz, S. 110.
892 Vgl. die Begründung zu § 16 des interfraktionellen Gesetzesentwurfes vom 16. 04. 1996, BT-Drs.13/4355, S. 29.
893 So *König*, Strafbarer Organhandel, S. 126; *König*, in: TPG, Vor §§ 17,18, Rdnr. 20.

lebenswichtiger Organe ungeachtet therapeutischer Dringlichkeiten an die finanzielle Leistungsfähigkeit potentieller Empfänger geknüpft werde[894].

bb. Rechtfertigung des gesetzlich vorgegebenen Kommerzialisierungsverbotes

Insgesamt muss festgestellt werden, dass die vom Gesetzgeber aufgezählten Schutzziele das von ihm verfolgte umfassende Verdikt gegen die Kommerzialisierung von Organen und Geweben nicht zu rechtfertigen vermögen[895]. Darüber hinaus wird an verschiedenen Stellen, v.a. bei den vom Gesetzgeber selbst zugelassenen Formen des Handels mit Körpersubstanzen deutlich, dass er die von ihm vorgetragenen Begründungserwägungen nicht ernst nimmt.

Dies wird insbesondere dadurch deutlich, dass der Gesetzgeber sich mit dem Hinweis auf vage Großbegriffe begnügt, ohne diese an irgendwelcher Stelle in eine konkrete Beziehung zum verbotenen Handel zu setzen[896]. Seine eigene Zielvorgabe, eine bestimmte Form der Kommerzialisierung des menschlichen Körpers zu verhindern, die seiner Meinung nach gegen die Menschenwürde verstößt, wird der Gesetzgeber jedoch selbst nicht gerecht[897]. So wird in der Gesetzesbegründung ausdrücklich darauf abgestellt, dass die Garantie der Menschenwürde verletzt werde, wenn der Mensch bzw. seine sterblichen Reste zum Objekt finanzieller Interessen gemacht werden, weswegen sowohl der Verkauf von Organen als auch Organspenden gegen Entgelt mit der Schutzgarantie des Art. 1 Abs. 1 GG unvereinbar seien[898].

Der Gesetzgeber stellte somit ein umfassendes Verdikt gegen die Kommerzialisierbarkeit von Organen und Geweben auf, welches er jedoch selbst nicht konsequent durchhält, er es vielmehr gleich wieder selbst durchbricht, indem er den Handel mit Blut und Blutbestandteilen, den Organ- und Gewebehandel zu anderen Zwecken als der Heilbehandlung dienend und den Handel mit Arzneimittel, die aus oder unter der Verwendung von Organen oder Geweben hergestellt sind, ausdrücklich zulässt[899]. Weswegen der Handel in den genannten Ausnahmefällen dem Menschenbild des Grundgesetzes und damit der Menschenwürde des Art. 1 Abs. 1 GG nicht widersprechen solle, wird vom Gesetzgeber an keiner Stelle erläutert.

---

894 Vgl. die Begründung zu Ziffer V Nr. 6 des interfraktionellen Gesetzesentwurfes vom 16. 04. 1996, BT-Drs.13/4355, S. 15.
895 *Schroth*, in: Medizinstrafrecht, S. 384f.; *König*, in: TPG, Vor §§ 17,18, Rdnr. 17ff; *Schroth*, JZ 1997, 1149 (1150ff.); *Rixen*, in: Höfling, Kommentar zum Transplantationsgesetz (TPG); § 17, Rdnr. 11ff.
896 *Rixen*, in: Höfling, Kommentar zum Transplantationsgesetz (TPG); § 17, Rdnr. 13.
897 *Rixen*, in: Höfling, Kommentar zum Transplantationsgesetz (TPG); § 17, Rdnr. 12f.; *Schroth*, in: Medizinstrafrecht, S. 384f.
898 Vgl. die Begründung zu § 16 des interfraktionellen Gesetzesentwurfes vom 16. 04. 1996, BT-Drs. 13/4355, S. 29.
899 *Schroth*, in: Medizinstrafrecht, S. 384; *König*, in: TPG, Vor §§ 17,18, Rdnr. 18; *König*, in: Organhandel, S. 109ff.

Hätte der Gesetzgeber seine Überzeugung, der Organhandel widerspräche der Menschenwürde, wirklich ernst genommen, dann hätte er den Handel insgesamt, unabhängig von der Art der Körpersubstanz oder der Zwecksetzung unter Strafe stellen müssen[900].

Die aus oder unter Verwendung von Organen bzw. Geweben hergestellten Arzneimittel als aliud zu den Organen oder Geweben anzusehen, vermag nicht zu überzeugen, da an keiner Stelle erläutert wird, wie eine solche Metamorphose vollzogen werde[901]. Ferner vermag der Verweis auf das Pietätsgefühl der Allgemeinheit die Schaffung eines umfassenden Verdikts gegen die Kommerzialisierung nicht zu rechtfertigen. Nicht nur, dass dieser Begriff äußerst vage ist, so dass seine Hinzuziehung für die Begründung als äußerst fraglich erscheint[902], weicht der Gesetzgeber auch diese Zielvorgabe selber auf, indem die bereits aufgezählten Möglichkeiten des Handels mit Körpersubstanzen ausdrücklich zulässt. Sollte die Gesellschaft tatsächlich dem Organ- bzw. Gewebekauf durch einen Todkranken oder dem Verkauf durch einen in Not befindlichen Spender mit absolutem Unverständnis begegnen[903], bleibt völlig im Dunkeln, weswegen der Gesetzgeber die Meinung der Allgemeinheit anders beurteilt, wenn mit Blut oder Blutbestandteilen bzw. mit aus oder unter Verwendung von Organen bzw. Geweben hergestellten Arzneimitteln Handel betrieben werden dürfe. Darüber hinaus darf nicht verkannt werden, dass die Begründung zum TPG bereits mehr als zehn Jahre zurückliegt, so dass sich das Pietätsgefühl der Allgemeinheit durchaus verändert hat, was unter anderem die Akzeptanz eines großen Teils der Gesellschaft mit der kommerzialisierten Ausstellung plastinierter Leichname deutlich wird[904]. Gerade die Wandlungsfähigkeit der Gesellschaft hätte den Gesetzgeber dazu veranlassen müssen, die Heranziehung des Pietätsgefühls der Allgemeinheit für die Begründung des Verdiktes gegen die Kommerzialisierung menschlicher Körpersubstanzen zu überdenken und hiervon Abstand zu nehmen.

Auch die vom Gesetzgeber aufgeführte Gefahr der Ausnutzung gesundheitlicher Notlagen von potentiellen Empfänger und wirtschaftlichen Notlagen von potentiellen Spendern kann das umfassende Verdikt nicht rechtfertigen. Da es dem Gesetzgeber ausweislich seiner Begründung darum ging, die Ausbeutung von Notlagen zu unterbinden, hätte es einer anderen Vorschrift, nämlich des Tatbestandes von der Struktur des Wuchers bedurft[905]. Allein dem Verkauf bzw. dem Ankauf von Organen oder Geweben kann nicht per se die Ausnutzung von Notlagen unterstellt werden. Das Unrecht resultiert erst aus der Ausbeutung der Notlage, sei es der des Spenders oder der des Empfängers, da erst in diesen Situationen die Gefahr

---

900 *Schroth*, in: Medizinstrafrecht, S. 384.
901 *König*, in: TPG, Vor §§ 17,18, Rdnr. 14.
902 *Parzeller*, in: Praxisleitfaden Gewebegesetz, S. 111; *König*, in: TPG, Vor §§ 17,18, Rdnr. 19.
903 Zweifelnd insoweit auch *König*, in: TPG, Vor §§ 17,18, Rdnr. 19.
904 *Parzeller*, in: Praxisleitfaden Gewebegesetz, S. 111.
905 *Schroth*, in: Medizinstrafrecht, S. 385; *Schroth*, JZ 1997, 1149 (1150); *König*, in: TPG, Vor §§ 17,18, Rdnr. 21.

besteht, dass die Freiheit der Entscheidung des Rechtsgutinhabers beeinträchtigt wird[906]. Auch die vom Gesetzgeber gesehene Gefahr einer drohenden Selbstkorrumpierung eignet sich nicht, den geschaffenen Straftatbestand zu tragen[907]. Mit dieser Erwägung sollen der potentielle Spender und der potentielle Empfänger vor sich selbst geschützt werden[908]. Hierbei wird verkannt, dass das zu schützende Rechtsgut und die Entscheidungsbefugnis hierüber eine untrennbare Einheit bilden; in einem liberalen Strafrechtsverständnis muss der Inhaber jedoch die Möglichkeit haben auf sein individuelles Rechtsgut zu verzichten[909]. Der vom Gesetzgeber geschaffene Straftatbestand unterläuft diese Verfügungsbefugnis und ist als „harter Paternalismus" abzulehnen[910]. Ferner ist bereits äußerst zweifelhaft, ob man die Würde eines potentiellen Spenders als einen höheren Wert anzusehen habe, als seine Selbstbestimmung[911].

Darüber hinaus vermögen die vom Gesetzgeber vorgebrachten Begründungserwägungen der Ausbeutungssituationen das Verbot des postmortalen Organ- bzw. Gewebehandels nicht zu erklären[912]. Schließlich hätte es auch zum Schutz der Integrität der Transplantationsmedizin keines so weiten Straftatbestandes bedurft. Vielmehr hätten mögliche Verstöße der beteiligten Institutionen mittels Standesrecht sanktioniert werden können[913].

b. Begriff des Handeltreibens im Sinne der §§ 1 Abs. 1 S. 2, 17 Abs. 1 S. 1, Abs. 2 TPG

Das zentrale Element des § 17 Abs. 1 TPG bildet der Begriff des „Handeltreibens"[914]. Da im Gesetzgebungsverfahren zum Gewebegesetz erneut deutlich wurde, dass die Auslegung des Tatbestandsmerkmals des „Handeltreibens" weiterhin umstritten ist, erfolgt zunächst eine diesbezügliche Darstellung.

---

906 *Schroth*, JZ 1997, 1149 (1150).
907 *König*, in: TPG, Vor §§ 17,18, Rdnr. 22; *Schroth*, JZ 1997, 1149 (1150).
908 Vgl. die Begründung zu Ziffer V Nr. 6 des interfraktionellen Gesetzesentwurfes vom 16. 04. 1996, BT-Drs.13/4355, S. 15 und 29.
909 *Schroth*, JZ 1997, 1149 (1150); *König*, in: TPG, Vor §§ 17,18, Rdnr. 18.
910 *König*, in: TPG, Vor §§ 17,18, Rdnr. 18; *Schroth*, JZ 1997, 1149 (1154).
911 *Schroth*, in: Medizinstrafrecht, S. 385.
912 *König*, in: TPG, Vor §§ 17,18, Rdnr. 21; *Schroth*, JZ 1997, 1149 (1150).
913 *König*, in: TPG, Vor §§ 17,18, Rdnr. 20.
914 Die praktisch wichtigste Bedeutung erfährt der Begriff des Handeltreibens im Betäubungsmitterecht, vgl. etwa die § 3 Abs. 1 Nr. 1, § 29 Abs. 1 S. 1 Nr. 1, §§ 29a-30a BtMG, „Betäubungsmittelgesetz in der Fassung der Bekanntmachung vom 1. März 1994 (BGBl. I S. 358), zuletzt geändert durch Artikel 1 der Verordnung vom 14. Februar 2007 (BGBl. I S. 154)".

aa. Versäumung einer Novellierung des Tatbestandsmerkmals „Handeltreiben" trotz erheblicher Bedenken

Es darf nicht verkannt werden, dass die vom Gesetzgeber gewählte Auslegung des Begriffes des Handeltreibens bereits vor Umsetzung des Gewebegesetzes auf erhebliche Kritik seitens der Literatur gestoßen ist. So wurde schon der kriminalpolitische Ansatz moniert, den Begriff aus dem Betäubungsmittelgesetz zu übertragen, da beide Gesetze völlig unterschiedliche Hintergründe haben und auch verschieden Ziele verfolgen[915]. Im Bereich des Betäubungsmittelgesetzes geht es vornehmlich um die Bekämpfung gefährlicher Drogen und der damit verbundenen organisierten Schwerkriminalität; aus diesen Gründen ist es legitim, die Drogenkriminalität umfassend zu sanktionieren und jedes potentiell marktrelevante Verhalten lückenlos zu pönalisieren[916]. Demgegenüber geht es im Bereich der Transplantationsmedizin um heilbringende bzw. lebensrettende Körpersubstanzen, deren Übertragung sowohl vom Gesetzgeber als auch von der Gesellschaft begrüßt wird[917]. Der Kreis der Beteiligten (Spender, Empfänger, Ärzte, Transplantationszentren, Koordinierungsstelle, Gewebezentren und die Vermittlungsstelle) weisen im Gegensatz zu den Beteiligten im Rahmen der Betäubungsmittelgesetzes eben keinerlei Bezug zum Bereich der Schwerkriminalität auf[918]. Im Unterschied zum Betäubungsmittelgesetz verfolgt das Transplantationsgesetz demnach die Übertragung heilbringender satt gefährlicher Objekte[919]. Die Übertragung des Handelsbegriffes auf das Gebiet der Transplantationsmedizin ist nicht infolge einer vergleichbaren rechtlichen Situation zur Drogenkriminalität gerechtfertigt und im Ergebnis daher übertrieben und verfehlt[920]. Als direkte Folge der Übertragung des Begriffes des Handeltreibens aus dem Betäubungsmittelgesetz ist die Schaffung eines konturlosen Tatbestandes, der ein breites Spektrum strafunwürdiger Verhaltensweisen umfasst[921]. Daneben werden selbst kleinste Dankbarkeitsgaben (bspw. die Hingabe von Blumensträußen oder Pralinen) von dem rigiden Handelsverbot erfasst[922]. Zudem führte die vom Gesetzgeber geschaffene Überpönalisierung zu einer Kriminalisierung von Spendern, Empfängern und Ärzten, die zur Abschreckung, Unsicherheit und Ablehnung

---

915 *Parzeller/Henze/Bratzke*, KritV 2004, 371 (396); *König*, in: TPG, §§ 17,18, Rdnr. 16; *Rixen*, in: Höfling, Kommentar zum Transplantationsgesetz (TPG); § 17, Rdnr. 9ff.; *Parzeller/Bratzke*, Rechtsmedizin 2003, 357 (360).
916 *Parzeller/Henze/Bratzke*, KritV 2004, 371 (396); *König*, in: TPG, §§ 17,18, Rdnr. 16; *Rixen*, in: Höfling, Kommentar zum Transplantationsgesetz (TPG); § 17, Rdnr. 10; *Parzeller/Bratzke*, Rechtsmedizin 2003, 357 (360f.).
917 *Parzeller/Henze/Bratzke*, KritV 2004, 371 (396); *König*, in: TPG, §§ 17,18, Rdnr. 16.
918 *Parzeller/Henze/Bratzke*, KritV 2004, 371 (396).
919 *Parzeller/Henze/Bratzke*, KritV 2004, 371 (396); *König*, in: TPG, §§ 17,18, Rdnr. 16.
920 *Parzeller/Henze/Bratzke*, KritV 2004, 371 (396); *König*, in: TPG, §§ 17,18, Rdnr. 16; *Rixen*, in: Höfling, Kommentar zum Transplantationsgesetz (TPG); § 17, Rdnr. 10.
921 *König*, in: TPG, §§ 17,18, Rdnr. 16.
922 *Parzeller*, in: Praxisleitfaden Gewebegesetz, S. 115; *König*, in: TPG, §§ 17,18, Rdnr. 29.

gegenüber der Spende und der Transplantationsmedizin insgesamt geführt hat[923]. Es ist wenig einleuchtend, wie die höchstpersönlichen Rechtsgüter eines Menschen sinnvoll dadurch geschützt werden sollen, wenn man ihren Träger mit Strafe bedroht[924]. Schließlich sind die mit dem umfassenden Handelsverbot verbundenen Wertungswidersprüche nur schwerlich der Allgemeinheit zu vermitteln, dass zwar die Spende altruistisch abzulaufen habe, während die kommerzielle Verwendung menschlicher Gewebe über die Arzneimittelklausel des § 17 Abs. 1 S. 1 Nr. 2 TPG ausdrücklich erlaubt werde[925]. Aus diesen Gründen wird von Seiten der Literatur eine teleologische Reduktion dieses Tatbestandsmerkmals gefordert[926].

Der Gesetzgeber hat es trotz erheblicher bereits bestehender Kritik seitens der Literatur und der im Gesetzgebungsverfahren zum Geplanten Gewebegesetz geäußerten Bitten des Bundesrates versäumt, die seit langem bestehenden Unklarheiten der straf- und bußgeldrechtlichen Vorschriften des Transplantationsgesetzes zu novellieren.

So äußerte der Bundesrat im Rahmen der Stellungnahme zum geplanten Gewebegesetz die dringende Bitte an den Gesetzgeber in unmissverständlicher Form zum Ausdruck zu bringen, wie er das Merkmal des Handeltreibens im Sinne der §§ 17 und 18 TPG verstanden wissen will[927]. Der Bundesrat wies darauf hin, dass es infolge der unterschiedlichen Interpretation des Merkmals „Handeltreiben" im Sinne der §§ 17 und 18 TPG in der Praxis zu erheblichen Unsicherheiten kommt[928]. So entschied das BSG in einer Grundsatzentscheidung vom 10. Dezember 2003, dass die Überkreuzlebendnierenspenden zwischen zwei Ehepaaren grundsätzlich nicht an den §§ 17 und 18 TPG zu messen sind, da der Begriff des Handelstreibens in diesem Sinne nur dann erfüllt ist, wenn die Gefahr der Ausbeutung im weitesten Sinne bejaht werden könne[929]. Demgegenüber steht die Interpretation des Begriffs des Handelstreibens durch den Großen Senat für Strafsachen des BGH, der in seiner Entscheidung vom 26. Oktober 2005 nochmals ausdrücklich den Begriff anhand des BtMG auslegte[930]; diese Form der Auslegung legte der Gesetzesgeber

---

923 *Parzeller/Henze/Bratzke*, KritV 2004, 371 (395); *Parzeller*, in: Praxisleitfaden Gewebegesetz, S. 115f.
924 *Parzeller/Henze/Bratzke*, KritV 2004, 371 (396); *Gutmann*, MedR 1997, 147 (154); *Schroth*, JZ 1997, 1149)1154).
925 *Parzeller*, in: Praxisleitfaden Gewebegesetz, S. 115.
926 *Schroth*, in: Medizinstrafrecht, S. 389ff.
927 Vgl. die Stellungnahme des Bundesrates vom 13. Oktober 2006, BT-Drs.16/3146, Anlage 2 zu Nr. 25, S. 51.
928 Vgl. die Stellungnahme des Bundesrates vom 13. Oktober 2006, BT-Drs.16/3146, Anlage 2 zu Nr. 25, S. 51.
929 *BSGE* 92, 19–34 (Überkreuznierenspende) = JZ 2004, 464–469 = MedR 2004, 330–334.
930 *BGHSt* 50, 252–267 (Handeltreiben) = NJW 2005, 3790–3793 = NStZ 2006, 171–172.

der Konzeption der §§ 17 und 18 TPG zugrunde[931]. Durch die weite Ausdehnung des Tatbestandsmerkmals, welches in der Rechtspraxis eben nicht in der gleichen Weise interpretiert werde, komme es zu Rechtsunsicherheiten. Infolge der weiten Ausdehnung des Tatbestandsmerkmals des Handeltreibens wurde von Seiten des Bundesrates zudem empfohlen, den Anwendungsbereich des § 17 Abs. 1 S. 2 Nr. 1 TPG zu erweitern, um eine Überdehnung der Strafbarkeit zu vermeiden[932].

Darüber hinaus empfahl der Bundesrat unter den Hinweis auf das Bestimmtheitsgebot und den Gewaltenteilungsgrundsatz die Voraussetzungen des § 18 Abs. 4 TPG hinsichtlich des Strafrahmens zu präzisieren, da die Norm keine Kriterien für die Handhabe aufzuweisen habe[933]. Ferner monierte der Bundesrat die Kriterien des Bußgeldtatbestands gemäß § 20 Abs. 1 Nr. 4 TPG als mit dem Bestimmtheitsgebot nicht vereinbar und empfahl auch diesbezüglich eine Konkretisierung[934]. Den vom Bundesrat vorgetragenen Änderungsvorschlägen erteilte die Bundesregierung in ihrer Gegenäußerung eine Absage[935], da das Gewebegesetz auf die Umsetzung von Regelungsinhalten der EG- Geweberichtlinie zu beschränken sei. Anderseits kündigte die Bundesregierung eine spätere Novellierung des Transplantationsgesetzes für die Gebiete an, die über die Umsetzung der Geweberichtlinie hinausgingen[936]. Dabei verwies die Bundesregierung den Bundesrat zur Auslegung des Begriffes des Handeltreibens auf die Begründung im früheren Gesetzgebungsverfahren[937]. Zudem seien Verstöße gegen das Bestimmtheitsgebot aus der Sicht der Bundesregierung nicht zu erblicken[938]. Dennoch entschied sich der Gesetzgeber an der von ihm bevorzugten eher extensiven als restriktiven Auslegung des Begriffes des Handeltreibens im Rahmen des TPG festzuhalten[939].

Der Gesetzgeber hätte anlässlich der umfangreichen Änderungen des Transplantationsgesetzes die Chance wahrnehmen müssen, unmissverständlich zum

---

931 Vgl. die Begründung zu § 17 des interfraktionellen Gesetzesentwurfes vom 16.04.1996, BT-Drs.13/4355, S. 31.
932 Vgl. die Stellungnahme des Bundesrates vom 13. Oktober 2006, BT-Drs. 16/3146, Anlage 2 zu Nr. 24, S. 51; nach dem Vorschlag des Bundesrates sollten neben den kodifizierten Handlungen auch das „Anbieten, Versprechen, Gewähren, die Forderung und das Sichversprechenlassen" in den Katalog aufgenommen werden.
933 Vgl. die Stellungnahme des Bundesrates vom 13. Oktober 2006, BT-Drs. 16/3146, Anlage 2 zu Nr. 26, S. 51.
934 Vgl. die Stellungnahme des Bundesrates vom 13. Oktober 2006, BT-Drs. 16/3146, Anlage 2 zu Nr. 28, S. 52.
935 Vgl. die Gegenäußerung der Bundesregierung, BT-Drs.16/3146, Anlage 3 zu Nrn.24, 25, 29, 28, S. 62f.
936 Vgl. die Gegenäußerung der Bundesregierung, BT-Drs.16/3146, Anlage 3 zu Nr. 24, S. 62.
937 Vgl. die Gegenäußerung der Bundesregierung, BT-Drs.16/3146, Anlage 3 zu Nr. 25, S. 62f.
938 Vgl. die Gegenäußerung der Bundesregierung, BT-Drs.16/3146, Anlage 3 zu Nrn.26, 28, S. 63.
939 Parzeller, in: Praxisleitfaden Gewebegesetz, S. 112.

Ausdruck zu bringen, wie er das Merkmal des Handeltreibens verstanden wissen will, um auf diese Weise mögliche Konflikte in diesem Zusammenhang von Anfang an auszuschließen.

bb. Die Auslegung des Begriffes des „Handeltreibens" im Sinne der §§ 1 Abs. 1 S. 2, 17 Abs. 1 S. 1, Abs. 2 TPG

Da es wie gezeigt zu einer Novellierung der Auslegung des Tatbestandsmerkmals durch den Gesetzgeber nicht gekommen ist, erfolgt seine Auslegung anhand der bisherigen Praxis.

Der Gesetzestext enthält zwar keine Erläuterung dieses Begriffes, der Intention des Gesetzgebers[940] ist jedoch zu entnehmen, dass sich der Begriff des „Handeltreibens" im Anwendungsbereich des TPG nach der weiten Interpretation der Rspr. des RG und des BGH zum Handeltreiben im Rahmen des Betäubungsmittelgesetzes zu richten hat. Unter Handeltreiben ist damit jede eigennützige Bemühung, die selbst bei nur einmaliger, gelegentlicher oder vermittelnder Tätigkeit auf die Ermöglichung oder Förderung eines Güterumsatzes gerichtet ist, zu verstehen[941].

Damit setzt sich das Handeltreiben aus zwei Elementen zusammen, nämlich der Handlung, die einen Güterumsatz zum Ziel hat (als objektives Tatbestandsmerkmal) und dem Eigennutz (subjektives Merkmal). Nachfolgend werden diese Merkmale näher dargestellt.

(1) Der Begriff der Handlung, die auf Güterumsatz abzielt

Unter der Handlung ist jegliche Tätigkeit zu subsumieren, wobei sie nach der natürlichen Anschauung nicht der eines Händlers entsprechen muss, so dass sie nicht der Schaffung oder Erhaltung einer dauerhaften Erwerbsquelle dienen muss; vielmehr genügen auch gelegentliche, einmalige oder vermittelnde Tätigkeiten[942]. Unter dieser auf Umsatz mit Organen oder Geweben gerichteten Tätigkeit ist jede Bemühung zu verstehen, die den Umsatz von Organen bzw. Geweben fördert bzw. ermöglicht[943]. Nicht erforderlich für die Umsatztätigkeit ist der Erfolg der Organ- bzw. Gewebeübertragung; es genügt vielmehr, wenn das vom Täter entfaltete Verhalten

---

940 Vgl. die Begründung zu § 16 des interfraktionellen Gesetzesentwurfes vom 16. 04. 1996, BT-Drs. 13/4355, S. 29f.
941 RGSt 51, 379 (380); 52, 169 (170); 53, 310 (313, 316); BGHSt 6, 246 (247); 25, 290 (291); 28, 308 (309); 29, 239, 240; 30, 277ff; 30, 359ff.; 31, 145 (147); BGHR BtMG § 29 Abs. 1 Nr. 1 Handeltreiben 1–4, 7; BGH NStZ 2000, 207ff.; OLG München, NJW 2002, 2655f.
942 *König*, in: TPG, §§ 17,18, Rdnr. 19; *Joo*, Organtransplantation, S. 185; *Schroth*, JZ 1997, 1149 (1151); *Parzeller/Henze/Bratzke*, KritV 2004, 371 (387).
943 *Rixen*, in: Höfling, Kommentar zum Transplantationsgesetz (TPG); § 17, Rdnr. 17; *Joo*, Organtransplantation, S. 185; *Schroth*, JZ 1997, 1149 (1151); *Parzeller*, in: Praxisleitfaden Gewebegesetz, S. 113.

auf Umsatz ausgerichtet ist[944]. Damit ist dieses Tatbestandsmerkmal exzessiv zu verstehen, was zu einer unüberschaubaren Anzahl der den Tatbestand erfüllenden Möglichkeiten führt[945]. Beispielhaft können das Bestellen eines Organs bzw. von Gewebe, die Werbung für den Handel, die Übersendung von Verkaufsangeboten, ernsthafte Verkaufsverhandlungen oder Vertragsabschlüsse über den Kauf bzw. der Weiterverkauf genannt werden[946]

(2) Der Begriff des Eigennutzes

Darüber hinaus wird ein eigennütziges Verhalten gefordert. Bei der „Eigennützigkeit" handelt es sich um ungeschriebenes subjektives Tatbestandsmerkmal[947]. Dem Tatbestandsmerkmal des „Eigennutzes" kommt insoweit entscheidende Bedeutung zu, als es zur Abgrenzung zwischen strafbewehrtem Organhandel und zwischen zulässiger Kostenerstattung dient[948].

Nach ständiger Rechtsprechung handelt derjenige eigennützig[949], dem es auf seinen persönlichen Vorteil, insbesondere auf die Erzielung eines Gewinnes ankommt, wobei kein ganz ungewöhnliches und übersteigertes Gewinnstreben erforderlich ist[950], wie dies etwa in anderen Straftatbeständen vorausgesetzt wird[951]. Es reicht vielmehr aus, wenn der Täter auf eine unentgeltliche Leistung abzielt, auf die er keinen Anspruch hat und die ihm einen materiellen oder einen immateriellen Vorteil bringt[952]. Der Vorteil immaterieller Art kommt jedoch nur in Betracht, wenn er

---

944 *Joo*, Organtransplantation, S. 185; *König*, in: TPG, §§ 17,18, Rdnr. 20; *Schroth*, JZ 1997, 1149 (1151); *Schroth*, in: Medizinstrafrecht, S. 389; *König*, in: Organhandel, S. 151; *Parzeller*, in: Praxisleitfaden Gewebegesetz, S. 113.
945 *Rixen*, in: Höfling, Kommentar zum Transplantationsgesetz (TPG); § 17, Rdnr. 19.
946 *Rixen*, in: Höfling, Kommentar zum Transplantationsgesetz (TPG); § 17, Rdnr. 20; *Parzeller*, in: Praxisleitfaden Gewebegesetz, S. 113, jeweils mit weiteren Beispielen.
947 *Gragert*, Strafrechtliche Aspekte des Organhandels, S. 96; *Zerr*, Abgetrennte Körpersubstanzen im Spannungsverhältnis zwischen Persönlichkeitsrecht und Vermögensrecht, S. 109; *Joo*, Organtransplantation, S. 186.
948 *Zerr*, Abgetrennte Körpersubstanzen im Spannungsverhältnis zwischen Persönlichkeitsrecht und Vermögensrecht, S. 109; *Chu*, Organtransplantation und Strafrecht, S. 185.
949 Der BGH geht hierbei von einer synonymen Verwendung der Begriffe „Eigennutz" und „Eigensucht" aus, vgl., *BGHSt*, 28, 308 (309f.).
950 *BGHSt*, 28, 308 (309f.); 35, 57 (58); BGHR BtMG § 29 Abs. 1 Nr. 1 Handeltreiben 2; § 29 Abs. 4 Handeltreiben 1; *Parzeller/Henze/Bratzke*, KritV 2004, 371 (387).
951 Etwa im Rahmen des Begriffes der „Gewinnsucht" (vgl. etwa §§ 283a Nr. 1, 283d Abs. 3 Nr. 1 StGB) oder des „groben Eigennutzes" (vgl. § 264 Abs. 2 Nr. 1 StGB).
952 Hier wird die Parallele zu den Bestechungsdelikten (vgl. §§ 331 ff. StGB) deutlich, auf die der *BGHR* BtMG, § 29 I Nr. 1, Handeltreiben 34, 2 verweist; siehe ferner hierzu *BGH* StV 1981, 238; 1999, 429; 2000, 619; *Schroth*, in: Medizinstrafrecht, S. 300; *König*, in: TPG, §§ 17,18, Rdnr. 21; *König*, in: Organhandel, S. 154; *Joo*, Organtransplantation, S. 186; *Parzeller*, in: Praxisleitfaden Gewebegesetz, S. 113; *Parzeller/Henze/Bratzke*, KritV 2004, 371 (387).

einen objektiv messbaren Inhalt hat und den Empfänger in irgendeiner Art auch besser stellt[953]. In Übertragung des Begriffes des Vorteils bei den Bestechungsdelikten gemäß der §§ 331 ff. StGB zählen zu den immateriellen Vorteilen etwa Ehrungen, Ehrenämter oder die von den Ärzten bezweckte objektive Besserstellung der Arbeits- und Forschungsbedingungen[954].

c. Vom Handelsverbot umfasste Körpersubstanzen

Nach § 1 Abs. 1 S. 2 TPG stellen menschliche Organe oder Gewebe taugliche Tatobjekte der §§ 17, 18 TPG dar. Diese werden nunmehr in § 1a Nr. 1, 4 TPG legaldefiniert, wobei zu beachten ist, dass seit In- Kraft- Treten des Gewebegesetzes auch das Knochenmark, embryonale und fetale Organe und Gewebe sowie infolge der Gleichstellung von Zellen und Geweben durch § 1a Nr. 4 TPG gegenwärtig auch Gene und andere DNA- Teile einschließlich der Ei- und Samenzelle erfasst werden[955]. § 1 Abs. 2 TPG enthält einen Negativkatalog, der den Anwendungsbereich im Hinblick auf bestimmte Körpersubstanzen wieder einschränkt. Nach § 1 Abs. 2 Nr. 1 gilt das Gesetz nicht für Gewebe, die innerhalb ein und desselben chirurgischen Eingriffs einer Person entnommen werden, um auf diese rückübertragen zu werden[956] und nach Nr. 2 TPG nicht für Blut und Blutbestandteile. Obwohl das Blut ein Organ darstellt[957], nimmt es der Gesetzgeber gemäß § 1 Abs. 2 Nr. 2 TPG aus dem Anwendungsbereich des Transplantationsgesetzes heraus und lässt über § 10 S. 2 TFG[958] eine Aufwandsentschädigung für den Spender ausdrücklich zu. Sollten dem Spender keine Aufwendungen entstanden sein, liegt eine entgeltliche Organspende und damit ein staatlich gebilligter Organhandel vor[959].

---

953 *König*, in: TPG, §§ 17,18, Rdnr. 21, 31; *Joo*, Organtransplantation, S. 186; *Rixen*, in: Höfling, Kommentar zum Transplantationsgesetz (TPG); § 17, Rdnr. 22; *Parzeller/Henze/Bratzke*, KritV 2004, 371 (387).

954 *Joo*, Organtransplantation, S. 186; *Rixen*, in: Höfling, Kommentar zum Transplantationsgesetz (TPG); § 17, Rdnr. 22; *König*, in: TPG, §§ 17,18, Rdnr. 45; *Parzeller/Henze/Bratzke*, KritV 2004, 371 (387).

955 Siehe hierzu *König*, in: Medizinstrafrecht, S. 413f.

956 Im Rahmen der Umsetzung des Artikels 2 Abs. 2 a der Gewerberichtlinie wurde die autologe Transplantation, bspw. die Entnahme einer Vene im Rahmen einer Herzbypassoperation, vom Anwendungsbereich des TPG herausgenommen, vgl. die Begründung zu Nr. 4 des Gesetzesentwurfes der Bundesregierung vom 25.10.2006, BT- Drs.16/3146, S. 23f.

957 *König*, in: TPG, § 1, Rdnr. 20.

958 Transfusionsgesetz in der Fassung der Bekanntmachung vom 28. August 2007 (BGBl. I S. 2169), das durch Artikel 12 des Gesetzes vom 17. Juli 2009 (BGBl. I S. 1990) geändert worden ist.

959 *König*, in: TPG, Vor §§ 17, 18, Rdnr. 4; *König*, in: Medizinstrafrecht, S. 412; *Rixen*, in: Höfling, Kommentar zum Transplantationsgesetz (TPG), § 17, Rdnr. 4; *König*, in: Organhandel, S. 19, 32.

d. Der Zweck der Heilbehandlung, §§ 1 Abs. 2, 17 Abs. 1 S. 1 TPG

Um den Tatbestand des strafbaren Organ- bzw. Gewebehandels zu erfüllen, muss es sich bei den betroffenen Körpersubstanzen um solche handeln, die einer Heilbehandlung zu dienen bestimmt sind. Den Hauptfall bildet hierbei die Übertragung des Organs bzw. des Gewebes zu therapeutischen Zwecken; da ein direkter Bezug zu Heilzwecken nicht gegeben sein muss unterfällt hierunter auch die Abgabe von Organen bzw. Geweben an pharmazeutische Unternehmen zum Zweck der Herstellung von Arzneimitteln[960]. Diese Einschränkung hat zur Folge, dass Organe und Gewebe zu sämtlichen anderen Zwecken[961] prinzipiell handelbar sind[962]. Zur Begründung dieser Wertung verweist der Gesetzgeber auf eine mangelnde Gesetzgebungskompetenz und auf den Schutzwecks der Norm, wonach primär einer wucherischen Ausbeutung gesundheitlicher Notlagen entgegengewirkt werden soll[963]. Diese Begründung kann jedoch nicht überzeugen, da für die Schaffung eines Straftatbestandes die Gesetzgebungskompetenz für das Strafrecht gemäß Art. 74 Abs. 1 Nr. 1 GG zur Verfügung gestanden hätte[964]. Ferner führt eine solche Normierung zu einer wenig überzeugenden Wertung, da nunmehr Organe und Gewebe für kosmetische und industrielle Zwecke kommerzialisierbar sein können, während ein gewinnorientierter Umgang mit Organen bzw. Geweben zu therapeutischen Zwecken dem Strafrecht unterfällt.

Es ist nicht erklärbar, warum der ausschließlich kommerziell orientierte Umgang mit Geweben und Organen als erlaubt angesehen wird, während Organe und Gewebe, die zu therapeutischen Zwecken verwendet werden sollen und damit humanitär eingesetzt werden, daneben einer gewinnorientierten Verwendung verschlossen bleiben müssen[965]. Diese unterschiedliche Behandlung leuchtet wenig ein, wenn man sich vergegenwärtigt, dass der Gesetzgeber der Kommerzialisierung eine Absage erteilen wollte und dann zu dem Ergebnis gelangt, dass der Organ- bzw. der

---

960 *König*, in: TPG, §§ 17, 18, Rdnr. 14; *König*, Strafbarer Organhandel, S. 149; *König*, in: Medizinstrafrecht, S. 417.

961 Also solchen, die außerhalb der Heilbehandlung liegen, wie etwa zur industriellen oder wissenschaftlichen Forschung oder der Kosmetik, vgl. die Begründung zu § 16 des interfraktionellen Gesetzesentwurfes vom 16.04.1996, BT- Drs. 13/4355, S. 29.

962 *König*, in: TPG, §§ 17, 18, Rdnr. 15; *König*, in: Medizinstrafrecht, S. 417; *Parzeller/Henze/Bratzke*, KritV 2004, 371 (390).

963 Vgl. die Begründung zu § 16 des interfraktionellen Gesetzesentwurfes vom 16. 04. 1996, BT-Drs. 13/4355, S. 29; so muss z. B. die Abgabe „zur Feststellung der Todesursache" und „zu Ausbildungs- oder Forschungszwecken" einer Verbotsregelung des Landesrechts vorbehalten bleiben.

964 *König*, in: TPG, §§ 17, 18, Rdnr. 15; *König*, Strafbarer Organhandel, S. 149f., weist treffend darauf hin, dass die vom Gesetzgeber vorgeschobene mangelnde Gesetzgebungskompetenz wenig einleuchtend erscheint, da ihm Art. 74 Abs. 1 Nr. 1 GG zur Verfügung gestanden hätte, ansonsten hätte z. B. das Embryonenschutzgesetz nicht erlassen werden dürfen.

965 *König*, in: TPG, §§ 17, 18, Rdnr. 15; *König*, in: Medizinstrafrecht, S. 417.

Gewebeverkauf die Stigmatisierung der Würdelosigkeit nicht verdient, wenn er darauf gerichtet ist, der Schönheit des Endabnehmers zu dienen, wohl aber dann, falls er humanitären oder sogar lebensrettenden Maßnahmen zu dienen bestimmt ist[966].

e. Ausdrücklich normierte Ausnahmen vom Verbot des Organ- und Gewebehandels, §17 Abs. 1 S. 2 TPG

Im Transplantationsgesetz wurden einige Sonderfälle normiert, die nach dem Tatobjekt, nach dem Verwendungszweck oder ausdrücklich als Ausnahmeregel vom verbotenen Organ- bzw. Gewebehandel ausgeschlossen sind.

Vom strafbewehrtem Organ- und Gewebehandel ausgenommen sind gemäß § 17 Abs. 1 S. 2 TPG zwei Verhaltensweisen, die zumindest auf den ersten Blick als Handeltreiben definiert werden könnten.

aa. Ausschlusstatbestand des § 17 Abs. 1 S. 2 Nr. 1 TPG (sog. Entgeltklausel)

Ausdrücklich ausgenommen vom Verbot des Handelstreibens ist gemäß § 17 Abs. 1 S. 2 Nr. 1 TPG die Gewährung oder Annahme eines angemessenen Entgelts für die zur Erreichung des Ziels der Heilbehandlung gebotenen Maßnahmen, insbesondere für die Entnahme, die Konservierung, die weitere Aufbereitung einschließlich der Maßnahmen zum Infektionsschutz, die Aufbewahrung und die Beförderung der Organe oder Gewebe.

Die Ausnahme nach § 17 Abs. 1 S. 1 Nr. 1 TPG ist insoweit notwendig, als dass verschiedene Tätigkeiten unterschiedlicher Berufsgruppen[967], im Rahmen der Vornahme der beispielhaft ausgezählten gebotenen Maßnahmen aktiv werden, um ihren Lebensunterhalt zu verdienen. Da der Gesetzgeber von einem umfassenden Begriff des Handeltreibens ausgeht um die Kommerzialisierung von Organen und Geweben vollkommen zu unterbinden, unterfielen sämtliche Berufsgruppen dem Merkmal des Handeltreibens, da sie ihre Tätigkeit erbringen, um einen eigenen oder einen fremden Gewinn zu erwirtschaften[968]. Um diese untragbare Konsequenz vermeiden zu können, dass nämlich eine mit den Vorgaben des Transplantationsgesetzes übereinstimmende Transplantation nicht mit einer verächtlichen Kommerzialisierung gleichgestellt wird[969], hat der Gesetzgeber mit der Entgeltklausel versucht ein Korrektiv geschaffen[970].

---

966 *König*, in: Medizinstrafrecht, S. 417; *König*, in: TPG, Vor §§ 17, 18, Rdnr. 15; §§ 17, 18, Rdnr. 15; *Parzeller/Henze/Bratzke*, KritV 2004, 371 (390).
967 Hierzu gehören etwa sämtliche ärztlichen sowie pflegerischen Leistungen, und der Organ- bzw. Gewebetransport; vgl. hierzu *König*, in: Organhandel, S. 180 und *König*, in: TPG, §§ 17,18, Rdnr. 34; *König*, in: Medizinstrafrecht, S. 425.
968 *König*, in: TPG, §§ 17,18, Rdnr. 34; *König*, in: Medizinstrafrecht, S. 427; *König*, in: Organhandel, S. 180ff.
969 Bzw. die zulässige Transplantation „von strafbaren Organhandel gewissermaßen durchwirkt wäre", *König*, in: TPG, §§ 17,18, Rdnr. 34.
970 *König*, in: Medizinstrafrecht, S. 426.

(1) Angemessenes Entgelt

Das essentielle Element der Entgeltklausel bildet die „Angemessenheit" des Entgeltes[971]. Um zu einer Abgrenzung von illegalen und legalen Zahlungen zu gelangen, bedarf es einer Klärung, was unter einem „angemessenen" Entgelt zu verstehen ist. Eine inhaltliche Präzisierung findet sich dabei in der Begründung zum Transplantationsgesetz. Unter dem Begriff des Entgelts ist demnach jeder vermögenswerter Vorteil zu verstehen[972]. Angemessen sind dabei die Vereinbarungen mit den Leistungsträgern oder durch Gesetz oder Rechtsverordnung oder in aufgrund gesetzlicher Bestimmungen getroffenen Vereinbarungen festgesetzter Entgelte wie etwa nach der GOÄ, wobei Pauschalierungen zulässig sind[973].

Obwohl der Organhandelstatbestand nach den gesetzlichen Intentionen den Ausschluss der Kommerzialisierung zum Ziel hat, wird dieses Bestreben auch im Rahmen der Entgeltklausel mehrfach aufgeweicht. So unterlässt es der Gesetzgeber eine verbindliche Regelung hinsichtlich des angemessenen Entgeltes zu schaffen; vielmehr begnügt er sich damit, eher vage Hinweise auf die im Gesundheitswesen geltenden Regularien betreffend einer Vergütung zur Bestimmung des Entgeltes zur Verfügung zu stellen. Damit eröffnet er die Möglichkeit einer Interpretation der „Angemessenheit" einer Vergütung und läuft so Gefahr, dass seine Anforderungen mit dem Bestimmtheitsgebot nicht mehr vereinbar sind[974]. Darüber hinaus bringt der Gesetzgeber mit der als zulässig erachteten Pauschalierung zum Ausdruck, dass nur eine gewichtige Überschreitung der Pauschale einen strafbaren Organhandel zu begründen vermag, während nur geringfügige Überzahlungen zu billigen sind[975]. Es ist nicht nachvollziehbar, weswegen der Gesetzgeber sein eigenes Ziel, mit dem Organhandelstatbestand ein umfassendes Verbot der Kommerzialisierung von Organen und Geweben sicherzustellen, torpediert, indem er augenscheinlich ein Verbot der Preistreiberei statuiert[976]. Ob ein Entgelt angemessen ist oder nicht kann nicht als Abgrenzungsmerkmal für eine erlaubte Tätigkeit und eine verbotene Kommerzialisierung herangezogen werden, da in beiden Fällen eine wirtschaftliche Tätigkeit im Raume steht. Würde der Gesetzgeber sein Konzept vom Organhandel ernst nehmen, müsste es ihm nur darauf ankommen, ob „überhaupt kommerzieller Umgang mit Organen (bzw. Geweben) gepflogen wird"[977]. Der Gesetzgeber weicht

---

971 *König*, in: TPG, §§ 17,18, Rdnr. 43.
972 Vgl. die Begründung zu § 16 des interfraktionellen Gesetzesentwurfes vom 16.04.1996, BT-Drs.13/4355, S. 30.
973 Vgl. die Begründung zu § 16 des interfraktionellen Gesetzesentwurfes vom 16.04.1996, BT-Drs.13/4355, S. 30.
974 So auch *König*, in: Medizinstrafrecht, S. 428.
975 *König*, in: TPG, §§ 17, 18 Rdnr. 43; *König*, in: Medizinstrafrecht, S. 428.
976 So auch *König*, in: TPG, §§ 17, 18 Rdnr. 35; *König*, in: Medizinstrafrecht, S. 427.
977 Vgl. *König*, in: Medizinstrafrecht, S. 427; *König*, in: Organhandel, S. 184.

mit dem Merkmal des „angemessenen Entgeltes" den Organhandelstatbestand weiterhin auf[978].

(2) Persönlicher Anwendungsbereich
Da der Gesetzgeber hinsichtlich des persönlichen Anwendungsbereichs keinerlei Beschränkungen vorgenommen hat, erfasst die Entgeltklausel neben dem skrupellosen Organhändler auch den honorigen Transplanteur und den Inhaber einer Organbank[979]. Als direkte Folge des unbeschränkten persönlichen Anwendungsbereiches der Entgeltklausel kann sich die bizarre Situation ergeben, dass dieser Ausnahmetatbestsand dem Organhändler zugutekommen kann. Verlangt er für die Entnahme, Konservierung, Infektionsschutz oder die Beförderung ein angemessenes Entgelt, so bleibt zweifelhaft, ob man ihn wegen des Organhandels bestrafen könne; sollte für das Organ ein Kaufpreis geflossen sein, müssten sowohl die Zahlung als auch das Zahlungsverlangen gerade für das betreffende Organ mit der für das Strafrecht erforderlichen Sicherheit bewiesen werden, was infolge von möglichen komplizierten Verschleierungstechniken erheblich erschwert werden könnte[980].

bb. § 17 Abs. 1 S. 2 Nr. 2 TPG, (sog. Arzneimittelklausel)
Vom Verbot des Handelstreibens ausgenommen sind ferner nach § 17 Abs. 1 S. 2 Nr. 2 TPG Arzneimittel, die aus oder unter Verwendung von Organen oder Geweben hergestellt sind und den Vorschriften über die Zulassung nach § 21 AMG[981], auch in Verbindung mit § 37 AMG, oder der Registrierung nach § 38 oder 39a AMG unterliegen oder durch Rechtsverordnung nach § 36 AMG von der Zulassung oder nach § 39 Abs. 3 AMG von der Registrierung freigestellt sind, oder Wirkstoffe im Sinne des § 4 Abs. 19 AMG[982], die aus oder unter Verwendung von Zellen hergestellt sind. Zu Begründung dieser Ausnahmevorschrift wird ausgeführt, dass bestimmte menschliche Gewebe, wie z. B. Dura- mater-Präparate, als zugelassene Arzneimittel nach den Vorschriften des AMG in den Verkehr gebracht und entgeltlich abgegeben werden dürfen[983].

---

978 So auch *König*, in: Medizinstrafrecht, S. 427, *König*, in: Organhandel, S. 184, *König*, in: TPG, §§ 17, 18 Rdnr. 35.
979 *König*, in: TPG, §§ 17,18, Rdnr. 37.
980 *König*, Medizinstrafrecht, S. 431.
981 Arzneimittelgesetz in der Fassung der Bekanntmachung vom 12. Dezember 2005 (BGBl. I S. 3394), das zuletzt durch Artikel 1 des Gesetzes vom 17. Juli 2009 (BGBl. I S. 1990) geändert worden ist.
982 Zu den Motiven für die Aufnahme von Wirkstoffen unter den Arzneimittelbegriff siehe die Begründung zu Nr. 32 des Gesetzesentwurfes der Bundesregierung vom 25.10.2006, BT-Drs.16/3146, S. 35.
983 Vgl. die Begründung zu § 16 des interfraktionellen Gesetzesentwurfes vom 16.04.1996, BT-Drs.13/4355, S. 30.

Um die Arzneimittelklausel mit ihren weitreichenden Konsequenzen, insbesondere für die hier relevante Frage einer möglichen Veräußerungsfähigkeit von menschlichen Gewebe umfassend darstellen zu können, soll an dieser Stelle die besonders problematische und damit kritikwürdige arzneimittelrechtliche Orientierung des Gesetzgebers bei der Umsetzung des Gewebegesetzes aufgezeigt werden.

Zur Begründung dieser Umsetzungsform wird von der Bundesregierung vorgetragen, dass bereits in der 12.[984] und der 14.[985] AMG- Novelle damit begonnen wurde wesentliche Inhalte der Geweberichtlinie arzneimittelrechtlich umzusetzen[986]. An dieser Vorgehensweise, der Unterstellung menschlicher Stoffe unter das AMG, soll auch weiterhin festgehalten werden[987]. So wurde bereits im Rahmen der 12. und der 14. AMG- Novelle vor allem klargestellt, dass nicht nur für die Herstellung von Arzneimitteln, sondern auch für die Entnahme und die Gewinnung von zu Arzneimitteln bezeichneten Stoffen menschlicher Herkunft, also auch von Blut und Plasma, Geweben und Zellen eine behördliche Erlaubnis im Sinne des § 13 Abs. 1 S. 1 AMG erforderlich wurde[988]. Bereits zu dieser Zeit wurden erhebliche Bedenken an dieser Ausrichtung vorgebracht[989], die jedoch fruchtlos geblieben sind[990].

Zu einer Auswirkung des Änderungsgesetzes sei es bis dahin noch nicht gekommen, da die Umsetzung infolge der Übergangsregelung des § 138 Abs. 1 S. 1 AMG bis zum 01.09.2006 verlängert worden ist[991]. Darüber hinaus wurde die Schärfe der

---

984   12. Gesetz zur Änderung des Arzneimittelgesetzes vom 30. Juli 2004, BGBl. 2004, Teil I, Nr. 41, S. 2031.

985   14. Gesetz zur Änderung des Arzneimittelgesetzes vom 29.August 2005, BGBl. 2005, Teil I, Nr. 54, S. 2570.

986   Vgl. die Begründung des Gesetzesentwurfes der Bundesregierung vom 25.10.2006, Allgemeiner Teil, BT-Drs.16/3146, S. 21.

987   Vgl. die Begründung des Gesetzesentwurfes der Bundesregierung vom 25.10.2006, Allgemeiner Teil, BT-Drs.16/3146, S. 21.

988   Vgl. die Begründung des Gesetzesentwurfes der Bundesregierung vom 25.10.2006, BT-Drs.16/3146, S. 1.

989   Siehe zur Kritik dieses Ansatzes bereits die Stellungnahme zu Nr. 8 des Bundesrates zur BT- Drs.15/2109, vom 14.01.2004, BT-Drs.15/2360, S. 3f.; Stellungnahme der BÄK zum Entwurf eines Gewebegesetzes vom 04. Mai 2006, S. 26, abrufbar unter: www.bundesaerztekammer.de/10/0018/ZStell.pdf.

990   Vgl. die Gegenäußerung der Bundesregierung zu Nr. 8 zur BT- Drs.15/2109, vom 14.01.2004, BT-Drs. 15/2360, S. 14.

991   Zunächst wurde mit dem 12. Gesetz zur Änderung des Arzneimittelgesetzes eine Frist bis zum 01.09.2005 eingeräumt, die jedoch mit dem 14. Gesetz zur Änderung des Arzneimittelgesetzes vom 29.August 2005, BGBl. 2005, Teil I, Nr. 54, S. 2597 um ein Jahr verlängert worden ist. Zudem wurde im Rahmen dieser Novelle der § 138 Abs. 1 AMG um einen zweiten Satz erweitert, der klarstellte, dass für Blut, welches zur Aufbereitung oder Vermehrung von autologen Körperzellen im Rahmen der Gewebezüchtung entnommen wurde und hierfür noch keine Herstellungserlaubnis beantragt worden ist, § 13 AMG bis zum 01.09.2006 keine Anwendung fände.

Regelung infolge der Ausnahmeregelung des § 4a S. 1 Nr. 4 AMG (a.F.) abgemildert[992].
Die Ausnahmeregelung des § 4a S. 1 Nr. 4 AMG (a.F.) regelte, dass „menschliche Organe, Organteile und Gewebe, die unter der fachlichen Verantwortung eines Arztes zum Zwecke der Übertragung auf Menschen entnommen werden, wenn diese Menschen unter der fachlichen Verantwortung dieses Arztes behandelt werden", nicht vom Anwendungsbereich des Arzneimittelgesetzes erfasst wurden. Diese Ausnahmeregelung ist nunmehr weggefallen[993]. An Stelle dieser Regelung wurde in § 4a S. 1 Nr. 3 AMG nunmehr normiert, dass das Arzneimittelgesetzes auf Gewebe, die innerhalb eines Behandlungsvorgangs einer Person entnommen werden, um auf diese ohne Änderung ihrer stofflichen Beschaffenheit rückübertragen zu werden keine Anwendung findet[994].

Infolge der Streichung von § 4a S. 1 Nr. 4 AMG (a.F.) sowie der Ausdehnung des Anwendungsbereichs des Arzneimittelgesetzes auch auf Gewebezubereitungen gemäß § 4 Abs. 30 S. 1 AMG unter Verweis auf den Gewebebegriff im Sinne des § 1a Nr. 4 TPG wird nunmehr grundsätzlich[995] eine Herstellungserlaubnis gemäß der §§ 13 ff. AMG für die Beschaffung menschlicher Zellen und Gewebe, nicht nur Arzneimittelherstellern, sondern auch von anderen Einrichtungen eingeführt[996].

---

992 Stellungnahme der BÄK zum Entwurf eines Gewebegesetzes vom 04. Mai 2006, S. 26f., abrufbar unter: www.bundesaerztekammer.de/10/0018/ZStell.pdf.

993 Die Streichung dieser Ausnahmeregelung entspricht den Vorgaben der Geweberichtlinie, welche eine derartige Ausnahme von ihrem Anwendungsbereich nicht vorsieht; der Wegfall hat insbesondere zur Folge, dass die Entnahme und Verarbeitung, die nicht „in einer Hand" stattfinden, künftig herstellungserlaubnispflichtig sind, vgl. die Begründung zu Nr. 2 des Gesetzesentwurfes der Bundesregierung vom 25.10.2006, BT-Drs.16/3146, S. 37.

994 Diese Ausnahmeregelung dient der Umsetzung von Art. 2 Abs. 2 Buchstabe a der Geweberichtlinie. Erfass werden länger andauernde und zu unterbrechende Abläufe, an denen mehrere Ärzte beteiligt sein können; Voraussetzung der Inanspruchnahme dieser Ausnahmeregelung ist jedoch, dass die Entnahme und die Rückübertragung im Rahmen eines Behandlungsvorgangs und somit in engem fachlichem Zusammenhang stehen, vgl. die Begründung zu Nr. 4 der Beschlussempfehlung des Gesundheitsausschusses vom 23.05.2007, BT- Drs.16/5433, S. 56. Ursprünglich war vorgesehen, nach den Wörtern „um auf diese" das Wort „unbearbeitet" einzufügen, um den Ausnahmecharakter der Norm zu verdeutlichen, so dass lediglich geringfügige Arbeitsschritte, wie z.B. das Säubern oder Spülen des autologen Gewebes nicht zu einer Anwendung des AMG führen sollten, vgl. die Begründung zu Nr. 5 des Gesetzesentwurfes der Bundesregierung vom 16.03.2009, BT- Drs.16/12256, S. 43; die Einführung der jetzigen Wortwahl „ohne Änderung ihrer stofflichen Beschaffenheit" ist als Präzisierung für die beabsichtigte Wortwahl „unbearbeitet" zu verstehen, so dass die Begründung synonym hierzu verwendet werden kann.

995 Mit Ausnahme der in § 4a S. 1 Nr. 4 AMG (n.F.) statuierten Geweben.

996 Vgl. hierzu *Heimann/Löllgen*, PharmR 2007, 183 (187); Stellungnahme der BÄK zum Entwurf eines Gewebegesetzes vom 04. Mai 2006, S. 26f., abrufbar unter: www.bundesaerztekammer.de/10/0018/ZStell.pdf.

(1) Vom Arzneimittel umfasste Körpersubstanzen

Der Ausnahmetatbestand des § 17 Abs. 1 S. 2 Nr. 2 TPG setzt voraus, dass es sich bei der betroffenen Substanz um ein Arzneimittel handelt. War die Einordnung menschlicher Körpersubstanzen nach bisherigem Recht bereits mit erheblichen Schwierigkeiten verbunden, so kann nur festgestellt werden, dass sich die Rechtslage nach neuem Recht noch unübersichtlicher gestaltet[997]. Zu einer übersichtlicheren Einordnung hat die Umsetzung des Gewebegesetzes nicht gerade beigetragen.

Gemäß § 2 Abs. 1 AMG sind Arzneimittel Stoffe oder Zubereitungen aus Stoffen, die zur Anwendung im oder am menschlichen oder tierischen Körper bestimmt sind und als Mittel mit Eigenschaften zur Heilung oder Linderung oder zur Verhütung menschlicher oder tierischer Krankheiten oder krankhafter Beschwerden bestimmt sind (Nr. 1) oder die im oder am menschlichen oder tierischen Körper angewendet oder einem Menschen oder einem Tier verabreicht werden können, um entweder die physiologischen Funktionen durch eine pharmakologische, immunologische oder metabolische Wirkung wiederherzustellen, zu korrigieren oder zu beeinflussen (Nr. 2 a) oder eine medizinische Diagnose zu erstellen (Nr. 2 b).

Im Zuge der Umsetzung der Geweberichtlinie wurde der Anwendungsbereich des AMG erweitert. So wird nunmehr in § 4 Abs. 30 S. 1 AMG klargestellt, dass auch Gewebezubereitungen, die Gewebe im Sinne von § 1a Nr. 4 des Transplantationsgesetzes sind oder aus solchen Geweben hergestellt worden sind, dem Arzneimittelbegriff unterfallen.

Darüber hinaus wurde die Vorschrift des § 2 Abs. 3 Nr. 8 AMG, die bislang Augenhornhäute den Organen gleichstellte und sie vom Arzneimittelbegriff ausschloss, wenn sie zur Übertragung auf den Menschen bestimmt waren, dahingehend geändert, dass nunmehr lediglich Organe im Sinne des § 1a Nr. 1 des Transplantationsgesetzes keine Arzneimittel darstellen, falls sie zur Übertragung auf den menschlichen Empfänger bestimmt sind. Diese Änderung ist eine Konsequenz aus der Umsetzung der Geweberichtlinie, deren Anwendungsbereich auch Augenhornhäute umfasst und aus diesen Gründen die Augenhornhäute rechtlich anders zu behandeln seien als Organe bzw. Organteile, die vom Anwendungsbereich der Geweberichtlinie ausgenommen sind[998].

Nach der Legaldefinition des § 1a Nr. 1 TPG sind Organe, mit Ausnahme der Haut, alle aus verschiedenen Geweben bestehenden Teile des menschlichen Körpers, die in Bezug auf Struktur, Blutgefäßversorgung und Fähigkeit zum Vollzug physiologischer Funktionen eine funktionale Einheit bilden, einschließlich der Organteile und einzelnen Gewebe eines Organs, die zum gleichen Zweck wie das ganze Organ im menschlichen Körper verwendet werden können, mit Ausnahme solcher Gewebe, die zur Herstellung von Arzneimitteln für neuartige Therapien im Sinne des § 4 Absatz 9 des Arzneimittelgesetzes bestimmt sind.

---

997 So auch *König*, in: Medizinstrafrecht, S. 415.
998 Vgl. die Begründung zu Nr. 2 des Gesetzesentwurfes der Bundesregierung vom 25.10.2006, BT-Drs.16/3146 (S. 37).

Demgegenüber sind gemäß § 1a Nr. 4 TPG unter Gewebe alle aus Zellen bestehenden Bestandteile des menschlichen Körpers, die keine Organe nach Nummer 1 sind, einschließlich einzelner menschlicher Zellen zu verstehen.

Infolge der Erweiterung des Anwendungsbereichs des § 4 Abs. 30 S. 1 AMG i.V.m. § 1a Nr. 1 TPG sowie der Änderung des § 2 Abs. 3 Nr. 8 AMG und der Legaldefinition des Gewebes i.S.d. § 1a Nr. 4 TPG unterfallen nunmehr Augenhornhäute, Herzklappen[999], Haut- und Knochenpräparationen und Gefäße dem Gewebebegriff des § 1a Nr. 4 TPG und sind damit über § 4 Abs. 30 S. 1 AMG i.V.m § 1a Nr. 1 TPG als Arzneimittel zu qualifizieren.

(2) Nicht vom Arzneimittelbegriff umfasste Körpersubstanzen

Nach § 2 Abs. 3 Nr. 8 AMG wird Organen im Sinne des § 1 a Nr. 1 TPG die Arzneimitteleigenschaft abgesprochen, falls sie zur Übertragung auf menschliche Empfänger bestimmt sind[1000]. Sie sind damit dem Transplantationsgesetz unterworfen, so dass im Falle der beabsichtigten Übertragung auf menschliche Empfänger § 17 Abs. 1 S. 2 Nr. 2 TPG auf sie keinerlei Anwendung findet[1001]. Zu ihnen werden insbesondere die in § 1 a Nr. 2 TPG aufgezählten vermittlungspflichtigen Organe wie Herz, Lunge, Leber, Niere, Bauchspeicheldrüse und Darm gezählt.

Auch menschliche Samen- und Eizellen, einschließlich imprägnierter Eizellen (Keimzellen), und Embryonen sind weder Arzneimittel noch Gewebezubereitungen gemäß § 4 Abs. 30 S. 2 AMG[1002].

cc. Kritik an der „arzneimittelrechtlichen Orientierung"

Infolge der arzneimittelrechtlichen Orientierung des Gesetzgebers sind nunmehr Überschneidungen zwischen der postmortalen Organ- und Gewebeentnahme möglich geworden. Die nachfolgende Darstellung wird sich an dieser sensiblen Schnittstelle orientieren.

---

999 Anders als das Herz erfüllt die Herzklappe nicht den Organbegriff des § 1a Nr. 1 TPG. Im Unterschied zur Herztransplantation wird im Rahmen der Transplantation von Herzklappen ein anderer Zweck verfolgt; während bei der Herztransplantation zwingend das gesamte Herz betroffen ist, wird im Rahmen einer Herzklappentransplantation aufgrund einer Herzklappenerkrankung bzw. eines Herzklappenfehlers (etwa wegen einer Klappeninsuffizienz oder einer Klappenstenose) nur eine Herzklappe (von zweien) transplantiert; siehe hierzu allgemein etwa: http://www.gewebenetzwerk.de/gewebearten/herzklappen.html vgl. auch *Parzeller/Rüdiger*, StoffR 2007, 70 (73), siehe hierzu auch die Erweiterte und aktualisierte Stellungnahme der Bundesärztekammer (BÄK) vom 24. Januar 2007 zum Regierungsentwurf für ein Gewebegesetz, BT-A-Drs.16(14)0125(7), 76.
1000 Vgl. die Begründung zu Nr. 2 des Gesetzesentwurfes der Bundesregierung vom 25.10.2006, BT-Drs.16/3146, S. 37.
1001 Siehe hierzu *König*, in: Medizinstrafrecht, S. 415.
1002 Begründung zu Nr. 3 der Beschlussempfehlung des Gesundheitsausschusses vom 23.05.2007, BT- Drs.16/5433, S. 56.

Als Konsequenz der arzneimittelrechtlichen Ausrichtung unterfallen nahezu sämtliche Gewebe dem AMG. Dabei unterlässt es der Gesetzgeber hierbei zwischen einzelnen Gewebearten zu unterscheiden, was zu Folgeproblemen führen kann. Ferner ergeben sich auch Widersprüche zwischen der Behandlung

(1) Gefahr einer Kommerzialisierung menschlicher Gewebe

Als wohl gravierendste Folge der arzneimittelrechtlichen Unterstellung nahezu sämtlicher Gewebearten und Zellen unter das AMG stellt dabei die damit eröffnete Gefahr einer Kommerzialisierung menschlicher Gewebe dar. Dabei negiert der Gesetzgeber die Möglichkeit, dass es im Rahmen des neuen Gewebegesetzes zu einer drohenden Kommerzialisierung menschlicher Gewebe kommen werde. So verweist er auf die seit 1997 im Rahmen des Transplantationsgesetzes bestehende Ausnahme vom Organhandelsverbot für Arzneimittelzubereitungen und damit auch für Gewebezubereitungen wie Herzklappen oder Knochen; seit diesem Zeitpunkt sei es zu keiner Kommerzialisierung des Gewebesektors gekommen und eine Änderung dieser Lage sei auch für die Zukunft nicht zu erwarten[1003]. Unabhängig von dieser Haltung und Argumentation des Gesetzgebers wurden innerhalb verschiedener Stellungnahmen zum neuen Gewebegesetz erhebliche Bedenken gegen eine drohende Gefahr des kommerziellen Umgangs mit menschlichen Geweben erhoben. Anhand vielfältiger Beispiele wurde aufgezeigt, dass das neue Gewebegesetz die Möglichkeit eröffne, den Gewebesektor kommerziell auszugestalten und dass auf diese Weise ein mögliches Spannungsverhältnis zur altruistisch angelegten Organspende entstehen könne[1004].

Als Konsequenz der arzneimittelrechtlichen Ausrichtung unterfallen nahezu sämtliche Gewebe dem AMG, welches als gewerblicher und damit als gewinnorientierter Sektor organisiert ist, so dass in diesem Bereich zukünftig Verwertungsrechte eine erhebliche Rolle spielen dürften[1005]. Die zu befürchtende Kommerzialisierbarkeit menschlicher Gewebe resultiert aufgrund der Ausnahmevorschrift des § 17 Abs. 1 S. 2 Nr. 2 TPG, wonach Arzneimittel, die aus oder unter Verwendung von Organen oder Geweben hergestellt sind und den Vorschriften über die geforderte Zulassung entsprechen ausdrücklich vom Organ- bzw. Gewebehandel ausgeschlossen sind[1006].

1003 Gegenäußerung der Bundesregierung zum Gesetzesentwurf der Bundesregierung vom 25.10.2006, BT-Drs.16/3146, Anlage 3, S. 64; vgl. auch *Parzeller/Rüdiger*, StoffR 2007, 70 (79).

1004 Siehe hierzu die erweiterte und aktualisierte Stellungnahme der Bundesärztekammer (BÄK) vom 24. Januar 2007 zum Regierungsentwurf für ein Gewebegesetz, BT-A-Drs.16(14)0125(7), S. 39ff.

1005 *Heinemann/Löllgen*, PharmR 2007, 183 (189); vgl. die Stellungnahme der Bundesarbeitsgemeinschaft der Freien Wohlfahrtspflege vom 15.01.2007, BT-A-Drs. 16(14)0125(2) S. 2; vgl. die erweiterte und aktualisierte Stellungnahme der Bundesärztekammer (BÄK) vom 24. Januar 2007 zum Regierungsentwurf für ein Gewebegesetz, BT-A-Drs.16(14)0125(7),S. 41.

1006 vgl. die Stellungnahme der Bundesarbeitsgemeinschaft der Freien Wohlfahrtspflege vom 15.01.2007, BT-A-Drs.16(14)0125(2) S. 2; *Heinemann/Löllgen*, PharmR 2007,

Die Befürchtung einer umfassenden Kommerzialisierung menschlicher Gewebe ist infolge der gesetzlichen Definition der Entnahme im Sinne des § 1a Nr. 6 TPG i.V.m. dem Herstellungsbegriff des § 4 Abs. 14 AMG nunmehr real geworden. Die Ausnahmevorschrift des § 17 Abs. 1 S. 2 Nr. 2 TPG dient in erster Linie dem Schutz zahlreicher berufsmäßiger Gruppen, die auch am gewinnorientierten Umgang mit aus Organen bzw. Geweben hergestellten Therapeutika, beteiligt sind[1007]. Bei einer konsequenten Anwendung des rigiden Verdikts gegen die Kommerzialisierung menschlicher Körpersubstanzen im Sinne des § 17 Abs. 1 S. 1 TPG, würden alle diese Berufsgruppen einen strafbaren Organ- bzw. Gewebehandel begehen[1008]. Damit verfolgte diese Ausnahmevorschrift bislang schützenswerte Interessen. Infolge des Zusammenspiels der gesetzlichen Definition der „Entnahme" im Sinne des § 1a Nr. 6 TPG i.V.m. dem Begriff des „Herstellens" im Sinne des § 4 Abs. 14 AMG mutiert diese ehemals als Ausnahmevorschrift angesehene Regelung des § 17 Abs. 1 S. 2 Nr. 2 TPG zum Regelfall. Diese Konsequenz resultiert aus der Definition der Herstellung. Vor der Verabschiedung des Gewebegesetzes wurde unter dem Begriff der Herstellung im Sinne des § 17 Abs. 1 S. 2 Nr. 2 TPG nur der eigentliche Vertrieb, also das Inverkehrbringen, von Arzneimitteln verstanden, da der Wortlaut dieser Vorschrift aus Arzneimittel abstellte, die „aus oder unter Verwendung von Organen hergestellt sind", so dass die Notwendigkeit eines bereits abgeschlossenen Verarbeitungsprozesses als unumgängliche Voraussetzung des Herstellungsprozesses angesehen wurde[1009]. Als Folge dieses Verständnisses der Herstellung wurden Maßnahmen im Vorfeld, namentlich die Gewinnung von Organen, aus dem Anwendungsbereich des § 17 Abs. 1 S. 2 Nr. 2 TPG ausgeschlossen[1010]. Diese begrüßenswerte Interpretation scheitert nunmehr am Wortlaut der gesetzlichen Definitionen, da unter der „Entnahme" die Gewinnung von Organen und Geweben (§ 1a Nr. 6 TPG) und unter „Herstellen" das Gewinnen verstanden wird (§ 4 Abs. 14 AMG). Im Zuge des Zusammenspiels beider Normen unterfällt damit jegliche Gewinnung von Gewebe unter den Herstellungsprozess und nimmt daher Teil an der Ausnahme vom Handelsverbot des § 17 Abs. 1 S. 2 Nr. 2 TPG[1011]. Als direkte Folge dieser Unterstellung von „gewonnenen" menschlichen Geweben unter das AMG im Zusammenpiel mit der Arzneimittelklausel ist nunmehr ein Handel und damit eine

---

183 (189); vgl. die erweiterte und aktualisierte Stellungnahme der Bundesärztekammer (BÄK) vom 24. Januar 2007 zum Regierungsentwurf für ein Gewebegesetz, BT-A-Drs.16(14)0125(7), S. 40; *Parzeller/Rüdiger*, StoffR 2007, 70 (79); vgl. die Stellungnahme von Graumann, Einzelsachverständige, vom 27.02.2007, BT-A-Drs.16(14)0125(22), S. 1f.

1007 *König*, in: Schroth, TPG, §§ 17, 18, Rdnr. 8.
1008 *König*, in: Schroth, TPG, §§ 17, 18, Rdnr. 8.
1009 *König*, in: Schroth, TPG, §§ 17, 18, Rdnr. 13; vgl. die Stellungnahem der Deutschen Stiftung Organtransplantation (DSO) vom 06.02.2007, BT-A-Drs. 16(14)0125(9), S. 2.
1010 *König*, in: Schroth, TPG, §§ 17, 18, Rdnr. 13.
1011 Vgl. die Stellungnahem der Deutschen Stiftung Organtransplantation (DSO) vom 06.02.2007, BT-A-Drs.16(14)0125(9), S. 2.

Veräußerung menschlicher Gewebe möglich, da es sich bei dem menschlichen Gewebe nach den Intentionen des AMG und des TPG um Sachen im Sinne des § 90 BGB handelt[1012]. Obwohl der Gesetzgeber weder im Rahmen des TPG noch in dem des AMG eine eindeutige Unterstellung des menschlichen Gewebes unter den Sachbegriff im Sinne des § 90 BGB vorgenommen hat, intendieren dennoch beide Gesetze, dass es sich bei Geweben menschlicher Herkunft dennoch um solche handelt. Zum einen folgt diese rechtliche Qualifikation aus dem Arzneimittelbegriff gemäß § 2 Abs. 1, Abs. 2 AMG i.V.m. dem Stoffbegriff gemäß § 3 Nr. 3 AMG und dem Begriff der Gewebezubereitungen gemäß § 4 Abs. 30 S. 1 AMG sowie der Absage einer Arzneimitteleigenschaft für Organe im Sinne des § 1a Nr. 1 TPG, wenn sie zur Übertragung auf menschliche Empfänger bestimmt sind. Da das AMG als gewerblicher und damit als gewinnorientierter Sektor organisiert ist müssen konsequenterweise die unter den Anwendungsbereich des AMG fallenden menschlichen Gewebe als Sachen qualifiziert werden, damit an ihnen, in Form von Arzneimitteln, Handel betrieben werden kann. Auch das TPG folgt dieser rechtlichen Qualifikation, indem es in § 1a Nr. 6 TPG die Entnahme als Gewinnen in dem Bewusstsein definiert, dass gemäß § 4 Abs. 14 AMG das Herstellen als Gewinnen verstanden wird und gleichzeitig diese „hergestellten" Arzneimittel gemäß § 17 Abs. 1 S. 2 Nr. 2 TPG für handelbar erklärt.

Die Zuständigkeit für die Gewinnung von menschlichen Geweben im Sinne des § 1a Nr. 4 TPG wird den Krankenhäusern übertragen, die entweder als selbständige Entnahmeeinrichtung fungieren, § 20b Abs. 1 AMG, oder mit einer Gewebeeinrichtung kooperieren, § 20b Abs. 2 AMG[1013]. Damit weist der Gesetzgeber den Krankenhäusern bzw. den Entnahme- oder Gewebeeinrichtungen ein unbeschränktes Verfügungsrecht hinsichtlich des von ihnen gewonnenen Gewebes zu[1014]. Infolge der vom Gewebegesetz eröffneten Möglichkeit einer Kommerzialisierung von nach § 21a AMG genehmigten Gewebezubereitungen charakterisiert der Gesetzgeber die Verfügungsverhältnisse hinsichtlich der Gewebespenden eigentumsrechtlich[1015].

Durch diese Ausrichtung ergibt sich ein nicht nachvollziehbares Wertungssystem bzgl. menschlicher Körpersubstanzen. So bleibt die Spende von Organen und Geweben weiterhin altruistisch ausgeprägt, so dass niemand für die gespendeten Körpersubstanzen ein Entgelt verlangen darf[1016]. Für die infolge der Spende erlangten Organe ergibt sich auch nach dem Erlass des Gewebegesetzes keine andere Wertung, da die Organspende weiterhin gänzlich altruistisch ausgestaltet bleibt. An gespendeten Organen kann kein Eigentum erlangt werden, ein solches ist dem TPG fremd, vielmehr werden die gespendeten Organe von den beteiligten Institutionen

---

1012 *Middel/Pühler/Hübner*, in: Praxisleitfaden Gewebegesetz, S. 19ff.
1013 Vgl. *Middel/Pühler/Hübner*, in: Praxisleitfaden Gewebegesetz, S. 21.
1014 Vgl. *Middel/Pühler/Hübner*, in: Praxisleitfaden Gewebegesetz, S. 21.
1015 Vgl. *Middel/Pühler/Hübner*, in: Praxisleitfaden Gewebegesetz, S. 21.
1016 Vgl. die Stellungnahme der Bundesvereinigung Lebenshilfe für Menschen mit geistiger Behinderung vom 05.03.2007, BT-A-Drs.16(14)0125(34), S. 2; *Riese*, Die Ersatzkasse 2006, 275 (276).

treuhänderisch weitergegeben, bis sie infolge der Implantation beim Empfänger dessen Körperteil werden[1017].

An den gespendeten Organen wird es demnach auch in Zukunft keinerlei verwertbaren Verfügungsrechte und damit auch keinen Eigentumserwerb geben, da sich die Organtransplantation auch zukünftig ausschließlich durch öffentliche Mittel der Selbstverwaltung finanzieren und die zu transplantierenden Organe treuhänderisch weitergeben wird[1018]. Dieser Grundentscheidung erteilte der Gesetzgeber für gespendete Gewebe eine Absage, da er sie nach der Entnahme als hergestellte Arzneimittel definiert und sie folglich aus dem Handelsverbot über § 17 Abs. 1 S. 2 Nr. 2 TPG herausnimmt, so dass an ihnen Eigentums- und damit Veräußerungsrechte durchaus möglich sind, wenn sie bspw. nach § 21a AMG als Gewebezubereitung genehmigt worden sind[1019]. Dann erhalten die beteiligten Pharmafirmen an den nunmehr als Arzneimittel anzusehenden Geweben die Veräußerungsbefugnisse.

Damit ergeben sich erhebliche Wertungswidersprüche zwischen der im TPG geregelten unentgeltlichen Spende sowie der gesetzlichen Grundentscheidung zum Verbot des Organ- bzw. Gewebehandels einerseits und dem auf einen

---

1017 Vgl. die Stellungnahme der Bundesarbeitsgemeinschaft der Freien Wohlfahrtspflege vom 15.01.2007, BT-A-Drs.16(14)0125(2), S. 2f.; vgl. die Stellungnahme der Gemeinnützigen Gesellschaft für Gewebetransplantation vom 28.02.2007, BT-A-Drs.16(14)0125(26), S. 6; *Middel/Pühler/Hübner*, in: Praxisleitfaden Gewebegesetz, S. 24; *Riese*, Die Ersatzkasse 2006, 275 (276).

1018 *Parzeller/Rüdiger*, StoffR 2007, 70 (79); *Heinemann/Löllgen*, PharmR 2007, 183 (189); vgl. die erweiterte und aktualisierte Stellungnahme der Bundesärztekammer (BÄK) vom 24. Januar 2007 zum Regierungsentwurf für ein Gewebegesetz, BT-A-Drs.16(14)0125(7), S. 41; vgl. die Stellungnahme der Bundesarbeitsgemeinschaft der Freien Wohlfahrtspflege vom 15.01.2007, BT-A-Drs. 16(14)0125(2), S. 2f.; vgl. die Stellungnahme der Bundesvereinigung Lebenshilfe für Menschen mit geistiger Behinderung vom 05.01.2007, BT-A-Drs. 16(14)0125(34), S. 2; vgl. die Stellungnahme der Deutschen Forschungsgemeinschaft (DFG) vom 26.02.2007, BT-A-Drs.16(14)0125(16), S. 2; vgl. die Stellungnahme der Deutschen Krankenhausgesellschaft (DKG) vom 27.02.2007, BT-A-Drs.16(14)0125(24), S. 5; vgl. die Stellungnahme der Deutschen Stiftung Organtransplantation (DSO) vom 06.02.2007, BT-A-Drs.16(14)0125(9), S. 2; vgl. die Stellungnahme der Gemeinnützigen Gesellschaft für Gewebetransplantation (DSOG) vom 28.02.2007, BT-A-Drs.16(14)0125(26), S. 2; vgl. die Stellungnahme von Graumann, Einzelsachverständige, vom 27.02.2007, BT-A-Drs. 16(14)0125(22), S. 2; vgl. die Stellungnahme des Kommissariats der Deutschen Bischöfe vom 05.03.2007, BT-A-Drs.16(14)0125(33), S. 2f.; *Middel/Pühler/Hübner*, in: Praxisleitfaden Gewebegesetz, S. 24.

1019 *Middel/Pühler/Hübner*, in: Praxisleitfaden Gewebegesetz, S. 19ff.; vgl. die Stellungnahme der Gemeinnützigen Gesellschaft für Gewebetransplantation (DSOG) vom 28.02.2007, BT-A-Drs.16(14)0125(26), S. 6; *Middel/Pannenbecker*, in: Praxisleitfaden Gewebegesetz, S. 93.

gewinnbringenden Handel mit Arzneimitteln basierenden AMG andererseits[1020]. Diese Widersprüche werden durch eine vom Gesetzgeber geschaffene Gefahr eines Interessenkonflikts aller bei der postmortalen Organspende beteiligten Institutionen, namentlich der Krankenhäuser, der Transplantationszentren und der Koordinierungsstelle, noch verstärkt[1021]. Es kann nicht ausgeschlossen werden, dass sämtliche Beteiligten in eine Wettbewerbssituation geraten könnten[1022]. Dieses Spannungsverhältnis resultiert aus der Tatsache, dass der Bereich der postmortalen Organspende nach normativen, rechtlichen und medizinisch- wissenschaftlichen klaren Vorgaben hinsichtlich der Rationalisierung, der Zuteilung und Verteilung auf der Grundlage einer bundeseinheitlichen Warteliste in einem gemeinwohlorientierten System geregelt wurde, während die Normierung der Verteilung von Gewebespenden bis auf den vom Gesetzgeber normierten Vorrang der Entnahme und Übertragung vermittlungspflichtiger Organe vor der Gewebeentnahme im Sinne des § 9 Abs. 2 TPG gänzlich unterlassen worden ist[1023]. Der zu befürchtende Konflikt fußt demnach einerseits auf dem Erlass des Gewebegesetzes und andererseits auf der nicht vorgenommenen Änderung des bis dahin geltenden Transplantationsgesetzes in den entscheidenden organisatorischen Bereichen, so dass nunmehr die postmortale Organspende und die Gewebespende völlig unterschiedlich geregelt sind[1024].

Es erscheint äußerst fraglich, ob dem Primat der Organspende und der Gefahr eines Interessenkonfliktes allein durch die Forderung in § 9 Abs. 2 TPG hinreichend Rechnung getragen werden kann.

In § 9 Abs. 2 S. 1 TPG wird nunmehr klargestellt, dass die mögliche Entnahme und Übertragung eines vermittlungspflichtigen Organs Vorrang vor der Entnahme von Geweben genießt, so dass sie nicht durch eine Gewebeentnahme beeinträchtigt werden darf.

Damit wird in § 9 Abs. 2 TPG der Grundsatz des Vorrangs der Organspende verankert[1025]. Dadurch soll deutlich hervorgehoben werden, dass die Organspende

---

1020 Vgl. die Stellungnahme der Bundesarbeitsgemeinschaft der Freien Wohlfahrtspflege vom 15.01.2007, BT-A-Drs.16(14)0125(2) S. 2.
1021 *Middel/Pühler/Hübner*, in: Praxisleitfaden Gewebegesetz, S. 21; vgl. die Stellungnahme der Gemeinnützigen Gesellschaft für Gewebetransplantation (DSOG) vom 28.02.2007, BT-A-Drs.16(14)0125(26), S. 2ff.; vgl. die Stellungnahme der Bundesarbeitsgemeinschaft der Freien Wohlfahrtspflege vom 15.01.2007, BT-A-Drs.16(14)0125(2), S. 2; vgl. die Stellungnahme der Deutschen Stiftung Organtransplantation (DSO) vom 06.02.2007, BT-A-Drs.16(14)0125(9), S. 10; *Riese*, Die Ersatzkasse 2006, 275 (276).
1022 *Middel/Pühler/Hübner*, in: Praxisleitfaden Gewebegesetz, S. 21.
1023 *Middel/Pühler/Hübner*, in: Praxisleitfaden Gewebegesetz, S. 22,24; *Middel/Pannenbecker*, in: Praxisleitfaden Gewebegesetz, S. 93.
1024 Vgl. die Stellungnahme von Gubernatis, Einzelsachverständiger, vom 23.02.2007, BT-A-Drs.16(14)0125(13), S. 3ff.
1025 Durch diese Verankerung in einem neuen Absatz 2 des § 9 TPG soll auch auf Anregungen des Bundesrates hin noch deutlicher gemacht werden, dass die

und -transplantation Priorität vor der Gewebeentnahme im Sinne des § 1 a Nr. 4 TPG genießt. Die Regelung führt im Einzelnen dazu, dass vermittlungspflichtige Organe gemäß § 1 a Nr. 2 TPG, einschließlich der Organteile und einzelnen Geweben sowie Zellen eines Organs, die zum gleichen Zweck wie das gesamte Organ im menschlichen Körper gebraucht werden können, vorrangig entnommen werden müssen[1026]. Aus diesen Gründen darf die Entnahme und die Übertragung dieser Organe nicht durch die Entnahme von Geweben, einschließlich der Entnahme von Organteilen und einzelnen Geweben sowie Zellen eines Organs, die nicht zum gleichen Zweck wie das gesamte Organ im menschlichen Körper verwendet werden können, beeinträchtigt werden[1027]. Zur Absicherung der Einhaltung des Vorrangs von vermittlungspflichtigen Organen wurde in § 9 Abs. 2 S. 2 TPG eine diesbezügliche Dokumentationspflicht kodifiziert; hiernach ist die Entnahme von Geweben bei einem möglichen Spender vermittlungspflichtiger Organe nach § 11 Abs. 4 Satz 2 erst dann zulässig, wenn eine von der Koordinierungsstelle beauftragte Person dokumentiert hat, dass die Entnahme oder Übertragung von vermittlungspflichtigen Organen nicht möglich ist oder durch die Gewebeentnahme nicht beeinträchtigt wird.

Es ist zu begrüßen, dass der Gesetzgeber der befürchteten Kommerzialisierung von Geweben und damit einer Konkurrenzsituation zwischen der altruistischen Organspende und der erwarteten kommerziellen Gewebespende mit dieser Regelung entgegenzutreten versucht. Bereits hier ist jedoch zu bemängeln, dass der Gesetzgeber keinerlei Sanktionsmöglichkeiten verankert hat, die im Falle einer Nichteinhaltung dieses Grundsatzes greifen könnten. Aus diesem Grund ist zu bezweifeln, ob diese Regelung allein den Vorrang der Organspende absichern kann und den befürchtenden Konflikt zu beseitigen vermag.

Diese Bedenken werden zudem dadurch verstärkt, dass der Gesetzgeber weitere wesentliche Verfahrensschritte gänzlich ungeregelt gelassen hat[1028].

So statuierte er zwar in § 11 Abs. 4 TPG, dass die potentiellen Spender von den Krankenhäusern, in denen sie verstorben sind, zunächst dem zuständigen

---

Organspende Vorrang vor der Gewebeentnahme genießt; im ursprünglichen Regierungsentwurf wurde bereits der Vorrang in § 11 Abs. 4 S. 4 TPG beabsichtigt (vgl. die Begründung zu Nr. 21 des Gesetzesentwurfes der Bundesregierung vom 25.10.2006, BT-Drs.16/3146, S. 33), siehe auch die Begründung zu Nr. 19 der Beschlussempfehlung und Bericht des Ausschusses für Gesundheit zu dem Gesetzesentwurf- BT-Drs. 16/3146- vom 23.05.2007, BT-Drs.16/5443, S. 54f.).

1026 Vgl. die Begründung zu Nr. 19 der Beschlussempfehlung und Bericht des Ausschusses für Gesundheit zu dem Gesetzesentwurf- BT-Drs.16/3146- vom 23.05.2007, BT-Drs.16/5443, S. 54.

1027 Vgl. die Begründung zu Nr. 19 der Beschlussempfehlung und Bericht des Ausschusses für Gesundheit zu dem Gesetzesentwurf- BT-Drs.16/3146- vom 23.05.2007, BT-Drs.16/5443, S. 54f.

1028 *Middel/Pühler/Hübner*, in: Praxisleitfaden Gewebegesetz, S. 24; *Middel/Pannenbecker*, in: Praxisleitfaden Gewebegesetz, S. 93.

Transplantationszentrum zu melden sind, welches anschließend die Koordinierungsstelle zu informieren hat[1029]. Obwohl bereits in der Vergangenheit nicht ganz eindeutig war, welche Institution als das „zuständige" Transplantationszentrum zu werten ist, hat es der Gesetzgeber unterlassen, hier klare Definitionen zu fertigen, obgleich dieser Zuständigkeitsfrage nunmehr evidente Bedeutung zukommt, da die Transplantationszentren in Zusammenarbeit mit der Koordinierungsstelle jetzt auch die Voraussetzungen aller weiteren Gewebeentnahmen von postmortalen Organspendern regeln müssen[1030]. Darüber hinaus ist es versäumt worden, die Zusammenarbeit zwischen der ausschließlich für die Organentnahme zuständige Koordinierungsstelle gemäß § 11 TPG und den Gewebeeinrichtungen nach § 1a NR.8 TPG zu regeln[1031]. Ferner weichen die Organisationsstrukturen der postmortalen Organspende von derjenigen der Gewebespende erheblich voneinander ab. Wie bereits gezeigt wurde der Bereich der Organspende monopolistisch organisiert. Demgegenüber existieren für den Bereich der Gewebespende zahlreiche Anbieter, so dass dieser Zweig den Regeln einer Art freien Marktes unterliegt, mithin sämtliche Anbieter naturgemäß im Wettbewerb zueinander stehen[1032]. Darüber hinaus unterliegen beide Bereiche völlig verschiedenen und sich widersprechenden Anreizsystemen. Während Gewebe keiner Deckelung unterliegen, sie vielmehr nach Bedarf zur Verfügung gestellt und sogleich abgerechnet werden, so dass eine gesteigerte Qualität und Quantität für das Unternehmen mit einer Steigerung des Erlöses verbunden ist, verfolgt das System der Organspende den umgekehrten Weg; hier verfügt die Koordinierungsstelle über ein fest vereinbartes Budget, so dass lediglich der Abbau von Leistungen zur Gewinnsteigerung führt; infolge der Monopolsituation der Koordinierungsstelle ist der hier beschrittene Weg der Leistungsminimierung zur Gewinnsteigerung für das Unternehmen ungefährdet[1033]. Ferner hat es der Gesetzgeber gänzlich unterlassen, die Frage der Allokation von Geweben zu regeln. Während für den Bereich der Organspende eine zentrale Stelle für die Vermittlung von vermittlungspflichtigen Organen benannt ist, wird die Frage, welcher Patient welches Gewebe erhalten soll, durch die einzelnen Institutionen mit den entsprechenden Zulassungsberechtigungen und damit von einer „Art freiem Markt"[1034] getroffen[1035].

1029 Vgl. hierzu auch die erweiterte und aktualisierte Stellungnahme der Bundesärztekammer (BÄK) vom 24. Januar 2007, BT-A-Drs.16(14)0125(7), S. 39.
1030 Vgl. die erweiterte und aktualisierte Stellungnahme der Bundesärztekammer (BÄK) vom 24. Januar 2007, BT-A-Drs.16(14)0125(7), S. 39.
1031 *Angstwurm*, in: Praxisleitfaden Gewebegesetz, S. 204.
1032 *Middel/Pühler/Hübner*, in: Praxisleitfaden Gewebegesetz, S. 23; vgl. die Stellungnahme von Gubernatis, Einzelsachverständiger, vom 23.02.2007, BT-A-Drs. 16(14)0125(13), S. 3.
1033 Vgl. die Stellungnahme von Gubernatis, Einzelsachverständiger, vom 23.02.2007, BT-A-Drs.16(14)0125(13), S. 4f.
1034 *Middel/Pühler/Hübner*, in: Praxisleitfaden Gewebegesetz, S. 23.
1035 Vgl. die Stellungnahme der Gemeinnützigen Gesellschaft für Gewebetransplantation (DSOG), vom 28.02.2007, BT-A-Drs.16(14)0125(26), S. 3.

Darüber hinaus wird ein möglicher Interessenkonflikt der Beteiligten und damit auch die drohende Wettbewerbssituation durch die Vorgaben nach § 7 Abs. 3 Nr. 2 TPG verschärft[1036]. Hiernach kommt jedem in einer Gewebeeinrichtung beschäftigten Arzt, der die Entnahme von Geweben nach § 3 oder § 4 TPG beabsichtigt oder unter dessen Verantwortung Gewebe nach § 3 Abs. 1 Satz 2 TPG entnommen werden soll ein Recht auf umfassende Übermittlung sämtlicher personenbezogener Daten von verstorbenen potenziellen Spendern im Sinne von § 7 Abs. 1 TPG zu. Über diese Daten haben die Krankenhäuser unverzüglich Auskunft zu erteilen, § 7 Abs. 2 TPG. In der Konsequenz können damit sämtliche Gewebeeinrichtungen, jeweils durch ärztliche Kooperationspartner vermittelt, welche eine Gewebeentnahme beabsichtigen, von jedem Krankenhaus zu jedem beliebigen Zeitpunkt sofortige Auskunft darüber verlangen, „ob (bestimmte) Gewebespenden dort verstorbener Personen realisiert werden könnten und wie sich die individuelle Krankengeschichte dieser potentieller Spender entwickelt hat"[1037]. In den Fällen, in denen die Gewebespende ausschließlich durch die vom Spender erteilte Einwilligung oder infolge der Zustimmung anderer Personen im Sinne des § 4 TPG ermöglicht wurde, empfangen somit die Gewebeeinrichtungen als Dritte einen Auskunftsanspruch hinsichtlich der ärztlichen Behandlung dieser Patienten[1038]. Sollte dieses Vorgehen weder für den potentiellen Spender noch für seine nächsten Angehörigen bzw. seine Vertrauensperson erkennbar gewesen sein, ist dieses Auskunftsrecht als Eingriff in das informationelle Selbstbestimmungsrecht des Verstorbenen anzusehen[1039]. Vor dem Hintergrund, dass sowohl § 7 als auch § 11 TPG völlig unzureichend ausgestaltet worden sind und hierdurch dem Sammeln von postmortalen Gewebespenden im stationären Umfeld ein weiterer Markt eröffnet und somit der Gewerblichkeit der Weg in die Krankenhäuser geebnet wird[1040], ist völlig unverständlich, weswegen der Gesetzgeber keine klaren Vorgaben hinsichtlich der Organisation des Gewebesektors geschaffen hat. Der Gesetzgeber wäre gehalten gewesen den gesamten Bereich der Rationalisierung, der Zuteilung und Verteilung von Geweben entsprechend den Vorgaben für die postmortale Organspende gemeinnützig zu organisieren und die

---

1036 *Middel/Pühler/Hübner*, in: Praxisleitfaden Gewebegesetz, S. 21; erweiterte und aktualisierte Stellungnahme der Bundesärztekammer (BÄK) vom 24. Januar 2007, BT-A-Drs.16(14)0125(7), S. 44.
1037 Vgl. die erweiterte und aktualisierte Stellungnahme der Bundesärztekammer (BÄK) vom 24. Januar 2007, BT-A-Drs.16(14)0125(7), S. 44; *Middel/Pühler/Hübner*, in: Praxisleitfaden Gewebegesetz, S. 22.
1038 *Middel/Pühler/Hübner*, in: Praxisleitfaden Gewebegesetz, S. 22; erweiterte und aktualisierte Stellungnahme der Bundesärztekammer (BÄK) vom 24. Januar 2007, BT-A-Drs.16(14)0125(7), S. 44.
1039 *Middel/Pühler/Hübner*, in: Praxisleitfaden Gewebegesetz, S. 22; erweiterte und aktualisierte Stellungnahme der Bundesärztekammer (BÄK) vom 24. Januar 2007, BT-A-Drs.16(14)0125(7), S. 44.
1040 Vgl. die erweiterte und aktualisierte Stellungnahme der Bundesärztekammer (BÄK) vom 24. Januar 2007, BT-A-Drs.16(14)0125(7), S. 44.

Klärung dieser Fragen nicht einer Art freien Markt zu überlassen[1041]. Hierfür wäre es vorzugswürdig gewesen, sowohl für den Bereich der vermittlungspflichtigen Organe als auch für denjenigen der Gewebespende eine einheitliche zentrale und nichtkommerzielle Koordinierungsstelle zu benennen, wie dies in sämtlichen europäischen Nachbarländern bereits gängige Praxis ist[1042]. Dadurch wäre nicht nur der Vorrang der Organentnahme vor der Gewebeentnahme sichergestellt worden, vielmehr wäre das nun zu befürchtende Konkurrenzverhältnis der Organ- und der Gewebespende vermieden worden[1043]. Da die DSO bereits seit dem Jahre 2000 erfolgreich als Koordinierungsstelle für die vermittlungspflichtigen Organe fungiert, ist völlig unverständlich, weswegen sie nicht auch mit der Koordinierung von Gewebespenden beauftragt worden ist.

Darüber hinaus hätte der Gesetzgeber eine Regelung zur Allokation der gewonnenen Gewebe treffen und eine zentrale Stelle für die Vermittlung jedenfalls für diejenigen Gewebearten, an denen nachweislich ein Mangel besteht bzw. bestehen könnte benennen müssen[1044]. Derzeit ist, nicht zuletzt infolge des „zerklüfteten Charakters des Gewebegesetzes" nicht transparent, für welche Gewebebereiche eine Mangelsituation vorhanden ist[1045]. Für Gewebe, deren relativer Mangel festgestellt worden ist, bedarf der Zugang eines transparenten Verteilungsschlüssels[1046]. Hierfür ist eine bundesweit gleichmäßige Verteilung festzulegen, so dass die Gewebespenden analog zu den Regeln der postmortalen Organspende in einem Zentralregister erfasst und durch dieses alloziert werden[1047]. Dieses Zuteilungsverfahren müsste sich wie bei der Organspende möglichst an medizinisch- wissenschaftlichen Gesichtspunkten der Dringlichkeit und Erforderlichkeit auf Seiten des potentiellen Empfängers zu orientieren haben[1048]. Diese Forderungen decken sich mit den Zielsetzungen

---

1041 Vgl. die Stellungnahme der Gemeinnützigen Gesellschaft für Gewebetransplantation (DSOG) vom 28.02.2007, BT-A-Drs.16(14)0125(26), S. 7; *Middel/Pühler/Hübner*, in: Praxisleitfaden Gewebegesetz, S. 23.

1042 Vgl. die Stellungahme der Deutschen Stiftung Organtransplantation (DSO) vom 06.02.2007, BT-A-Drs.16(14)0125(9), S. 10.

1043 Vgl. die Stellungahme der Deutschen Stiftung Organtransplantation (DSO) vom 06.02.2007, BT-A-Drs.16(14)0125(9), S. 10.

1044 Vgl. die Stellungnahme der Gemeinnützigen Gesellschaft für Gewebetransplantation (DSOG), vom 28.02.2007, S. 3f., 9; *Middel/Pannenbecker*, in: Praxisleitfaden Gewebegesetz, S. 93f.

1045 Vgl. die Stellungnahme der Gemeinnützigen Gesellschaft für Gewebetransplantation (DSOG), vom 28.02.2007, S. 9.

1046 Vgl. die Stellungnahme der Gemeinnützigen Gesellschaft für Gewebetransplantation (DSOG), vom 28.02.2007, BT-A-Drs.16(14)0125(26), S. 9; *Middel/Pannenbecker*, in: Praxisleitfaden Gewebegesetz, S. 93f.

1047 Siehe hierzu die erweiterte und aktualisierte Stellungnahme der Bundesärztekammer (BÄK) vom 24. Januar 2007 zum Regierungsentwurf für ein Gewebegesetz, BT-A-Drs.16(14)0125(7), S. 42.

1048 Vgl. die Stellungnahme der Gemeinnützigen Gesellschaft für Gewebetransplantation (DSOG), vom 28.02.2007, BT-A-Drs.16(14)0125(26), S. 9; *Middel/Pühler/Hübner*,

des 14. Erwägungsgrundes der Geweberichtlinie, wonach die Kriterien für den Zugang zu Mangelgeweben in transparenter Weise auf der Grundlage einer objektiven Bewertung der medizinischen Erfordernisse festzulegen sind. Erst durch ein transparentes Organisationssystem der Gewebespenden können die vom Gesetzgeber für die Organspende festgesetzten Zielvorgaben der Chancengleichheit, Gleichbehandlung und Verteilungsgerechtigkeit erfolgreich umgesetzt werden und die Gefahr der Kommerzialisierung eines als gemeinnützig anzusehenden Sektors vermieden werden.

Ein möglicher Interessenkonflikt, und damit die Gefahr einer Wettbewerbssituation zwischen den beteiligten Institutionen kann nur dadurch vermieden werden, wenn auch der Bereich der Gewebespende strikt an den Grundsätzen der Transplantationsmedizin, namentlich der Freiwilligkeit, der Unentgeltlichkeit, der Gemeinnützigkeit und der Solidarität ausgerichtet ist[1049]. Dafür ist ein Regelungssystem erforderlich, welches eine Konkurrenzsituation zwischen den beteiligten Institutionen ausschließt.

Darüber hinaus hat der Gesetzgeber mit seiner Entscheidung das Risiko verschärft, dass nunmehr vermittlungspflichtige Organe zugunsten einzelner Organteile bzw. dessen einzelner Gewebe nicht transplantiert werden, da Gewebeprodukte im Gegensatz zu Organen handelbar und damit wirtschaftlich attraktiver sind; so wird zutreffend darauf hingewiesen, dass bspw. anstatt der Transplantation eines Herzens, die Transplantation von lediglich einer Herzklappe desselben Herzens als Gewebe gewinnbringend transplantiert werden könne[1050]. Dass diese Bedenken nicht nur theoretischer Natur sind, sondern vielmehr Teil der Realität geworden sind, folgt aus der vom Gesetzgeber vorgenommenen arzneimittelrechtlichen Orientierung, nach der zahlreiche herkömmliche Gewebearten, die weder be- noch verarbeitet, sondern bloß konserviert und zur Transplantation zwischengelagert werden rechtlich nicht als Organe behandelt werden, sondern vielmehr den Arzneimitteln gleichgestellt sind[1051]. Aufgrund der Tatsache, dass die Entnahme und Transplantation von Herzklappen in Deutschland seit Jahrzehnten nach den Bestimmungen des TPG mit sehr guten Erfolgen praktiziert wurde, ist es völlig unverständlich, was den Gesetzgeber bewogen haben mag, diese nunmehr dem

---

in: Praxisleitfaden Gewebegesetz, S. 25; *Middel/Pannenbecker*, in: Praxisleitfaden Gewebegesetz, S. 93f.
1049 Vgl. *Middel/Pühler/Hübner*, in: Praxisleitfaden Gewebegesetz, S. 24f.
1050 *Heinemann/Löllgen*, PharmR 2007, 183 (189); vgl. auch die Stellungnahme der Deutschen Stiftung Organtransplantation (DSO) vom 06.02.2007, BT-A-Drs. 16(14)0125(9), S. 2; vgl. die Stellungnahme von Graumann, Einzelsachverständige, vom 27.02.2007, BT-A-Drs.16(14)0125(22), S. 1f; vgl. die Stellungnahme der Deutschen Transplantations Gesellschaft e.V., vom 26.02.2007, BT- A- Drs. 16(14)0125(15), S. 2; *Riese*, Die Ersatzkasse 2006, 275 (276).
1051 Erweiterte und aktualisierte Stellungnahme der Bundesärztekammer (BÄK) vom 24. Januar 2007 zum Regierungsentwurf für ein Gewebegesetz, BT-A-Drs. 16(14)0125(7), S. 7, hierzu zählen insbesondere Herzklappen und Augenhornhäute.

Anwendungsbereich des AMG zu unterstellen[1052]. Da es einen Mangel an Herzklappen bestimmter Größe gibt, ist die Qualifizierung von Herzklappen als nicht vermittlungspflichtiges Gewebe und der damit einhergehenden Behandlung nach dem AMG auch unter diesem Gesichtspunkt als nicht gelungen zu werten[1053].

Ein weiterer Widerspruch zur der Qualifizierung von Herzklappen als Gewebe ergibt sich aus einem Vergleich zu der Behandlung von Leber- und Inselzellen. Sowohl die Leber als auch die Bauchspeicheldrüse sind gemäß § 1a Nr. 1 und Nr. 2 TPG zu den vermittlungspflichtigen Organen zu zählen. Sollte sich nachträglich deren Nicht- Transplantierbarkeit ergeben, so können Leber- bzw. Inselzellen isoliert in die funktionsunfähige Empfängerleber transplantiert werden und ersetzen auf diesem Weg die Transplantation des gesamten Organs; da die Legaldefinition des § 1a Nr. 1 TPG unter den Organbegriff auch Organteile und einzelne Gewebe eines Organs subsumiert, wenn sie zum gleichen Zweck wie das ganze Organ im menschlichen Körper verwendet werden können, zählen sowohl die Leber- als auch die Inselzellen zu den vermittlungspflichtigen Organen und sind im Gegensatz zu den Herzklappen nicht dem AMG, sondern dem TPG unterworfen[1054].

(2) Gefahr des Rückgangs der Spendebereitschaft in der Bevölkerung

Die vom Gesetzgeber geschaffene Vermischung der altruistisch ausgestalteten Organspende mit der dem Handel unterfallenden Gewebespende hat noch einen weiteren negativen Beigeschmack. Es darf nicht übersehen werden, dass die Bereitschaft der Bevölkerung zu einer Organspende und zu einer Gewebespende größtenteils von der altruistischen Motivation sowie von der persönlichen Überzeugung des einzelnen Spenders abhängt, mit seiner Spende könne das Überleben betroffener Menschen gesichert bzw. zumindest großes Leid gemindert werden[1055]. Dieses Verständnis und die damit einhergehende Bereitschaft zur Spende könnte jedoch infolge der wirtschaftlich orientierten Gewebespende erschüttert werden. Für den potentiellen Spender ist von entscheidender Bedeutung, ob mit seinem unentgeltlich gespendeten Körperteil unmittelbar anderen Menschen geholfen werden solle oder ob mit dem gespendeten Gewebe anschließend Handel betrieben werden könne[1056].

1052 Siehe hierzu die erweiterte und aktualisierte Stellungnahme der Bundesärztekammer (BÄK) vom 24. Januar 2007 zum Regierungsentwurf für ein Gewebegesetz, BT-A-Drs.16(14)0125(7), S. 75.

1053 Siehe hierzu die Erweiterte und aktualisierte Stellungnahme der Bundesärztekammer (BÄK) vom 24. Januar 2007 zum Regierungsentwurf für ein Gewebegesetz, BT-A-Drs.16(14)0125(7), 76.

1054 Siehe hierzu die Erweiterte und aktualisierte Stellungnahme der Bundesärztekammer (BÄK) vom 24. Januar 2007 zum Regierungsentwurf für ein Gewebegesetz, BT-A-Drs.16(14)0125(7), S. 75ff.; *Parzeller/Rüdiger*, StoffR 2007, 70 (73).

1055 Vgl. die Stellungnahme von Gubernatis, Einzelsachverständiger, vom 23.02.2007, BT- A- Drs.16(14)0125(13), S. 8.

1056 Vgl. die Stellungnahme von Gubernatis, Einzelsachverständiger, vom 23.02.2007, BT- A- Drs.16(14)0125(13), S. 8.

Die Unterstellung der Gewebe unter das AMG könnte somit bei der Bevölkerung den Eindruck entstehen lassen, dass der menschliche Körper als „Rohstoff"[1057] verstanden werde, den es unter ökonomischen Gesichtspunkten möglichst effizient zu nutzen gelte. Für den Bereich der Organspende wird den potentiellen Spendern sowie ihren Angehörigen nur schwer vermittelbar sein, dass Organe weiterhin dem gemeinnützigen, Gewebe jedoch dem kommerziellen Bereich zugeordnet werden[1058]. Die kommerzielle Ausgestaltung des Umgangs mit gespendetem Gewebe könnte die bereits bestehende Unsicherheit der Bevölkerung hinsichtlich der Spende insgesamt noch deutlich erhöhen[1059].

Aus diesen Gründen ist ernsthaft zu befürchten, dass sowohl die altruistische Motivation der Bevölkerung als auch deren Vertrauen in den Vorgang der Organ- und Gewebespendepraxis erheblichen Schaden nehmen könne, was einen drastischen Rückgang der Spendebereitschaft zur Folge haben kann[1060].

(3) Unterstellung des fötalen und embryonalen Gewebes unter den Arzneimittelbegriff

Während in § 4 Abs. 30 S. 2 AMG ausdrücklich klargestellt wird, dass Embryonen weder Arzneimittel noch Gewebezubereitungen sind, unterfallen dennoch die den toten Embryonen und Föten entnommenen Gewebe dem Arzneimittelbegriff mit allen sich daraus ergebenden Konsequenzen. Die sich nun anschließenden Erläuterung der Folgen der arzneimittelrechtlichen Unterstellung des fötalen und embryonalen Gewebes erfolgt nicht zusammen mit dem übrigen menschlichen Gewebe,

---

1057 Vgl. die Stellungnahme von Graumann, Einzelsachverständige, vom 27.02.2007, BT-A-Drs.16(14)0125(22), S. 1f.

1058 Vgl. die Stellungnahme der Gemeinnützigen Gesellschaft für Gewebetransplantation (DSOG) vom 28.02.2007, BT-A-Drs.16(14)0125(26), S. 7; vgl. die Stellungnahme der Deutschen Stiftung Organtransplantation (DSO), vom 06.02.2007, BT-A-Drs.16(14)0125(9), S. 2.

1059 Vgl. die Stellungnahme der Gemeinnützigen Gesellschaft für Gewebetransplantation (DSOG) vom 28.02.2007, BT-A-Drs.16(14)0125(26), S. 7; vgl. die Stellungnahme der Deutschen Stiftung Organtransplantation (DSO), vom 06.02.2007, BT-A-Drs.16(14)0125(9), S. 2.

1060 *Middel/Pühler/Hübner*, Praxisleitfaden Gewebegesetz, S. 22, 25; *Heinemann/Löllgen*, PharmR 2007, 183 (189); vgl. die Stellungnahme von Graumann, Einzelsachverständige, vom 27.02.2007, BT-A-Drs.16(14)0125(22), S. 3; vgl. die Stellungnahme von Gubernatis, Einzelsachverständiger, vom 23.02.2007, BT-A-Drs. 16(14)0125(13), S. 8; vgl. die Stellungnahme der Deutschen Stiftung Organtransplantation (DSO), vom 06.02.2007, BT-A-Drs.16(14)0125(9), S. 2; vgl. die erweiterte und aktualisierte Stellungnahme der Bundesärztekammer (BÄK) vom 24. Januar 2007 zum Regierungsentwurf für ein Gewebegesetz, BT-A-Drs. 16(14)0125(7), S. 42; vgl. die Stellungnahme der Gemeinnützigen Gesellschaft für Gewebetransplantation (DSOG), vom 28.02.2007, BT-A-Drs. 16(14)0125(26), S. 7; *Wodarg*, Die Krankenversicherung 2007, 104 (106).

um die Besondere Stellung der frühen menschlichen Lebensformen deutlich zum Ausdruck zu bringen.

Während die Entnahme von Geweben bei toten Embryonen oder Föten nach den Regelungen des TPG unentgeltlich zu erfolgen hat, sind die so gewonnenen Gewebe Arzneimittel im Sinne des AMG und als solche einer Kommerzialisierung zugänglich[1061]. Es ist nicht ausgeschlossen, dass diese Einordnung zu einer Einflussnahme auf die Bedingungen und den Zeitpunkt von Schwangerschaftsabbrüchen führt[1062]; diese Möglichkeit wird zudem infolge der unklaren gesetzlichen Regelungen hinsichtlich gewichtiger Voraussetzungen der Entnahme von embryonalen und fetalen Geweben bzw. Organen gesteigert. Nachfolgend wird dieser Problematik im Einzelnen nachgegangen.

Mit der derzeitigen Regelung besteht die Möglichkeit eines Interessenkonfliktes des abtreibenden Arztes, da er prinzipiell neben der Entnahme auch die Übertragung der Substanzen vornehmen darf. Zwar wird in § 5 Abs. 3 S. 1 TPG der Grundsatz aufgestellt, dass der die Feststellung des Todes des Embryos oder des Fötus vornehmende Arzt, weder an der Entnahme noch an der Übertragung der Organe und Gewebe beteiligt sein darf. Es wird jedoch nicht verboten, dass der abbrechende und übertragende Arzt in einer Person zusammenfallen könne, wenn nur ein anderer Arzt den Tod im Sinne des § 4a Abs. 1 S. 1 Nr. 1 TPG feststellt[1063]. Diese mangelnde Umsetzung kann damit in der Konsequenz zu einem Interessenkonflikt führen, da sich der Arzt dann einerseits am gesundheitlichen Wohlergehen der Frau oder an den Interessen Dritter, wie z. B. denen der potentiellen Gewebeempfänger orientieren kann[1064]. Da man je nach Verwendungszweck des Gewebes dieses aus verschiedenen Phasen der Schwangerschaft benötigt, besteht die Gefahr, dass die Bedingungen für Schwangerschaftsabbrüche nicht unbeeinflusst bleiben[1065]. Infolge der oben aufgezeigten

---

1061 Vgl. die erweiterte und aktualisierte Stellungnahme der Bundesärztekammer (BÄK) vom 24. Januar 2007 zum Regierungsentwurf für ein Gewebegesetz, BT-A-Drs.16(14)0125(7), S. 73; vgl. die Stellungnahme der Deutschen Gesellschaft für Gynäkologie und Geburtshilfe vom 23.01.2007, BT-A-Drs.16(14)0125(6), S. 6.; *Parzeller/Rüdiger*, StoffR 2007, S. 84.

1062 Vgl. die Stellungnahme der Deutschen Gesellschaft für Gynäkologie und Geburtshilfe vom 23.01.2007, BT-A-Drs.16(14)0125(6).

1063 Vgl. die Stellungnahme des Kommissariats der Deutschen Bischöfe vom 05.03.2007, BT-A-Drs.16(14)0125(33), S. 9; vgl. die erweiterte und aktualisierte Stellungnahme der Bundesärztekammer (BÄK) vom 24. Januar 2007 zum Regierungsentwurf für ein Gewebegesetz, BT-A-Drs.16(14)0125(7), S. 70; vgl. die Stellungnahme von Graumann, Einzelsachverständige, vom 27.02.2007, BT-A-Drs. 16(14)0125(22), S. 7.

1064 Vgl. die erweiterte und aktualisierte Stellungnahme der Bundesärztekammer (BÄK) vom 24. Januar 2007 zum Regierungsentwurf für ein Gewebegesetz, BT-A-Drs.16(14)0125(7), S. 70.

1065 Vgl. die erweiterte und aktualisierte Stellungnahme der Bundesärztekammer (BÄK) vom 24. Januar 2007 zum Regierungsentwurf für ein Gewebegesetz, BT-A-Drs.16(14)0125(7), S. 70; vgl. die Stellungnahme von Graumann, Einzelsachverständige, vom 27.02.2007, BT-A-Drs.16(14)0125(22), S. 8; vgl. die Stellungnahme des

Möglichkeit der Arztidentität könnte die Frage gestellt werden, ob und inwieweit die Aussicht, intaktes und gut transplantierbares Gewebe zu erhalten, sowohl die Durchführungsart als auch den Zeitpunkt des Schwangerschaftsabbruches mit beeinflusst[1066]. So könnten die am Schwangerschaftsabbruch und an der Übertragung beteiligten Ärzte veranlassen, den Zeitpunkt des Abbruchs und das Verfahren zu verändern, um auf diese Weise sowohl quantitativ als qualitativ besseres Gewebe zu erhalten, so dass dessen Transplantierbarkeit optimiert würde[1067]. Diese Absicht würde aber unter Umständen erheblich den Interessen der Frau an einem möglichst an ihrem Wohlergehen durchzuführendem Eingriff zuwiderlaufen. Zudem widerspricht es ethischen Grundanschauungen unter Berücksichtigung der Belange des ungeborenen Kindes eine gezielte Terminierung und Verzögerung eines Schwangerschaftsabbruchs zu erreichen, nur um eine bessere Verwertbarkeit des Gewebes zu erreichen[1068]. Vor dem Hintergrund einer drohenden Interessenkollision mit der damit einhergehenden Gefahr der Kommerzialisierbarkeit fötaler bzw. embryonaler Gewebe, die bereits aus ethischer Sicht äußerst problematisch erscheint, wäre der Gesetzgeber angehalten gewesen, klare gesetzliche Regeln zu statuieren, die den möglichen Konfliktfeldern angemessen Rechnung tragen würden.

Zum einen hätte es einer Normierung bedurft, die ausdrücklich klarstellt, dass die Prozesse der Todesfeststellung, der Entnahme und der Übertragung von jeweils unabhängigen Ärzten durchzuführen sind[1069]. Zum anderen hätte er kodifizieren müssen, dass sich die Art und der Zeitpunkt des Schwangerschaftsabbruches ausschließlich am Wohlergehen der Frau zu orientieren haben, und sich nicht an einer möglichen Optimierung des zu gewinnenden Gewebes oder der Organe auszurichten habe. Sowohl der Durchführungszeitpunkt als auch die Art des Abbruchs müssen sich ausschließlich nach medizinischen Kriterien und am Wohlergehen der Schwangeren bewerten[1070].

Kommissariats der Deutschen Bischöfe vom 05.03.2007, BT-A-Drs. 16(14)0125(33), S. 8.

1066 Vgl. die erweiterte und aktualisierte Stellungnahme der Bundesärztekammer (BÄK) vom 24. Januar 2007 zum Regierungsentwurf für ein Gewebegesetz, BT-A-Drs.16(14)0125(7), S. 70.
1067 Vgl. die Stellungnahme von Graumann, Einzelsachverständige, vom 27.02.2007, BT-A-Drs.16(14)0125(22), S. 8; vgl. die Stellungnahme des Kommissariats der Deutschen Bischöfe vom 05.03.2007, BT-A-Drs. 16(14)0125(33), S. 8.
1068 Vgl. die Stellungnahme der Bundesarbeitsgemeinschaft der Freien Wohlfahrtspflege vom 15.01.2007, BT-A-Drs.16(14)0125(2), S. 2; vgl. die Stellungnahme des Kommissariats der Deutschen Bischöfe vom 05.03.2007, BT-A-Drs. 16(14)0125(33), S. 8.
1069 Vgl. die Stellungnahme der Bundesarbeitsgemeinschaft der Freien Wohlfahrtspflege vom 15.01.2007, BT-A-Drs.16(14)0125(2), S. 5.
1070 Vgl. die Stellungnahme von Graumann, Einzelsachverständige, vom 27.02.2007, BT-A-Drs.16(14)0125(22), S. 8; *Parzeller/Rüdiger*, StoffR 2007, S. 84.

Es wäre wünschenswert gewesen, die Todesfeststellung ausschließlich intrauterin zuzulassen, um auf diesem Wege die geplante Abtreibung zur Gewinnung fötaler Gewebe deutlich zu erschweren[1071]. Dies gilt umso mehr vor dem Hintergrund, dass das TPG ausdrücklich die Gewinnung von Gewebe und Organen von infolge des Schwangerschaftsabbruchs getöteten Embryonen bzw. Föten zulässt[1072]. Um den oben beschriebenen Interessenkonflikt der beteiligten Ärzte bestmöglich zu vermeiden und die Motivation der Schwangeren zu einer Gewebespende nicht von einer Zusage zum Schwangerschaftsabbruch abhängig zu machen, hätte der Gesetzgeber konsequenterweise ein Verwertungsverbot für die einem durch den Schwangerschaftsabbruch getöteten Embryo bzw. Fötus entnommenen Gewebe bzw. Organe statuieren müssen[1073]. Darüber hinaus hätte es einer Normierung bedurft, die ausdrücklich klarstellt, dass die möglicherweise in Frage kommende Verwendung der embryonalen und fötalen Geweben bzw. Organen in keinster Weise die freie Entscheidung der Frau hinsichtlich eines Schwangerschaftsabbruchs beeinträchtigen dürfe. Es wäre nämlich durchaus denkbar, dass die den Schwangerschaftsabbruch durchführenden Ärzte die Frau unter Druck setzen könnten, indem sie den erhofften Abbruch von einer daraufffolgenden Spende abhängig machen könnten. Aus sollte gesetzlich geregelt, dass die Frage einer möglichen Entnahme fötaler oder embryonaler Geweben oder Organen erst dann erfolgen dürfte, nachdem die Entscheidung der Frau zum Schwangerschaftsabbruch endgültig gefasst worden ist[1074]. Ferner hätte ausgeschlossen werden müssen, dass humanitäre Gründe, z. B. die Gewebespende für einen kranken Dritten, die Hemmschwelle der Frau senken und somit ihre Entscheidung dafür beeinflussen könnten[1075]. Um auch dieses Konfliktfeld gänzlich zu verhindert, hätte es einer gesetzlichen Normierung bedurft, die eine Transplantation von embryonalen und fetalen Geweben auf eine von der Spenderin benannte Person für unzulässig erklärt[1076].

1071 Vgl. die Stellungnahme des Kommissariats der Deutschen Bischöfe vom 05.03.2007, BT-A-Drs.16(14)0125(33), S. 8; vgl. die erweiterte und aktualisierte Stellungnahme der Bundesärztekammer (BÄK) vom 24. Januar 2007 zum Regierungsentwurf für ein Gewebegesetz, BT-A-Drs.16(14)0125(7), 71f.

1072 Vgl. die Stellungnahme des Kommissariats der Deutschen Bischöfe vom 05.03.2007, BT-A-Drs.16(14)0125(33), S. 8.

1073 Vgl. die Stellungnahme des Kommissariats der Deutschen Bischöfe vom 05.03.2007, BT-A-Drs.16(14)0125(33), S. 8.

1074 Richtlinien zur Verwendung fetaler Zellen und fetaler Gewebe, Stellungnahme der „Zentralen Kommission der Bundesärztekammer zur Wahrung ethischer Grundsätze in der Reproduktionsmedizin", abrufbar unter: www.bundesaerztekammer.de/page.asp?his=0.7.45.3250.

1075 Richtlinien zur Verwendung fetaler Zellen und fetaler Gewebe, Stellungnahme der „Zentralen Kommission der Bundesärztekammer zur Wahrung ethischer Grundsätze in der Reproduktionsmedizin", abrufbar unter: www.bundesaerztekammer.de/page.asp?his=0.7.45.3250.

1076 Vgl. die Stellungnahme von Grauman, Einzelsachverständige, vom 27.02.2007, BT-A-Drs.16(14)0125(22), S. 7; Richtlinien zur Verwendung fetaler Zellen und fetaler

Es ist zu bedauern, dass der Gesetzgeber in diesem sensiblen Bereich durch unklare Regelungen mittelbar einer Kommerzialisierung des Gewebehandels Vorschub leistet.

IV. Fazit

Die Kommerzialisierung und die damit einhergehende Veräußerung menschlicher Körperteile werden vom Gesetzgeber in unterschiedlichen Situationen ausdrücklich zugelassen. Diese hängt nach der Wertung des Gesetzgebers von unterschiedlichen Kriterien ab. Zum Einen differenziert der Gesetzgeber nach dem Charakter der Körpersubstanz, indem er den Anwendungsbereich des Transplantationsgesetzes in § 1 Abs. 2 Nr. 2 TPG ausdrücklich für Blut- und Blutbestandteile verschließt. Da das Blut ein Organ darstellt und in § 10 S. 2 TFG eine Aufwandsentschädigung für den Spender ausdrücklich zugelassen wird, billigt der Gesetzgeber eine entgeltliche Organspende und ermöglicht auf diesem Weg einen Organhandel. Daneben unterscheidet der Gesetzgeber nach dem Verwendungszweck der gespendeten Körpersubstanz. Sollten die gespendeten Organe bzw. Gewebe nicht der Heilbehandlung eines anderen dienen, sondern zu anderen Zwecken wie etwa zur industriellen oder wissenschaftlichen Forschung oder für die Kosmetikindustrie gespendet worden sein, ist ein Handel an ihnen gemäß §§ 1 Abs. 1 S. 1 und 17 Abs. 1 S. 1 TPG möglich. Diese, auch von der bisherigen Fassung des Transplantationsgesetzes ermöglichte Kommerzialisierung menschlicher Körpersubstanzen, wurde im Zuge der Umsetzung der Geweberichtlinie um einen bis dahin nicht in der Weite denkbaren weiteren Fall, nämlich die nahezu unbegrenzt mögliche Kommerzialisierung und die damit verbundene Veräußerung menschlicher Gewebe erweitert. Die Kommerzialisierbarkeit menschlicher Gewebe steht dabei im direkten Zusammenhang mit der arzneimittelrechtlichen Umsetzung der Geweberichtlinie.

Der Gesetzgeber ist im Rahmen der Umsetzung der Geweberichtlinie samt ihrer Durchführungsrichtlinien einer arzneimittelrechtlichen Orientierung gefolgt. Als Folge dieser Vorgehensweise wurden vom Gesetzgeber nahezu sämtliche Gewebe und Zellen dem Arzneimittelrecht unterworfen, obwohl dies nachweislich von der Geweberichtlinie nicht vorgegeben worden ist. Auf diesem Weg ermöglicht er eine undifferenzierte Umsetzung der Geweberichtlinie über das Arzneimittelrecht und unterwirft so den Gewebesektor dem kommerziellen Bereich. Hierdurch wird er nicht nur den Zielvorgaben der Geweberichtlinie nicht gerecht, sondern schafft vielmehr an weiteren Stellen erhebliches Konfliktpotential. Die wohl größten Probleme auf nationaler Ebene ergeben sich an der Schnittstelle zwischen der Organ- und Gewebespende im postmortalen Bereich. Sie resultieren einerseits infolge der arzneimittelrechtlichen Umsetzung der Geweberichtlinie und andererseits auf Grund

---

Gewebe, Stellungnahme der „Zentralen Kommission der Bundesärztekammer zur Wahrung ethischer Grundsätze in der Reproduktionsmedizin", abrufbar unter: www.bundesaerztekammer.de/page.asp?his=0.7.45.3250.

fehlender Normierungen hinsichtlich der Verteilungskriterien menschlicher Gewebe sowie dem sehr extensiv gefassten „Ausnahmetatbestand" der Arzneimittelklausel gemäß § 17 Abs. 1 S. 2 Nr. 2 TPG.

Durch dieses Vorgehen hat sich der Gesetzgeber bei der Kodifizierung des Gewebegesetzes nicht an die europarechtlichen Vorgaben gehalten hat. Vielmehr hat er die unterschiedlichen Regelungstatbestände des einschlägigen Sekundärrechts verkannt und damit ihre Übergänge und Abgrenzungen bei der Normierung des Gewebegesetzes nicht hinreichend gewürdigt. Aus einer Gesamtbetrachtung dieses Sekundärrechts wird deutlich, dass es auf europäischer Ebene eine klare Trennung zwischen den unterschiedlichen Regelungsgegenständen wie Gewebe, Blut bzw. Blutbestandteile und Arzneimittel gibt; der Richtlinien- bzw. Normgeber hat sich gegen eine gemeinsame Erfassung dieser Bereiche entschieden und deren Behandlung in unterschiedlichen Richtlinien bzw. Normen geregelt. Daneben gibt es auf europäischer Ebene ein klar ausdifferenziertes Regelungssystem, welches ausdrücklich zwischen der Gewebespende sowie den darauf folgenden Verarbeitungsschritten einerseits und Geweben im Sinne von „Rohstoffen" andererseits unterscheidet und an diese unterschiedlichen Bereiche verschiedene formelle, personelle und technische Anforderungen stellt. Aus diesen Gründen wurden die Voraussetzungen hinsichtlich der Beschaffung menschlicher Gewebe und Zellen in Art. 5 der Geweberichtlinie in Verbindung mit der ersten technischen Durchführungsrichtlinie 2006/17/EG und die staatliche Zulassung, Benennung, Genehmigung oder Lizenzierung von Gewebeeinrichtungen in Art. 6 der Geweberichtlinie in Verbindung mit der Durchführungsrichtlinie 2006/86/EG gesondert geregelt. Indem der Gesetzgeber entgegen der EU- Regelungssystematik grundsätzlich alle Gewebe und Zellen menschlichen Ursprungs dem Arzneimittelgesetz unterstellt, ohne dabei hinreichend konkrete Differenzierungen zu treffen, lässt er zu den europäischen Vorgaben Inkompatibilitäten entstehen. Die Verkennung dieser klaren Strukturen manifestierte der Gesetzgeber, indem er die mit Art. 5 und Art. 6 der Geweberichtlinie korrespondierenden europarechtlich vorgesehenen Unterschiede zwischen den Begriffen der „Beschaffung" (Art. 3 f und Art. 5 der Geweberichtlinie in Verbindung mit Art. 2 der Durchführungsrichtlinie 2006/17/EG) und den der „Verarbeitung" (Art. 3 g und Art. 6 der Geweberichtlinie in Verbindung mit deren Durchführungsrichtlinie 2006/86/EG) menschlicher Gewebe oder Zellen durchbricht. Infolge des Zusammenspiels von § 4 Abs. 14 AMG und § 1a Nr. 6 TPG sowie § 17 Abs. 1 S. 2 Nr. 2 TPG stellen nahezu sämtliche Entnahmen vom menschlichen Gewebe gleichzeitig die Herstellung eines Arzneimittels dar, so dass der Herstellungsbegriff des Arzneimittelgesetzes nicht nur viel weiter ausgestaltet ist als der europäisch vorgegebene Begriff der „Beschaffung", sondern auch das von der Geweberichtline gesondert normierte Verfahren der Be- und Verarbeitung durchbricht.

Ferner hat sich der Gesetzgeber mit der Unterstellung der Gewebezubereitung im Sinne des § 4 Abs. 30 S. 1 AMG unter den Arzneimittelbegriff in einen Konflikt, nicht nur mit der Arzneimittel- VO, sondern vielmehr mit dem gesamten europäischen Regelungsbereich für die Gewebemedizin begeben. Indem der Gesetzgeber unter den Begriff der Gewebezubereitung sowohl Gewebeprodukte als auch

Gewebetransplantate subsumiert verkennt er den von der Geweberichtlinie ausdifferenzierten Rahmen, nach dem die Gewebeentnahme von der Geweberichtlinie erfasst wird, während alle weiteren Verarbeitungsschritte der Arzneimittelrichtline vorbehalten werden.

Vor Verabschiedung des Gewebegesetzes wurde unter dem Begriff der Herstellung im Sinne des § 17 Abs. 1 S. 2 Nr. 2 TPG nur der eigentliche Vertrieb, also das Inverkehrbringen, von Arzneimitteln verstanden. Im Gegensatz dazu unterfällt auf Grund des Zusammenspiels von § 4 Abs. 14 AMG, §1a Nr. 6 und § 17 Abs. 1 S. 2 Nr. 2 TPG nunmehr jegliche Gewinnung von Gewebe unter den Herstellungsprozess und nimmt daher Teil an der Ausnahme vom Handelsverbot des § 17 Abs. 1 S. 2 Nr. 2 TPG; dabei weist der Gesetzgeber den Krankenhäusern bzw. den Entnahme- oder Gewebeeinrichtungen ein als eigentumsrechtlich zu charakterisierendes Verfügungsrecht hinsichtlich des von ihnen gewonnenen Gewebes zu.

Da der Gesetzgeber das „gewonnene" Gewebe bzw. die Gewebezubereitung nunmehr unter das gewerblich und gewinnorientiert ausgestaltete AMG unterstellt, eröffnet er auf diese Weise die Möglichkeit des Handels und damit die Veräußerung menschlicher Gewebe. Die Veräußerungsbefugnisse hinsichtlich der aus Gewebezubereitungen hergestellten Arzneimittel fallen nach einer entsprechenden Genehmigung gemäß § 21a AMG den beteiligten Pharmafirmen zu und nicht etwa dem Spender, da die Spende weiterhin altruistisch ausgestaltet ist.

Durch diese Vorgehensweise schafft der Gesetzgeber die Gefahr eines Interessenkonfliktes aller bei der postmortalen Organspende beteiligten Institutionen. Dieses Spannungsverhältnis resultiert aus der Tatsache, dass der Bereich der postmortalen Organspende monopolistisch in einem gemeinwohlorientierten System geregelt wurde, so dass an den gespendeten Organen weiterhin kein Eigentum erlangt werden kann, vielmehr werden diese wie bisher lediglich treuhänderisch verwaltet. Demgegenüber wurde die Normierung der Verteilung von Gewebespenden bis auf den vom Gesetzgeber geregelten Vorrang der Entnahme und Übertragung vermittlungspflichtiger Organe vor der Gewebeentnahme im Sinne des § 9 Abs. 2 TPG gänzlich unterlassen. Da für den Bereich der Gewebespende zahlreiche Anbieter fungieren, dieser Zweig mithin den Regeln einer Art freien Marktes unterliegt, können sämtliche Anbieter naturgemäß im Wettbewerb zueinander stehen. Ferner sind Gewebeprodukte im Gegensatz zu Organen handelbar und damit wirtschaftlich attraktiver, so dass die beteiligten Institutionen wirtschaftlich miteinander konkurrieren können, falls sie im Rahmen derselben postmortalen Organspende auch profitorientiertes Gewebe gewinnen wollen. Dieses Konfliktpotential wird vor dem Hintergrund, dass sowohl § 7 als auch § 11 TPG völlig unzureichend ausgestaltet worden sind und hierdurch dem Sammeln von postmortalen Gewebespenden im stationären Umfeld ein weiterer Markt eröffnet und somit der Gewerblichkeit der Weg in die Krankenhäuser geebnet wird, noch weiter verstärkt.

Um die so drohende Gefahr eines als gemeinnützig anzusehenden Sektors zu verhindern, müsste auch die Gewebetransplantation strikt an den für die Organtransplantation geltenden Grundsätzen der Chancengleichheit, Gleichbehandlung und Verteilungsgerechtigkeit ausgerichtet werden. Hierfür bedarf es eines klaren

Regelungssystems, welches sich analog der Organtransplantation an medizinisch-wissenschaftlichen Kriterien wie der Notwendigkeit und Dringlichkeit orientiert, und auf diesem Weg die Konkurrenzsituation zwischen den beteiligten Institutionen ausschließt. Infolge der vom Gesetzgeber geschaffenen Vermischung der altruistisch ausgestalteten Organspende mit der dem Handel unterfallenden Gewebespende hervorgerufene Befürchtung des Rückgangs der Spendebereitschaft der Bevölkerung insgesamt und die damit einhergehende Gefahr einer Unterversorgung von Patienten lässt sich nur durch ein klares und nachvollziehbares Verteilungssystem der Gewebetransplantation verhindern.

Die Reihe RECHT UND MEDIZIN wird von den Professoren Deutsch (Göttingen), Kern (Leipzig), Laufs (†) (Heidelberg), Lilie (Halle a.d. Saale), Schreiber (Hannover) und Spickhoff (München) herausgegeben. Ihre Aufgabe ist es, Monographien und Dissertationen auf dem Gebiet des Medizinrechts zu veröffentlichen. Dieses Gebiet, das an Bedeutung noch zunehmen wird, umfasst auf der juristischen Seite sowohl zivilrechtliche als auch straf- und öffentlich-rechtliche Fragestellungen. Die Fragen können von der juristischen oder von der medizinischen Seite aus untersucht werden. Übergreifendes Ziel ist es, den medizinrechtlichen Fragen nicht etwa ein gängiges juristisches Denkschema überzuwerfen, sondern die besonderen Probleme der Regelung medizinischer Sachverhalte eigenständig aufzufassen und darzustellen.

Manuskriptzusendungen an die Herausgeber bitte per Brief- bzw. Paketpost. Die Adressen der Herausgeber sind:

Prof. Dr. Dr. h.c. Erwin Deutsch (Zivilrecht und Rechtsvergleichung)
Höltystraße 8
37085 Göttingen

Prof. Dr. Bernd-Rüdiger Kern (Zivilrecht, Rechtsgeschichte und Arztrecht)
Universität Leipzig
Juristenfakultät / Lehrstuhl für Bürgerliches Recht, Rechtsgeschichte
und Arztrecht
Burgstraße 27
04109 Leipzig

Prof. Dr. Hans Lilie (Strafrecht, Strafprozessrecht und Medizinrecht)
Martin-Luther-Universität Halle-Wittenberg
Juristische Fakultät: Strafrecht
Universitätsplatz 6
06108 Halle a.d. Saale
hans.lilie@jura.uni-halle.de

Prof. Dr. Dr. h.c. Hans-Ludwig Schreiber (Strafrecht und Rechtstheorie)
Grazer Str. 14
30519 Hannover

Prof. Dr. Andreas Spickhoff (Zivil- und Zivilprozessrecht, Internationales und
Vergleichendes Medizinrecht; federführender Reihenherausgeber)
Lehrstuhl für Bürgerliches Recht und Medizinrecht
Forschungsstelle für Medizinrecht
Juristische Fakultät
Ludwigstraße 29/I
80539 München

RECHT UND MEDIZIN

Band 1 Erwin Deutsch: Das Recht der klinischen Forschung am Menschen. Zulässigkeit und Folgen der Versuche am Menschen, dargestellt im Vergleich zu dem amerikanischen Beispiel und den internationalen Regelungen. 1979.

Band 2 Thomas Carstens: Das Recht der Organtransplantation. Stand und Tendenzen des deutschen Rechts im Vergleich zu ausländischen Gesetzen. 1979.

Band 3 Moritz Linzbach: Informed Consent. Die Aufklärungspflicht des Arztes im amerikanischen und im deutschen Recht. 1980.

Band 4 Volker Henschel: Aufgabe und Tätigkeit der Schlichtungs- und Gutachterstellen für Arzthaftpflichtstreitigkeiten. 1980.

Band 5 Hans Lilie: Ärztliche Dokumentation und Informationsrechte des Patienten. Eine arztrechtliche Studie zum deutschen und amerikanischen Recht. 1980.

Band 6 Peter Mengert: Rechtsmedizinische Probleme in der Psychotherapie. 1981.

Band 7 Hazel G.S. Marinero: Arzneimittelhaftung in den USA und Deutschland. 1982.

Band 8 Wolfram Eberbach. Die zivilrechtliche Beurteilung der *Humanforschung*. 1982.

Band 9 Wolfgang Deuchler: Die Haftung des Arztes für die unerwünschte Geburt eines Kindes ("wrongful birth"). Eine rechtsvergleichende Darstellung des amerikanischen und deutschen Rechts. 1984.

Band 10 Hermann Schünemann: Die Rechte am menschlichen Körper. 1985.

Band 11 Joachim Sick: Beweisrecht im Arzthaftpflichtprozeß. 1986.

Band 12 Michael Pap: Extrakorporale Befruchtung und Embryotransfer aus arztrechtlicher Sicht; insbesondere: Der Schutz des werdenden Lebens in vitro. 1987.

Band 13 Sabine Rickmann: Zur Wirksamkeit von Patiententestamenten im Bereich des Strafrechts. 1987.

Band 14 Joachim Czwalinna: Ethik-Kommissionen - Forschungslegitimation durch Verfahren. 1987.

Band 15 Günter Schirmer: Status und Schutz des frühen Embryos bei der *In-vitro*-Fertilisation. Rechtslage und Diskussionsstand in Deutschland im Vergleich zu den Ländern des angloamerikanischen Rechtskreises. 1987.

Band 16 Sabine Dönicke: Strafrechtliche Aspekte der Katastrophenmedizin. 1987.

Band 17 Erwin Bernat: Rechtsfragen medizinisch assistierter Zeugung. 1989.

Band 18 Hartmut Schulz: Haftung für Infektionen. 1988.

Band 19 Herbert Harrer: Zivilrechtliche Haftung bei durchkreuzter Familienplanung. 1989.

Band 20 Reiner Füllmich: Der Tod im Krankenhaus und das Selbstbestimmungsrecht des Patienten. Über das Recht des nicht entscheidungsfähigen Patienten, künstlich lebensverlängernde Maßnahmen abzulehnen. 1990.

Band 21 Franziska Knothe: Staatshaftung bei der Zulassung von Arzneimitteln. 1990.

Band 22 Bettina Merz: Die medizinische, ethische und juristische Problematik artifizieller menschlicher Fortpflanzung. Artifizielle Insemination, In-vitro-Fertilisation mit Embryotransfer und die Forschung an frühen menschlichen Embryonen. 1991.

Band 23 Ferdinand van Oosten: The Doctrine of Informed Consent in Medical Law. 1991.

Band 24 Stephan Cramer: Genom- und Genanalyse. Rechtliche Implikationen einer "Prädiktiven Medizin". 1991.

Band	25	Knut Schulte: Das standesrechtliche Werbeverbot für Ärzte unter Berücksichtigung wettbewerbs- und kartellrechtlicher Bestimmungen. 1992.
Band	26	Young-Kyu Park: Das System des Arzthaftungsrechts. Zur dogmatischen Klarstellung und sachgerechten Verteilung des Haftungsrisikos. 1992.
Band	27	Angela Könning-Feil: Das Internationale Arzthaftungsrecht. Eine kollisionsrechtliche Darstellung auf sachrechtsvergleichender Grundlage. 1992.
Band	28	Jutta Krüger: Der Hamburger Barmbek/Bernbeck-Fall. Rechtstatsächliche Abwicklung und haftungsrechtliche Aspekte eines medizinischen Serienschadens. 1993.
Band	29	Alexandra Goeldel: Leihmutterschaft – eine rechtsvergleichende Studie. 1994.
Band	30	Thomas Brandes: Die Haftung für Organisationspflichtverletzung. 1994.
Band	31	Winfried Grabsch: Die Strafbarkeit der Offenbarung höchstpersönlicher Daten des ungeborenen Menschen. 1994.
Band	32	Jochen Markus: Die Einwilligungsfähigkeit im amerikanischen Recht. Mit einem einleitenden Überblick über den deutschen Diskussionsstand. 1995.
Band	33	Meltem Göben: Arzneimittelhaftung und Gentechnikhaftung als Beispiele modernen Risikoausgleichs mit rechtsvergleichenden Ausblicken zum türkischen und schweizerischen Recht. 1995.
Band	34	Regine Kiesecker: Die Schwangerschaft einer Toten. Strafrecht an der Grenze von Leben und Tod – Der Erlanger und der Stuttgarter Baby-Fall. 1996.
Band	35	Doris Voll: Die Einwilligung im Arztrecht. Eine Untersuchung zu den straf-, zivil- und verfassungsrechtlichen Grundlagen, insbesondere bei Sterilisation und Transplantation unter Berücksichtigung des Betreuungsgesetzes. 1996.
Band	36	Jens-M. Kuhlmann: Einwilligung in die Heilbehandlung alter Menschen. 1996.
Band	37	Hans-Jürgen Grambow: Die Haftung bei Gesundheitsschäden infolge medizinischer Betreuung in der DDR. 1997.
Band	38	Julia Röver: Einflußmöglichkeiten des Patienten im Vorfeld einer medizinischen Behandlung. Antezipierte Erklärung und Stellvertretung in Gesundheitsangelegenheiten. 1997.
Band	39	Jens Göben: Das Mitverschulden des Patienten im Arzthaftungsrecht. 1998.
Band	40	Hans-Jürgen Roßner: Begrenzung der Aufklärungspflicht des Arztes bei Kollision mit anderen ärztlichen Pflichten. Eine medizinrechtliche Studie mit vergleichenden Betrachtungen des nordamerikanischen Rechts. 1998.
Band	41	Meike Stock: Der Probandenschutz bei der medizinischen Forschung am Menschen. Unter besonderer Berücksichtigung der gesetzlich nicht geregelten Bereiche. 1998.
Band	42	Susanne Marian: Die Rechtsstellung des Samenspenders bei der Insemination / IVF. 1998.
Band	43	Maria Kasche: Verlust von Heilungschancen. Eine rechtsvergleichende Untersuchung. 1999.
Band	44	Almut Wilkening: Der Hamburger Sonderweg im System der öffentlich-rechtlichen Ethik-Kommissionen Deutschlands. 2000.
Band	45	Jonela Hoxhaj: Quo vadis Medizintechnikhaftung? Arzt-, Krankenhaus- und Herstellerhaftung für den Einsatz von Medizinprodukten. 2000.
Band	46	Birgit Reuter: Die gesetzliche Regelung der aktiven ärztlichen Sterbehilfe des Königreichs der Niederlande – ein Modell für die Bundesrepublik Deutschland? 2001. 2. durchgesehene Auflage 2002.

Band 47 Klaus Vosteen: Rationierung im Gesundheitswesen und Patientenschutz. Zu den rechtlichen Grenzen von Rationierungsmaßnahmen und den rechtlichen Anforderungen an staatliche Vorhaltung und Steuerung im Gesundheitswesen. 2001.

Band 48 Bong-Seok Kang: Haftungsprobleme in der Gentechnologie. Zum sachgerechten Schadensausgleich. 2001.

Band 49 Heike Wachenhausen: Medizinische Versuche und klinische Prüfung an Einwilligungsunfähigen. 2001.

Band 50 Thomas Hasenbein: Einziehung privatärztlicher Honorarforderungen durch Inkassounternehmen. 2002.

Band 51 Oliver Nowak: Leitlinien in der Medizin. Eine haftungsrechtliche Betrachtung. 2002.

Band 52 Christina Herrig: Die Gewebetransplantation nach dem Transplantationsgesetz. Entnahme – Lagerung – Verwendung unter besonderer Berücksichtigung der Hornhauttransplantation. 2002.

Band 53 Matthias Nagel: Passive Euthanasie. Probleme beim Behandlungsabbruch bei Patienten mit apallischem Syndrom. 2002.

Band 54 Miriam Ina Saati: Früheuthanasie. 2002.

Band 55 Susanne Schneider: Rechtliche Aspekte der Präimplantations- und Präfertilisationsdiagnostik. 2002.

Band 56 Uta Oelert: Allokation von Organen in der Transplantationsmedizin. 2002.

Band 57 Jens Muschner: Die haftungsrechtliche Stellung ausländischer Patienten und Medizinalpersonen in Fällen sprachbedingter Mißverständnisse. 2002.

Band 58 Rüdiger Wolfrum / Peter-Tobias Stoll / Stephanie Franck: Die Gewährleistung freier Forschung an und mit Genen und das Interesse an der wirtschaftlichen Nutzung ihrer Ergebnisse. 2002.

Band 59 Frank Hiersche: Die rechtliche Position der Hebamme bei der Geburt. Vertikale oder horizontale Arbeitsteilung. 2003.

Band 60 Hartmut Schädlich: Grenzüberschreitende Telemedizin-Anwendungen: Ärztliche Berufserlaubnis und Internationales Arzthaftungsrecht. Eine vergleichende Darstellung des deutschen und US-amerikanischen Rechts. 2003.

Band 61 Stefanie Diettrich: Organentnahme und Rechtfertigung durch Notstand? Zugleich eine Untersuchung zum Konkurrenzverhältnis von speziellen Rechtfertigungsgründen und rechtfertigendem Notstand gem. § 34 StGB. 2003.

Band 62 Anne Elisabeth Stange: Gibt es psychiatrische Diagnostikansätze, um den Begriff der schweren anderen seelischen Abartigkeit in §§ 20, 21 StGB auszufüllen? 2003.

Band 63 Christiane Schief: Die Zulässigkeit postnataler prädiktiver Gentests. Die Biomedizin-Konvention des Europarats und die deutsche Rechtslage. 2003.

Band 64 Maike C. Erbsen: Praxisnetze und das Berufsrecht der Ärzte. Der Praxisverbund als neue Kooperationsform in der ärztlichen Berufsordnung. 2003.

Band 65 Markus Schreiber: Die gesetzliche Regelung der Lebendspende von Organen in der Bundesrepublik Deutschland. 2004.

Band 66 Thela Wernstedt: Sterbehilfe in Europa. 2002.

Band 67 Axel Thias: Möglichkeiten und Grenzen eines selbstbestimmten Sterbens durch Einschränkung und Abbruch medizinischer Behandlung. Eine Untersuchung aus straf- und betreuungsrechtlicher Perspektive unter besonderer Berücksichtigung der Problematik des apallischen Syndroms. 2004.

Band 68 Jutta Müller: Ärzte und Pflegende, die keine Organe spenden wollen. Transplantatmangel muss nicht sein. 2004.

Band 69 Ihna Link: Schwangerschaftsabbruch bei Minderjährigen. Eine vergleichende Untersuchung des deutschen und englischen Rechts. 2004.

Band 70 Susann Tiebe: Strafrechtlicher Patientenschutz. Die Bedeutung des Strafrechts für die individuellen Patientenrechte. 2005.

Band 71 Jörg Gstöttner: Der Schutz von Patientenrechten durch verfahrensmäßige und institutionelle Vorkehrungen sowie den Erlass einer Charta der Patientenrechte. 2005.

Band 72 Oliver Jürgens: Die Beschränkung der strafrechtlichen Haftung für ärztliche Behandlungsfehler. 2005.

Band 73 Stephanie Gropp: Schutzkonzepte des werdenden Lebens. 2005.

Band 74 Clemens Winter: Robotik in der Medizin. Eine strafrechtliche Untersuchung. 2005.

Band 75 Barbara Eck: Die Zulässigkeit medizinischer Forschung mit einwilligungsunfähigen Personen und ihre verfassungsrechtlichen Grenzen. Eine Untersuchung der Rechtslage in Deutschland und rechtsvergleichenden Elementen. 2005.

Band 76 Anastassios Kantianis: Palliativmedizin als Sterbebegleitung nach deutschem und griechischem Recht. 2005.

Band 77 Ulrike Morr: Zulässigkeit von Biobanken aus verfassungsrechtlicher Sicht. 2005.

Band 78 Nora Markus: Die Zulässigkeit der Sectio auf Wunsch. Eine medizinische, ethische und rechtliche Betrachtung. 2006.

Band 79 Michael Benedikt Nagel: Die ärztliche Behandlung Neugeborener – Früheuthanasie. 2006.

Band 80 Regina Leitner: Sterbehilfe im deutsch-spanischen Rechtsvergleich. 2006.

Band 81 Martin Berger: Embryonenschutz und Klonen beim Menschen – Neuartige Therapiekonzepte zwischen Ethik und Recht. Ansätze zur Entwicklung eines neuen Regelungsmodells für die Bundesrepublik Deutschland. 2007.

Band 82 Amelia Kuschel: Der ärztlich assistierte Suizid. Straftat oder Akt der Nächstenliebe? 2007.

Band 83 Hans-Ludwig Schreiber / Hans Lilie / Henning Rosenau / Makoto Tadaki / Un Jong Pak (Hrsg.): Globalisierung der Biopolitik, des Biorechts und der Bioethik? Das Leben an seinem Anfang und an seinem Ende. 2007.

Band 84 Ralf Clement: Der Rechtsschutz der potentiellen Organempfänger nach dem Transplantationsgesetz. Zur rechtlichen Einordnung der verteilungsrelevanten Regelungen zwischen öffentlichem und privatem Recht. 2007.

Band 85 Sabine Lebert: Humanes Überschußgewebe – Möglichkeit der Verwendung für die Forschung? Analyse der rechtlichen, ethischen und biomedizinischen Voraussetzungen im Ländervergleich. 2007.

Band 86 Dietrich Wagner: Der gentechnische Eingriff in die menschliche Keimbahn. Rechtlichethische Bewertung. Nationale und internationale Regelungen im Vergleich. 2007.

Band 87 Britta Vogt: Methoden der künstlichen Befruchtung: „Dreierregel" versus „Single Embryo Transfer". Konflikt zwischen Rechtslage und Fortschritt der Reproduktionsmedizin in Deutschland im Vergleich mit sieben europäischen Ländern. 2008.

Band 88 Sebastian Rosenberg: Die postmortale Organtransplantation. Eine „gemeinschaftliche Aufgabe" nach § 11 Abs. 1 S. 1 Transplantationsgesetz. Kompetenzen und Haftungsrisiken im Rahmen der Organspende. 2008.

Band 89 Julia Susanne Sundmacher: Die unterlassene Befunderhebung des Arztes. Eine Auseinandersetzung mit der Rechtsprechung des BGH. 2008.

Band 90 Martin Schwee: Die zulassungsüberschreitende Verordnung von Fertigarzneimitteln (Off-Label-Use). Eine Untersuchung vorwiegend im Bereich des Rechts der Gesetzlichen Krankenversicherung unter besonderer Berücksichtigung der sozialgerichtlichen Rechtsprechung. 2008.

Band 91 Jorge Guerra González: Xenotransplantation: Prävention des xenogenen Infektionsrisikos. Eine Untersuchung zum deutschen und spanischen Recht. 2008.

Band 92 Ulrike Beitz: Zur Reformbedürftigkeit des Embryonenschutzgesetzes. Eine medizinisch-ethisch-rechtliche Analyse anhand moderner Fortpflanzungstechniken. 2009.

Band 93 Dunja Lautenschläger: Der Status ausländischer Personen im deutschen Transplantationssystem. 2009.

Band 94 Annekatrin Habicht: Sterbehilfe – Wandel in der Terminologie. Eine integrative Betrachtung aus der Sicht von Medizin, Ethik und Recht. 2009.

Band 95 Ann-Kathrin Hirschmüller: Internationales Verbot des Humanklonens. Die Verhandlungen in der UNO. 2009.

Band 96 Henrike John: Die genetische Veränderung des Erbgutes menschlicher Embryonen. Chancen und Grenzen im deutschen und amerikanischen Recht. 2009.

Band 97 Christof Stock: Die Indikation in der Wunschmedizin. Ein medizinrechtlicher Beitrag zur ethischen Diskussion über „Enhancement". 2009.

Band 98 Jochen Böning: Kontrolle im Transplantationsgesetz. Aufgaben und Grenzen der Überwachungs- und der Prüfungskommission nach den §§ 11 und 12 TPG. 2009.

Band 99 Stefanie Schulte: Die Rechtsgüter des strafbewehrten Organhandelsverbotes. Zum Spannungsfeld von Selbstbestimmungsrecht und staatlichem Paternalismus. 2009.

Band 100 Dorothea Maria Tachezy: Mutmaßliche Einwilligung und Notkompetenz in der präklinischen Notfallmedizin. Rechtfertigungsfragen und Haftungsfolgen im Notarzt- und Rettungsdienst. 2009.

Band 101 Annette Hergeth: Rechtliche Anforderungen an das IT-Outsourcing im Gesundheitswesen. 2009.

Band 102 Jussi Raafael Mameghani: Der mutmaßliche Wille als Kriterium für den ärztlichen Behandlungsabbruch bei entscheidungsunfähigen Patienten und sein Verhältnis zum Betreuungsrecht. 2009.

Band 103 Ocka Anna Böhnke: Die Kommerzialisierung der Gewebespende. Eine Erörterung des Resourcenmangels in der Transplantationsmedizin unter besonderer Berücksichtigung der Widerspruchslösung. 2010.

Band 104 Bernd-Rüdiger Kern / Hans Lilie (Hrsg.): Jurisprudenz zwischen Medizin und Kultur. Festschrift zum 70. Geburtstag von Gerfried Fischer. 2010.

Band 105 Ehsan Mohammadi-Kangarani: Die Richtlinien der Organverteilung im Transplantationsgesetz – verfassungsgemäß? 2011.

Band 106 Leonie Hübner: Umfang und Grenzen des strafrechtlichen Schutzes des Arztgeheimnisses nach § 203 StGB. 2011.

Band 107 Dörte Busch: Eigentum und Verfügungsbefugnisse am menschlichen Körper und seinen Teilen. 2012.

Band 108 Kathrin Decker: Der Abbruch intensivmedizinischer Maßnahmen in den Ländern Österreich und Deutschland. 2012.

Band 109 Sung-Ku Yoon: Der Unterhalt für ein Kind als Schaden. Eine rechtsvergleichende Darstellung zur deutschen und südkoreanischen Rechtslage hinsichtlich der Arzthaftung für neugeborenes Leben. 2012.

Band 110 Kerstin Bohne: Delegation ärztlicher Tätigkeiten. 2012.

Band 111 Moritz Ulrich: Durchbrechungen der Allokationskriterien des § 12 Abs. 3 TPG. Das „old for old"-Programm. 2012.

Band 112 Chonghan Oh: Die Strafbarkeit der Erforschung des menschlichen Embryos durch Klontechniken. 2013.

Band 113 Sebastian T. Vogel: Organentnahmen bei hirntoten Schwangeren. Oder: Sterbehilfe am Lebensanfang? 2013.

Band 114 Jung-Ho Lee: Die aktuellen juristischen Entwicklungen in der PID und Stammzellforschung in Deutschland. Eine Analyse der BGH-Entscheidung zur PID, Gesetzesnovellierung des ESchG und EuGH-Entscheidung zur Grundrechtsfähigkeit des Embryo in vitro. 2013.

Band 115 Claudia Beetz: Stellvertretung als Instrument der Sicherung und Stärkung der Patientenautonomie. Ein Beitrag zur Komplementarität von Zivil- und Sozialrecht. 2013.

Band 116 Hans-Ludwig Schreiber: Schriften zur Rechtsphilosophie, zum Strafrecht und zum Medizin- und Biorecht. Herausgegeben von Hans Lilie und Henning Rosenau. 2013.

Band 117 Sebastian Müller: Die Aufklärung des Organspendeempfängers über Herkunft und Qualität des zu transplantierenden Organs. Ärztliche Pflichten im Spannungsfeld zwischen Standardbehandlung und Neulandmedizin. 2013.

Band 118 Bernd-Rüdiger Kern (Hrsg.): Das Gendiagnostikgesetz – Rechtsfragen der Humangenetik. 2013.

Band 119 Martina Resch: Die empfängergerichtete Organspende. Im Kontext der bedingten Einwilligung in die Organentnahme. 2014.

Band 120 Anja Houben: Die Rechtsformen des Universitätsklinikums. 2014.

Band 121 Nina Gott: Schnittstellen zwischen Organ- und Gewebespende. 2014.

Band 122 Hyung Sun Kim: Haftung wegen Bruchs der ärztlichen Schweigepflicht in Deutschland und in Korea. Eine vergleichende Untersuchung. 2015.

Band 123 Kerstin Badorff: Abrechnungsbetrug von ambulanten Pflegediensten und Vertragsärzten. Eine Untersuchung unter Berücksichtigung der streng formalen Betrachtungsweise des Sozialversicherungsrechts. 2016.

Band 124 Catharina Herzog: Mediation im Gesundheitswesen. Außergerichtliche Streitbeilegung bei Arzthaftungskonflikten. 2016.

Band 125 Piotr Tyczynski: Verfügungsbefugnisse an menschlichen Körpergeweben unter besonderer Berücksichtigung des Transplantationsgesetzes. 2016.

www.peterlang.com

www.ingramcontent.com/pod-product-compliance
Ingram Content Group UK Ltd.
Pitfield, Milton Keynes, MK11 3LW, UK
UKHW021823140426
5217IPUK00004B/54